中国国家标准汇编

2018年修订-43

中国标准出版社　编

中国标准出版社
北　京

图书在版编目(CIP)数据

中国国家标准汇编:2018年修订.43/中国标准出版社编.—北京:中国标准出版社,2020.6
ISBN 978-7-5066-9606-7

Ⅰ.①中… Ⅱ.①中… Ⅲ.①国家标准-汇编-中国-2018 Ⅳ.①T-652.1

中国版本图书馆CIP数据核字(2020)第069787号

中国标准出版社出版发行
北京市朝阳区和平里西街甲2号(100029)
北京市西城区三里河北街16号(100045)

网址 www.spc.net.cn
总编室:(010)68533533 发行中心:(010)51780238
读者服务部:(010)68523946
中国标准出版社秦皇岛印刷厂印刷
各地新华书店经销

*

开本 880×1230 1/16 印张 35.5 字数 1 074 千字
2020年6月第一版 2020年6月第一次印刷

*

定价 220.00 元

出 版 说 明

《中国国家标准汇编》是一部大型综合性国家标准全集。自 1983 年起，每年按国家标准顺序号分册汇编出版，分为“制定”卷和“修订”卷两种形式。

“制定”卷收入上一年度我国发布的、新制定的国家标准，视篇幅分成若干分册，封面和书脊上注明“20××年制定”字样及分册号，分册号一直连续。各分册中的标准是按照标准编号顺序连续排列的，如有标准顺序号缺号的，除特殊情况注明外，暂为空号。

“修订”卷收入上一年度我国发布的、被修订的国家标准，视篇幅分设若干分册，但与“制定”卷分册号无关联，仅在封面和书脊上注明“20××年修订-1,-2,-3,……”字样。“修订”卷各分册中的标准，仍按标准编号顺序排列(但不连续)；如有遗漏的，均在当年最后一分册中补齐。需提请读者注意的是，个别非顺延前年度标准编号的新制定国家标准没有收入在“制定”卷中，而是收入在“修订”卷中。

读者购买每年出版的《中国国家标准汇编》“制定”卷和“修订”卷则可收齐由我社出版的上一年度制定和修订的全部国家标准。

2018 年我国制修订国家标准共 2 684 项。本分册为《中国国家标准汇编》“2018 年修订-43”，收入新制修订的国家标准 37 项。

中国标准出版社

2020 年 3 月

目　　录

ICS 75.200;23.040.01
E 16;J 15

中华人民共和国国家标准

GB/T 35072—2018

石油天然气工业用耐腐蚀合金复合管件

Corrosion resistant alloy bimetal fittings for petroleum and natural gas industries

2018-05-14 发布　　　　2018-12-01 实施

国家市场监督管理总局
中国国家标准化管理委员会　发布

前　言

本标准按照 GB/T 1.1—2009 给出的规则起草。

请注意本文件的某些内容可能涉及专利。本文件的发布机构不承担识别这些专利的责任。

本标准由全国石油天然气标准化技术委员会(SAC/TC 355)提出并归口。

本标准起草单位:中国石油天然气集团公司石油管工程技术研究院、郑州万达重工股份有限公司、浙江久立特材科技股份有限公司、中国石油天然气股份有限公司塔里木油田分公司、中国石油工程建设有限公司西南分公司、沧州隆泰迪管道科技有限公司、西安向阳航天材料股份有限公司、河北沧海核装备科技股份有限公司、中国石油化工股份有限公司西北油田分公司。

本标准主要起草人:魏斌、李为卫、戚东涛、冯耀荣、马秋荣、方伟、秦长毅、李发根、李循迹、李亚军、李先明、雒定明、张付峰、任保剑、陈庆标、杨立建、王春建、李华军、孟庆云、羊东明、杨志勇。

石油天然气工业用耐腐蚀合金复合管件

1 范围

本标准规定了石油天然气工业管道输送系统用公称直径 DN 50～DN 800 以耐腐蚀合金作为内覆层的冶金复合管件的设计、几何尺寸、材料、制造工艺、技术要求和检验方法、NDT、表面质量与缺陷处理、标志、运输和防护等基本要求。

本标准适用于石油天然气工业领域输送管道以及工艺管道输送含有腐蚀性介质的石油、天然气和水等单相或多相流体用耐腐蚀合金复合管件，其他领域也可参照使用。本标准复合管件包括弯头、三通、异径接头和管帽。

2 规范性引用文件

下列文件对于本文件的应用是必不可少的。凡是注日期的引用文件，仅注日期的版本适用于本文件。凡是不注日期的引用文件，其最新版本(包括所有的修改单)适用于本文件。

GB/T 228.1 金属材料 拉伸试验 第1部分:室温试验方法

GB/T 228.2 金属材料 拉伸试验 第2部分:高温试验方法

GB/T 229 金属材料 夏比摆锤冲击试验方法

GB/T 232 金属材料 弯曲试验方法

GB/T 4340.1 金属材料 维氏硬度试验 第1部分:试验方法

GB/T 6394 金属平均晶粒度测定方法

GB/T 6396 复合钢板力学及工艺性能试验方法

GB/T 8923.1—2011 涂覆涂料前钢材表面处理 表面清洁度的目视评定 第1部分:未涂覆过的钢材表面和全面清除原有涂层后的钢材表面的锈蚀等级和处理等级

GB/T 9445—2015 无损检测 人员资格鉴定与认证

GB/T 10561 钢中非金属夹杂物含量的测定标准评级图显微检验法

GB/T 12459 钢制对焊管件 类型与参数

GB/T 13401 钢制对焊管件 技术规范

GB/T 15970.2 金属和合金的腐蚀 应力腐蚀试验 第2部分:弯梁试样的制备和应用

GB/T 17394.1 金属材料 里氏硬度试验 第1部分:试验方法

GB/T 17600.1 钢的伸长率换算 第1部分:碳素钢和低合金钢

GB/T 18590 金属和合金的腐蚀 点蚀评定方法

GB/T 29168.2 石油天然气工业 管道输送系统用感应加热弯管、管件和法兰 第2部分:管件

GB 50251 输气管道工程设计规范

GB 50253 输油管道工程设计规范

NB/T 47002.1—2009 压力容器用爆炸焊接复合板 第1部分:不锈钢-钢复合板

NB/T 47002.2—2009 压力容器用爆炸焊接复合板 第2部分:镍-钢复合板

NB/T 47013.2—2015 承压设备无损检测 第2部分:射线检测

NB/T 47013.3 承压设备无损检测 第3部分:超声检测

NB/T 47013.4—2015 承压设备无损检测 第4部分:磁粉检测

NB/T 47013.5—2015　承压设备无损检测　第5部分:渗透检测

NB/T 47013.7　承压设备无损检测　第7部分:目视检测

NB/T 47014　承压设备焊接工艺评定

NB/T 47015　压力容器焊接规程

SY/T 4109　石油天然气钢质管道无损检测

SY/T 5257　油气输送用感应加热弯管

SY/T 6423.1—2013　石油天然气工业　钢管无损检测方法　第1部分:焊接钢管焊缝缺欠的射线检测

SY/T 6423.2—2013　石油天然气工业　钢管无损检测方法　第2部分:焊接钢管焊缝纵向和/或横向缺欠的自动超声检测

SY/T 6423.4　石油天然气工业　钢管无损检测方法　第4部分:无缝和焊接钢管分层缺欠的自动超声波检测

TSG Z6002　特种设备焊接操作人员考核细则

ISO 15156-1　石油天然气工业　油气开采中用于含 H_2S 环境下的材料　第1部分:抗裂材料选择的一般原则(Petroleum and natural gas industries—Materials for use in H_2S-containing environments in oil and gas production—Part 1: General principles for selection of cracking-resistant materials)

ISO 15156-2　石油天然气工业　油气开采中用于含 H_2S 环境下的材料　第2部分:抗裂碳钢和低合金钢以及铸铁的使用(Petroleum and natural gas industries—Materials for use in H_2S-containing environments in oil and gas production—Part 2: Cracking-resistant carbon and low-alloy steels, and the use of cast irons)

API Spec 5L:2012　管线钢管规范(Specification for line pipe)

API Spec 5LD　内覆或衬里耐腐蚀合金复合钢管规范(Specification for CRA clad or lined steel pipe)

ASTM A263:2012　铬不锈钢复合钢板标准规范(Standard specification for stainless chromium steel-clad plate)

ASTM A264:2012　铬镍不锈钢复合钢板标准规范(Standard specification for stainless chromium-nickel steel-clad plate)

ASTM A265:2012　镍与镍基合金复合钢板标准规范(Standard specification for nickel and nickel-base alloy-clad steel plate)

ASTM A751　钢产品化学分析的试验方法、规程和术语(Standard test methods, practices, and terminology for chemical analysis of steel products)

ASTM E340　金属和合金宏观腐蚀的标准试验方法(Standard practice for macroetching metals and alloys)

ASTM E353　不锈钢、耐热、马氏体和其他类似的铬-镍-铁合金的化学分析标准测试方法(Standard test methods for chemical analysis of stainless, heat-resisting, maraging, and other similar chromium-nickel-iron alloys)

ASTM E562　用系统人工点计数法测定体积分数的试验方法(Standard test method for determining volume fraction by systematic manual point count)

3 术语和定义、符号、代号和缩略语

3.1 术语和定义

下列术语和定义适用于本文件。

3.1.1

购方 purchaser

业主并包括其代理人、检查人员以及其他被授权的代表。

3.1.2

制造商 manufacturer

按本标准的要求，负责生产复合管件且对产品做标志的工厂或公司。

3.1.3

冶金复合 clad

通过热轧、爆炸、堆焊等复合工艺，使耐腐蚀合金与碳钢或低合金钢的接触界面形成原子相互扩散而形成的结合。

3.1.4

基层 backing layer

复合板、复合管或复合管件的承受力学载荷或承压部分，由碳钢或低合金钢材料制成。

3.1.5

内覆层 clad layer

通过冶金复合方式结合在碳钢或低合金钢基层材料表面的耐腐蚀合金材料部分。

3.1.6

同类复合管件 bimetal fittings of same type

一组具有相同代号的弯头、三通、异径接头或管帽。

3.1.7

外弧侧 extrados

弯头弯曲段的外侧部分。

3.1.8

内弧侧 introados

弯头弯曲段的内侧部分。

3.1.9

直管段 tangent

管件端部的直管部分。

3.1.10

耐腐蚀合金复合管件 corrosion resistant alloy bimetal fittings

按照基层材料承压、内覆层材料防腐蚀的原则，由碳钢或低合金钢作为基层材料、耐腐蚀合金作为内层复合而成的管件，简称复合管件。

3.1.11

耐腐蚀合金 corrosion resistant alloy

用于制造复合板、母管和复合管件内覆层的不锈钢、镍基合金等耐腐蚀合金材料的统称。

3.1.12

母管 mother pipe

用于制造耐腐蚀合金复合管件的冶金复合直管。

3.1.13

未结合 unbound

基层与耐腐蚀合金层之间的未黏接。

3.1.14

酸性环境 sour environment

H_2S分压大于或等于 0.3 kPa 并能够引起如 ISO 15156-2 所规定的碳钢或低合金钢材料发生 SSC 和 HIC 失效形式的含石油、天然气和水等介质的单相或多相流体环境。

3.1.15

剪切结合强度 shear bond strength

使以冶金结合的复合板、复合管或复合管件的内覆层与基层发生分离的单位接触面积所需要的切向应力。

3.1.16

抗点蚀当量数 pitting resistance equivalent number

用以反映和预测耐腐蚀合金的抗点蚀能力，依据合金化学成分中 Cr、Mo、W 和 N 元素的含量来定。

注：详细的信息见 ISO 15156-3。

3.2 符号和代号

下列符号和代号适用于本文件。

A——90°弯头中心至端面长度，单位为毫米(mm)；

B——45°弯头中心至端面长度，单位为毫米(mm)；

C——三通中心至端面长度(管程)，单位为毫米(mm)；

D，D_1——复合管件端部外径，单位为毫米(mm)；

d——复合管件端部名义内径，单位为毫米(mm)；

D_{max}——复合管件横截面上的最大外径，单位为毫米(mm)；

D_{min}——复合管件横截面上的最小外径，单位为毫米(mm)；

D_n——复合管件横截面处名义外径，单位为毫米(mm)；

D_p——与复合管件相连接管子的名义外径，单位为毫米(mm)。

DN——公制单位的复合管件公称直径，为非测量值，单位为毫米(mm)；

E，E_1——管帽背面至端面长度，单位为毫米(mm)；

e——复合管件焊接端坡口内覆层伸出长度，单位为毫米(mm)；

H——异径接头端面至端面长度，单位为毫米(mm)；

M——三通中心至端面长度(出口)，单位为毫米(mm)；

O——椭圆度；

P——复合管件验证试验计算最小强度，单位为兆帕(MPa)；

Q——复合管件形位公差，端面垂直度，单位为毫米(mm)；

R_m——抗拉强度；

$R_{t0.5}$——总伸长率 0.5%的屈服强度；

S——腐蚀试样面积，单位为平方毫米(mm^2)；

t——复合管件内覆层公称壁厚，单位为毫米(mm)；

t_B——复合管件基层公称壁厚，单位为毫米(mm)；

T_{corr}——腐蚀试验时间，单位为天(d)；

t_p——与复合管件相连接管子的公称壁厚或复合管的基层公称壁厚，单位为毫米(mm)；

U——形位公差,复合管件平面度,单位为毫米(mm);

v_{corr}——平均腐蚀速率,单位为毫米每年(mm/a);

σ_b——复合管件基层材料的实际抗拉强度(当复合管件基层材料的实际拉伸强度小于连接管的名义最小抗拉强度时,按连接管的名义最小抗拉强度计算),单位为兆帕(MPa);

ϕ——设计验证试验系数;

ΔW——腐蚀试样的质量损失,单位为克(g);

ρ——腐蚀试样材料的密度,单位为克每立方厘米(g/cm^3)。

3.3 缩略语

下列缩略语适用于本文件。

AUT 自动超声检测(automatic ultrasonic testing)

CLR 裂纹长度率(crack length ratio)

CSR 裂纹敏感率(crack sensitivity ratio)

CTR 裂纹厚度率(crack thickness ratio)

CVN 夏比 V 型缺口(charpy V-notch)

HAZ 热影响区(heat-affected zone)

HIC 氢致开裂(hydrogen induced cracking)

MPQT 制造工艺评定试验(manufacturing procedure qualification test)

MPS 制造工艺规范(manufacturing procedure specification)

MT 磁粉检测(magnetic testing)

NDT 无损检测(nondestructive testing)

PREN 抗点蚀当量数(pitting resistance equivalent number)

PT 渗透检测(penetrant testing)

RT 射线检测(radiographic testing)

SCC 应力腐蚀开裂(stress corrosion cracking)

SMYS 规定最小屈服强度(specified minimum yield strength)

SSC 硫化物应力开裂(sulfide stress cracking)

TIG 钨极惰性气体保护焊(tungsten inert gas arc welding)

UT 超声波检测(ultrasonic testing)

4 种类与代号

本标准所包含的耐腐蚀合金复合管件种类及代号见表 1。

表 1 复合管件的种类和代号

种类	类型	代号
45°弯头	长半径	45E(L)
90°弯头	长半径	90E(L)
	短半径	90E(S)
异径接头(大小头)	同心	R(C)
	偏心	R(E)

表 1(续)

种类	类型	代号
三通	等径	T(S)
	异径	T(R)
管帽	—	C

5 设计

5.1 复合管件设计文件应至少包括设计图和强度计算文件。复合管件的设计参数应与相连管道的设计参数一致。

5.2 复合管件强度和选材设计应遵循基层承压、内覆层防腐蚀的原则。

5.3 复合管件应依据输送流体的压力和温度进行强度设计，应优先采用 GB 50251、GB 50253 或国家认可的压力容器或压力管道规范规定的计算分析方法确定基层公称壁厚，也可按照 9.15 规定的验证试验方法确定复合管件基层壁厚，复合管件承受内压的能力应不低于连接管道的耐压能力。此外，设计者还应依据 GB 50251 或 GB 50253 规定考虑其他载荷，包括静态和动态载荷，以及所在管线的压力试验条件。

5.4 采用复合板卷制成型的复合管件的内覆层最小设计壁厚应不小于 2.5 mm，采用堆焊工艺制造的复合管件的内覆层最小设计壁厚应不小于 3.0 mm。

5.5 复合管件的材料选择应考虑输送流体的腐蚀性，并遵循以下原则：

a) 若输送流体含有 H_2S 且属于酸性环境，应由购方与制造商协议确定复合管件基层是否需要满足 ISO 15156-1 和 ISO 15156-2 要求。

b) 若输送流体含有 H_2S、CO_2、Cl^- 等一种或多种腐蚀性介质，内覆层应具有抗 SSC 和/或 SCC、抗失重腐蚀和点腐蚀能力，应确保内覆层材料能够满足附录 A 要求。

6 尺寸与公差

6.1 标准尺寸

除本标准另有规定外，复合管件应符合 GB/T 12459 或 GB/T 13401 规定的几何尺寸，复合管件端部外径分为Ⅰ和Ⅱ两个系列，Ⅰ系列为国际通用系列，在书写标志时“Ⅰ”可以省略，且应优先选用Ⅰ系列。

6.2 壁厚

6.2.1 若采用 5.3 规定的计算分析方法确定复合管件基层壁厚，基层最小壁厚可比其公称壁厚小 0.25 mm。孤立的非连续局部减薄处或经修磨后部位的基层剩余壁厚应不小于公称壁厚的 87.5%。

6.2.2 复合管件内覆层壁厚应不低于最小设计壁厚要求，内覆层壁厚仅允许正偏差且偏差不大于 1.0 mm。

6.3 内径

距离管端 50 mm 范围内复合管件内径应与相连管线内径一致，且距离管端 50 mm 范围内的内径允许最大偏差为±0.5 mm。

6.4 椭圆度

对于所有复合管件,距管端 100 mm 范围内,椭圆度 O 应不大于 0.5%;对于所有弯头,弯曲段的椭圆度 O 应不大于 2.5%。

椭圆度 O 按式(1)计算:

$$O=\frac{D_{\max}-D_{\min}}{D_n}\times 100\% \qquad (1)$$

式中:

O ——椭圆度;

$D_{\max}$ ——复合管件横截面上的最大外径,单位为毫米(mm);

$D_{\min}$ ——复合管件横截面上的最小外径,单位为毫米(mm);

D_n ——复合管件横截面处名义外径,单位为毫米(mm)。

6.5 公差

6.5.1 复合管件尺寸的极限偏差应符合图 1 和表 2 的规定。

6.5.2 复合管件的形位公差应符合图 2 和表 3 的规定。

表 2 复合管件尺寸的极限偏差

单位为毫米

项目	管件种类	公称直径 DN 范围					
		50~65	80~100	125~200	250~450	500~600	650~800
		公差					
端部外径,D、D_1[a]	所有管件	$^{+1.6}_{-0.8}$	±1.6	$^{+2.0}_{-1.2}$	$^{+4.0}_{-2.5}$	$^{+6.4}_{-4.8}$	$^{+6.4}_{-4.8}$
端部内径		距离管端 50 mm 范围内允许最大偏差为±0.5 mm					
基层壁厚[b]		最小壁厚为 $t_B-0.25$mm					
内覆层壁厚		$^{+1.0}_{0}$					
端部椭圆度		距离管端 100 mm 内不超过 0.5%					
弯曲段椭圆度	所有弯头	不大于 2.5%					
中心至端面尺寸,A、B、C、M	45°弯头 90°弯头 三通	±2.0					±3.0
端面至端面长度,H	异径接头	±2.0					±3.0
背面至端面长度,E 或 E_1	管帽	±3.0					±5.0

[a] 当需要增加复合管件基层壁厚以满足抗内压要求时,该公差可能不适用于成型复合管件的局部区域。

[b] 采用计算分析方法确定的基层最小壁厚为基层公称壁厚 t_B 减去 0.25 mm,但不包括 6.2.1 所允许的孤立的非连续局部减薄情况。

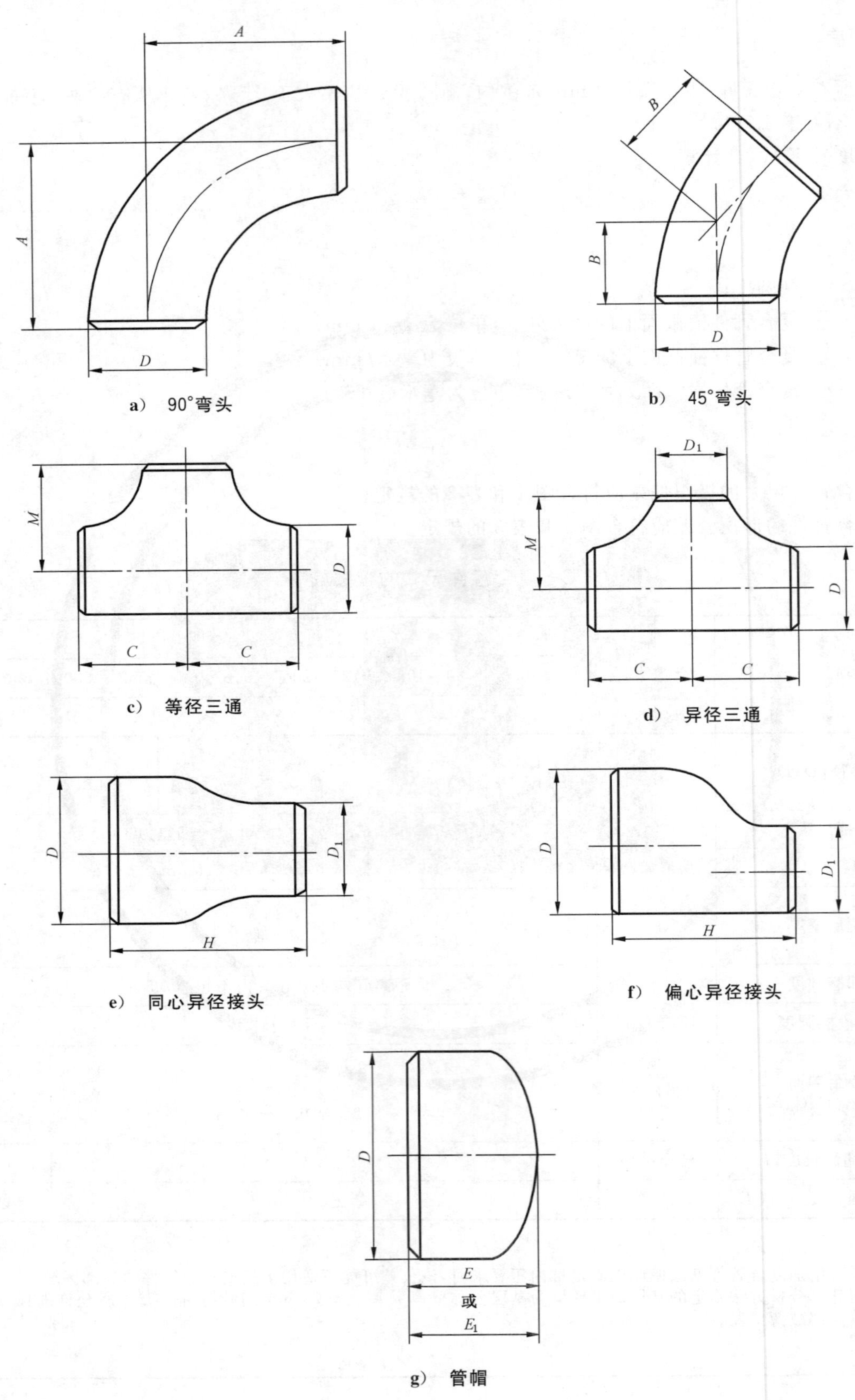

图1 复合管件几何尺寸示意图

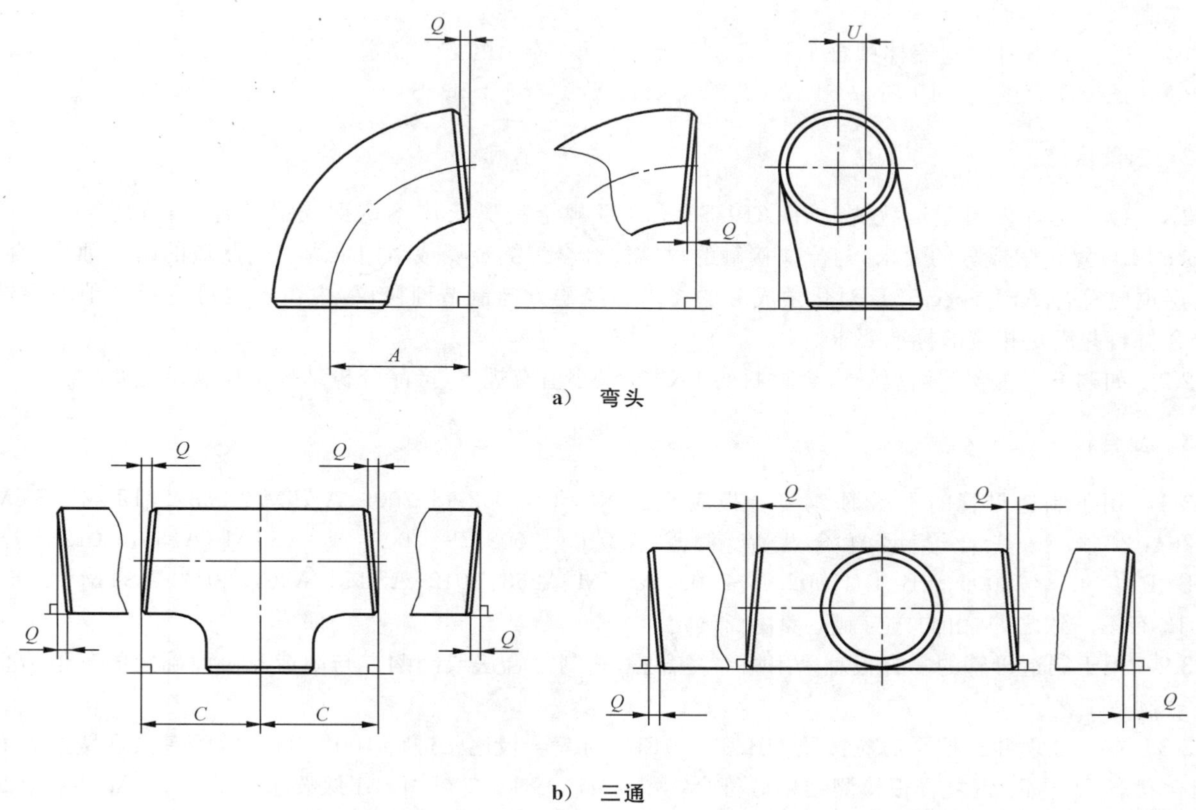

a） 弯头

b） 三通

图2 复合管件的形位公差示意图

表3 复合管件的形位公差

单位为毫米

项目	管件种类	公称直径DN范围					
		50～100	125～200	250～300	350～400	450～600	650～800
		公差					
端面垂直度 Q	弯头、异径接头、三通	±0.8	±1.6	±2.4		±3.2	±4.8
复合管件平面度 U	45°和90°弯头、三通	±1.6	±3.2	±4.8	±6.4	±9.5	±12.5

7 材料

7.1 基层

7.1.1 复合管件的基层材料应选用与其相连接的管线管具有相同或相近的钢级、化学成分和力学性能的碳钢或低合金钢，基层材料的化学成分和力学性能应满足 API Spec 5L：2012 中 PSL2 要求。经购方与制造商协议，基层也可选择 GB/T 12459 或 GB/T 13401 规定的碳钢和低合金钢材料并满足相应的标准要求。

7.1.2 若复合管件输送流体中含 H_2S 且属于酸性环境，应由购方与制造厂协议确定复合管件基层母材和焊缝是否需要满足 API Spec 5L:2012 附录 H、ISO 15156-1 和 ISO 15156-2 相关要求。

7.2 内覆层

7.2.1 复合管件内覆层应优先选用 API Spec 5LD 规定的奥氏体不锈钢或镍基合金，且应符合 API Spec 5LD 对化学成分的要求，与流体接触的耐腐蚀合金焊缝金属或采用堆焊工艺制造的耐腐蚀合金内覆层也应符合 API Spec 5LD 对化学成分的要求。经购方与制造商协议，内覆层也可选择其他耐腐蚀合金材料并满足相应的标准要求。

7.2.2 如购方对内覆层耐腐蚀合金材料的 PREN 最小值有规定，产品分析结果也应满足此要求。

7.3 复合板

7.3.1 用于制造母管的不锈钢-钢复合板应符合 NB/T 47002.1—2009、ASTM A263:2012 或 ASTM A264:2012，镍基合金-钢复合板应符合 NB/T 47002.2—2009 或 ASTM A265:2012。若 NB/T 47002.1—2009、NB/T 47002.2—2009、ASTM A263:2012、ASTM A264:2012、ASTM A265:2012 有不一致之处，由购方与制造商协商确定。

7.3.2 用于制造母管的复合板宜采用爆炸复合法、轧制复合法或经购方与制造商协商确定的其他冶金复合制造工艺。

7.3.3 在热处理并经校平后应按照 NB/T 47013.3 对复合板逐张进行 100% UT，检测基层和覆层界面结合状态，不锈钢-钢复合板检测结果应符合 NB/T 47002.1—2009 中 B1 级要求或 ASTM A263:2012、ASTM A264:2012 中 1 级要求，镍基合金-钢复合板检测结果应符合 NB/T 47002.2—2009 中 B1 级要求或 ASTM A265:2012 中 1 级要求。经购方与制造商协议，也可采用 AUT 技术检测复合板结合状态。

7.3.4 允许对复合板结合状态未达到 7.3.3 规定要求的未结合区覆层进行补焊，但复合板覆层拼接焊缝及焊缝两侧 50 mm 范围内不应补焊。补焊应按照评定合格的焊接工艺进行，补焊后部位材料的耐腐蚀性能应不低于母材，补焊后区域应进行 UT 和 PT 检验，UT 结果应符合 7.3.3 要求，PT 结果应符合 NB/T 47013.5—2015 中Ⅰ级要求。同一部位只允许补焊一次。

7.3.5 复合板基层不应存在拼接焊缝，单张复合板覆层拼接焊缝不得超过一条，且覆层拼接工艺应按照评定合格的焊接工艺完成，确保覆层拼接焊缝的力学性能和耐腐蚀性能不低于覆层母材要求，且不得影响基层与覆层之间界面结合质量等级。

7.3.6 复合板制应依据 GB/T 6396 进行剪切结合强度试验，最低剪切结合强度应不低于 210 MPa。

7.3.7 制造复合板的材料均应有质量合格证明书，其检验项目应符合相关标准的规定或订货技术要求，制造商应对复合板进厂后按本标准相应要求进行复验，对具有同一质量保证体系且和复合管件为同一制造商生产的复合板可不再做入厂复验。复验应满足以下要求：

a) 对复合板逐张进行外观、工艺质量、几何尺寸、内覆层界面结合状态 100%UT 检验；
b) 按同基层熔炼批、同内覆层熔炼批、同钢级、同规格、同制造工艺和同热处理工艺为一批对复合板进行抽检，每批不多于 50 张抽检 1 张，抽检复检项目包括：基层和内覆层化学成分、基层拉伸性能、基层冲击韧性和内覆层剪切结合强度试验；
c) 复合板内外表面不应有铜、铝、锡、铅、锌等低熔点金属污染，耐腐蚀合金层表面不应有铁离子污染，如果产生，应采用有效的方法进行清除和检验。

7.4 母管

7.4.1 母管除应满足 API Spec 5LD 的要求外，还应满足本标准的要求，两者若有不一致之处，应以最严格的要求执行。

7.4.2 母管可以是无缝管，也可以是仅有一条熔化金属填充焊缝的直缝焊接管，内覆层与基层之间应为冶金复合，母管宜采用以下制造工艺：

a) 由满足7.3要求的复合板卷制成型焊接；

b) 在无缝钢管或仅有一条熔化金属填充焊缝的直缝焊接钢管内表面堆焊耐腐蚀合金层；

c) 经购方与制造商协商确定的其他冶金复合方式。

7.4.3 不应采用对接复合管(将两根复合管对接焊在一起)制造母管，也不准许母管基层存在环向焊缝。

7.4.4 对复合板制母管应依据GB/T 6396进行剪切结合强度试验，最低剪切结合强度应不低于210 MPa，试样宜在远离焊缝的结构连续部位取样。

7.4.5 除内覆层为堆焊工艺制造的母管外，其他工艺制造的母管在出厂前，应使用能定位缺陷位置的UT方法按照NB/T 47013.3要求对母管逐根进行100% UT，检测母管基层与内覆层界面结合状态，检测结果应不低于7.3.3规定的相应复合板的要求。

7.4.6 母管出厂前，对存在焊缝的母管应按照SY/T 6423.1—2013要求逐根对所有焊缝进行100% RT以及按照SY/T 6423.2—2013要求进行100% UT，验收等级均为Ⅱ级。

7.4.7 制造复合管件的原材料均应有质量合格证明书，制造商应对母管进厂后按本标准相应要求进行复验，对具有同一质量保证体系且和复合管件为同一制造商生产的母管可不再做入厂复验。复验应满足以下要求：

a) 对母管逐根进行外观、工艺质量、几何尺寸、内覆层界面结合状态100% UT(内覆层为堆焊工艺制造的母管除外)和焊缝100%RT；

b) 按同基层熔炼批、同内覆层熔炼批、同钢级、同规格、同制造工艺和同热处理工艺为一批进行抽检，DN<500 mm时每批不多于100根抽检1根，DN≥500 mm时每批不多于50根抽检1根，抽检复检项目包括：基层和内覆层化学成分、基层母材纵向和横向(若可以取样)拉伸性能以及焊缝横向(若可以取样)拉伸性能、基层冲击韧性和内覆层剪切结合强度试验(内覆层为堆焊工艺制造的母管可不做)；

c) 母管内外表面不应有铜、铝、锡、铅、锌等低熔点金属污染，耐腐蚀合金层表面不应有铁离子污染，如果产生，应采用有效的方法进行清除和检验。

8 制造

8.1 一般规定

8.1.1 复合管件基层与内覆层之间应为冶金复合方式，宜采用以下制造工艺：

a) 采用满足7.3要求的复合板经冷加工或热加工工艺成型后再焊接；

b) 采用满足7.4要求的母管经冷加工或热加工工艺成型；

c) 采用碳钢或低合金钢管件堆焊内覆层的方法制造，钢制管件应符合GB/T 12459、GB/T 13401或GB/T 29168.2要求。

8.1.2 制造复合管件所采用冷加工或热加工工艺包括弯制、压制、拔制、冲压、挤压、焊接或经购方与制造商协商确定的其他工艺，所采用的工艺，应保证复合管件不产生裂纹和其他影响安全的缺陷，表面外形应圆滑过渡。

8.1.3 复合管件在制造、储存和运输过程中，应采取有效的措施防止耐腐蚀合金层表面产生铁离子污染。如果产生，应采用有效的方法进行清除和检验，并报告购方。

8.2 焊接

8.2.1 复合管件所有焊缝和堆焊(包括返修焊缝)应由考核合格的焊工按照评定合格的焊接工艺完成。制造复合管件所采用的所有焊接工艺规程应满足 NB/T 47015,焊接工艺评定应按照 NB/T 47014 进行,焊工考试应按 TSGZ 6002 进行。

8.2.2 根据复合管件公称尺寸和制造方法的不同,允许在壳体上有一条或两条纵向焊缝,对弯头、异径接头和三通,当 DN≤450 mm 时,可有一条纵向焊缝;当 DN>450 mm 时,可有两条纵向焊缝。复合管件焊缝的位置应符合 GB/T 13401 的要求。

8.2.3 复合管件上的焊缝应为对接焊缝,焊缝的对接坡口尺寸宜符合 GB/T 985 或 GB/T 986 要求,所有对接焊缝应为全焊透结构,应采用熔化焊工艺,应优先采用自动焊,宜选用双面焊工艺。坡口宜采用机械加工方法,若采用热切割法,应去除坡口表面的氧化皮并打磨平整。

8.2.4 堆焊应采用冷/热丝 TIG 焊接或其他热输入量较少的焊接方法,应采用多层堆焊,前后相邻堆焊层间的搭接长度应不小于每层堆焊层宽度的 30%,且焊道的不平度和相邻焊道之间的凹下量都应不大于 0.5 mm。堆焊层的厚度应满足 6.2.1 要求,化学成分应满足 7.2 要求。

8.3 热处理

8.3.1 对采用钢制管件进行内表面堆焊耐腐蚀合金层工艺制造的复合管件,成形后的钢制管件应进行热处理,钢制管件制造商应提供热处理工艺报告,在保证内覆层堆焊工艺不影响基层各项性能的前提下,堆焊后的复合管件可不再进行热处理。

8.3.2 采用冷成形的复合管件,成形后应进行消除应力的热处理。

8.3.3 热加工成型的复合管件,应根据材质和加工过程,由购方和制造商协商确定不进行热处理或选择合适处理工艺。

8.3.4 热处理炉应至少每年鉴定一次,热电偶每半年鉴定一次。热处理时炉温的温差应控制在±10℃以内。测温时,热电偶可直接和复合管件相连接,或者与复合管件有相同温度的材料相连接。

8.4 校圆

允许对复合管件端部使用冷校圆,当 DN≤600 mm 时,冷校圆时径向永久变形量应不大于 1.5%D(或 1.5%D_1)或 8 mm 中的两者较小值;当 DN>600 mm 时,冷校圆时径向永久变形量应不大于 1.5% D(或 1.5%D_1)或 17 mm 中的两者较小值。不应采用冷扩径方式调整复合管件管端内径。

8.5 管端

8.5.1 复合管件焊端坡口应机加工成形,焊端坡口型式应与相连管线坡口形式一致,坡口形式应按照 GB 50251 或 GB 50253 和焊接工艺评定结果确定。

8.5.2 当复合管件设计图或购方对管端坡口未作规定,且复合管件焊端总壁厚($t+t_B$)与相连管道等壁厚时,当 $t+t_B$≤22 mm 时,其坡口型式与尺寸可按图 3 a)所示加工为 V 型坡口;当 $t+t_B$>22 mm 时,其坡口型式与尺寸可按图 3 b)所示加工为双 V 型坡口。若内覆层为高镍含量的耐腐蚀合金,焊端坡口可适当提高斜度;对于基层公称壁厚小于 5 mm 的复合管件,焊端坡口可加工成略有斜边或直边型式;根据购方要求,可对管端进行堆焊处理,堆焊工艺和堆焊材料由供需双方协商确定。

8.5.3 当复合管件焊端总壁厚($t+t_B$)超过相连接管道壁厚 2 mm 及以上时,复合管件焊端宜做外削边处理,外削边尺寸与坡口结构应由购方与制造商协商确定。

8.5.4 复合管件距端面 100 mm 范围内的内外焊缝余高均应去除,去除后内外焊道剩余高度应不大于 0.5 mm,但不得低于管体表面,焊缝磨削去除时,不得明显伤及管体,且应圆滑过渡。

8.5.5 根据购方要求,可在 6.1 所规定复合管件标准尺寸基础上,焊接端直管段的长度增加不小于

30 mm。

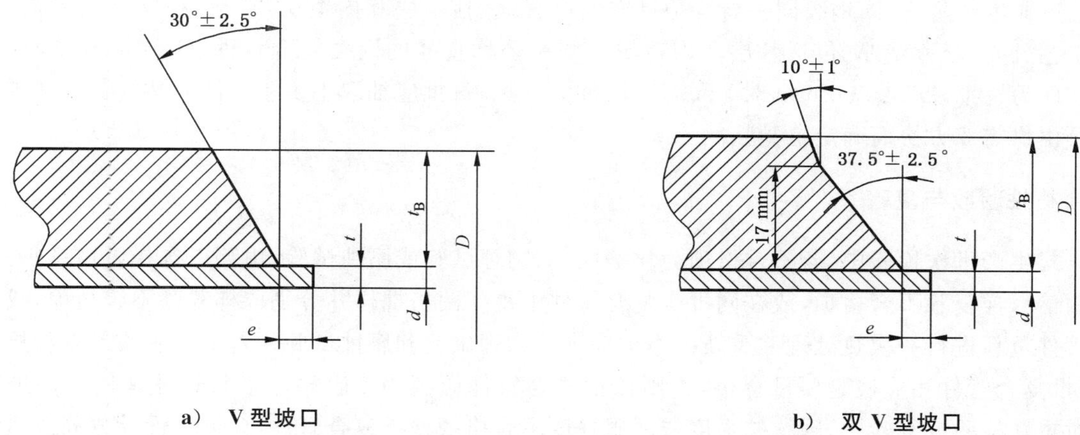

a) V型坡口

b) 双V型坡口

说明：

D ——复合管件端部外径，单位为毫米(mm)；

d ——复合管件端部名义内径，单位为毫米(mm)；

e ——复合管件焊接端坡口内覆层伸出长度，单位为毫米(mm)，宜为 2.5 mm～3.5 mm；

t ——复合管件内覆层公称壁厚，单位为毫米(mm)；

t_B ——复合管件基层公称壁厚，单位为毫米(mm)。

图 3 复合管件焊接坡口示意图

8.6 表面处理

复合管件最终检验前应进行表面清理，外表面宜采用钢丸喷砂除锈，内表面宜采用喷玻璃砂除锈。内外表面清理完成后应对耐腐蚀合金内覆层进行酸洗钝化处理，酸洗钝化处理后再用自来水(氯离子含量低于 25 mg/L)进行最终清洗。表面清理完成后，内外表面应完全干燥。

8.7 工艺评定

复合管件正式生产前，应对不同材质和不同规格的试制复合管件按照附录B进行制造工艺评定，并编制用于复合管件正式生产的制造工艺规程(MPS)。

9 技术要求和检验方法

9.1 一般规定

9.1.1 试验与检验项目

9.1.1.1 检验与试验应在复合管件下线 24 h 后进行。除在试验方法中另有规定外，试样应在室温环境下进行状态调节。

9.1.1.2 按照本标准供货的复合管件应进行制造工艺评定和批次检验，检验和试验项目如表 4 所列，取样位置和数量宜参照附录C进行。

9.1.2 检验频次

9.1.2.1 在制造工艺评定阶段，不同种类、不同钢级、不同熔炼炉批次的基层和内覆层材料、不同公称直径、不同制造工艺、不同热处理工艺、不同公称壁厚(包括基层和内覆层)的试制复合管件应各抽取不少于2根成品复合管件进行MPQT。也可由供需双方协商确定检验频次。

9.1.2.2 正式生产阶段，同钢级同一熔炼炉批次的母管（包括基层和内覆层）材料、相同制造工艺、相同热处理工艺、同一公称壁厚（包括基层和内覆层）、同一公称直径的同类复合管件，DN＜400 mm时，不多于100件为一批，DN≥400 mm时，不多于50件为一批，每批应抽取不少于1件成品复合管件进行检验。也可由供需双方协商确定检验频次。

9.1.3 合格性验收与复验

在正式生产批次检验中，若不合格项为化学成分、物理试验或腐蚀试验，由购方选择，可在同一复合管件上两倍取样复验不合格项，或在同批次复合管件中重新两倍抽样并分别取样复验不合格项，或对该批复合管件重新进行一次热处理并重新按本标准进行物理试验和腐蚀试验。若上述复验或重新检验合格，则该批复合管件相应检验项目合格，否则该批复合管件应判为不合格。重新热处理仅允许进行一次。但对重新检验或复验中，因抗拉强度或屈服强度不合格的该批复合管件，允许经设计方同意后降低压力等级使用。

9.2 几何尺寸

9.2.1 复合管件应逐根进行几何尺寸检测，几何尺寸及尺寸公差应符合第6章的要求。

表4 复合管件试验和检验项目汇总表

类型	检验项目	检验频次	技术要求与检验方法
几何尺寸	标准尺寸	P	6.1,6.5,9.2
	基层壁厚	P	6.2.1,6.5,9.2
	内覆层壁厚	P	6.2.2,6.5,9.2
	内径	P	6.3,6.5,9.2
	椭圆度	P	6.4,6.5,9.2
	复合管件平面度	P	6.5,9.2
	端面垂直度	P	6.5,9.2
	管端	P	8.5
化学成分	基层	O和T	7.1,9.3
	内覆层	O和T	7.2,9.3
物理试验	拉伸性能	O和T	7.1,9.4
	冲击韧性	O和T	7.1,9.5
	导向弯曲试验	O和T	9.6
	全截面维氏硬度	O和T	9.7
	表面硬度	Q和T	9.8
	焊缝宏观检查与金相组织检验	O和T	9.9
	内覆层剪切结合强度	O和T	9.10
腐蚀试验	晶间腐蚀试验	O和T	9.11
	基层材料腐蚀试验	协商	9.12,参见附录D
	内覆层材料腐蚀试验	O和T	9.13,附录A

表 4(续)

类型	检验项目	检验频次	技术要求与检验方法
NDT	外表面(MT 或 PT)	P	10.2
	内表面(PT)	P	10.2
	基层与内覆层界面结合状态(UT)	P	10.3
	焊缝(UT 和 RT)	P	10.3
	外弧侧横向裂纹(UT)	P	10.3
	管端分层(UT 和 PT)	P	10.4
	管端剩磁	P	10.5
外观检查	表面质量、缺欠和缺陷处理	P	第 11 章
静水压试验		协商	9.14
设计验证试验		T	9.15
O——正式生产阶段,进行批次检验时,按照 9.1.2.2 要求抽取 1 根成品复合管件。 P——制造工艺评定阶段和正式生产阶段,对每根成品复合管件要求。 Q——正式生产阶段,进行批次检验时,每批应抽 3%且不少于 2 根成品复合管件。 T——制造工艺评定阶段,按照 9.1.2.1 要求抽取不少于 2 根成品复合管件。			

9.2.2 复合管件壁厚检验应满足以下要求:

a) 对于正式生产阶段每根复合管件,基层壁厚宜依据 ASTM E797 采用手动超声脉冲回波法测量,内覆层壁厚宜依据 ASTM B499 采用电磁法测量,每个部位应至少均匀测量 3 点,测量部位应包括:
   1) 三通的主管与支管过渡区域、主管中心线处以及主管底部;
   2) 弯头外弧侧、内弧侧以及中心线(中性区)处;
   3) 异径接头大头、小头和过渡部位(若有);
   4) 管帽的顶部和端部。

b) 在制造工艺评定和正式生产批次检验中,应采用金相法对基层壁厚和内覆层壁厚进行检测,检测部位至少应包括 9.2.2 a)所列部位。

9.2.3 对复合管件距离管端 50 mm 范围的内径应使用环规、卡规或光学测量仪器进行检测,检测结果应满足 6.3。

9.2.4 端面垂直度、复合管件平面度的检测方法可依据 SY/T 5257 进行。

9.3 化学成分

9.3.1 成品复合管件的基层化学成分分析应满足 7.1 要求,内覆层的化学成分应满足 7.2 要求。

9.3.2 由购方选择,用于化学分析的试样可取自成品复合管件或母管或复合板。对于直缝焊接复合管件或母管,基层和内覆层母材的取样位置应与焊缝至少相隔 90°,内覆层焊缝化学分析试样应取自内覆层焊缝中心。

9.3.3 堆焊层的化学成分分析试样应取自堆焊层中间,即距表面 1.0 mm 以下,距离熔合线 1.0 mm 以上,需分析的元素应包括但不限于 C、Mn、Cr、Ni、Mo、P、S 和 Fe,并应符合 7.2 要求,还应满足元素 Cr、Ni、Mo 成分的测量值不应低于填充金属成分的 90%,且元素 Fe 的稀释率不应超过 5%。

9.3.4 与化学成分分析有关的方法和过程应按照 ASTM A751 或 ASTM E353 执行。

9.4 拉伸性能

9.4.1 成品复合管件基层的拉伸性能应满足 7.1 要求。

9.4.2 基层材料的拉伸试验宜参照附录C推荐位置取样，母材取横向和/或纵向拉伸试样，进行材料 R_m、$R_{t0.5}$ 和伸长率性能指标检测，焊缝取横向拉伸试样，进行 R_m 性能指标检测。若管件尺寸不足以提供上述位置拉伸试样，则由购方选择，试样可取自制造管件的母管、复合板、钢制管件(仅对内覆层堆焊工艺制造的管件)或者不要求进行该位置拉伸试验。

9.4.3 拉伸试样可采用 API Spec 5L:2012 中规定的板状或圆棒试样，试样上的耐腐蚀合金层应予以清除，焊缝应磨平，拉伸试验报告应注明试样的类型、规格以及取样位置。

9.4.4 常温下拉伸试验应按照 GB/T 228.1 和 GB/T 17600.1 的规定进行。如果最高设计温度超过 100 ℃，应依据 GB/T 228.2 规定的方法对基层材料进行高温拉伸试验，合格性判据由购方和制造商协商确定。

9.4.5 本标准只对基层材料的拉伸性能作了规定，购方和制造商也可协商确定耐腐蚀合金层及其与基层复合后的力学性能。

9.5 CVN 冲击韧性

9.5.1 成品复合管件基层材料的 CVN 冲击试验，宜参照附录C推荐位置取样，试样上的耐腐蚀合金层应在试验前清除，每组冲击试样应由3个相邻的毛坯样品加工而成，并且是从未展平的同一试块上取样。

9.5.2 CVN 冲击试样应符合 GB/T 229 的规定，缺口的轴线应垂直于管件表面，如果管件尺寸允许，应优先选用标准横向全尺寸试样，其次采用较小尺寸的 10 mm×7.5 mm 或 10 mm×5.0 mm 的横向试样；若无法取得横向试样，依次采用标准尺寸或宽度不小于 7.5 mm、5.0 mm 的较小尺寸纵向试样。若管件尺寸不足以提供最小宽度为 5.0 mm 的纵向试样，则不要求进行 CVN 冲击试验。

9.5.3 正常情况下，焊缝中心和 HAZ 的 CVN 冲击试样缺口位置应如图4所示，当存在焊偏时，焊缝及 HAZ 上截取的试样的刻槽轴线应如图5所示。焊缝试样的刻槽轴线应位于外焊道中心线上或尽可能靠近该中心线，HAZ 试样的刻槽轴线应尽可能靠近外焊道边缘。每个试样应在开缺口之前，应通过腐蚀方法确定合适的开缺口位置。

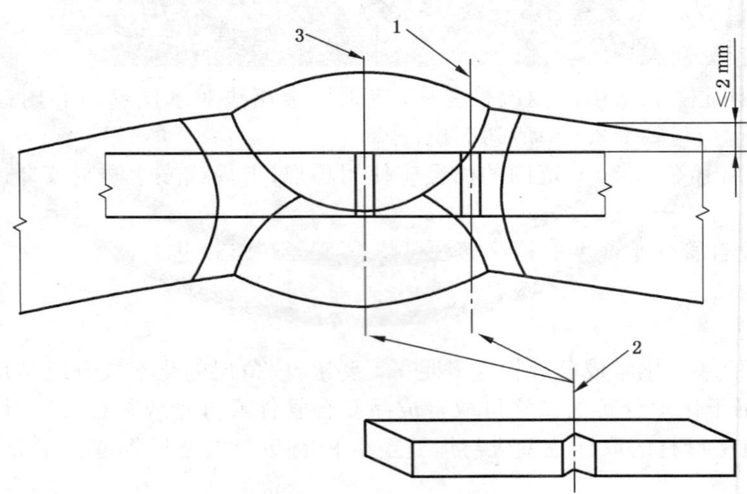

说明：

1——HAZ 冲击试样缺口位置-试样上表面与外焊道熔合线交界；

2——CVN 冲击试样缺口中心线；

3——焊缝金属冲击试样缺口位置-外焊道中心。

图4 CVN 试样在焊缝中心和 HAZ 取样位置

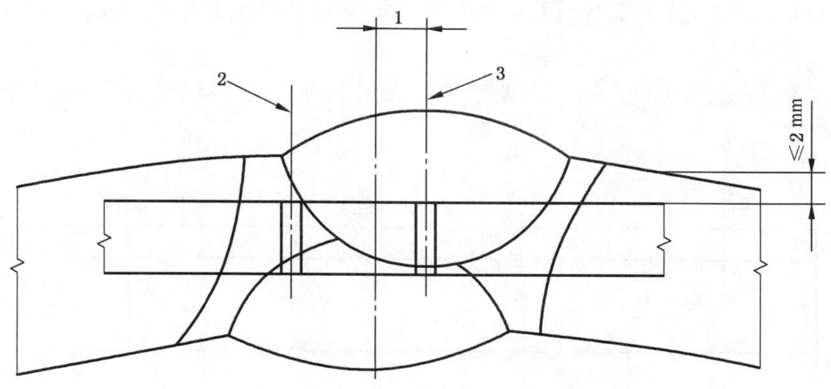

说明：

1——焊偏量；

2——HAZ 冲击试样缺口位置，偏向内焊道一侧；

3——焊缝金属冲击试样缺口位置，位于外焊道中心。

图 5 存在焊偏时 CVN 试样在焊缝和 HAZ 取样位置

9.5.4 CVN 冲击试验应依据 GB/T 229 进行，除非协议，CVN 冲击试验温度宜取 −20 ℃或最低设计温度。

9.5.5 除非协议，成品复合管件的基层材料（母材与焊缝）在试验温度下 CVN 冲击吸收能应满足如下要求：

a) 对于 L245/B～L485/X70 钢级横向全尺寸标准试样，最小平均值不低于 40 J，单个试样最小值不低于 30 J，并报告剪切面积数据；

b) 对于纵向试样，最小平均值和单个试样最小值应不低于相应横向试样规定值的 1.5 倍；

c) 采用较小尺寸的 10 mm×7.5 mm 或 10 mm×5.0 mm 试样，其冲击吸收能要求值分别为全尺寸规定值的 0.75 和 0.5；

d) 若选用其他碳钢或低合金钢，由购方与制造商协商确定验收指标。

9.6 导向弯曲试验

9.6.1 带有焊缝的复合管件的导向弯曲试验宜参照附录 C 推荐位置取样，取一个面弯和背弯试样。试样应按照 GB/T 232 制备，复合管件总壁厚（$t+t_B$）不大于 19 mm 时，可经冷压平作成全厚度平板试样；若复合管件壁厚（$t+t_B$）大于 19 mm，可从完全受拉面的反面加工成厚度 18 mm 的矩形横截面试样。试样上不应有补焊焊缝，焊缝两面余高应去除，背弯试样的耐腐蚀合金层应保留。

9.6.2 试验方法依据 API Spec 5L：2012 进行，弯模几何尺寸应符合 API Spec 5L：2012 对与管件基层同钢级管材的规定，且弯模直径不超过试样厚度的 6 倍。面弯、背弯试样在弯模内弯曲约 180°，焊缝位于试样中部。

9.6.3 导向弯曲试验结果满足以下要求为合格：试样不应完全断裂；在焊缝、HAZ 和母材处，不应出现任何长度大于 3.2 mm 的裂纹；起源于试样边缘的裂纹，在任何方向上裂纹长度应不大于 6.4 mm，但由于夹渣或缺陷引起的边缘开裂，该试样视为不合格，应重新取样进行试验。

9.7 全截面维氏硬度

9.7.1 复合管件的全截面硬度检测试验宜参照附录 C 取样，对于有纵向焊缝的管件，焊缝横截面硬度检测压痕位置如图 6 a）所示。除非协议，未受到热影响的母材硬度压痕间距应为 1 mm，HAZ 和焊缝的硬度压痕间距应为 0.75 mm，距熔合线最近的高温 HAZ 硬度点离熔合线的距离不应超过 0.5 mm。

9.7.2 对于采用堆焊工艺制造的复合管件，全截面硬度检测点如图 6 b)所示，除非协议，硬度压痕间距应为 1 mm。

9.7.3 全截面硬度检测依据 GB/T 4340.1 要求进行维氏 10 kg 硬度试验。基层及耐腐蚀合金层维氏硬度值应符合表 5 要求。

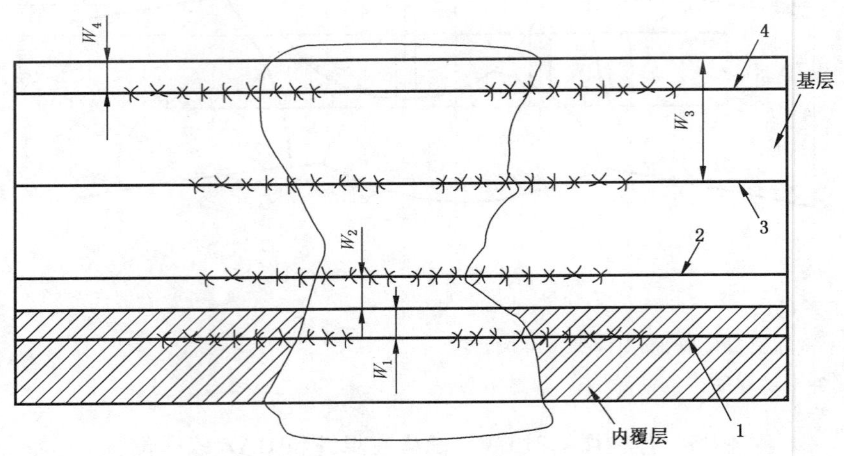

a) 带有焊缝的复合管件

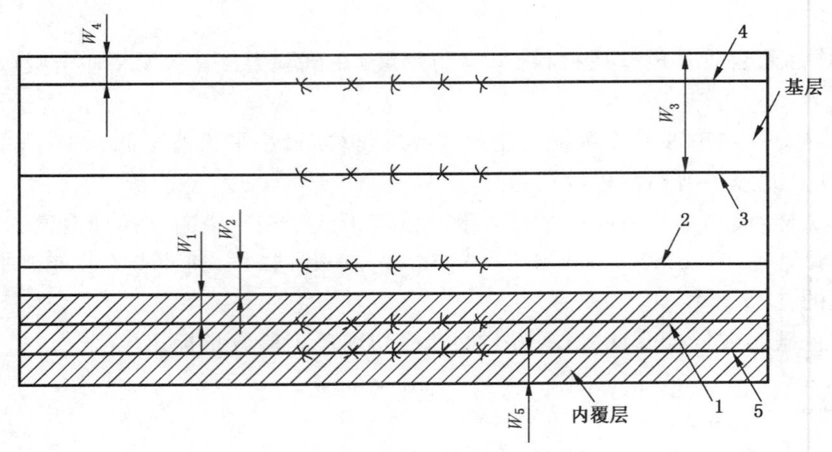

b) 堆焊工艺制造的复合管件

说明：

线 1——内覆层一侧距离基层与内覆层界面熔合线 W_1，W_1＝1.0 mm，＋0.0，－0.5 mm；

线 2——基层一侧距离基层与内覆层界面熔合线 W_2，W_2＝1.0 mm，＋0.0，－0.5 mm；

线 3——基层中间壁厚处，W_3 为基层壁厚的二分之一；

线 4——距离基层外表面 W_4，W_4＝1.5 mm，＋0.5 mm，－0.0；

线 5——距离堆焊层外表面 W_5，W_5＝1.5 mm，＋0.0，－0.5 mm。

图 6 复合管件全截面硬度检验压痕位置

表5 复合管件全截面硬度检测要求

材料类型	硬度要求
基层母材和焊缝(碳钢或低合金钢)	L360/X52及其以下钢级不超过240 HV_{10},L390/X56及其以上钢级不超过248 HV_{10},另有协议除外
内覆层母材和焊缝(奥氏体不锈钢)	不超过300 HV_{10}
内覆层母材和焊缝[镍基合金,如825合金(LC2242),625合金(LC2262)]	不超过345 HV_{10}
注:不锈钢和有色金属维氏硬度与其他硬度的转换系数和与碳钢使用的系数不同。	

9.8 表面硬度

9.8.1 每根成品复合管件基层外表面应采用便携式里氏硬度计进行宏观硬度检测,检测方法按照GB/T 17394.1进行,合格性验收指标由制造商与购方协商确定。

9.8.2 对于正式生产阶段的复合管件,每批应抽3%且不少于2根进行表面硬度检测,每个位置取3个~5个等间距硬度点的读数为平均值,检测结果若有1根不合格,应加倍检验,若仍有1根不合格,应逐根检测。表面硬度的测量部位应包括:

a) 三通的主管与支管过渡区域、主管中心线处以及主管底部;

b) 弯头外弧侧、内弧侧以及中心线(中性区)处;

c) 异径接头大头、小头和过渡部位(若有);

d) 焊缝及其HAZ;

e) 管帽的顶部和端部。

9.8.3 用于MPS的试制复合管件,在各检测部位上不少于3个点读数的平均值可被作为正式批量生产复合管件制定表面硬度检测合格性验收指标的依据。

9.9 焊缝宏观检查和金相组织检验

9.9.1 对带有焊缝的复合管件应采用宏观照相对内外焊缝横向截面进行检查,取样位置宜参照附录C进行,试样横截面应包括焊缝两侧的焊接熔合线、HAZ及母材,且应抛光至1 μm,酸蚀后使用光学显微镜(放大10倍或按协议要求)进行检查,焊缝区域不应存在缺陷,内外焊道应充分熔合,焊缝的几何尺寸和工艺缺陷应符合表6要求。

9.9.2 在制造工艺评定和正式生产批次检验中,应在不低于200倍放大条件下对复合管件母材和焊缝的横截面进行金相检验,金相检验部位与全截面硬度检测部位一致,金相试样按ASTM E340的规定制备,晶粒度按GB/T 6394进行评定,夹杂物等级按GB/T 10561进行评定。

9.9.3 对于有纵向焊缝的成品复合管件,弯曲段不同部位的母材、焊缝和HAZ的显微组织应基本一致,无有害相,基层和内覆层的平均晶粒度应不低于6级。

表6 焊缝金相检验验收条件

缺陷类型	纵向焊缝	堆焊层
焊缝熔合情况	充分熔合	充分熔合
基管的焊缝咬边	≤0.4 mm	
内覆层的焊缝咬边	≤0.4 mm	≤0.4 mm

表 6（续）

缺陷类型	纵向焊缝	堆焊层
基层纵向焊缝错边量	≤1.5 mm	
耐腐蚀合金层纵向焊缝错边	≤0.5 mm	
耐腐蚀合金层焊缝的连续性	100%连续	
裂纹	不准许	不准许
焊偏	≤0.15t_B，且≤3.0 mm	
交互熔深	≤2 mm	≤2 mm
外焊缝高度	≤3 mm	
内覆层焊缝余高	≤0.5 mm	
有害金属间相	不准许	不准许
S31603 奥氏体不锈钢焊后铁素体含量(点计数法－ASTM E562)	5%～13%	5%～13%

9.10 内覆层剪切结合强度

9.10.1 对复合板制管件应依据 GB/T 6396 进行剪切结合强度试验，最低剪切结合强度应不低于 200 MPa。

9.10.2 试样宜在远离焊缝、结构连续部位取样，具体取样位置宜参照附录 C 进行。

9.11 晶间腐蚀试验

9.11.1 复合管件内覆层应进行晶间腐蚀试验，若内覆层为奥氏体不锈钢，宜依照 GB/T 4334—2008 方法 B 或方法 E 进行晶间腐蚀试验，若内覆层为镍基合金，宜依照 GB/T 4334—2008 方法 B 或方法 C 进行晶间腐蚀试验。经购方和制造商协商，也可选用其他试验方法。

9.11.2 晶间腐蚀试样应由耐腐蚀合金层上截取，具体取样位置宜参照附录 C 进行，如采用火焰切割试样，应对试样的切割边缘进行机械加工或修磨。除非需压平，试样应在原始状态下进行试验。试样上存在的任何刻痕，应使用粒度为 120 的无铁氧化铝磨料采用机械方法去除，或使用化学方法去除。

9.11.3 若采用 GB/T 4334—2008 方法 E，试样经腐蚀后应在不低于 10 倍放大条件下检查弯曲试样是否存在裂纹，如果对结果有疑问，应将试样放在 150 倍～500 倍显微镜下进行检查，不出现裂纹为合格。

9.11.4 若采用 GB/T 4334—2008 方法 B 或方法 C，最低验收标准由制造商与购方协商确定。

9.12 基层材料腐蚀试验

对于输送含有 H_2S 腐蚀性介质的复合管件，若输送介质属于酸性环境，应由购方与制造厂协议确定是否需要在制造工艺评定和正式生产批次检验中，对复合管件基层母材和焊缝进行 HIC 试验和 SSC 试验，腐蚀评价方法宜参照附录 D 进行。

9.13 内覆层材料腐蚀试验

在制造工艺评定和正式生产批次检验中，应根据内覆层材料类型和使用工况环境对内覆层进行耐腐蚀性能评价，腐蚀评价方法应依据附录 A 进行。

9.14 静水压试验

9.14.1 对正式生产的复合管件，出厂前不要求在制造单位进行水压试验，但制造商应承担复合管件在现场安装后符合静水压试验要求的责任。

9.14.2 若购方要求进行静水压试验，试验方法宜按照 API Spec 5L:2012 或双方协议确定。静水压试验的验收要求为：试验压力为复合管件设计压力的150%，稳压时间不少于 10 s，试样不得有破裂和渗漏，或有碍于使用的其他损害。

9.15 设计验证试验

9.15.1 一般要求

在制造工艺评定阶段，制造商应对复合管件按照 9.15.2～9.15.7 进行设计验证试验。设计验证试验方法为爆破试验。制造商的产品档案中应存有设计验证试验过程记录或已有成功验证试验的记录资料，并随产品一并提供给购方。

9.15.2 试样

应取 2 根或 3 根复合管件用于爆破试验，选作试验的复合管件，应保留耐腐蚀合金层，并按照本标准对其进行几何尺寸、表面质量和 NDT 检验，检验结果应符合本标准要求，另外检验报告中应标明复合管件材料类型、几何尺寸、强度等级、炉批号及热处理状态。

9.15.3 试验组件

9.15.3.1 试验组件中的每一件管帽、有缝或无缝直管短节，其壁厚应与试验复合管件的壁厚相匹配，其理论计算爆破强度应不小于试验复合管件计算爆破强度的105%。

9.15.3.2 焊接过程中，试验管件、直管短节和管帽之间对接焊接时，距离管端 50 mm 范围内复合管件内径应与相连直管短节和管帽内径一致，端部的内壁错边量应不大于 1.5 mm。直管短节的长度至少应为直管短节外径的一倍，当直管短节的长度超过短节外径时，可以对短节采取外补强加固措施，确保直管短节不会提前失效。

9.15.4 流体介质

试验用介质宜用自来水，水中的氯离子的含量应低于 25 mg/L。

9.15.5 验证试验强度计算

复合管件水压爆破试验应按基层材料规格与钢级进行，验证试验的强度计算应按式(2)确定：

$$P = 2\phi\sigma_b t_p / D_p \quad \cdots\cdots(2)$$

式中：

P ——复合管件验证试验计算最小强度，单位为兆帕(MPa)；

σ_b ——复合管件基层材料的实际抗拉强度(当管件基层材料的实际拉伸强度小于连接管的名义最小抗拉强度时，按连接管的名义最小抗拉强度计算)，单位为兆帕(MPa)；

t_p ——与复合管件相连接的管子的公称壁厚或复合钢管的基层公称壁厚，单位为毫米(mm)；

ϕ ——设计验证试验系数，若试验次数为 2，$\phi=1.05$；若试验次数为 3，$\phi=1$；

D_p ——与复合管件相连接管子的名义外径，单位为毫米(mm)。

9.15.6 试验程序

9.15.6.1 试验组件组装及检测

复合管件爆破试验组件焊接和组装完成后，应对全部试验组件的焊缝按照 NB/T 47013.2—2015 进行 100%RT，验收等级为Ⅱ级，检验合格后再向试验组件内注水进行爆破试验。

9.15.6.2 试验方法与要求

试验泵的输出能力应是按照式(2)计算的验证压力的1.25倍,压力测试范围应为计算验证压力或规定压力的1.5倍～4倍,压力测量设备应在6个月校准期内。

水压试验过程中应连续增压,升压速度不超过2.75 MPa/min。当所有试件的爆破试验结果满足下列条件之一时,爆破试验判定为成功:

a) 试件的爆破压力不低于式(2)的计算爆破压力;

b) 试件的最终试验压力达到式(2)的计算爆破压力的105%时,试件未爆破。

9.15.7 试验结果的可用性

9.15.7.1 总则

按本标准要求进行的设计验证试验,其合格的试验结果可以验证以下范围内其他同类复合管件。

9.15.7.2 材料强度等级

由不同强度等级碳钢或低合金钢作为基层材料制成的同类复合管件,其耐压能力与基层材料的拉伸强度成正比。因此,只需对一个强度等级的复合管件进行试验即可验证其他几何结构相同或相似、且为相同制造工艺的同类复合管件。

9.15.7.3 几何尺寸

一个合格的试验验证复合管件可代表以下所述范围内具有相似几何结构的复合管件:

a) 公称直径DN为试验复合管件DN的0.5倍～2倍的同类复合管件;

b) 基层壁厚与外径比值为试验管件基层壁厚与外径比值0.5倍～3倍的同类复合管件;

c) 较短曲率半径的试验复合弯头,可以验证符合本标准的较长曲率半径复合弯头。

10 无损检测

10.1 一般要求

10.1.1 NDT应在复合管件最终热处理完成后24 h后进行,NDT前,应采用喷沙、打磨等方法去除复合管件表面的氧化皮及其他污物,并保证其表面质量可满足NDT要求。

10.1.2 NDT人员应按GB/T 9445—2015或其他等效标准进行评定,上次评定合格的检测人员如从事该项NDT工作未超过12个月,其资质应重新评定。显示结果的评定应在Ⅱ、Ⅲ级人员的监督下由Ⅰ级人员进行,或直接由Ⅱ、Ⅲ级人员评定。

10.2 表面检测

10.2.1 应对每件复合管件的外表面按照NB/T 47013.4—2015进行100% MT或者按照NB/T 47013.5—2015进行100%PT,验收等级均为Ⅰ级。检测发现的缺陷应进行修磨处理并圆滑过渡。修磨部位应进行100% MT或100% PT,确认缺陷已经完全消除后,按照9.2.2 a)采用手动超声脉冲回波法对修磨部位测厚,最小剩余壁厚应满足6.2.1要求。

10.2.2 复合管件内表面应按NB/T 47013.5—2015要求进行100% PT,验收等级为Ⅰ级。若经购方与制造商协商,复合管件内表面也可按照NB/T 47013.7进行目视检测,对于不便于直接目视位置应采用内窥镜或协议确定的其他计算机成像技术进行检测,内表面不应有裂纹、坑点及其他缺陷存在。

10.3 管体和焊缝

10.3.1 所有复合管件应按照 NB/T 47013.3 要求逐根进行 100% UT，检测基层和内覆层界面结合状态，检测结果应不低于 7.3.3 规定的复合板或 7.4.5 规定的母管相应要求。

10.3.2 对存在焊缝的复合管件应逐根对所有焊缝按照 SY/T 6423.1—2013 要求进行 100% RT 以及按照 SY/T 6423.2—2013 要求进行 100%UT，验收等级均为Ⅰ级。

10.3.3 应采用手动 UT 对复合管件的弯曲段外弧侧进行横向裂纹缺陷检测，检测结果应满足 SY/T 5257要求。

10.4 管端

10.4.1 每根复合管件距离管端 50 mm 范围内，应按照 SY/T 6423.4 采用手动 UT 进行分层检查。

10.4.2 对每根复合管件整个坡口面应采用 PT 进行分层检查，PT 方法宜按 SY/T 4109 进行。

10.5 管端剩磁

复合管件出厂前，应逐根按照 API Spec 5 L 规定测量并记录成品复合管件的管端剩磁，管端剩磁强度应不超过 15 Gs，如大于 15 Gs，应对管端重新按照 API Spec 5 L 进行消磁处理，直至满足本标准要求。

11 表面质量、缺欠和缺陷处理

11.1 表面质量

出厂前应逐根对复合管件表面质量按照 NB/T 47013.7 进行目视检测，在目视检测前，复合管件外表面应达到 GB/T 8923.1—2011 所规定的 Sa 2 级。复合管件表面质量应符合下列要求：

a) 内、外表面应清洁，不得有污垢、油脂、油漆、氧化皮等外来物；

b) 内、外表面应光滑平整，不得有裂纹、硬点、电弧烧伤、过热、过烧等缺陷存在，焊缝不得有未熔合、未焊透、咬边等缺陷，基层表面不得有深度超过基层公称壁厚 5%且深度大于 0.8 mm 的凿痕、折叠、分层等缺陷存在，内覆层表面不得有凿痕、折叠、凹坑和机械划痕等缺陷存在；

c) 内、外焊缝余高应符合表 6 的规定。

11.2 缺欠和缺陷处理

11.2.1 复合管件内、外表面存在的尖缺口、凿痕和其他能引起较大应力集中的划痕应修磨并圆滑过渡，修磨后的部位应进行 100% MT 或 100% PT 以确认缺陷已经完全消除。平滑、孤立的圆底凹痕可以不修磨。焊缝打磨后，焊缝表面应不低于母材表面。耐腐蚀合金内覆层的修磨应采用专用的砂轮片，以防止耐腐蚀合金被污染。修磨后应对修磨部位按照 9.2.2 a)要求测厚，最小剩余壁厚应满足 6.2 要求。

11.2.2 复合管件上任何裂纹、过烧、过热或硬点判定为不合格，不准许修磨或焊接修补；不准许采用锤击或补焊修补凹痕；基层母材上深度超过 12%基层公称壁厚或大于 1.6 mm 的凹坑或机械划痕判定为不合格，不准许修补。

11.2.3 复合管件的修补焊接应满足以下要求：

a) 未达到 10.3.1 要求的内覆层未结合区允许进行焊接修补，修复焊接前应采用打磨方法将未结合缺陷彻底清除掉，并进行 PT 检验以确认缺陷已清除，对补焊后区域应进行 UT 和 PT 检验，UT 结果应符合 7.3.3 要求，PT 结果应符合 NB/T 47013.5—2015 中Ⅰ级要求；

b) 除非协议，距管端 200 mm 以内的耐腐蚀合金层纵向焊缝不准许进行焊接修补，单根复合管件耐腐蚀合金层纵向焊缝的焊接修补点应不多于3处，单个修补点长度应不小于50 mm，修补焊缝相邻间距应不小于100 mm，且修补焊缝总长度应不大于复合管件焊缝总长度的5%；焊缝补焊后应进行PT检验且应符合NB/T 47013.5—2015中Ⅰ级要求；

c) 一般不准许对复合管件基层母材任何部分进行焊接修补，经购方同意，对基层焊缝非裂纹缺陷允许在同一位置采用一次焊接修补，修补后的焊缝应进行UT和RT检验，并满足10.3.2要求；
d) 应由有资质的焊工按经评定合格的焊接工艺进行补焊，并作出补焊记录，补焊记录应附在产品质量证明书中；
e) 同一缺陷位置最多只能有一次焊接修补；
f) 内覆层修补焊接后部位的耐腐蚀性能应不低于母材，内覆层各部位焊接修补部位的总面积应不大于单根复合管件内覆层总面积的1%；
g) 静水压试验后不准许任何焊接修补。

12 标志

12.1 标志方法

应采用模版喷涂法进行标记，字体与颜色应易于辨认，标志应清楚和耐久。不应采用冷、热字冲模锤印标志。

12.2 标志位置

复合管件尺寸允许情况下，应从距管端100 mm处开始，在复合管件内、外表面做标志，外表面标志应在复合管件的侧面中心线附近，且易于观察的部位，标志应避开高应力区和焊缝部位。

12.3 标志内容

在复合管件上按顺序清楚地标明以下内容：

a) 制造厂名或商标；
b) 公称尺寸，包括外径系列，外径为Ⅰ系列时，不单独标记；外径为Ⅱ系列时，应进行标记；
c) 壁厚，包括基层壁厚或壁厚等级与内覆层的公称壁厚；
d) 基层与内覆层材料牌号；
e) 产品代号(见表1)；
f) 产品编号，每根复合管件应标识唯一编号以便于追溯，如复合管件尺寸过小无法满足，可经购方与制造商协商采用其他标识方法；
g) 本标准编号。

当复合管件规格不能对上述所列内容进行完整标志，可逆上述顺序省略识别标志或采用标签标志。

12.4 标志示例

示例1：公称尺寸DN100，外径为Ⅰ系列，基层壁厚等级Sch40、基体材料牌号为X60，耐腐蚀合金内覆层材料牌号为316L，内覆层公称壁厚为2.5 mm，90°短半径弯头，其标志为：

制造商名称或商标 DN100-Sch40(2.5)-X60/316L-90E(S) 产品编号 GB/T 35072

示例2：公称尺寸DN100×80、外径为Ⅱ系列、基层壁厚等级Sch80、基层材料牌号为X52、内覆层材料牌号为UNS N08825、公称壁厚为2.5 mm、同心异径接头的标志为：

制造商名称或商标 DN100×80Ⅱ-Sch80 (2.5)-X52/N08825-R(C) 产品编号 GB/T 35072

示例3：公称尺寸DN100，外径为Ⅰ系列，基层壁厚为5 mm、材料牌号为16 MnR，内覆层材料牌号为UNS S31603，公称壁厚为 3 mm，90°短半径弯头，其标志为：

制造商名称或商标 DN100-5(3)-16MnR/S31603- 90E(S) 产品编号 GB/T 35072

13 运输与防护

13.1 装运前，复合管件内、外表面应保持清洁与干燥，可采用防锈剂防止坡口或管端产生锈蚀，应采用管端保护器或其他保护装置对管端进行有效保护，避免搬运和运输过程中对成型坡口和复合管件内部造成机械损伤和污染。

13.2 应确保复合管件在包装、搬运、运输和储存过程中免受机械损伤和环境侵蚀，确保复合管件内、外表面免受铜、铝、锡、铅、锌等低熔点金属污染，应避免铁离子污染耐腐蚀合金层表面，如果产生，应采用有效的方法进行清除和检验。

13.3 制造商应以书面的形式提交复合管件包装、搬运、运输和储存方法说明或图纸供购方审查，装运至少应符合公路、铁路或海路运输的要求。

14 文件

14.1 按规定应进行的所有试验和检验，均应在交货前完成，并向购方提供完整的检测文件。

14.2 按本标准生产的复合管件，每批均应有产品质量合格证明书，质量合格证明书至少应包括：

a) 制造商名称与制造日期；
b) 产品名称、规格、制造标准号；
c) 原材料检验报告；
d) 产品外形尺寸检测报告；
e) 产品化学成分和物理试验报告；
f) 内覆层材料腐蚀试验报告；
g) 产品 NDT 报告；
h) 热处理报告；
i) 由购方指定的其他文件。

附 录 A
（规范性附录）
内覆层材料腐蚀试验方法

A.1 一般要求

复合管件内覆层材料腐蚀试验包括内覆层母材和焊缝或耐腐蚀合金堆焊层的 SSC 和/或 SCC 试验、失重腐蚀和点腐蚀试验。

A.2 SSC/SCC 试验

A.2.1 一般要求

根据复合管件预期输送流体工况环境，由购方选择，可采取以下三种途径其中一种评价内覆层材料的 SSC/SCC 性能：

a) 如果复合管件内覆层材质满足 ISO 15156-3:2015 附录 A 要求，可不进行 SSC/SCC 试验评价。ISO 15156-3:2015 附录 A 给出了耐腐蚀合金材料不发生 SSC/SCC 允许的冶金状态、H_2S 分压、温度、氯离子浓度和元素硫的环境限制。

b) 允许基于满意的现场使用经验的评定，该评定应遵循 ISO 15156-1 的规定。现场使用经验评定应满足如下要求：

  1) 耐腐蚀合金材料的描述应包括但不限于如下信息：化学成分、制造方法、产品形式、强度、硬度、冷加工、热处理状态和微观组织。复合管件的内覆层应与提供的现场经验所使用材料信息相一致。

  2) 已获得经验的使用环境描述应包括但不限于如下要求：总压、CO_2 分压，H_2S 分压、pH 值、溶解的氯化物或其他卤化物浓度、元素硫或其他氧化物浓度、温度、电偶效应、应力状态和材料与介质接触时间，以及由于环境控制措施失效造成的材质接触环境条件。

  3) 设备现场连续成功运行应不少于 2 a，且应包括现场使用之后由第三方对设备全面检查评估结果。

  4) 复合管件预期使用环境苛刻程度不能超过现场经验所提供的环境条件。

  5) 现场满意的应用经验可由设备使用方或复合管件制造方提供，但应获得购方和管线设计方认可，耐腐蚀合金材料现场使用经验应有完整的文件记载。

c) 如果 A.2.1 中 a)和 b)无法满足要求，应依据 A.2.2～A.2.7 规定的方法进行试验。

A.2.2 试验方法

依据 GB/T 15970.2 采用四点弯曲法对内覆层进行耐 SSC/SCC 试验。试样加载应力为材料的 100%$R_{t0.5}$（$R_{t0.5}$ 表示屈服强度）。若征得购买方同意并有证明文件，可选择较低的加载应力。

对于焊接试样，焊缝应位于试样中心部位，通常用母材的屈服强度来确定试验应力，当焊缝区的屈服强度低于母材的屈服强度时，应采用焊接区的屈服强度来确定试验应力。

A.2.3 试验环境

SSC/SCC 试验应在复合管件输送介质模拟环境中进行，通常采用高压釜实现高压或高温高压输送介质环境的模拟，试验方法宜依据 ASTM G111 进行。

在确定试验条件时，应考虑在管道系统运行失常或停工等期间可能发生的情况，应考虑内覆层可能接触非缓冲的低 pH 值的冷凝水或用于生产井增产的酸液的情况。在有增产酸液情况下，应考虑返排期间出现的环境条件。

模拟试验条件应控制和记录下列因素：

——总压；

——H_2S 分压；

——CO_2 分压；

——温度；

——试验溶液的 pH 值；

——试验溶液的组成；

——单质硫(S^0)；

——不同金属的电耦合(应记录面积比和耦合合金类型)。

在所有情形下，试验环境中 H_2S 分压、CO_2 分压、氯化物和单质 S^0 浓度至少应与预期使用的环境一样苛刻，必要时可采用多个不同试验环境。

当预期的应用环境不够明确时，由购方和制造商协商选用 ISO 15156-3:2015 表 E.1 中所列出的试验环境，也可由购方和制造商协商确定其他试验环境。

高压釜中溶液体积和试样接触溶液的表面积的比应不低于 30 mL/cm^2。

A.2.4 试验周期

试验的最短周期至少应为 720 h，试验期间不应中断试验。选择较短的试验周期，应征得购买方同意并应有证明文件。

A.2.5 试样

应按照 9.1.2 规定组批方式，从每批成品复合管件中抽取 1 根，取样位置和试样方向宜参照附录 C 进行，如果成品复合管件结构尺寸无法满足取横向试样要求，经制造商与购方协商，可取纵向试样、或从用于制造复合管件的母管、复合板上取样或免做该项试验。对于带焊缝的复合管件，焊缝试样宜取横向试样，且焊缝应位于试样中心，3 件平行试样作为一组。

若采用热切割法切取试样，则应采用机械加工方法去除全部热影响区域，基层材料应清除干净。

A.2.6 合格性验收

经 SSC/SCC 试验后，目测试样标距段没有断裂或放大 10 倍没有发现裂纹为通过该项检验。标距段如果有裂纹应采用金相显微镜观察以确定裂纹是否属于环境敏感断裂。

一组试样中全部试样通过检验则判该组试样通过 SSC/SCC 检验。在所有情形下，导致金属损失的任何腐蚀迹象，包括点蚀或缝隙腐蚀都应被报告。

注：在试样受力区之外发生的点蚀或缝隙腐蚀可能会抑制试样的 SSC/SCC。

A.3 失重腐蚀和点腐蚀试验

A.3.1 试验方法

失重腐蚀和点腐蚀试验采用高温高压挂片法进行，试验方法宜依据 ASTM G111 进行。经购方与制造商协议，也可在进行 SSC/SCC 试验时，检测 SSC/SCC 试样前后质量变化以及表面腐蚀形貌取得失重腐蚀和点腐蚀结果。

单个试样的平均腐蚀速率是由单位面积的金属质量损失和试验时间决定,计算方法如式(A.1)所示:

$$v_{corr}=\frac{365\ 000\cdot \Delta W}{\rho\cdot T_{corr}\cdot S} \qquad\cdots\cdots(\text{A.1})$$

式中:

v_{corr}——平均腐蚀速率,单位为毫米每年(mm/a);

ΔW——腐蚀试样的质量损失,单位为克(g);

ρ ——试样材料的密度,单位为克每立方厘米(g/cm^3);

T_{corr}——腐蚀试验时间,单位为天(d);

S ——腐蚀试样面积,单位为平方毫米(mm^2)。

计算一组试样中3件平行试样的数学平均值作为材料平均失重腐蚀速率,并应报告3件平行试样腐蚀速率的单个值。

应对试验后试样表面进行放大(放大5倍~10倍)观察,若有点腐蚀坑存在,应依据GB/T 18590对点腐蚀坑的大小、分布密度及分布均匀性、深度(平均深度和最大深度)进行检测并报告。

A.3.2 试验环境

依据A.2.3进行。

A.3.3 试验周期

失重腐蚀和点腐蚀在高压釜中的试验周期至少应为720 h,试验期间不应中断试验。选择较短的试验周期,应征得购买方同意并应有证明文件。

A.3.4 试样

试样取样方法依据A.2.5进行。腐蚀试样的制备和试验后的清洗宜依据ASTM G1进行。

A.3.5 合格性验收

除非购方与制造商达成协议,每组试样平均失重腐蚀速率和单个值均应不大于0.025 mm/a。点腐蚀合格性判据由购方与制造商协商确定。

附　录　B
（规范性附录）
制造工艺评定

B.1　一般要求

B.1.1　有以下情况之一时，应进行制造工艺评定：

a）新产品鉴定；

b）材料、结构、工艺有明显改变可能影响产品性能时；

c）连续一年以上停产后恢复生产时。

B.1.2　制造工艺评定包括以下两部分：

a）MPS；

b）MPQT。

B.2　MPS 要求

B.2.1　MPS 制定程序

MPS 制定程序包括：

a）制定初步 MPS；

b）按照初步 MPS 试制复合管件；

c）进行 9.15 设计验证试验（即水压爆破试验）；

d）按照第 9 章要求进行除设计验证试验以外的其他试验和检验；

e）根据试制报告，修改初步 MPS，并按照 B.3.2 要求进行评审，形成正式 MPS；

f）将 MPS 报购方认可。

B.2.2　MPS 内容要求

MPS 至少应包括如下内容：

a）制造复合管件所用复合板、母管、钢制管件和焊材等原材料的技术要求、质量证明书和入厂复验要求；

b）基层和内覆层材料选择、壁厚和复合管件压力等级确定或设计文件；

c）复合管件的成形工艺以及焊接工艺的详细说明；

d）热处理工艺的详细说明以及温度控制仪器类型要求；

e）几何尺寸及圆度校正工艺；

f）检验、试验和 NDT 方法和设备的详细说明；

g）购方补充要求（如管端加工、表面涂层、标志等）。

B.3　MPQT 要求

B.3.1　MPQT 应按以下规定进行：

a）用于 MPQT 的试制复合管件应是与正式生产复合管件具有同熔炼炉批次材料、同公称直径、

同基层钢级、同制造工艺、同热处理工艺、同公称壁厚(包括基层和内覆层)和同厂家的复合管件;

b) 试制复合管件数量应不少于5根;

c) 试制复合管件的试验和检验包括:几何尺寸、化学成分、物理试验、腐蚀试验、NDT和设计验证试验等,具体试验和检验项目如表4所示,结果应满足本标准的要求。

B.3.2 制造商应组织由高级工程师、高级技师或更高职称的人员组成不少于5人评审组,根据试制复合管件的MPQT结果对MPS进行评定,并向购方提供评定报告。

B.3.3 制造商在正式生产复合管件过程中应遵守经购方书面认可后的MPS,制造商对MPS的任何修改,都应取得购方的书面认可。

附 录 C
（资料性附录）
复合管件检验和试验取样位置

C.1 复合管件检验和试验用试样的取样方向和位置见表 C.1、表 C.2、表 C.3、图 C.1 和图 C.2。

C.2 检验和试验用试样应取自最终热处理的复合管件，如果用热切割法切取试样，则应用机械加工方法将试样的全部热影响区去除。

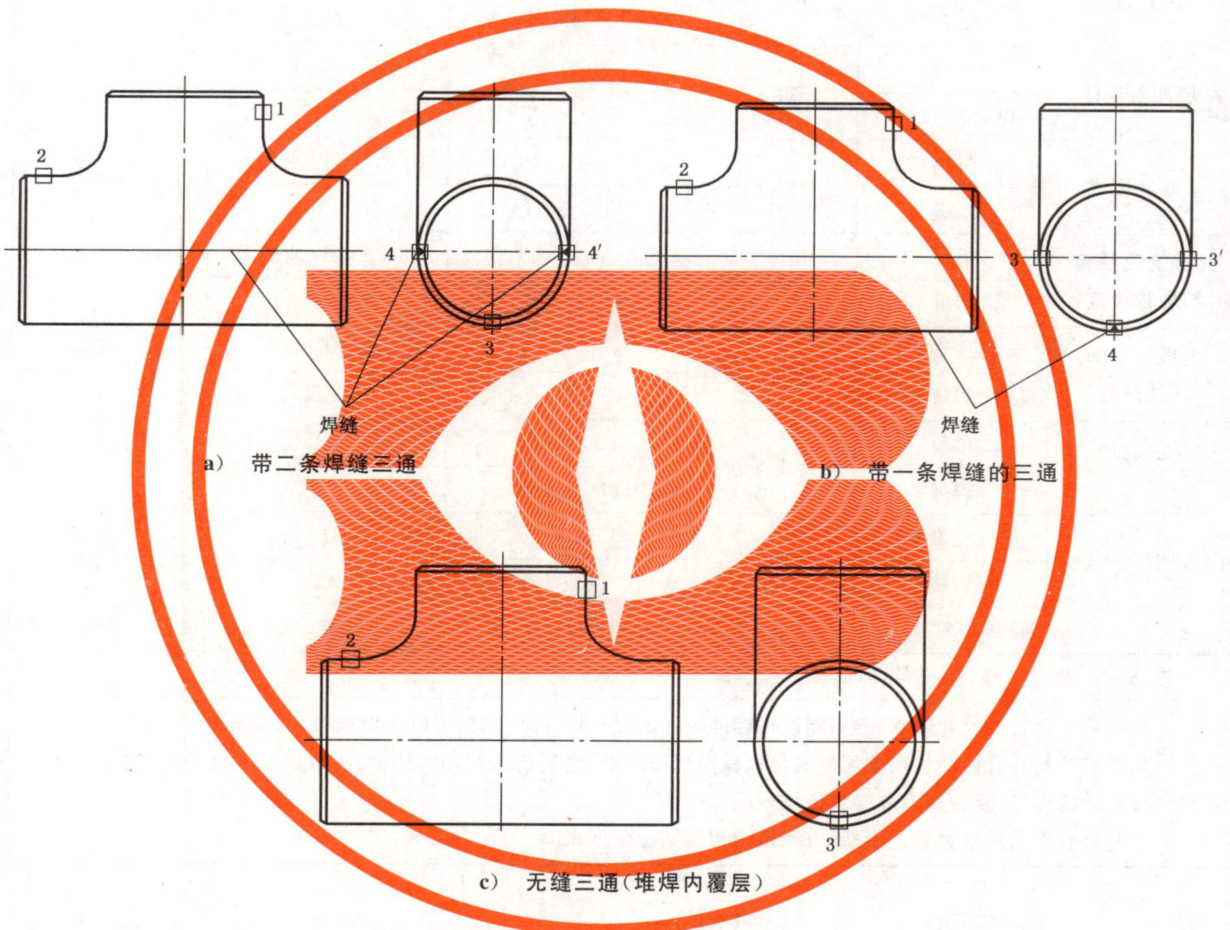

说明：

1 ——支管；

2 ——主管肩部；

3 和 3′——主管母材；

4 和 4′——主管焊缝。

图 C.1 三通取样位置示意图

表 C.1 三通力学和腐蚀试验取样位置

<table>
<tr><th colspan="2" rowspan="2">试验及检验项目</th><th rowspan="2">试验频次</th><th colspan="3">取样位置与试样方向[b]</th></tr>
<tr><th>带两条焊缝三通</th><th>带一条焊缝三通</th><th>无缝三通</th></tr>
<tr><td rowspan="2">基层拉伸</td><td>母材</td><td rowspan="2">每批 1 次</td><td>1T,2T,3T 和 3L</td><td>1T,2T,3T 和 3L
(或 3′L)</td><td>1T,2T,3T 和 3L</td></tr>
<tr><td>焊缝</td><td>4T(或 4′T)</td><td>4T</td><td>—</td></tr>
<tr><td rowspan="2">导向弯曲</td><td>面弯</td><td rowspan="2">每批 1 次</td><td>4T(或 4′T)</td><td>4T</td><td>—</td></tr>
<tr><td>背弯</td><td>4T(或 4′T)</td><td>4T</td><td>—</td></tr>
<tr><td rowspan="2">基层冲击韧性[a]</td><td>母材</td><td rowspan="2">每批 1 次</td><td>1T,2T,3T</td><td>1T,2T,3T(或 3′T)</td><td>1T,2T,3T</td></tr>
<tr><td>焊缝及 HAZ</td><td>4T(或 4′T)</td><td>4T</td><td>—</td></tr>
<tr><td rowspan="2">全截面硬度</td><td>母材</td><td rowspan="2">每批 1 次</td><td>1T,2T,3T</td><td>1T,2T,3T(或 3′T)</td><td>1T,2T,3T</td></tr>
<tr><td>焊缝</td><td>4T(或 4′T)</td><td>4T</td><td>—</td></tr>
<tr><td rowspan="2">焊缝宏观照相与金相检查</td><td>母材</td><td rowspan="2">每批 1 次</td><td>1T,2T,3T</td><td>1T,2T,3T(或 3′T)</td><td>1T,2T,3T</td></tr>
<tr><td>焊缝</td><td>4T(或 4′T)</td><td>4T</td><td>—</td></tr>
<tr><td rowspan="2">内覆层晶间腐蚀试验</td><td>母材或堆焊层</td><td rowspan="2">每批 1 次</td><td>1T,2T,3L</td><td>1T,2T,3L(或 3′L)</td><td>1T,2T,3L</td></tr>
<tr><td>焊缝</td><td>4T(或 4′T)</td><td>4T</td><td>—</td></tr>
<tr><td rowspan="2">基层腐蚀试验</td><td>母材</td><td rowspan="2">每批 1 次</td><td>1T,2T,3L</td><td>1T,2T,3L(或 3′L)</td><td>1T,2T,3L</td></tr>
<tr><td>焊缝</td><td>4T(或 4′T)</td><td>4T</td><td>—</td></tr>
<tr><td rowspan="2">内覆层腐蚀试验</td><td>母材或堆焊层</td><td rowspan="2">每批 1 次</td><td>1T,2T,3L</td><td>1T,2T,3L(或 3′L)</td><td>1T,2T,3L</td></tr>
<tr><td>焊缝</td><td>4T(或 4′T)</td><td>4T</td><td>—</td></tr>
<tr><td colspan="2">剪切强度[c]</td><td>每批 1 次</td><td>1T,2T,3L</td><td>1T,2T,3L(或 3′L)</td><td>1T,2T,3L</td></tr>
<tr><td colspan="6">**注**:T——横向试样;L——纵向试样。</td></tr>
<tr><td colspan="6">[a] 取样受复合管件尺寸限制,若不能取得标准规定的最小尺寸试样时,可以免做该项目试验。
[b] 如果成品复合管件结构尺寸无法满足取横向试样要求,经制造商与购方协商,可取纵向试样、或从用于制造复合管件的母管、复合板上取样或免做该项试验。
[c] 若复合管件采用堆焊工艺制造,可不做内覆层结合强度试验。</td></tr>
</table>

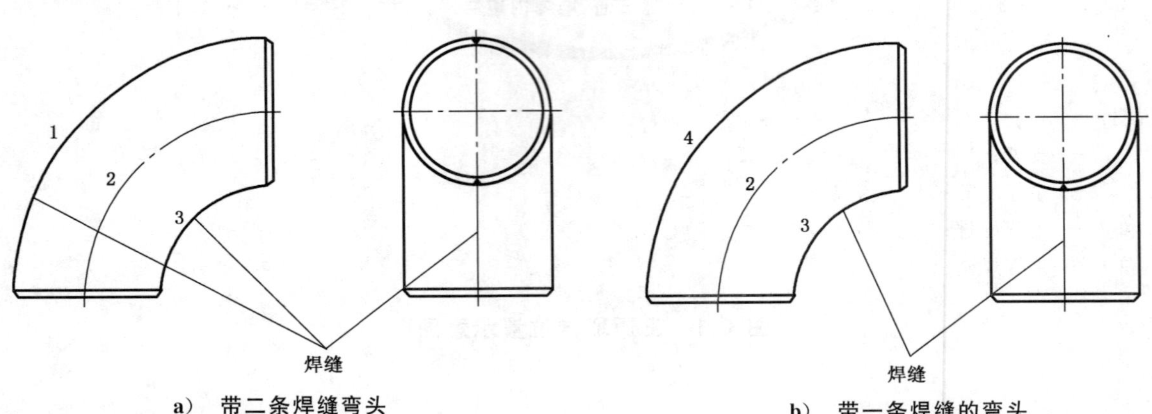

a) 带二条焊缝弯头

b) 带一条焊缝的弯头

图 C.2 弯头取样位置示意图

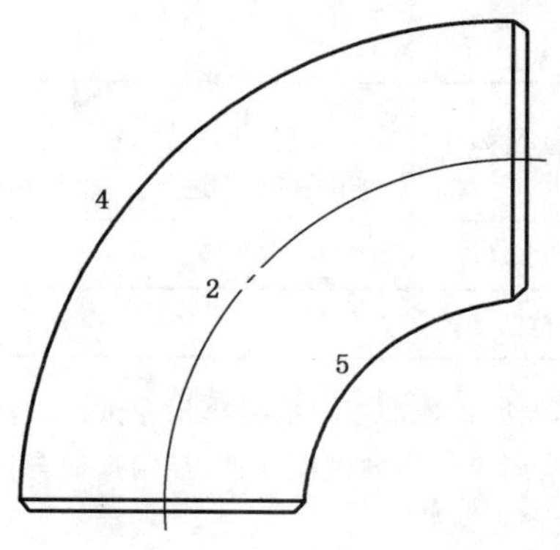

c） 无缝弯头

说明：

1——外弧侧焊缝；

2——中心线；

3——内弧侧焊缝；

4——外弧侧母材；

5——内弧侧母材。

图 C.2（续）

表 C.2 弯头力学和腐蚀试验试样取样位置

试验及检验项目		试验频次	取样位置与试样方向[b]		
			带两条焊缝弯头	带一条焊缝弯头	无缝弯头
基层拉伸	母材	每批1次	2T	2T,4T	2T,4T,5T
	焊缝		1T,3T	3T	—
导向弯曲	面弯	每批1次	1T,3T	3T	—
	背弯		1T,3T	3T	—
基层冲击韧性[a]	母材	每批1次	2T	2T,4T	2T,4T,5T
	焊缝及 HAZ		1T,3T	3T	—
全截面硬度	母材	每批1次	2T	2T,4T	2T,4T,5T
	焊缝		1T,3T	3T	—
焊缝宏观照相与金相检查	母材	每批1次	2T	2T,4T	2T,4T,5T
	焊缝		1T,3T	3T	—
内覆层晶间腐蚀试验	母材或堆焊层	每批1次	2T	2T,4T	2T,4T,5T
	焊缝		1T,3T	3T	—
基层腐蚀试验	母材	每批1次	2T	2T,4T	2T,4T,5T
	焊缝		1T,3T	3T	—
内覆层腐蚀试验	母材或堆焊层	每批1次	2T	2T,4T	2T,4T,5T
	焊缝		1T,3T	3T	—

表 C.2(续)

试验及检验项目	试验频次	取样位置与试样方向[b]		
		带两条焊缝弯头	带一条焊缝弯头	无缝弯头
剪切强度[c]	每批1次	2T	2T,4T	2T,4T,5T
注:T——横向试样;L——纵向试样。				

[a] 取样受复合管件尺寸限制,若不能取得标准规定的最小尺寸试样时,可以免做该项目试验。

[b] 如果成品复合管件结构尺寸无法满足取横向试样要求,经制造商与购方协商,可取纵向试样、或从用于制造管件的母管、复合板上取样或免做该项试验。

[c] 若复合管件采用堆焊工艺制造,可不做内覆层结合强度试验。

表 C.3 异径接头和管帽力学和腐蚀试验试样取样位置

试验项目		试验频次	异径接头[b]	管帽[b]
基层拉伸	母材	每批1次	大头、小头和过渡部位(若有),横向	顶部纵向和端部,横向
	焊缝(若有)	每批1次	大头、小头和过渡部位(若有),横向	顶部纵向和端部,横向
导向弯曲	面弯	每批1次	大头、小头和过渡部位(若有),横向	焊缝横向
	背弯	每批1次	大头、小头和过渡部位(若有),横向	焊缝横向
基层冲击韧性[a]	母材	每批1次	大头、小头和过渡部位(若有),横向	顶部纵向和端部,横向
	焊缝和HAZ(若有)	每批1次	大头、小头和过渡部位(若有),横向	顶部和端部,横向
全截面硬度	母材	每批1次	大头、小头和过渡部位(若有),横向	顶部纵向和端部,横向
	焊缝(若有)	每批1次	大头、小头和过渡部位(若有),横向	顶部和端部,横向
焊缝宏观照相与金相检查	母材	每批1次	大头、小头和过渡部位(若有),横向	顶部和端部,横向
	焊缝(若有)	试验频次	大头、小头和过渡部位(若有),横向	顶部和端部,横向
内覆层晶间腐蚀	母材或堆焊层	每批1次	大头、小头和过渡部位(若有),纵向	顶部和端部
	焊缝(若有)	每批1次	大头、小头和过渡部位(若有),横向	顶部和端部
基层腐蚀试验	母材	每批1次	大头、小头和过渡部位(若有)	顶部和端部
	焊缝(若有)	每批1次	大头、小头和过渡部位(若有)	顶部和端部
内覆层腐蚀试验	母材或堆焊层	每批1次	大头、小头和过渡部位(若有)	顶部和端部
	焊缝(若有)	每批1次	大头、小头和过渡部位(若有)	顶部和端部
内覆层结合强度[c]		每批1次	大头、小头和过渡部位(若有),纵向	顶部和端部

[a] 取样受复合管件尺寸限制,若不能取得标准规定的最小尺寸试样时,可以免做该项目试验。

[b] 如果成品复合管件结构尺寸无法满足取横向试样要求,经制造商与购方协商,可取纵向试样、或从用于制造管件的母管、复合板上取样或免做该项试验。

[c] 若复合管件采用堆焊工艺制造,可不做内覆层结合强度试验。

附 录 D
（资料性附录）
基层材料腐蚀试验方法

D.1 一般要求

复合管件基层母材和焊缝腐蚀试验包括 HIC 试验和 SSC 试验。

D.2 取样

D.2.1 按照 9.1.2 规定组批方式，从每批成品复合管件中抽取 1 根，腐蚀试验取样位置和方向宜参照附录 C 进行，SSC 试验和 HIC 试验应分别从复合管件相应位置宜分别取 3 件横向试样或纵向试样；对于带焊缝的复合管件，SSC 试验和 HIC 试验应从复合管件相应位置焊缝处分别取 3 件横向试样，且焊缝应位于试样中心。
D.2.2 试样可由展平的毛坯试块进行加工。如果成品复合管件结构尺寸无法满足取横向试样要求，经制造商与购方协商，可取纵向试样，或从用于制造复合管件的母管、复合板上取样或免做该项试验。

D.3 HIC 试验

D.3.1 HIC 试验方法应按照 NACE TM0284:2016 的规定进行，宜选用 NACE TM0284:2016 所列 A 溶液，每个试样的 3 个截面的各最大平均值应符合下列验收指标：

a） CSR≤2%；

b） CLR≤15%；

c） CTR≤5%。

D.3.2 经购方与制造商协议，HIC 试验可在模拟服役介质环境或 NACE TM0284:2016 所列 B 溶液中进行，并协商确定验收指标。
D.3.3 试验结果应报告每个试样的 CSR、CLR 和 CTR，报告应提供相应截面照片。

D.4 SSC 试验

D.4.1 SSC 试验宜在 NACE TM0177:2016 所列 A 溶液中进行，SSC 试验方法和验收指标如表 D.1 所示。由购方选择，可选择表 D.1 中所列两种方法中任一种对基层材料进行 SSC 性能试验。
D.4.2 对于焊接试样，通常用母材的屈服强度来确定试验应力。当焊缝区的屈服强度低于母材的屈服强度时，应采用焊接区的屈服强度确定试验应力。
D.4.3 若购方同意并有证明文件，可选择较低的试验应力、其他 SSC 试验方法、其他试验环境（包括适合模拟服役条件的 H_2S 分压以及模拟溶液）和相应的验收指标。如果采用其他试验方法和条件，应将试验方法与条件的所有细节随结果一起报告。

表 D.1 基层材料 SSC 试验方法

<table>
<tr><td colspan="2">方法</td><td>单轴拉伸法</td><td>四点弯曲法</td></tr>
<tr><td colspan="2">依据标准</td><td>NACE TM0177</td><td>GB/T 15970.2</td></tr>
<tr><td rowspan="2">试验应力[a]</td><td>标准尺寸试样</td><td>80%SMYS</td><td>80%SMYS</td></tr>
<tr><td>小尺寸试样</td><td>72%SMYS</td><td>—</td></tr>
<tr><td colspan="2">溶液</td><td colspan="2">NACE TM0177:2016 中规定的 A 溶液</td></tr>
<tr><td colspan="2">温度</td><td colspan="2">24℃±3℃</td></tr>
<tr><td colspan="2">时间</td><td colspan="2">720 h</td></tr>
<tr><td colspan="2">合格判据</td><td colspan="2">试样不开裂且不产生肉眼可见的裂纹，标距段如果有裂纹应采用金相显微镜观察以确定裂纹是否属于 SSC 断裂</td></tr>
<tr><td colspan="4">[a] 征得购买方同意并应有证明文件，可选择较低的加载应力。当选择试验方法和试验加载应力时，应考虑材料实际受力状态的方向性。</td></tr>
</table>

参 考 文 献

［1］ GB/T 985 气焊、手工电弧焊及气体保护焊焊缝坡口的基本形式与尺寸

［2］ GB/T 986 埋弧焊焊缝坡口的基本形式和尺寸

［3］ GB/T 4334—2008 金属和合金的腐蚀 不锈钢晶间腐蚀试验方法

［4］ ISO 15156-3 Petroleum and natural gas industries—Materials for use in H_2S-containing environments in oil and gas production—Part 3：Cracking-resistant CRAs（corrosion-resistant alloys） and other alloys

［5］ ASTM B499 Test method for measurement of coating thicknesses by the magnetic method：nonmagnetic coatings on magnetic basis metals

［6］ ASTM E797 Standard practice for measuring thickness by manual ultrasonic pulse-echo contact method

［7］ ASTM G1 Standard practice for preparing，cleaning，and evaluating corrosion test specimens

［8］ ASTM G111 Standard guide for corrosion tests in high temperature or high pressure environment，or both

［9］ NACE TM0177:2016 Laboratory testing of metals for resistance to sulfide stress cracking and stress corrosion cracking in H_2S environments

［10］ NACE TM0284:2016 Test method—evaluation of pipeline and pressure vessel steels for resistance to hydrogen-induced cracking

ICS 27.060.20
F 04

中华人民共和国国家标准

GB/T 35073—2018

燃气燃烧器节能等级评价方法

Evaluation method of energy saving grade for gas burner

2018-05-14 发布 2018-12-01 实施

国家市场监督管理总局
中国国家标准化管理委员会 发布

前　言

本标准按照GB/T 1.1—2009给出的规则起草。

本标准由全国燃烧节能净化标准化技术委员会(SAC/TC 441)提出并归口。

本标准主要起草单位:中认武汉华中创新技术服务有限公司、苏州安鸿泰新材料有限公司、神雾科技集团股份有限公司、中国石油规划总院。

本标准参加起草单位:合肥顺昌分布式能源综合应用技术有限公司、中国科学技术大学、中国质量认证中心武汉分中心、华中科技大学、湖南巴陵炉窑节能股份有限公司、宝武集团宝钢中央研究院武汉分院、武汉安和节能新技术有限公司、无锡布鲁塞能源科技有限公司、安徽省凤形耐磨材料股份有限公司、湖北谁与争锋节能灶具股份有限公司、绍兴市金帝电器有限公司、浙江省燃气具和厨具厨电行业协会。

本标准主要起草人:陈卫斌、刘可、吴道洪、解红军、曾鉴三、靳世平、陈远新、郑文红、周绍芳、欧阳德刚、龙妍、裴青龙、余卫国、王东方、顾利民、林一歆、朱齐艳、王祥、丁翠娇、徐风、赵光洁、马小勇、刘志春、黄剑、杜一庆、李力炜、杨鹏、姚斌、舒朝晖、王小禹、葛大中、张秀梅、台启龙、高杰、程钧、张正东、张家顺、林其钊。

燃气燃烧器节能等级评价方法

1 范围

本标准规定了燃气燃烧器节能等级指标和节能等级评价方法。

本标准适用于一般工业燃气燃烧器，不适用于无氧化燃烧器、蓄热式燃烧器、自身预热式燃烧器、高速烧嘴、多孔介质燃烧器、民用燃烧器和其他特殊燃烧器。

2 术语和定义

下列术语和定义适用于本文件。

2.1

燃烧效率 combustion efficiency

燃料燃烧后实际释放的热量占其完全燃烧后释放的热量的百分比。

注：燃烧效率是考察燃料燃烧充分程度的重要指标。

2.2

过量空气系数 excess air coefficient

燃烧每千克燃料实际供给的空气质量与理论上完全燃烧每千克燃料所需的空气质量百分比。

2.3

炉膛有效容积 effective furnace volume

炉膛边界范围以内进行燃料燃烧及有效辐射换热过程的空间的几何容积。

2.4

炉膛容积放热强度 furnace volume heat release rate

单位炉膛有效容积在单位时间内的释热量，其值等于炉膛输入热功率与炉膛有效容积之比。

注：炉膛容积放热强度简称炉膛容积热强度，又称炉膛容积热负荷。

2.5

负荷率 load regulating ratio

在规定时间内燃烧器的平均负荷与额定负荷的百分比。

3 评价方法

3.1 技术要求

3.1.1 燃烧效率≥99.9%或烟气中可燃物(一氧化碳和碳氢化合物总量)含量≤0.05%。

3.1.2 炉膛容积放热强度应符合表1的要求。

表1 燃气燃烧器容积放热强度要求

种类	炉膛容积放热强度
燃气燃烧器	负荷率100%工况下，炉膛容积放热强度应为(1±0.1)MW/m^3；其余负荷率工况下，炉膛容积放热强度与负荷率同比率降低

3.2 测试方法

采用燃气燃烧器所对应的燃气种类，在统一规定的标准测试环境、测试炉和测试系统条件下进行测试。

3.3 计算方法

3.3.1 针对负荷率为100％、80％、70％、50％、30％的五种工况下的过量空气系数，采用加权平均法，根据计算出的平均过量空气系数进行等级评价。

3.3.2 不同负荷率工况下过量空气系数权重应符合表2的要求。

表2 不同负荷率工况下过量空气系数权重表

负荷率	100％	80％	70％	50％	30％
权重	0.3	0.3	0.25	0.1	0.05

3.3.3 平均过量空气系数计算公式见式(1)：

$$M=\sum m_i \times \eta_i \qquad (1)$$

式中：

M ——平均过量空气系数；

m ——过量空气系数；

η ——权重；

i ——第 i 种负荷率。

3.4 燃气燃烧器节能等级

燃气燃烧器节能等级划分见表3。

表3 燃气燃烧器节能等级表

等级	评价指标	评价
1级	平均过量空气系数＜1.05	优
2级	1.05≤平均过量空气系数＜1.10	良
3级	1.10≤平均过量空气系数＜1.15	中
4级	1.15≤平均过量空气系数＜1.20	合格
5级	1.20≤平均过量空气系数	不合格

ICS 71.080
G 18

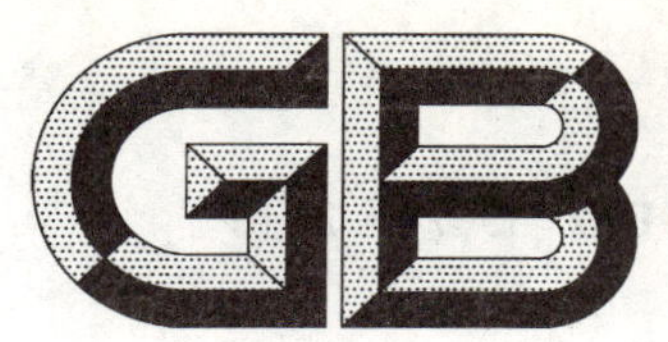

中华人民共和国国家标准

GB/T 35074—2018

焦化浸渍剂沥青

Impregnating coal pitch

2018-05-14 发布　　　　2018-12-01 实施

国家市场监督管理总局
中国国家标准化管理委员会　发布

前　言

本标准按照GB/T 1.1—2009给出的规则起草。

本标准由中国钢铁工业协会提出。

本标准由全国煤化工标准化技术委员会炼焦化学分技术委员会(SAC/TC 469/SC 3)归口。

本标准起草单位:山东晨阳新型碳材料股份有限公司、深圳市斯诺实业发展股份有限公司、鞍山兴德材料科技股份有限公司、中国平煤神马集团开封炭素有限公司、河南科峰炭材料有限公司、冶金工业信息标准研究院。

本标准主要起草人:闫桂林、于益如、车忠敏、张海霞、闫萍、鲍海友、朱兴建、冯俊杰、刘运平、冯建国、袁强、郑景须。

焦化浸渍剂沥青

1 范围

本标准规定了焦化浸渍剂沥青的技术要求、试验方法、检验规则、包装、储存、运输、质量证明书。

本标准适用于炭素材料生产用的焦化浸渍剂沥青。

2 规范性引用文件

下列文件对于本文件的应用是必不可少的。凡是注日期的引用文件，仅注日期的版本适用于本文件。凡是不注日期的引用文件，其最新版本(包括所有的修改单)适用于本文件。

GB/T 1999 焦化油类产品取样方法

GB/T 2000 焦化固体类产品取样方法

GB/T 2288 焦化产品水分测定方法

GB/T 2291 煤沥青实验室试样的制备方法

GB/T 2292 焦化产品甲苯不溶物含量的测定

GB/T 2293 焦化沥青类产品喹啉不溶物试验方法

GB/T 2294 焦化固体类产品软化点 测定方法

GB/T 2295 焦化固体类产品灰分测定方法

GB/T 8170 数值修约规则与极限数值的表示和判定

GB/T 8727 煤沥青类产品结焦值的测定方法

GB/T 10454 集装袋

3 技术要求

3.1 产品分类

焦化浸渍剂沥青按技术指标分为1号、2号、3号。

3.2 技术指标

3.2.1 焦化浸渍剂沥青的技术指标应符合表1的规定。

表1 焦化浸渍剂沥青技术指标

名称		指标		
		1号	2号	3号
软化点/℃		80～95	80～95	80～95
喹啉不溶物/%	不大于	0.5	1.0	3.0
甲苯不溶物/%	不小于	8.0	9.0	10.0
结焦值/%	不小于	47	47	47

表 1（续）

名称		指标		
		1号	2号	3号
灰分/%	不大于	0.05	0.10	0.20
水分/%	不大于	0.2	0.5	1.0
水分只作生产操作中的指标控制，不做质量考核依据。				

3.2.2 焦化浸渍剂沥青中不应含有杂物，需方有特殊要求时，由供需双方协商确定。

4 试验方法

4.1 软化点的测定按照 GB/T 2294 的规定进行。
4.2 喹啉不溶物的测定按照 GB/T 2293 的规定进行。
4.3 甲苯不溶物的测定按照 GB/T 2292 的规定进行。
4.4 结焦值的测定按照 GB/T 8727 的规定进行。
4.5 灰分的测定按照 GB/T 2295 的规定进行。
4.6 水分的测定按照 GB/T 2288 的规定进行。

5 检验规则

5.1 检查和验收

焦化浸渍剂沥青的质量检查和验收由质量监督部门进行。

5.2 组批

焦化浸渍剂沥青应成批提交检验，每批由同一等级的产品组成。

5.3 取样和制样

对每一批产品，液体沥青按照 GB/T 1999 进行取样，固体沥青按照 GB/T 2000 进行取样，取样后按照 GB/T 2291 进行制样。

5.4 检验结果的判定

5.4.1 产品等级按表 1 中的指标进行判定。当产品出现不合格项时，应重新取双倍样对不合格项进行检验，检验全部合格，本批产品判为合格，如有一个仍不合格，则该批产品判为不合格品。
5.4.2 参考指标及其他项目的判定由供需双方协商确定。
5.4.3 检测结果数值应按 GB/T 8170 规定进行修约。

6 包装、储存、运输、质量证明书

6.1 包装

固体焦化浸渍剂沥青产品一般采用集装袋包装，集装袋质量应符合 GB/T 10454 标准规定；液体焦化浸渍剂沥青产品一般采用罐体贮存；需方对产品包装有特殊要求时，可由供需双方协商确定。

6.2 储存

焦化浸渍剂沥青产品应储存在干燥、清洁、通风的环境下。

6.3 运输

固体产品发运时，采用集装袋装运，应保持集装袋完好，袋口捆扎严实，集装袋无破洞、破损、裸露产品等现象，防雨防潮防沙尘；液体产品罐装发运时，应用专用罐车，避免产品交叉污染。

6.4 质量证明书

每批产品应附质量证明书，其上注明：

a) 供方名称；

b) 产品名称和等级；

c) 批号、重量；

d) 本标准编号；

e) 出厂日期。

ICS 27.060.20
F 04

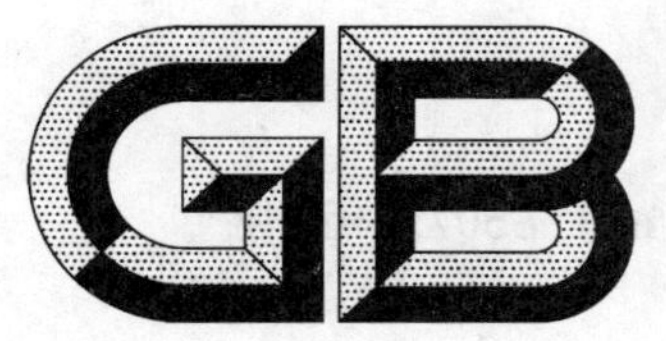

中华人民共和国国家标准

GB/T 35075—2018

燃气燃烧器节能试验规则

Energy saving test rules for gas burner

2018-05-14 发布　　2018-12-01 实施

国家市场监督管理总局
中国国家标准化管理委员会　发布

前　言

本标准按照 GB/T 1.1—2009 给出的规则起草。

本标准由全国燃烧节能净化标准化技术委员会(SAC/TC 441)提出并归口。

本标准主要起草单位:华中科技大学、苏州安鸿泰新材料有限公司、神雾科技集团股份有限公司、中国石油规划总院。

本标准参加起草单位:合肥顺昌分布式能源综合应用技术有限公司、中国质量认证中心武汉分中心、中认武汉华中创新技术服务有限公司、中国科学技术大学、湖南巴陵炉窑节能股份有限公司、宝武集团宝钢中央研究院武汉分院、武汉安和节能新技术有限公司、无锡布鲁塞能源科技有限公司、安徽省凤形耐磨材料股份有限公司、绍兴西曼生活电器有限公司、绍兴博乐米厨卫科技有限公司、绍兴市海乐电器有限公司、浙江省燃气具和厨具厨电行业协会。

本标准主要起草人:靳世平、陈卫斌、吴道洪、解红军、曾鉴三、陈远新、刘可、台启龙、周绍芳、欧阳德刚、龙妍、裴青龙、余卫国、王东方、顾利民、郑文红、姚斌、丁翠娇、徐风、杜一庆、赵光洁、马小勇、刘志春、朱齐艳、舒朝晖、林一歆、文午琪、李坦、王小禹、黄剑、彭超、周凯、张秀梅、骆晓平、高杰、张家顺、林其钊。

燃气燃烧器节能试验规则

1 范围

本标准规定了燃气燃烧器节能测试的条件、要求、内容和方法。

本标准适用于一般工业燃气燃烧器，不适用于无氧化燃烧器、蓄热式燃烧器、自身预热式燃烧器、高速烧嘴、多孔介质燃烧器、民用燃烧器和其他特殊燃烧器。

2 规范性引用文件

下列文件对于本文件的应用是必不可少的。凡是注日期的引用文件，仅注日期的版本适用于本文件。凡是不注日期的引用文件，其最新版本(包括所有的修改单)适用于本文件。

GB/T 11062 天然气 发热量、密度、相对密度和沃泊指数的计算方法

GB/T 13610 天然气的组成分析 气相色谱法

TSG ZB001 燃油(气)燃烧器安全技术规则

3 术语和定义

下列术语和定义适用于本文件。

3.1

燃烧效率 combustion efficiency

燃料燃烧后实际释放的热量占其完全燃烧后释放的热量的百分比。

注：燃烧效率是考察燃料燃烧充分程度的重要指标。

3.2

过量空气系数 excess air coefficient

燃烧每千克燃料实际供给的空气质量与理论上完全燃烧每千克燃料所需的空气质量百分比。

3.3

炉膛有效容积 effective furnace volume

炉膛边界范围以内进行燃料燃烧及有效辐射换热过程的空间的几何容积。

3.4

炉膛容积放热强度 furnace volume heat release rate

单位炉膛有效容积在单位时间内的释热量，其值等于炉膛输入热功率与炉膛有效容积之比。

注：炉膛容积放热强度简称炉膛容积热强度，又称炉膛容积热负荷。

3.5

负荷率 load regulating ratio

规定时间内燃烧器的平均负荷与额定负荷的百分比。

4 测试条件与要求

4.1 测试燃料要求

采用燃气燃烧器所对应的燃气种类，如天然气、液化石油气、焦炉煤气、高炉煤气、转炉煤气、城市煤

气、发生炉煤气、合成气、沼气、混合煤气等。

4.2 测试环境与系统要求

4.2.1 燃烧器应安装在通风良好的空间，室内环境温度为 5 ℃～35 ℃。

4.2.2 测试过程中，实验室内空气中的 CO 含量应小于 0.002%，CO_2 含量应小于 0.2%，同时，测试现场不得有影响燃烧的气流。

4.2.3 燃烧器系统的连接应符合 TSG ZB001 的规定，确保测试工作安全顺利进行。

4.2.4 测试实验室应提供燃烧器所需的稳定额定电压和额定频率的电源。

4.2.5 测试仪器精度应符合表 1 的要求。

表 1 测试项目及仪器精度要求

序号	测试项目	仪器精度
1	燃料热值	±0.5%
2	密度	±0.5%
3	质量(重量)	±0.5%
4	压力	±10 Pa
5	压力传感器	±1%满量程
6	测温仪器	±1 ℃
7	流量测量仪器	±0.5%满量程
8	长度测量仪器	±1%满量程
9	CO_2 含量	±1%满量程
10	O_2 含量	±1%满量程
11	CO 含量	±0.5 mg/m^3

4.3 测试炉的要求

4.3.1 结构要求

4.3.1.1 测试台装设的火焰测试炉，其本体的设计应可根据燃烧器的输出热功率、容积热强度、燃烧器火焰直径以及火焰长度来调节其炉膛大小。

4.3.1.2 测试炉的燃烧室出口或者烟道内，应安装可以改变燃烧室压力的调节挡板，以调节燃烧室的压力。

4.3.1.3 测试炉炉墙除前墙以外，都应该被冷却。

4.3.1.4 测试炉上应设置火焰观察孔。

4.3.1.5 测试炉上应当布置 2 个以上的测压点，能够测量燃烧室内压力。

4.3.1.6 在负压条件下工作的燃烧器的测试，应该在测试炉系统中的下游安装引风机，通过手动调节装置或者自动压力控制系统来调节燃烧室的压力。

4.3.1.7 如果燃烧器的输出热功率(热负荷)大于或等于 4.5 MW,可以在与之匹配的供热装置上进行测试,考虑实际环境影响应对测试结果进行必要修正。

4.3.2 冷却条件要求

燃烧器在进行热态测试过程中,测试炉冷却介质的温度应在 40 ℃～80 ℃之间,温度波动应在±1 ℃以内。

4.3.3 调节性要求

测试炉应具备精确调节和稳定燃料流量、空气流量的功能,流量调节精度应在±1%以内,流量波动应在±1%以内。

4.4 测试测点要求

4.4.1 燃气管道测点

管道的流量、温度、压力均应设置测点,详细布置见图 1:

a) 流量测点前端至少保持 $2D$ 长度水平管道,且满足流量计所需要的前后直管段距离要求;

b) 流量、温度、压力三个测点距离不超过 $0.15D$,压力测点应安装在温度测点上游;

c) 根据流量计型式正确安装流量计。插入式流量计插入方向与燃气流动方向垂直,插入深度为管道 1/2 内径。

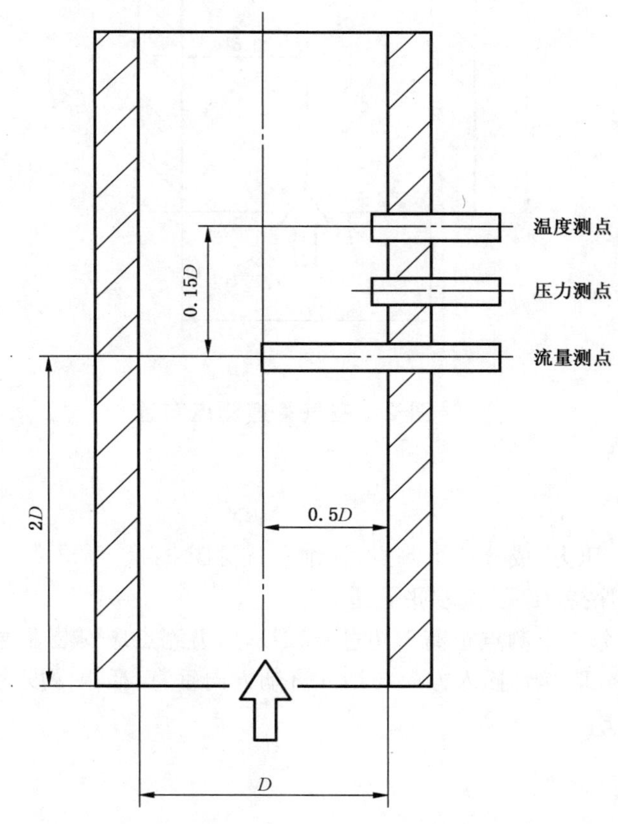

图 1 燃料管道测点布置

4.4.2 **空气管道测点**

空气管道布置流量、温度、压力三个测点，详细布置见图 2：

a) 流量测点前端至少保持 2*D* 长度水平管道，且满足流量计所需要的前后直管段距离要求；

b) 流量、温度、压力三个测点距离不超过 0.15*D*，压力测点应安装在温度测点上游；

c) 根据流量计型式正确安装流量计。插入式流量计插入方向与燃气流动方向垂直，插入深度为管道 1/2 内径。

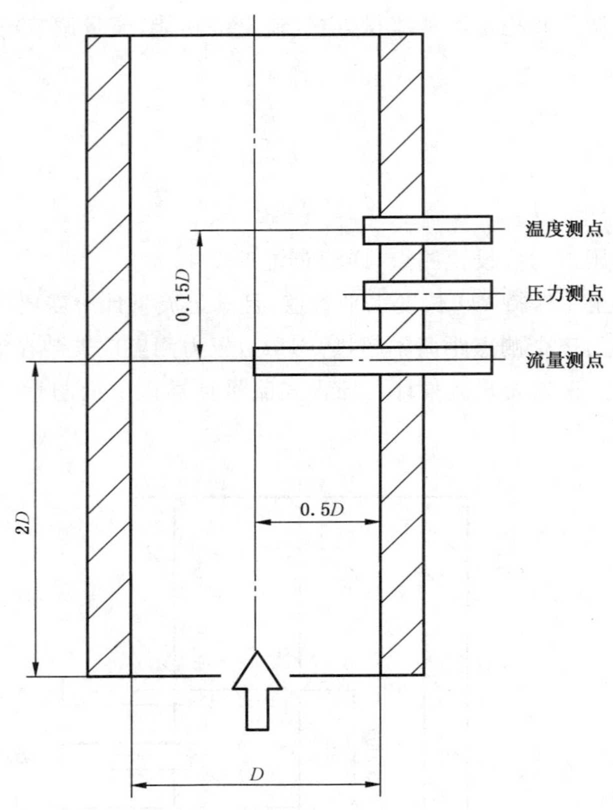

图 2 空气管道测点布置

4.4.3 **烟气管道测点**

烟气管道布置温度、压力、成分三个测点，详细布置见图 3：

a) 测点前端至少保持 2*D* 长度水平管道；

b) 温度、压力、成分三个测点距离不超过 0.15*D*，压力测点应安装在温度测点上游；

c) 插入式烟气成分取样管插入方向与烟气流动方向垂直，插入深度为 1/3 管道内径，测试时不能有空气漏入。

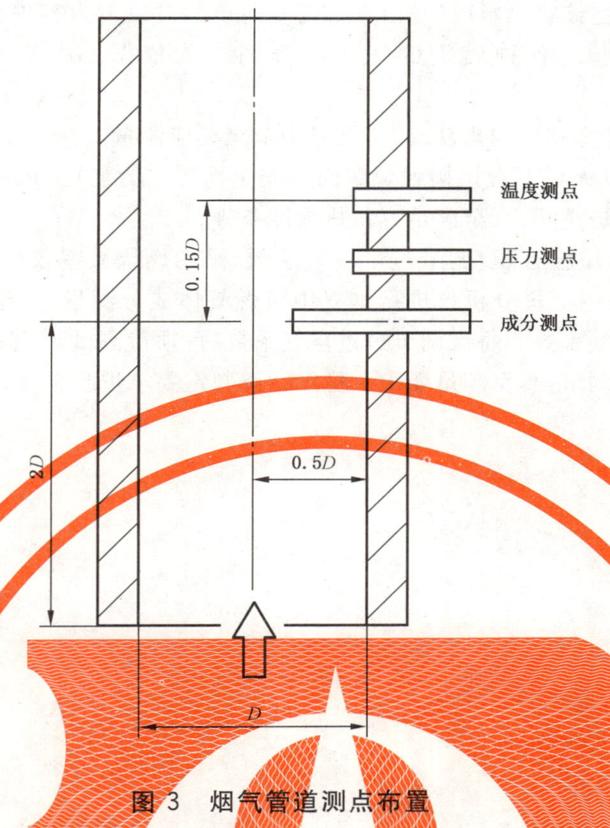

图 3 烟气管道测点布置

4.4.4 炉膛温度测点

沿炉膛内部四周及长度方向需均匀分布多个温度测点，测点间距 200 mm，温度测量元件插入深度 100 mm。

4.5 燃烧效率要求

燃烧效率≥99.9%或烟气中可燃物含量≤0.05%。

4.6 容积热强度要求

负荷率 100%工况下，炉膛容积放热强度应为(1±0.1)MW/m^3。

4.7 负荷率要求

测试负荷率为 100%、80%、70%、50%、30%五种工况。

5 测试内容与方法

5.1 测试内容

在规定的燃烧效率、容积热强度条件下，测定燃烧器在不同负荷率下的过量空气系数。

5.2 测试步骤

测试按以下步骤进行，并参照附录 A 各记录表的模板对测试结果进行记录报告：

a) 燃烧器测试前应该将燃料取样，由具备资质的单位对以下内容进行分析检测：气体成分、相对密度、低位热值。各种燃气的气体成分测试均依据 GB/T 13610，相对密度计算依据 GB/T 11062。
b) 根据负荷率，计算相应输出功率，将燃料调节至相应流量。
c) 保持负荷率，以火焰不直接接触炉壁面等安全性要求为前提，在过量空气系数为 1.1 条件下，调整测试炉燃烧空间，直至满足容积热强度条件。
d) 保持负荷率与炉膛容积，调节过量空气系数，采用燃烧效率仪检测烟气成分，直至燃烧效率≥99.9%；或采用烟气分析仪进行烟气中可燃气体成分测量，直至可燃气体成分≤0.05%，记录此时过量空气系数。每次调节过量空气系数后，须待测试炉达到热稳定状态并持续 5 min，再进行下一次调节，直至满足要求。稳定状态判定要求炉膛温度、烟气成分上下波动在测量值的±1%以内。

附　录　A
（资料性附录）
测试报告模板

测试报告模板见表A.1～表A.3。

表A.1　测试报告

<table>
<tr><td>制造单位名称</td><td colspan="2"></td><td>报告编号</td><td></td></tr>
<tr><td>制造单位地址</td><td colspan="4"></td></tr>
<tr><td>委托单位名称</td><td colspan="4"></td></tr>
<tr><td>燃烧器产品编号</td><td></td><td>样品来源</td><td colspan="2"></td></tr>
<tr><td>燃烧器制造日期</td><td></td><td>测试地点</td><td colspan="2"></td></tr>
<tr><td colspan="5">燃烧器基本情况</td></tr>
<tr><td>燃烧器名称</td><td></td><td>燃烧器型号</td><td colspan="2"></td></tr>
<tr><td>燃烧器类别</td><td></td><td>供气压力(或范围)</td><td colspan="2"></td></tr>
<tr><td>调节方式</td><td colspan="4">□单级　□两(多)级调节(调节比：　)　□连续调节(调节比：　)</td></tr>
<tr><td>关键原材料</td><td colspan="4"></td></tr>
<tr><td>设计燃料</td><td></td><td>设计燃料低位发热值</td><td colspan="2"></td></tr>
<tr><td>设计最大输出热功率</td><td>kW</td><td>设计最小输出热功率</td><td colspan="2">kW</td></tr>
<tr><td colspan="5">主要部件基本情况</td></tr>
<tr><td>配件名称</td><td>型号</td><td>主要参数</td><td colspan="2">制造单位名称</td></tr>
<tr><td>程序控制器</td><td></td><td></td><td colspan="2"></td></tr>
<tr><td>点火变压器</td><td></td><td></td><td colspan="2"></td></tr>
<tr><td>火焰监测器</td><td></td><td></td><td colspan="2"></td></tr>
<tr><td>安全切断阀</td><td></td><td></td><td colspan="2"></td></tr>
<tr><td>测试依据</td><td colspan="4"></td></tr>
<tr><td colspan="5">实验结果</td></tr>
<tr><td>实验工况</td><td>负荷率</td><td>输出功率</td><td colspan="2">测试状况过量空气系数</td></tr>
<tr><td>1</td><td></td><td></td><td colspan="2"></td></tr>
<tr><td>2</td><td></td><td></td><td colspan="2"></td></tr>
<tr><td>3</td><td></td><td></td><td colspan="2"></td></tr>
<tr><td>4</td><td></td><td></td><td colspan="2"></td></tr>
<tr><td>5</td><td></td><td></td><td colspan="2"></td></tr>
<tr><td>6</td><td></td><td></td><td colspan="2"></td></tr>
<tr><td>平均过量空气系数</td><td colspan="4"></td></tr>
<tr><td>等级</td><td colspan="4">□1级　□2级　□3级　□4级　□5级</td></tr>
<tr><td colspan="2">测试负责人：　　日期：</td><td colspan="3" rowspan="3">测试单位：
（机构专用章）
日期：</td></tr>
<tr><td colspan="2">审　核：　　日期：</td></tr>
<tr><td colspan="2">批　准：　　日期：</td></tr>
</table>

燃烧器照片

侧视照片
正视照片

表 A.2 燃气特性

序号	项目名称	符号	单位	检测数据	备注
1	甲烷	CH_4	%		
2	乙烷	C_2H_6	%		
3	丙烷	C_3H_8	%		
4	氧气	O_2	%		
5	氮气	N_2	%		
6	二氧化碳	CO_2	10^{-6}		
7	高位发热量	Q_g	MJ/m^3		
8	低位发热量	Q^d	MJ/m^3		
9	相对密度	d			
注：测试标准：GB/T 13610《天然气的组成分析　气相色谱法》。					

表 A.3 工况测试记录

工况总述			
试验环境状况参数	环境温度/℃	环境湿度/(%RH)	环境气压/Pa
负荷率/%	燃烧效率/%	容积热强度/(W/m³)	过量空气系数
炉膛情况描述			
炉膛容量情况：长宽高等			
燃料数据			
燃料流量/(m³/h)	燃料温度/℃	燃料压力/Pa	折合流量(计算量)V：(标准状态)/(m³/h)
输出功率(计算量)/W			
容积热强度(计算量)/(W/m³)			
空气数据			
空气流量/(m³/h)	空气温度/℃	空气压力/Pa	折合流量(计算量)V：(标准状态)/(m³/h)
烟气数据			
烟气流量/(m³/h)	烟气温度/℃	烟气压力/Pa	折合流量(计算量)V：(标准状态)/(m³/h)
烟气成分			
项目	名称	质量含量/%	备注
1	氧气		
2	二氧化碳		
3	一氧化碳		
4	氮气		
5	粉尘		
6	其他		
燃烧效率/%			

ICS 13.110
J 09

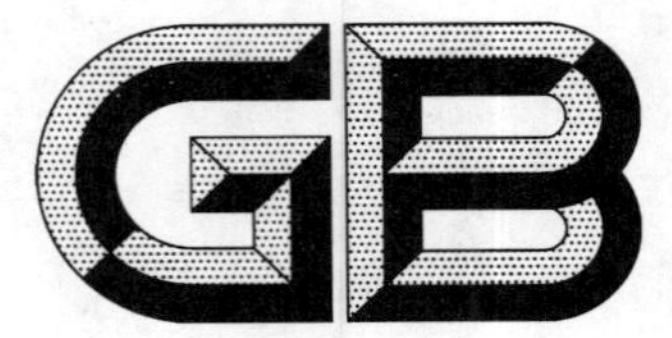

中华人民共和国国家标准

GB/T 35076—2018

机械安全　生产设备安全通则

Safety of machinery—General safety requirements for production equipment

2018-05-14 发布　　2018-12-01 实施

国家市场监督管理总局
中国国家标准化管理委员会　发布

前　言

本标准按照 GB/T 1.1—2009 给出的规则起草。

本标准由全国机械安全标准化技术委员会(SAC/TC 208)提出并归口。

本标准主要起草单位:如皋市包装食品机械有限公司、机械科学研究总院、广东产品质量监督检验研究院、佛山市顺德区万怡家居用品有限公司、泉州市中标标准化研究院有限公司、华测检测认证集团股份有限公司、广州市贝力机床有限公司、福建省闽旋科技股份有限公司、南京林业大学、厦门迈拓宝电子有限公司、中国航天科工运载技术研究院北京分院、厦门万明电子有限公司、天津市金锚集团有限责任公司、东风雷诺汽车有限公司、浙江丰贸信息科技有限公司、厦门三行电子有限公司、浙江博亚精密机械有限公司、西安远征自动化控制有限公司、南京埃斯顿自动化股份有限公司、厦门利德宝电子科技股份有限公司。

本标准主要起草人:吴清锋、史传明、李勤、徐正华、刘治永、成绵龙、杨毅、宁燕、朱斌、黄庆、程红兵、李晨、居荣华、付卉青、于亚彬、李杰、吴健、蔡蔷、赵茂程、郁毛林、王海霞、宋小宁、郑华婷、王清忠、王峰、王胜江、李帆、王正、陈国良、吉坤、陆学贵、南征、黄景林、江东红、黄景明、张晓飞。

引　言

机械领域安全标准的结构如下：

——A 类标准(基础安全标准),给出适用于所有机械的基本概念、设计原则和一般特征。

——B 类标准(通用安全标准),涉及机械的一种安全特征或使用范围较宽的一类安全装置：

- B1 类,安全特征(如安全距离、表面温度、噪声)标准；
- B2 类,安全装置(如双手操纵装置、联锁装置、压敏装置、防护装置)标准。

——C 类标准(机器安全标准),对一种特定的机器或一组机器规定出详细的安全要求的标准。

根据 GB/T 15706—2012,本标准属于 A 类标准。

机械安全　生产设备安全通则

1　范围

本标准规定了生产设备的基本安全和职业健康要求。

本标准适用于所有在役的生产设备。

本标准不适用于有法规规定的生产设备。

2　规范性引用文件

下列文件对于本文件的应用是必不可少的。凡是注日期的引用文件，仅注日期的版本适用于本文件。凡是不注日期的引用文件，其最新版本(包括所有的修改单)适用于本文件。

GB/T 3766　液压传动　系统及其元件的通用规则和安全要求

GB 5226.1—2008　机械电气安全　机械电气设备　第1部分：通用技术条件

GB/T 7932　气动系统通用技术条件

GB/T 15706—2012　机械安全　设计通则　风险评估与风险减小

GB/T 16754　机械安全　急停　设计原则

GB/T 16855.1—2008　机械安全　控制系统有关安全部件　第1部分：设计通则

GB/T 17888(所有部分)　机械安全　进入机械的固定设施

GB/T 18153—2000　机械安全　可接触表面温度　确定热表面温度限值的工效学数据

GB/T 19670　机械安全　防止意外启动

GB/T 28780　机械安全　机器的整体照明

GB/T 35077　机械安全　局部排气通风系统　安全要求

3　术语和定义

GB/T 15706—2012 界定的以及下列术语和定义适用于本文件。

3.1

生产设备　production equipment

生产过程中使用的任何机械/机器，包括与安全使用相关的辅助设备。

3.2

危险区　hazard zone

危险区　danger zone

使人员暴露于危险的生产设备内部和/或周围的任何空间。

注：改写 GB/T 15706—2012 定义 3.11。

3.3

操作者　operator

使用、维护生产设备的人员。

4 生产经营单位的要求

4.1 生产经营单位应根据 GB/T 15706—2012 对生产设备进行风险评估。

4.2 根据风险评估的结果，应采取 GB/T 15706—2012 第 6 章中给出的合适措施将风险减小至可接受的水平。

4.3 生产经营单位应安排专业人员负责以下任务：

a） 建立、维护和审查安全工作规程；

b） 采取措施保护危险区内的人员；

c） 调查生产设备相关的安全事故，并评价避免其发生的措施；

d） 其他安全相关的任务。

4.4 生产经营单位应按安全工作程序对生产设备进行维护，并对维护人员采取相应的保护措施。生产经营单位应使生产设备在全生命周期内保持安全状态。

4.5 生产经营单位应向操作者提供安全与健康相关的操作规程。

4.6 生产经营单位应对所有使用生产设备的人员进行必需的安全培训，该培训包括使用生产设备时可能采用的方法，以及在使用时可能影响健康的风险和需要采取的预防措施。

4.7 生产经营单位应针对存在的风险制定应急预案。

5 操作者的要求

5.1 操作者应参加生产设备安全使用的相关培训。

5.2 操作者应按照生产经营单位提供的安全工作程序使用生产设备。

5.3 当操作者认为或发现生产设备存在异常或不可接受风险时，应立即采取相应措施并报告相关负责人。

6 生产设备的基本安全要求

6.1 总则

在生产设备的全生命周期内，都应采取措施减小或消除对操作者和其他人员的风险，例如：确保生产设备的运动部件与邻近固定或运动的部件之间有足够的安全距离；按照生产设备制造商提供的说明书，在安全状态下安装或拆卸生产设备。

生产设备的控制装置应尽量避免使用联锁装置代替控制开关来执行任何常规机械功能，例如装配、穿线、转载、启动或调节。

生产设备在能量源中断后重新接通时，如果自动重启可能产生危险，则应防止这种启动。

生产设备的密封系统及其元件，如旋转密封装置的泄露不应对操作者产生伤害。

6.2 稳定性

应按照制造商提供的说明书，保持生产设备在使用过程中的稳定性，确保按照说明书规定的预定使用条件下使用生产设备时，不存在意外翻倒、跌落或移动的危险。由于生产设备外形布局等原因不能确保足够的稳定性时，应采取附加的固定措施确保其稳定性。

6.3 运动部件

如果存在因与生产设备运动部件物理接触而导致事故的风险，则应为这些运动部件配备安全防护装置，以防止进入危险区或在进入危险区之前使这些部件的危险运动停止。

安全防护装置应：

——结构坚固；

——不会增加新的危险；

——不易拆除或旁路；

——不会限制操作生产设备必要的视线；

——允许安装、替换部件以及维护等必要的操作，并在可能时无需移除安全防护装置；

——与危险区有足够的安全距离。

注：安全距离的计算见 GB/T 23821 和 GB/T 19876。

6.4 安全控制系统

安全控制系统的性能等级(PL)应不小于根据 GB/T 16855.1—2008 附录 A 确定的所需性能等级(PL_r)，即 $PL \geqslant PL_r$。

影响生产设备安全性的所有控制装置都应清晰可见、易辨识，且在必要时进行标识。

除了某些必要的控制装置之外，生产设备的控制装置应位于危险区之外，并且对控制器的操作不会产生新的危险。对控制装置的所有可合理预见的操作都不应产生新的危险或增加风险。

操作者应能从主控制位置目视或通过监控设施观察危险区内是否有人员存在，如果有，则不能启动生产设备。

如果存在盲区，则应有安全防护系统。在启动生产设备之前，该系统应自动发出视觉和/或听觉警告信号。暴露于危险区的人员应有充足的时间和手段快速规避因生产设备启动或停止产生的危险。

只有按照预定用途操作控制器时，才有可能启动生产设备。

注 1：除非不会使操作者暴露于任何危险，否则本要求同样适用于因任何原因造成停机后的重启，以及对操作条件(如速度、压力等)重大变化的控制。

注 2：本要求不适用于自动化设备正常运行周期内的重启或操作条件变化。

6.5 人类工效学

在预定使用条件下，应尽可能降低操作者的不适、疲劳以及身体和心理压力，通常可以采取以下措施：

——允许操作者的人体尺寸、力量和精力有变化；

——为操作者身体的运动部分提供足够空间；

——避免由机器决定工作速率；

——避免需要长时间集中注意力的监控；

——采用适合可预见的操作者特征的人—机界面。

6.6 安全停止

所有的生产设备应配备使其可靠并安全停止的装置。

根据危险的类别，每个工作位置应配备使生产设备部分停止或全部停止的安全控制装置，从而使生产设备进入和/或保持在安全状态。当生产设备或其危险部件停止后，应停止相关执行器的能量供应。

生产设备的安全停止控制应优先于启动控制，参见 GB 5226.1—2008 的 9.2.5.3。

6.7 紧急停止

急停的停止功能应使用 0 类或 1 类(见 GB 5226.1—2008 的 9.2.2)，并在风险评估的基础上确定停止类别，以使机械以最快、最安全和最可靠的方式停止。

急停功能应断开相关的电路运行，并不受其他功能的干扰，并在所有模式下都有效。

急停装置应满足 GB/T 16754 的要求。

6.8 防止意外启动

生产设备不应由于意外启动而对人员造成伤害，有关防止意外启动的要求见 GB/T 19670。

注：GB/T 35077 给出的上锁/挂牌程序是一种常用的防止意外启动的措施。

6.9 电击防护

应采取 GB 5226.1—2008 中第 6 章给出的有关措施，使生产设备具备保护人员免受直接或间接触电的能力。

6.10 液压和气动

生产设备的液压系统及其元件应满足 GB/T 3766。

生产设备的气动系统及其元件应满足 GB/T 7932。

6.11 噪声

对于有噪声排放的生产设备，应采取措施将噪声产生的风险减小至可接受水平。宜优先考虑在噪声排放源降低噪声，如果不可行，则应为暴露于噪声危险的人员提供个体防护装备。

注 1：某些生产设备可能还有专门的噪声限值标准，如针对机械压力机噪声限值的 GB/T 26483。

注 2：降低其他风险的保护措施可能也可降低噪声风险，如防护罩既可防止机械危险，也可降低噪声排放。

6.12 振动

对于产生振动的生产设备，应避免因操作者暴露于手传振动或全身振动而产生的伤害，可采取适当的措施减小风险，如：

——选择其他较少暴露于振动风险的工作方法；

——通过阻尼装置或隔振装置减振；

——降低暴露于振动风险的持续时间和强度；

——合理安排操作者的工作时间。

6.13 有害物质排放

当生产设备有气体、蒸汽、液体、粉尘等有害物质排放时，应采取措施减小排放物对作业场所内人员产生的风险，如配备满足 GB/T 35077 的局部排气通风系统。

6.14 辐射

在机械安装、操作和清洁过程中，任何功能性辐射应被限制在保证机械正常工作的最低水平。

宜避免机器的不良辐射排放。如果不能避免机器的不良辐射排放，则应采取适当的保护措施（参见 GB/T 26118）。

6.15 安全进入生产设备

在安装、生产、调整和维护时，应确保操作者能够通过固定设施（见 GB/T 17888）安全进入生产设备。

6.16 表面温度

生产设备高温或低温部件的表面应防止因操作者接触或冷热源辐射产生的风险，必要时可选择

GB/T 18153—2000 附录 B 中给出的防护措施进行防护。

6.17 防火防爆

对于排放或使用易燃易爆气体、液体、蒸汽、粉尘或其他物质的生产设备，应采取措施防止火灾或爆炸的产生。

6.18 照明

生产设备工作和维护区域的照明照度应达到 500 lx，且无频闪、无眩光，不影响操作者的正常工作，具体要求见 GB/T 28780。

6.19 电磁兼容性（EMC）

对于生产设备的电气部分，其产生的电磁骚扰不应超过生产设备预期使用场合允许的水平。设备对电磁骚扰也应有足够的抗扰度水平，以保证生产设备在预期使用环境中可以正确运行。

限制产生电磁骚扰和提高生产设备抗扰度的措施可参见 GB 5226.1—2008 的 4.4.2。

注：EMC 通用标准 GB/T 17799.1 或 GB/T 17799.2 和 GB 17799.3 或 GB 17799.4 给出了 EMC 通用的抗扰度和发射限值。

6.20 警示标识

生产设备的警示标识应设置在明显的位置，且容易被感知和理解。

6.21 维护

维护应在生产设备停机后进行，并采取措施防止意外启动。如果需要不停机维护，则应采取适当的保护措施。

参 考 文 献

[1] GB/T 17799.1 电磁兼容 通用标准 居住、商业和轻工业环境中的抗扰度试验
[2] GB/T 17799.2 电磁兼容 通用标准 工业环境中的抗扰度试验
[3] GB 17799.3 电磁兼容 通用标准 居住、商业和轻工业环境中的发射
[4] GB 17799.4 电磁兼容 通用标准 工业环境中的发射
[5] GB/T 19876 机械安全 与人体部位接近速度相关的安全防护装置的定位
[6] GB/T 23821 机械安全 防止上肢下肢触及危险区的安全距离
[7] GB/T 26118(所有部分) 机械安全 机械辐射产生的风险的评价与减小
[8] GB/T 26483 机械压力机 噪声限值

ICS 13.110
J 09

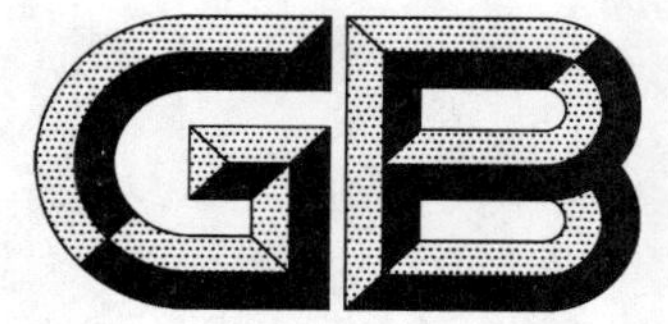

中华人民共和国国家标准

GB/T 35077—2018

机械安全　局部排气通风系统 安全要求

Safety of machinery—Local exhaust ventilation system—Safety requirements

2018-05-14 发布　　2018-12-01 实施

国家市场监督管理总局
中国国家标准化管理委员会　发布

前　言

本标准按照 GB/T 1.1—2009 给出的规则起草。

本标准由全国机械安全标准化技术委员会(SAC/TC 208)提出并归口。

本标准起草单位:华测检测认证集团股份有限公司、深圳市美普达环保设备有限公司、广东产品质量监督检验研究院、泉州市中标标准化研究院有限公司、东莞汇乐环保股份有限公司、广州特种机电设备检测研究院/国家防爆设备质量监督检验中心、航天凯天环保科技股份有限公司、福建省闽旋科技股份有限公司、南京林业大学、厦门利德宝电子科技股份有限公司、中机生产力促进中心、东风雷诺汽车有限公司、厦门万明电子有限公司、上海峦越精密机械有限公司、厦门迈拓宝电子有限公司、浙江丰贸信息科技有限公司、西安市远征科技有限公司、厦门三行电子有限公司。

本标准主要起草人:刘攀超、张善平、吴清锋、朱斌、林卫波、王新华、曾毅夫、居荣华、程红兵、江东红、刘治永、陈国良、付卉青、黄景林、李勤、成绵龙、陆学贵、南征、黄庆、宁燕、王海霞、张善康、王清忠、郑华婷、萧子东、梁峻、胡光明、赵茂程、王正、吉坤、沈德红、陆丽萍、黄景明、张晓飞。

引　言

机械领域安全标准的结构如下：

——A 类标准(基础安全标准)，给出适用于所有机械的基本概念、设计原则和一般特征；

——B 类标准(通用安全标准)，涉及机械的一种安全特征或使用范围较宽的一类安全装置：

- B1 类，特定的安全特征(如安全距离、表面温度、噪声)标准；
- B2 类，安全装置(如双手操纵装置、联锁装置、压敏装置、防护装置)标准。

——C 类标准(机械产品安全标准)，对一种特定的机器或一组机器规定出详细的安全要求的标准。

根据 GB/T 15706 的规定，本标准属于 B 类标准。

本标准尤其与下列和机械安全有关的利益相关方有关：

——机器制造商；

——健康与安全机构。

其他受到机械安全水平影响的利益相关方有：

——机器使用人员；

——机器所有者；

——服务提供人员；

——消费者(针对预定由消费者使用的机械)。

上述利益相关方均有可能参与本标准的起草。

此外，本标准预定用于起草 C 类标准的标准化机构。

本标准规定的要求可由 C 类标准补充或修改。

对于在 C 类标准的范围内，且已按照 C 类标准设计和制造的机器，优先采用 C 类标准中的要求。

局部排气通风(LEV)是在工业作业环境中保持人员可接受空气质量的一种重要工程控制技术。其主要手段是在或尽可能靠近污染物产生点控制或抑制空气传播污染物。局部排气通风通常与其他控制方法一起使用，如隔离、稀释通风或者个体防护装备。如果设计、安装和运行正确，局部排气通风(LEV)能够很好地控制空气传播的污染物。

本标准旨在为了改善工业企业劳动条件，保护存在有害物质排放的环境中的人员的健康和安全，避免或减少安全事故。

机械安全　局部排气通风系统 安全要求

1　范围

本标准规定了局部排气通风(LEV)系统的基本安全要求。

本标准适用于防止或避免人员接触工业环境中空气传播的有害物质的固定式工业用局部排气通风(LEV)系统。

本标准不适用于以下目的的局部排气通风(LEV)系统:

——舒适通风;

——作为工业过程的一部分输送空气;

——不以保护人员为主要目的的油漆橱;

——节约能源;

——特殊用途、特殊净化和特殊防护要求。

2　规范性引用文件

下列文件对于本文件的应用是必不可少的。凡是注日期的引用文件,仅注日期的版本适用于本文件。凡是不注日期的引用文件,其最新版本(包括所有的修改单)适用于本文件。

GB/T 15706—2012　机械安全设计通则风险评估与风险减小

GB/T 33579　机械安全危险能量控制方法上锁/挂牌

GB 50016—2014　建筑设计防火规范

GB 50019—2015　工业建筑供暖通风与空气调节设计规范

3　术语和定义

GB/T 15706—2012 界定的以及下列术语和定义适用于本文件。

3.1

局部排气通风(LEV)系统　local exhaust ventilation (LEV) system

排气系统　exhaust system

由以下一个或多个部件或系统组成,把空气传播的污染物从空间去除的机械系统:

——集气罩;

——管道系统;

——空气净化设备;

——排气机或风机;

——烟囱。

注:局部排气通风系统作为一个功能整体运行,所有组成部分的性能都会受其他部分的设计和性能影响。

3.2

空气净化设备　air cleaning equipment

局部排气通风系统中,将污染物从所处理的空气中分离出来的装置或装置组合。

3.3

均衡　balanced

局部排气通风系统中所有支管同时实现预期空气流量的状态。

3.4

导流板　baffle

凸缘　flange

为改善或加强排放源和集气罩区域空气流向而在排放源或其周围设置的局部围挡。

3.5

支管　branch

集气罩和干管或二级干管的连接管道。

3.6

入口系数　coefficient of entry

用于反映集气罩静压力损失与该集气罩管道内速压之间关系的无量纲因子。

3.7

污染物　contaminant

通过空气传播的能对人员造成伤害、危险或产生异味的有害物质。

示例：烟雾、烟尘、粉尘、蒸汽、雾汽、水汽或气体等。

3.8

捕获速度　capture velocity

控制速度　control velocity

空间内某一点足以将污染物和受污染的空气吸入集气罩的空气流动速度。

3.9

入口　entry

管道系统中支管或二级干管的某一段进入另一段二级干管或干管的位置。

示例：集气罩进入管道的入口；压力通风系统进入管道的入口。

3.10

集气罩　exhaust hood

为了捕获或控制化学排放物以及其他空气污染物而设计的特定形状的开口。

3.11

集气流量　exhaust rate

空气流量　air flowrate

通过集气罩的空气体积流量。

3.12

表面风速　face velocity

集气罩开口平面内方向向量垂直于该平面的平均空气流动速度。

3.13

风机　fan

通风机　exhauster

用于提供压力并使空气流通过局部排气通风系统移动的机械装置。

3.14

损失系数　loss factor

反映系统附件和设备内静压力损失与速压之间关系的无量纲因子。

3.15

主管 main

将两个或两个以上支管或二级干管连接至风机、排气机或空气净化设备的管道。

3.16

补充空气 makeup air

置换空气 replacement air

用于填充经过局部排气通风(LEV)系统净化后排出气体空间的外部空气或清洁程度可接受的空气。

3.17

夹带回流 re-entrainment

外排的污染物通过气流返回局部排气通风系统。

3.18

槽口速度 slot velocity

方向垂直于槽口内平面的平均空气速度。

3.19

系统运行点 system operating point

SOP

局部排气通风系统内压力—流量图上压力曲线和流量曲线的交点。

注：SOP 通常用于风机选型。

3.20

系统效率损失 system effect loss

风机进口和出口条件非理想状态时产生的风机性能损失。

3.21

用户 user

对局部排气通风系统或系统某一部件的设计、运行和/或维护承担直接和最终责任的人。

4 基本要求

4.1 从事 LEV 系统设计、运行、维护或测试的用户应通过培训或具有相关工作经验证明其取得从事此项工作的资质。

4.2 LEV 系统的设计和运行应基于以下基本数据：

——排放源特性；

——工作场所空间内的空气特性；

——相关人员与排放源的相互作用。

4.3 在制造和安装开始之前，应由专业技术人员审查 LEV 系统的技术文件。

4.4 LEV 系统性能及其具有的集气流量应能将工作场所空气中的污染物降至规定的可接受浓度。

4.5 在风机选型以及在建造或安装之前，应估算整个 LEV 系统的静压力损失。

4.6 整个 LEV 系统的结构设计应合理，其制造材料应化学兼容，并考虑物理兼容性。

注：满足此要求的措施如：酸性气流采用耐火玻璃纤维、溶剂蒸汽气流采用镀锌钢等，且厚度宜足以保证系统的预期寿命。

LEV 系统的建造应保证气流中携带的化学物质即使达到最大浓度，也能够互相兼容，并与集气罩、管道和风机材料兼容。

4.7 LEV 系统应具备性能监控能力。LEV 系统的监测与控制功能应满足 GB 50019—2015 中 11.1、

11.2、11.4 和 11.5 的要求。

根据需要，在可行的情况下，性能监控系统或设备可包括模拟或数字流量计、烟雾探测器、气体探测器或者其他设备或程序。

LEV 系统宜在连接集气罩的管道上（在风门前，且靠近集气罩）设置静压力测压孔，因为利用集气罩处的气流测量 LEV 系统性能的成本和效率最佳，而且集气罩静压力与此位置的气流之间存在函数关系。

4.8 为确保对人员的持续保护，必要时，LEV 系统中的安全防护装置和保护措施应采用冗余设计。

4.9 LEV 系统在全生命周期内应保持清洁，不应存在产生明火、烟雾和爆炸等潜在的风险，并应保持良好的运行状态。

5 结构和布局

5.1 一般要求

5.1.1 LEV 系统的结构

如果条件允许，单个 LEV 系统应按照尽可能紧凑的方式进行布置，使其：

a) 管道长度最短且使用的弯头数量最少；

b) 便于正确配比来自不同集气罩的气流。

分散布置的过程或不经常运行的设备通常应设置单独的排气系统。

5.1.2 LEV 系统的布置

配备局部排气系统的机械以及排气系统的元件（如集气罩）的布置宜便于排气管道系统的布置，使其：

a) 尽可能便于或不妨碍其他设备的操作，例如便于起重机、升降机、卡车等的操作；

b) 允许无阻碍地接近管道系统进行检查、清洁和维修；

c) 可防止来自外部的损坏，最大程度地保护管道系统。

5.1.3 排气和补充空气窗的位置

排气和补气空气窗的位置应满足第 6 章的要求。

5.1.4 危险作业和非危险作业的隔离

应尽可能将危险作业和非危险作业隔离开。如果大多数加工过程都产生潜在有害浓度的空气污染物，则建议隔离非危险作业，如将其布置在单独的厂房或房间内。

5.1.5 空气净化设备的位置

空气净化设备的位置应使得：

a) 能够安全且不受阻碍地接近空气净化设备进行维护（如过滤或收集介质的清除、清洗，或对静电沉降器进行服务）和维修；

b) 便于清除粉尘和收集的其他物质，而不产生公害、健康危害或物料搬运问题；

c) 能够在不污染整个工厂空气的情况下清洁和维修设备；

d) 能够防止湿法收集系统和相关管道结冰。

如果空气净化设备处理的是爆炸性或高度可燃性气体或污染物，则还应至少考虑以下要求：

——布置在室外或隔离；

——设置卸压盘和安全屏障；

——设置爆炸抑制装置；

——充分防雷保护；

——电气接地。

如果系统已充分送入稀释空气将污染物浓度保持在气体和蒸汽爆炸下限10%～25%以下、粉尘爆炸下限浓度(MEC)20%以下(织物过滤器逆向喷气清洗过程除外，此时的瞬时粉尘浓度可超过MEC)，并假设已经安装了足够的安全控制装置来防止误操作，则可减少此类防范措施。

LEV系统的设计者和使用者还宜了解该场地的长期规划、相邻建筑物及其用途以及周边地理特征。

5.2 清洁和排水

LEV系统元件的设计和制造应便于清洁和排水。

注：尽可能减少管道系统内的冷凝影响。

5.3 特殊要求

如果机械在运行时会产生不同的蒸汽、粉尘、烟尘或雾汽等有害物质，且在相互混合后会对人员健康造成伤害或产生爆炸、破坏性腐蚀等危险而使管道、风机遭到破坏或使空气净化设备失效，则对于此类空气污染物应采用单独的局部排气通风系统。

注：本要求主要针对废气中的粉尘、烟气和蒸汽的浓度可能达到足以产生健康、爆炸或腐蚀危险的情况。破坏性腐蚀意味着管道、风机或空气净化设备的失效。

5.4 厂房改造

需要时，应按GB 50016—2014和GB 50019—2015的相关要求，根据危险作业的性质对安装LEV系统的厂房进行改造。例如：发电机、槽罐以及其他处理有毒或爆炸性气体和挥发性(无论是常温或运行温度)液体的设备不得放置在地下室或地坑内。

有爆炸危险的厂房或厂房内有爆炸危险的部位应按照GB 50016—2014的3.6的规定设置泄压设施。

泄压设施宜采用轻质屋面板、轻质墙体和易于泄压的门、窗等，应采用安全玻璃等在爆炸时不产生尖锐碎片的材料。泄压设施的位置应避开人员密集场所和主要交通道路，并宜靠近有爆炸危险的部位。屋顶上的泄压设施应采取防冰雪积聚措施。

应按GB 50016—2014规定的位置设置防火卷帘，并符合GB 50016—2014的6.5.3规定的相关要求。

应按GB 50016—2014的8.5.2的要求，在规定的位置设置发生火灾时能够自动排除烟雾和燃烧产物的屋顶通风。

6 补充空气系统

6.1 应对LEV系统排出的空气进行置换，并明确规定如何向厂房内输送清洁的、经过调节的补充空气来置换LEV系统排出的空气。

对于以下情况，宜提供补充空气：

a) 为了确保集气罩按照设计运转。如：房间是在负压下，排气风机运行的静压力会增加，体积流量相应减少；某些类型的轴流风机对压力变化特别敏感；

b) 为了确保自然通风的烟囱、烟道和燃料燃烧器具的正确运行；

c) 为了消除通过门、窗或裂缝进入集气罩影响区域的高速气流；

d) 为了消除吹到人员身上的冷气流；

e) 为了消除由高速气流在工作室引起的额外污染物(如椽子上积聚的灰尘)逸散；

f) 为了防止相邻区域的含尘空气被抽入必需保持清洁加工的区域；

g) 为了避免房间或建筑物的门打开或关闭困难；

h) 通过引导其流经尽可能多的作业空间，稀释没有必要使用局部排气通风系统的低浓度污染物；

i) 为人员提供有效的通风，尤其是在炎热天气。

补充空气系统通常采用专门的机械通风系统补充空气，但也可利用自然通风补气(例如温度气候适宜，新鲜的室外空气很容易获得；室外作业；设备向大气开放等)，但设计者宜说明并记录采用自然通风的原因，以及如果自然通风受阻，会发生的危险状况。

6.2 如果需要，设计者或用户应确定被排气空间和相邻空间之间合适的静压力关系，并提供相应补充空气量。

补充空气系统的补气体积流量通常与排气体积流量相等。但在某些情况下，某一区域可能要求轻微负压来控制逃逸排放和/或防止污染物向工厂或建筑物内其他区域迁移，或者要求轻微正压防止粉尘侵入清洁区域。

示例：如果房屋内需要加压，通常的做法是补给的空气比排出建筑物的多10%，以减少或消除来自相邻空间或外墙的空气渗入。同样，实验室常见的做法是补给空气比排出体积流量少10%，以维持实验室中的微小负压。

补充空气系统也可采用建筑物空气均衡法提供适宜的压差，确定补气系统规模时还宜考虑未来的需求。

6.3 设计者或用户应优化厂房空间内供气至排气系统的空气流向。

如有可能，补充空气系统的定位宜保持以下条件：

a) 空间补气的定位使得经过适当调节的清洁空气先经过人员，然后再流向受污染区域由LEV系统排出；

b) 气流在该区域内形成横向通风，这样就可以将这部分空气用于有效的一般通风和补气；

c) 空气宜从清洁区域流向受污染区域；

d) 避免人员所在的位置风速过高，以免在人员身体周围形成涡流，从而更容易暴露于危险。

6.4 来自LEV系统的循环空气应达到厂房内规定的可接触浓度。

注：通常情况下，不能认为来自LEV系统的循环空气是补充空气。

6.5 补充空气量不应降低LEV系统的性能。

补充空气的供气位置和速度的选择应避免在有集气罩的过程或者在人员周围产生高速气流。

补充空气宜均匀分布并沿集气罩方向流动。通过穿孔板向外排气的压力通风系统是一种引入均匀、低速补气的很好方法。

排气口与吸气口的流动特性完全不同。高速的供给空气能被“抛出”相当远的距离。高速出风口的设置位置不应在有人员存在的区域产生令人不舒适的气流。在某些情况下，可以用布风器来减少气流。

6.6 补充空气系统进气口的位置应防止吸入来自排气系统的污染物或其他污染源排放的污染物。烟囱设计和位置选择的良好做法参见第8章。

6.7 应在补充空气的进气口进行过滤，以保护通风系统设备。

6.8 补充空气单元的设计和运行应能始终供给适当的空气体积流量。

如果LEV系统随着时间的变化而改变排气流量，则补气体积流量应跟踪排气流量，以保持空间内适当的压力关系。

6.9 当补充空气系统可产生影响LEV系统性能的故障时，应设置一个监控系统，以发出该故障的信号。此类监控系统通常包括压力或流量监控装置。

6.10 补充气体应为清洁空气。

6.11 如果补充空气是为了使人员舒适，则LEV系统应按照相应的标准进行设计和运行。舒适意味着空气被加热或冷却，以满足厂房空间内人员的需求。

6.12 如果补充空气由直燃式加热器加热，则应满足下列要求：

a) 满足相关的法规要求；
b) 燃烧物不应使补充空气中空气传播的有害物质浓度超过用户选择的可接受浓度，更不能超过公布的职业接触限值；
c) 用户应制定确保系统安全运行的相关规程；
d) 采纳制造商的建议；
e) 腐蚀性或易燃性材料不能接触火焰；
f) 建筑回风不应通过火焰。

采用天然气或液化气在气流中直接燃烧的直燃式补气设备来调节补气温度时，用户应确定可能的燃烧产物（如一氧化碳、二氧化碳、氮氧化物）并选择送风区和人员呼吸区的可接受最大浓度，如“容许接触限值（PEL）”的某一百分比。

注：“容许接触限值（PEL）”的某一百分比通常选择职业接触限值的10%。

如果没有公布的职业接触限值（OEL）时，使用者应咨询燃烧物供应商和查询材料安全数据表（MSDS）等。

通常采用气体探测器保证安全燃烧操作。

直燃式加热器选型和运行宜考虑下列事项：

a) 加热器不能存在被冻住的风险；
b) 送出的空气温度应可通过调节火焰控制，调节比通常为25∶1～45∶1；
c) 工业装置通常需要设置手动及自动截止阀、气压调节阀、空气流量开关、安全先导阀和极限温度控制；
d) 外部空气100%宜经过燃烧器处理，气流速度按燃烧器制造商建议，通常为13 m/s～15 m/s；
e) 燃烧器可以是外混式或预混式；
f) 当室外空气含粉尘或不干净时，在到达预混式燃烧器之前宜过滤；
g) 燃烧器及其控制器的选型、安装和维护，宜避免直燃单元产生的一氧化碳、水和其他燃烧产物产生新的危险。用户宜提供合适的进入设施，以便于进行测试、清洁和维护；
h) 在设计过程中和安装前，应查阅适用的规范或标准。

用户宜了解含有污垢、灰尘、气体和蒸汽的空气通过燃烧器时可能会造成的问题。如果此类问题发生，应采取措施控制危害。

本标准的要求仅适用使用天然气和液化石油气的直燃加热器，正常情况下应避免使用其他燃料。

6.13 补充空气不应作为推拉式LEV系统中的推动空气。

推拉式集气罩通常为罩内的推动喷嘴装备专用供气系统。由于喷嘴吸入的空气通常比“推入”喷嘴的空气多很多，因此补气系统应能置换被喷嘴吸入的空气以及经由集气罩“拉出”或排出的空气。

7 集气罩

7.1 为确保集气罩能够为厂房内工作人员提供可靠的保护，在集气罩的选型、设计、建造、运行和维护过程中均应保证对常规和预期的化学物质或颗粒状排放物实现有效的控制。

7.2 集气罩的设计、建造和运行应考虑以下因素：

a) 空气污染物和排放源的惯性和动力学效应；
b) 气体和蒸汽污染物的比重效应；
c) 空气进入集气罩以及流经处于集气罩附近的人时产生的尾流效应；
d) 邻近集气罩的工作人员和设备的位置；

e) 捕获和控制速度；

f) 集气罩附近的空气流动；

g) 员工操作实践；

h) 空气污染物的热效应；

i) 空气污染物的毒性和危险特征。

注：关于集气罩的设计信息，可参见附录A。

7.3 应根据捕获、控制和密封要求选择排气流量。

7.4 集气罩的选型、设计、建造、安装、运行和维护应尽可能使意外排放或设备故障排放可控。对于潜在的危险失效应按GB/T 15706—2012的第5章规定的风险评估程序进行评估。

7.5 应提供集气罩性能监控设备或测试程序。如集气罩性能失效会给集气罩的使用者造成危险，则应对集气罩性能进行实时监控；用户应能够取得集气罩性能监控报告。

7.6 集气罩的选型应根据集气罩性能需求确定。

7.7 集气罩的设计、安装位置和运行应使得气流能均匀进入罩内。

7.8 封闭式集气罩应尽可能靠近排放源，并对排放源进行封闭。

7.9 集气罩与其连接设备的设计应避免运行时发生火灾和爆炸等危险事故。

7.10 集气罩的设计、运行和测试应关注并记录以下参数：

a) 外形和结构材料；

b) 控制排放和气味迁移所需的空气流量；

c) 集气罩、槽口和管道的入口损失因素和/或入口系数；

d) 速度(如罩面速度、控制速度、捕获速度、槽口和压力通风速度以及管道输送速度)；

e) 槽口尺寸、槽口速度。

7.11 预制集气罩和有排气的工具/封闭外壳的制造商应向设计者和用户提供以下有关成品集气罩的数据，以便设计者和用户根据这些数据正确设计LEV系统，并进行运行、测试和维护操作：

a) 集气罩在预期运行条件下的入口系数和/或损失系数；

注：供系统设计者用于估算所要求的集气罩静压力。

b) 在运行条件下实现最佳性能所需要的实际体积流量；

c) 产生合适气流所需要的集气罩静压力；

d) 对性能测试的描述以及证明集气罩性能的测试结果；

e) 实现最佳性能所要求的其他物理参数(如风门位置、槽口宽度)。

7.12 开始正常使用前，应测试集气罩的性能，确保对污染物捕获、控制和密封性能符合用户要求。

性能由集气罩的功能确定，例如捕获罩捕获污染物的能力、封闭罩密封污染物的能力、某一最小空气体积流量、某一静压力、人员接触保护等。

集气罩可根据使用者的需求选择已有的集气罩的性能测试方法标准(如GB/T 16758)或集气罩生产厂家推荐的其他测试方法。

性能测试也可考虑其他性能参数(如颗粒生成、性能保护)。

8 管道系统和排气筒/烟囱

8.1 LEV管道的设计应由经过相应培训和掌握相关知识的人员完成。

8.2 应估算整个管道系统的静压力损失。

静压力在运行、测试和维护过程中与系统性能直接相关。设计者通常应在建造或采购前估算(计算或确定)静压力损失。

本规定不排除使用其他设计方法，如采用全压力。

8.3 管道系统的设计应采用公认且适合的设计方法和程序。LEV 管道应满足 GB 50019—2015 的 6.7 的要求。

8.4 选用的管道材料应和所排放的空气污染物兼容。LEV 管道的设计和选择应符合 GB 50019—2015 的 6.7.2 的规定。

使用者应考虑混合后的颗粒物质(如金属和非金属)在管道系统内输送或归集后形成静电累积的可能性。例如,由金属管架固定并输送金属颗粒物质的塑料管可形成事实电容,能够积聚并释放静电电荷。

8.5 管道内的气体流动速度应足以防止干燥浮质沉降。输送烟雾、黏性颗粒或冷凝材料的管道,应设置管道清洁设施。

管道内的速度应足以防止干燥浮质沉降,通常为 15 m/s~25 m/s。

管道清洁设施通常包括:排水口、通向排水口的倾斜管道系统、清料口、喷水清洁系统、真空清洁系统等。

非冷凝蒸汽或气体极易与空气混合,并且能够以自由速度移动。其移动速度可以根据管道大小和功率消耗的经济性确定。通常仅排放气体或蒸汽,或者两者都排放,按大约 6 m/s~10 m/s 的速度设计管道系统。

如果要排放会冷凝的蒸汽,设计者宜考虑低温对排气管道的影响,并提供设施防止有害的或不受控制的冷凝。如果外排空气/蒸汽混合物内含有冷凝核,此考虑就更重要。

利用输送速度时,用户宜认识到工作场所潜在噪声问题,并采取措施降低噪声或给人员提供听力保护。

8.6 风机或排气机上游侧 LEV 系统应采用圆形管道。

本要求的典型例外情况可包括在狭小空间使用椭圆形管道系统,在大型压力通风系统和过渡段使用正方形管道系统。用户宜记录与不满足本要求的情形。

8.7 LEV 系统排气管道的布置应满足 GB 50016—2014 中 6.1.5、6.1.6、9.1.3、9.1.5、9.1.6 和 9.3.10~9.3.16 的要求。

8.8 排气筒/烟囱的设计及其位置的确定应使其:

a) 外排空气的夹带回流保持在最小程度;

b) 排气筒/烟囱附近的工作人员不接触危险浓度的外排污染物。

8.9 如果在夹带回流距离以内,LEV 系统的排气筒/烟囱出口宜高出邻近进气口或屋顶线足够的高度。

如果需要在屋顶通风设备周围设置建筑围挡或挡板,并限制烟囱的高度情况下,应特别注意避免夹带回流。通常宜满足以下要求:

a) 不要将进气口和排气烟囱布置在同一围挡内;

b) 进气口尽可能远离排气口;

c) 采用开放式围挡(如板条围挡);

d) 采用高速烟囱(如 1 000 m/min 或更高速度)将排气“吹”出围挡。

8.10 选取的 LEV 排气筒/烟囱的出口速度应能防止回风。

8.11 风机进气管道系统上的挠性振动隔离器应安装在排气管道外面。

9 空气净化设备

9.1 具有除尘功能的 LEV 系统,其除尘设备及除尘设备布置应满足 GB 50019—2015 中 7.2、7.4 和 GB 50016—2014 中 9.3.5~9.3.9 的要求。

LEV 系统宜在取得使用地环保部门要求的相应排放和/或空气污染许可后再进行建设、运行和/或改造。

空气净化设备应用来满足以下一个或以上目标：

a） 满足许可要求。

b） 防止暴露于局部排气通风（LEV）系统排放物的区域内产生危险或公害。

c） 防止工厂补气受到污染。

d） 保护风机或其他空气输送设备。

e） 在某些情况下允许循环使用排出空气，以降低加热或降温损失。

9.2 净化设备选型和位置应根据需要从排放空气中分离出来的空气污染物来确定。由于污染物本身的特性，不同的污染物可能需要不同的空气净化设备。

应认真研究每一种污染物，以确定最有效的净化方法。每种空气净化介质有不同的特征，如粉尘净化设备的效率一般采用按粒度截留进入污染物的重量百分比来表示。

为最大程度减少受污染空气从排气系统泄漏，空气净化器应放置在排气风机上游（有特殊要求除外）。

9.3 用户应制定并实施测试和维护程序，保证净化设备可靠稳定地运行。

日常运行过程中，空气净化设备的排放速率、能力和阻力应尽量保持恒定，使来料粉尘、烟气或蒸汽浓度的影响可忽略不计。

空气净化设备的日常运行不宜要求正常运行过程中停机。

维护程序应按照生产厂家建议，要求人员进入空气净化设备封闭部分的维护时，应遵守进入封闭空间或进入需要许可证的封闭空间（如果是这样分类的）的程序，并对暴露和危险能源采取适当控制，并检查氧气浓度是否过低。

9.4 空气净化设备所收集的有害物质和废料的处理、运输及处置应满足 GB 50019—2015 中 7.3.2～7.3.7 和 7.7 的要求，在对有害物质和废料的处理、运输及处置过程中不应对工作人员造成伤害。

10 风机和空气输送设备

10.1 在风机或空气输送设备最终选型前，应确定并记录下列数据：

——空气流量；

——风机全压力和/或风机静压力；

——空气温度、湿度和密度；

——浮质或蒸汽负荷量；

——风机型式和规格；

——进风和出风管道配置；

——叶轮型式、结构和材质；

——电机规格、型式、启动器接线形式；

——风机等级和风机外壳物理配置；

——风机外壳、轴承和密封件配合方式；

——连接管道系统的挠性联接器；

——噪声及有关对噪声的限定；

——座架与隔振；

——防风和防雨措施；

——有关烟囱的要求；

——风机位置。

风机或空气移动设备最终选型时应从优化排放控制、员工保护、运行效率、原始成本和运行成本，以及维护和测试等方面综合考虑上述参数。

排气风机宜首选安装在室外，通常安装在屋顶上。可采用适当通风的披屋对风机和人员进行防风雨保护。

风机宜安装在对周边环境噪声干扰最小的位置。

10.2 风机选型应考虑可能的系统效应损失。

10.3 风机的选型通常应使系统运行点(SOP)处于风机曲线前部的陡峭部分。但对于设计用于进气口会变动的歧管排气系统，曲线的水平部分运行可能更好。

10.4 用户应制定安全运行和维护(O&M)程序，并应有适当的安全防护措施，以确保风机的安全使用、运行和维护。

10.5 风机选型应考虑空气污染物对风机和风机叶轮的长期影响。

此影响包括腐蚀、材料沉积、或者冲击损坏等。如果存在严重的磨蚀或腐蚀，风机制造时应采用特殊衬料或金属。

如果需要，应定期清洁风机叶片。

10.6 对于排除粉尘和腐蚀性蒸汽用的LEV系统的风机应布置在空气净化设备的清洁空气侧。

如果设计要求将风机布置在上游侧，或者由于设备限制等原因无法满足此要求，则应提供设施，对风机进行定期检查、清洁、维修和更换。

10.7 应提供安全防护措施，以允许在不拆除连接管道的情况下检查排气风机叶轮。

重新启动风机前应关闭出入口和清洁门。为确保风机维护人员的安全，可按照GB/T 33579进行上锁/挂牌。

如果是活动叶轮，应采取措施使离心风机从风扇罩内拆除叶轮时需要拆除的进气牵引带或管道的凸缘进气段不超过一个；管轴流风机或叶片轴流风机不超过两个。

10.8 对于排除含有易燃蒸汽、气体或粉尘等易燃易爆有害物质用的LEV系统应满足GB 50019—2015中6.9.5、6.9.7～6.9.31和GB 50016—2014中9.1.1、9.1.3、9.1.5、9.1.6、9.3和12.3的要求。

10.9 风机排气口不宜使用金属网筛，如使用，则筛孔不应大于防止鸟类和老鼠进入所必需的尺寸。此类网筛筛孔也不宜过小，以免从里面被棉绒或气流中携带其他材料堵塞；且此类网筛应定期检查清洁；也应预留网筛静压力损失的余量。

10.10 风机安装和维护完成后，应确认叶轮的正确转动方向，并在外壳上标示正确的转动方向。

10.11 在安装、维护和检修过程中，应确保充分安全的电源切断和上锁，风机电源开关和/或电源断路器应安装在从风机能够看到的位置，且距离不超过15 m。

集气罩也可设置关闭功能，便于集气罩使用者在紧急情况下关闭系统。

10.12 若可能发生空气泄漏，风机的排出管道不应穿越有人员存在的空间。

注：此要求通常指将排气风机安装在建筑物的外面，这样处于正压下的排气管道就不会将受污染的空气泄漏到人员的工作环境，或者应保证室内管道的气密性。

附　录　A
（资料性附录）
集气罩的设计信息

A.1　惯性效应

颗粒污染物带着生产过程中赋予的动能，被投射到空气中。这些污染物将在空气中运动，直到它们的动能在克服空气阻力过程中被消耗掉。

颗粒污染物运动的距离主要取决于质量。例如，初始速度为 50 m/s 的 2 mm 石英颗粒在能量耗散之前可在静态空气中运动约 43 m，在这种情况下，集气罩的结构和位置宜能够物理封闭污染物产生点或物理拦截污染物。由于卫生学意义上的颗粒（通常为 10 μm 或更小）和气态污染物（分子态）的质量非常小，通过动能扩散是非常有限的，因此具有相同初始速度的 10 μm 石英颗粒则只能运动约 38 mm。

小于 10 μm 的颗粒污染物、烟气、蒸汽和气态污染物不会有显著的惯性效应，是真正意义上的通过空气传播，跟随气流，且没有明显的向上或向下运动。这些物质会相对于空气慢慢地移动并混合。在这种情况下，集气罩产生的空气流谱宜产生足够的速度，以克服含污染物的空气和外部空气流。

A.2　比重效应

通常，控制气体和蒸汽的集气罩的位置是基于污染物“比空气重”或“比空气轻”这一假设。在大多数健康危害应用中，这一准则基本没有价值，因为这些污染物/空气混合物的密度和空气相差很小。正常的空气运动就能保证这些污染物的均匀混合。在极热或极冷运行条件下，或污染物产生水平非常高且在变稀之前得到控制，上述结论也可存在例外情况。另外也可以发生在没有空气运动的封闭房间内。

A.3　尾流效应和涡流

工业通风的目的是以安全、可靠的方式控制人员接触有害的空气传播的污染物。作为主要的工程控制手段之一，局部排气通风系统被设计在污染物产生点附近。通常，设计没有考虑人员相对于气流的位置。当空气从物体周围流过时，会发生“边界层分离”的现象，这样导致在物体下游侧形成湍流尾迹，类似于船舶在水中移动时所观察到的现象。尾迹区域有剧烈混合和再循环。如果这个物体是正在工作、或靠近污染物产生源的人，污染物循环进入呼吸区是可能发生的。污染控制通风设计的一个重要考虑是尽量减少人身体周围的尾流，并尽可能将污染源保持在循环区域之外。

A.4　定位

人员相对于气流方向的位置影响呼吸区的浓度。紧跟着人员下游侧的区域，由于“边界层分离”效应，存在反向气流和湍流混合。释放到这一区域的污染物（如从一个手持源或密闭源）将混合到呼吸区，造成人员接触。人员站在与气流成 90°方向的位置，往往能更有效地减少接触。

参 考 文 献

[1] GB/T 16758 排风罩的分类及技术条件

ICS 77.140.85
J 32

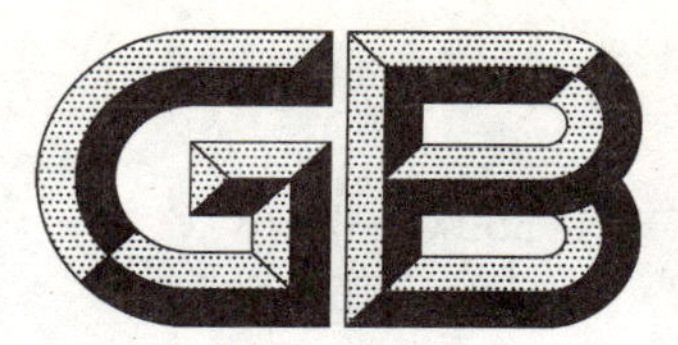

中华人民共和国国家标准

GB/T 35078—2018

高速精密热镦锻件 通用技术条件

High speed precision hot upsetting forgings—General specification

2018-05-14 发布 2018-12-01 实施

国家市场监督管理总局
中国国家标准化管理委员会 发布

前　言

本标准按照GB/T 1.1—2009给出的规则起草。

本标准由全国锻压标准化技术委员会(SAC/TC 74)提出并归口。

本标准起草单位:江苏森威精锻有限公司、北京机电研究所、广东省韶铸集团有限公司热精锻分厂、东风锻造有限公司、浙江五洲新春集团股份有限公司。

本标准主要起草人:龚爱军、朱华、周林、魏巍、刘梅华、吴玉坚、刘余、张卫民、利义旭、吴建彬、金红。

高速精密热镦锻件　通用技术条件

1　范围

本标准规定了高速精密热镦锻件(以下简称“锻件”)的技术要求、试验方法和检验规则、标志、包装、运输和贮存。

本标准适用于采用高速精密热镦锻设备生产、生产节拍在每分钟50次以上、质量在7.5 kg以下且外径尺寸不大于180 mm的钢质精密热锻件。

2　规范性引用文件

下列文件对于本文件的应用是必不可少的。凡是注日期的引用文件,仅注日期的版本适用于本文件。凡是不注日期的引用文件,其最新版本(包括所有的修改单)适用于本文件。

GB/T 191　包装储运图示标志

GB/T 224　钢的脱碳层深度测定法

GB/T 226　钢的低倍组织及缺陷酸蚀检验法

GB/T 228.1　金属材料　拉伸试验　第1部分:室温试验方法

GB/T 229　金属材料　夏比摆锤冲击试验方法

GB/T 230.1　金属材料　洛氏硬度试验　第1部分:试验方法(A、B、C、D、E、F、G、H、K、N、T标尺)

GB/T 231.1　金属材料　布氏硬度试验　第1部分:试验方法

GB/T 699　优质碳素结构钢

GB/T 700　碳素结构钢

GB/T 702　热轧钢棒尺寸、外形、重量及允许偏差

GB/T 3077　合金结构钢

GB/T 5216　保证淬透性结构钢

GB/T 6394　金属平均晶粒度测定法

GB/T 8541　锻压术语

GB/T 13298　金属显微组织检验方法

GB/T 13299　钢的显微组织评定方法

GB 13318—2003　锻造生产安全与环保通则

GB/T 13320　钢质模锻件　金相组织评级图及评定方法

GB/T 18254　高碳铬轴承钢

GB/T 19096—2003　技术制图　图样画法　未定义形状边的术语和注法

3　术语和定义

GB/T 8541界定的术语和定义适用于本文件。

4 技术要求

4.1 验收依据

经供需双方共同签署的锻件图、技术协议和供货合同作为锻件成品检验、交付的主要依据。

4.2 原材料

4.2.1 锻件所选用的原材料应符合 GB/T 699、GB/T 700、GB/T 3077、GB/T 18254、GB/T 702、GB/T 5216 等标准的规定。

4.2.2 锻件所用钢材除按 4.2.1 的要求外，对不同的锻件生产厂可以采用企业标准或钢材供货商所签订的专门技术协议作为附加要求。

4.2.3 所选用钢材需经复验合格后方可投入生产。复验项目按钢材检验标准确定。

4.3 锻件质量

4.3.1 锻件结构要素

图 1 中，外模锻斜度 α、内模锻斜度 β、圆角 R_1 和 R_2 取值见表 1。

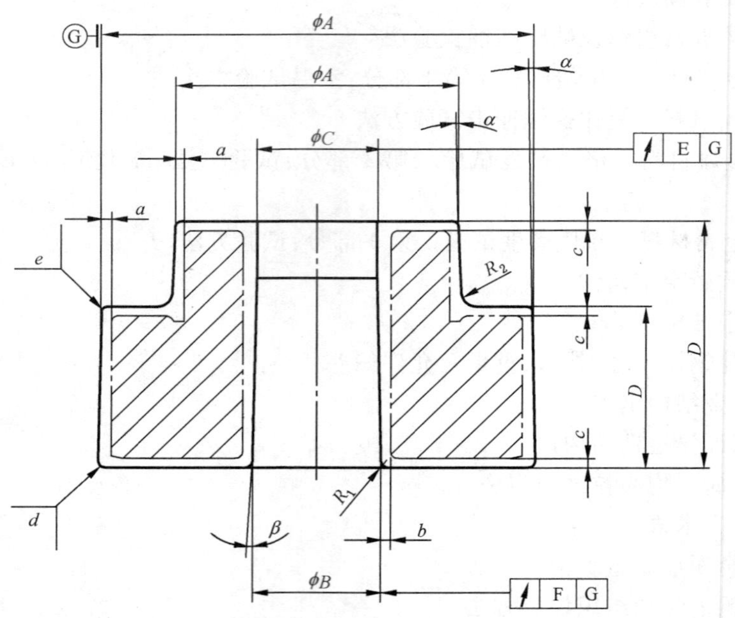

图 1 结构要素示意图

表 1 外模锻斜度 α、内模锻斜度 β、圆角 R_1 和 R_2

α (°)	β (°)	R_1 mm	R_2 mm
0°15′、0°30′、0°45′、1°、1°30′ 2°、2°30′、3°	0°15′、0°30′、0°45′、1°、1°30′ 2°、2°30′、3°、4°、5°	1～2	2～5

4.3.2 尺寸公差、形位公差及其他公差

锻件的形状和尺寸应符合锻件图和技术文件的规定。图 1 中，锻件外圆 ϕA、内孔和冲孔 ϕB 和 ϕC、长度 D、跳动 E 和 F 的最小公差由表 2 确定。

表 2　锻件最小公差

单位为毫米

ϕA	ϕB	ϕC	D	E	F
0.2～0.5	0.3～0.7	0.4～0.9	0.4～0.6	0.4～1.0	0.4～1.0
锻件的尺寸越大，公差越接近上限。					

4.3.3 余量设计和边的尺寸

图 1 中，外径最小余量 a、内径最小余量 b、端面最小余量 c、边的尺寸 d、边的尺寸 e 由表 3 确定。

表 3　锻件余量设计及边的尺寸推荐值

单位为毫米

ϕA	a	b	c	d	e
≤30	0.4	0.5	0.6	−1.0～+0.5	−1
>30～50	0.6	0.75	0.6	−1.5～+0.5	−1
>50～80	0.8	1.0	0.8	−2.0～+1.0	−2
>80～120	1.0	1.2	1.0	−2.0～+1.0	−2
>120～145	1.2	1.3	1.20	−3.0～+1.5	−3
>145～180	1.3	1.5	1.30	−5.0～+2.0	−5
边的尺寸 d、e 的定义见 GB/T 19096—2003 中第 3 章的内容。					

4.3.4 表面质量

应去除表面氧化皮，非加工表面不应存在折叠、裂纹等缺陷，加工表面的缺陷深度不应超过加工余量的 1/3。若无法满足，需经供需双方商定。锻件表面质量要求应在锻件图和技术文件中注明。

4.3.5 热处理

在锻件图上应注明锻件的热处理要求，一般为：

a) 正火；
b) 退火；
c) 等温正火；
d) 控制冷却；
e) 调质；
f) 余热淬火—回火。

4.3.6 组织和力学性能

4.3.6.1 锻件不应出现过热和过烧组织。

4.3.6.2 锻件的金属流线应符合锻件的外形。

4.3.6.3 锻件的脱碳层、硬度及其测量位置由供需双方协商确定，并在技术文件上注明。

4.3.6.4 锻件有力学性能试验要求时，应在锻件图或其他技术文件中做出说明。

5 试验方法和检验规则

5.1 一般要求

锻件检验应符合 GB 13318—2003 中 8.6 的规定。

5.2 检验组批

锻件检验组批分为两种，其选用由供需双方协商确定：

a) 第一种检验组批：由同一零件号、同一熔炉号、同一热处理炉次和同一生产批的锻件组成；

b) 第二种检验组批：由同一零件号、同一材料牌号、同一热处理规范的锻件组成。

5.3 检验项目和试验方法

锻件的检验项目、试验方法按表 4 规定。

表 4 锻件的检验项目、试验方法

编号	检验项目	试验方法
1	表面质量	目测、磁粉检测等
2	几何尺寸	通用检具、专用检具
3	硬度	GB/T 230.1、GB/T 231.1
4	组织	GB/T 224、GB/T 226、GB/T 6394、GB/T 13320、GB/T 13298、GB/T 13299
5	力学性能	GB/T 228.1、GB/T 229

6 标志、包装、运输和贮存

6.1 标志要求

6.1.1 锻件应做标记，无需做标记时，应由供需双方协商确定。

6.1.2 每批锻件均应附有质量检验部门签发的质量合格证。

6.1.3 包装箱储运图示标志应符合 GB/T 191 的规定，应标注以下主要内容：

a) 供方名称、地址、联系电话及传真；

b) 内装的产品名称、图号、数量、状态及件号；

c) 需方单位及地址；

d) 生产批号；

e) 包装日期及防锈有效期。

6.2 包装要求

锻件包装前应进行防锈处理，由供需双方协商确定防锈有效期。包装箱可采用木箱、钙塑瓦楞箱、金属包装箱或可重复使用的周转箱等，若需方同意，也可采用简易包装。包装时应采用合适措施防止运输过程中磕碰。

6.3 运输要求

锻件出厂运输过程中应注意防雨，避免磕碰，保证在正常运输中不致损伤。

6.4 贮存要求

包装后的锻件应按品种、型号整齐存放在通风和干燥的仓库内。

ICS 77.140.85
J 32

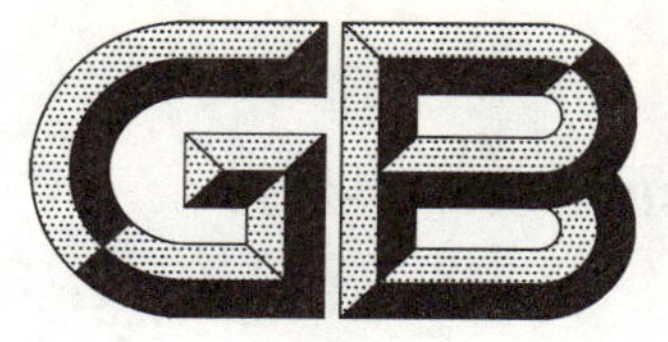

中华人民共和国国家标准

GB/T 35079—2018

多向精密模锻件 工艺编制原则

Multi-way precision die forgings—Technological design principle

2018-05-14 发布 2018-12-01 实施

国家市场监督管理总局
中国国家标准化管理委员会 发布

前　言

本标准按照 GB/T 1.1—2009 给出的规则起草。

本标准由全国锻压标准化技术委员会(SAC/TC 74)提出并归口。

本标准起草单位:中国二十二冶集团有限公司、二十二冶集团精密锻造有限公司、北京机电研究所。

本标准主要起草人:刘瑄、李明权、李景生、周林、金红、宋昌哲、徐文翠、周丽娟、魏巍。

多向精密模锻件 工艺编制原则

1 范围

本标准规定了采用多向模锻工艺成形的精密模锻件(以下简称“锻件”)的工艺编制原则。

本标准适用于质量不大于 1 250 kg 且外形尺寸不大于 1 500 mm 的采用多向模锻工艺成形的锻件。

2 规范性引用文件

下列文件对于本文件的应用是必不可少的。凡是注日期的引用文件,仅注日期的版本适用于本文件。凡是不注日期的引用文件,其最新版本(包括所有的修改单)适用于本文件。

GB/T 702 热轧钢棒尺寸、外形、重量及允许偏差

GB/T 908 锻制钢棒尺寸、外形、重量及允许偏差

GB/T 8541 锻压术语

GB 13318 锻造生产安全与环保通则

GB/T 33879 多向精密模锻件 通用技术条件

3 术语和定义

GB/T 8541 界定的以及下列术语和定义适用于本文件。

3.1

多向模锻工艺 multi-way die forging process

采用多向模锻成形设备,在闭式模腔内对坯料进行多方向联合挤压、锻造的成形工艺。

3.2

多向精密模锻件 multi-way precision die forgings

在工艺温度范围内,通过专用模具、采用多向模锻技术获得的高精度、满足产品要求的精密模锻件。

4 编制原则

4.1 总则

4.1.1 工艺编制应综合考虑锻件材质、锻件形状复杂程度、质量要求、形位公差、尺寸精度、设备能力、成形方式、变形程度、模具寿命等因素。

4.1.2 工艺设计应遵循材料的变形规律,以锻件材料的变形抗力及流动应力为基础。可采用数值模拟等方法对工艺过程和参数进行优化。

4.1.3 工艺设计应利于模具的设计、制造和成本的降低,应利于生产现场快速换模和实现自动化。

4.1.4 工艺设计应利于金属填充和锻件脱模。

4.1.5 下料质量计算应充分考虑坯料在不同加热环境下的氧化烧损情况,避免下料质量不准确造成锻件填充不满或胀模。

4.1.6 应确保各个工序衔接流畅,降低转运时间对坯料温度的影响。

4.1.7 应尽量减少加热次数，宜采用一次加热锻造成形。

4.1.8 坯料应去除氧化皮。应选择合适的润滑剂及喷涂方式，避免锻件被拉伤以及模具提前失效。

4.1.9 应考虑坯料在模具型腔的定位、工件的放入取出、设备的精度及偏载等。

4.1.10 应合理安排模具各部位参与成形的顺序、速度和位移量，防止锻件出现折叠等锻造缺陷，且应利于圆角等过渡部位的填充。

4.1.11 工艺编制应充分考虑企业生产制造流程，便于物料流转，利于生产成本控制。

4.1.12 锻造生产车间作业环境、设备、工装及锻造过程的安全和环保应满足 GB 13318 的要求。

4.2 锻件设计原则

4.2.1 分模面选取

4.2.1.1 锻件分模面的选取应利于锻件脱模、金属充填型腔及模具加工。

4.2.1.2 锻件分模方式可采用水平分模、垂直分模、联合分模等方式。阀门阀体(含带水平法兰)、三通、弯头、变径管等锻件宜采用水平分模方式[见图 1 a)、b)、c)、d)]；带上(下)端面法兰的阀门阀体锻件宜采用垂直[见图 1 e)]或联合分模方式[见图 1 f)]。

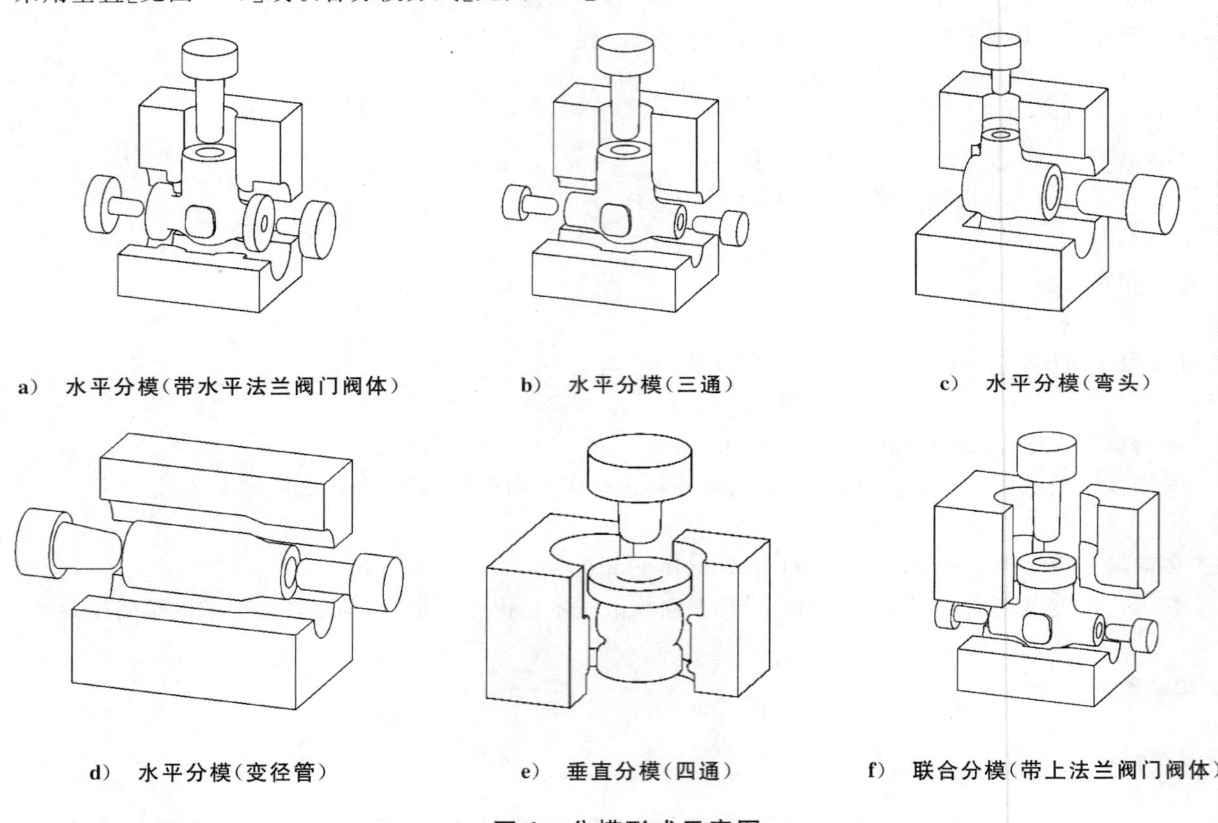

a) 水平分模(带水平法兰阀门阀体)　b) 水平分模(三通)　c) 水平分模(弯头)

d) 水平分模(变径管)　e) 垂直分模(四通)　f) 联合分模(带上法兰阀门阀体)

图 1 分模形式示意图

4.2.2 机械加工余量

锻件机械加工余量应符合表 1、表 2 的要求。

表 1 锻件表面单边机械加工余量

单位为毫米

锻件部位	锻件质量 kg			
	＞5～60	＞60～300	＞300～700	＞700～1 250
端面	3～5	5～8	8～10	10～15
其余部位	2～4		4～6	
底面余量可取较小值。				

表 2 锻件内孔直径的单边机械加工余量

单位为毫米

孔径	孔深					
	＞20～60	＞60～100	＞100～200	＞200～300	＞300～400	＞400～600
＞30～60	2	2～3	—	—	—	—
＞60～100	2	2～3	3～4	—	—	—
＞100～150	2	2～3	3～4	4～6	—	—
＞150～200	2	2～3	3～4	4～6	6～8	—
＞200～300	2	2～3	3～4	4～6	6～8	8～10

4.2.3 锻件尺寸公差

锻件尺寸公差应符合 GB/T 33879 规定的要求。

4.2.4 模锻斜度、圆角半径、孔深

锻件的模锻斜度、圆角半径及孔深应符合 GB/T 33879 规定的要求。

4.3 主要工艺参数确定

4.3.1 变形和加热温度

4.3.1.1 变形温度的选择应有利于提高锻件材料的成形性及获得良好的锻后组织。典型材料的锻造温度见附录 A。

4.3.1.2 坯料加热时间以坯料均匀达到始锻温度为依据。对热传导系数较低的材料宜采用阶梯加热保温的方法，在满足加热要求的前提下减少金属氧化和表面脱碳。

4.3.2 变形力

4.3.2.1 可采用数值模拟方法计算各阶段变形力。

4.3.2.2 锻造带内孔的锻件时，应合理分配各方向挤压力，以防凸模承受过大偏载力而断裂。

4.3.2.3 合模力的大小应保证锻造过程中模具不胀开，锻件不形成毛刺。

4.3.3 锻造工步

4.3.3.1 阀门阀体（含带水平法兰）、三通等结构锻件一般采用合模—垂直方向穿孔（挤压）—水平方向穿孔（挤压）的成形方式，如图 2 所示。

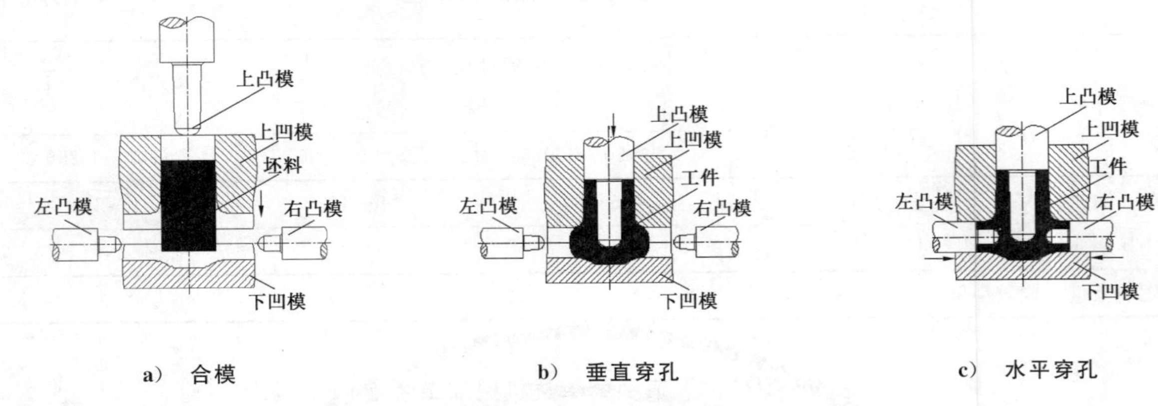

a) 合模　　b) 垂直穿孔　　c) 水平穿孔

图2 三通阀体锻件锻造工步示意图

4.3.3.2 变径管等锻件主要采用合模—水平方向穿孔(挤压)的成形方式,如图3所示。

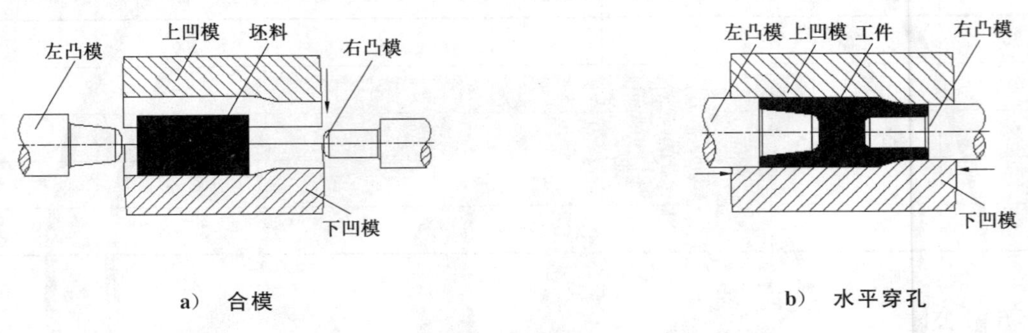

a) 合模　　b) 水平穿孔

图3 变径管锻件锻造工步示意图

4.3.3.3 带上(下)端面法兰的阀门阀体锻件主要采用垂直合模—垂直方向穿孔(挤压)—水平方向穿孔(挤压)的成形方式,如图4所示。

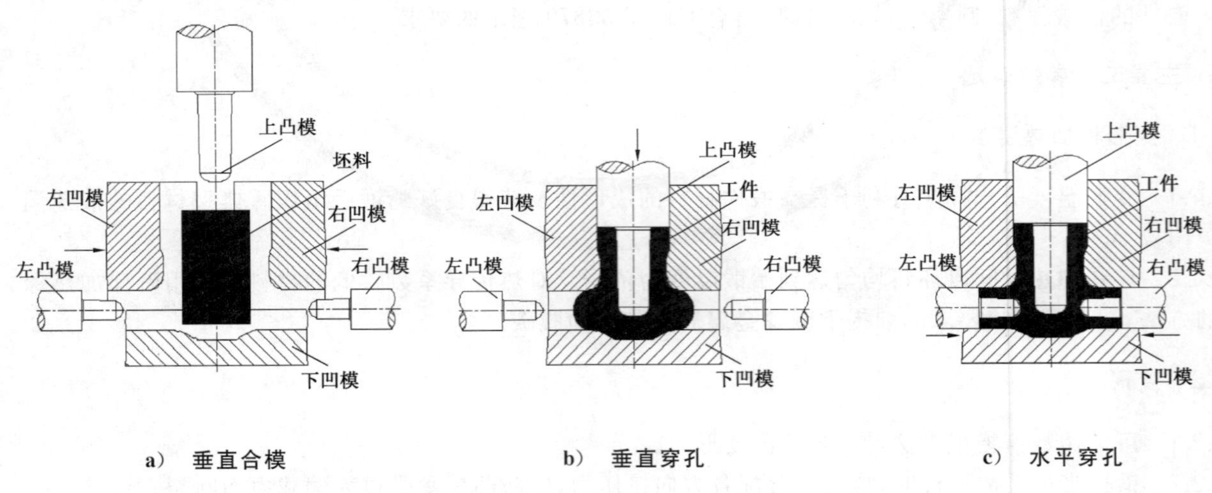

a) 垂直合模　　b) 垂直穿孔　　c) 水平穿孔

图4 带主法兰三通锻件锻造工步示意图

4.3.3.4 锻造工步可采用数值模拟进行优化,保证锻件易于成形,无缺陷,且锻件金属流线完整。

4.4 模具

4.4.1 一般要求

4.4.1.1 凹模宜采用镶嵌组合结构形式,凸模宜采用分段组合结构形式。

4.4.1.2 应有导向机构,合模后模腔错移量应符合表3规定。

表3 模腔错移量

单位为毫米

锻件质量 kg	>5~200	>200~700	>700~1 250
错移量	≤0.3	≤0.5	≤0.6

4.4.1.3 凸模可进行TD处理、渗氮等表面硬化处理,提高模具使用寿命。

4.4.1.4 模具尺寸设计时应考虑热膨胀。模具精度应满足锻件的尺寸、形位公差等要求。

4.4.1.5 应根据工艺要求选择合适的模具材料,模具硬度等力学性能应满足工艺要求,见附录B。

4.4.2 预热、润滑、冷却

4.4.2.1 模具应预热,预热温度一般控制在150 ℃~200 ℃之间。生产过程中模具温度一般控制在200 ℃~400 ℃之间。

4.4.2.2 生产过程中应对模具表面喷涂润滑剂,润滑和冷却模具表面;润滑剂的选择应充分考虑锻件材质、成形方式、工况条件、模具温度变化等因素;润滑剂在使用中应易于清理且满足环保要求。

4.4.2.3 结构较复杂模具的润滑及冷却可通过采用半自动或自动喷涂装置实现,保证模具型腔及凸模的充分润滑和冷却。模具冷却亦可采用模具内部冷却等方式。

4.5 下料

4.5.1 根据锻件形状及技术经济要求,原材料宜选用棒材。棒材的尺寸、外形、质量应满足GB/T 702、GB/T 908的要求。

4.5.2 用于生产的原材料应进行复检,复检项目应至少包括化学成分、尺寸、外形、表面质量,必要时应进行超声波检测。

4.5.3 宜采用锯切方式下料,应去除料头、料尾。需要时应增加去毛刺、剥皮或其他改善坯料表面质量的方法。

4.5.4 坯料应称重,其下料质量允许偏差范围宜符合表4规定。

表4 坯料质量允许偏差

坯料质量 kg	>5~20	>20~60	>60~150	>150~300	>300~500	>500~750	>750~1 250
质量偏差 %	0~3	0~2.5	0~1.5	0~1.2	0~1	0~1	0~1

4.6 氧化皮处理

热坯料表面的氧化皮应予以清除,清除方式不应降低表面质量,宜采用高压水清理的方式。

4.7 锻造

4.7.1 应根据坯料材质、形状、规格、生产批量和环保要求选取适合的加热设备。

4.7.2 坯料加热规范的制定应综合考虑材质、形状、规格、生产节拍、生产成本等各方面因素。

4.7.3 锻造过程中一般采用位移和压力联合控制的方式,凹模合模应采用压力控制,上凸模宜采用位移控制,参与锻件最终成形的凸模宜采用压力控制方式。

4.7.4 应根据锻件材质、规格、最大散热面积等确定锻件合理的冷却方式。

4.8 锻件表面清理

锻件表面的氧化皮及工艺混合物应予以清除,清除方式不应降低表面质量、改变材料性能或金相组织等,一般可采用抛丸、喷砂等方式。

4.9 锻件缺陷及处理

4.9.1 锻件内部不应有裂纹、折叠、穿流等影响锻件内在质量的缺陷。

4.9.2 锻件的表面缺陷类型一般有结疤、折叠、皲裂、凹坑、刻痕、擦伤等,合格锻件不应有集中的、连续的或线状的表面缺陷。

4.9.3 锻件可通过检测缺陷深度表征表面缺陷程度。锻件的表面缺陷深度达到零件的最小壁厚时为有害缺陷。锻件的主要表面缺陷及处理方法见表5。

4.9.4 锻件允许焊补,需要进行焊补的,焊接工艺过程应评定合格,或应得到需方同意。

表5 锻件的主要表面缺陷及处理方法

缺陷分类	缺陷类型	缺陷程度	处理方法
有害缺陷	全部	缺陷的深度达到零件的最小壁厚	报废
非有害缺陷	结疤、折叠、皲裂	$h \leqslant 5\%D$ 或 $h \leqslant 1.6$ mm,取较小值	不需要修复
		$h > 5\%D$ 或 $h > 1.6$ mm,取较小值	机加工或打磨
	凹坑、刻痕、擦伤	$h \leqslant 1.6$ mm	不需要修复
		1.6 mm $< h <$ 锻件最小壁厚	机加工或打磨
机加工或打磨的去除量应根据缺陷位置的锻件实际壁厚确定;任何情况下,锻件的实际壁厚不应小于规定的最小壁厚值。 注:h——缺陷深度;D——检验位置实际壁厚。			

附 录 A
（规范性附录）
典型材料锻造温度范围要求

典型材料锻造温度范围要求见表 A.1。

表 A.1 典型材料锻造温度范围要求

材料牌(代)号	始锻温度 ℃	终锻温度 ℃	材料牌(代)号	始锻温度 ℃	终锻温度 ℃
20#	1 250	750	A105	1 250	750
Q345B	1 250	700	F11	1 200	800
12Cr1MoV	1 200	800	F22	1 200	800
30CrMo	1 180	800	F91	1 180	850
40CrNi2Mo	1 180	800	F304	1 180	850
40CrMnMo	1 180	850	F321	1 180	850
15-5PH	1 150	850	LF2	1 250	750

附 录 B
（规范性附录）
模具硬度要求

不同材质模具的硬度要求见表 B.1。

表 B.1 不同材质模具硬度要求

模具类型	模座(套)		凹模		凸模	
材料牌号	5CrNiMo	40Cr	B2	5CrNiMo	H13	3Cr2W8V
硬度 HRC	33～39	26～32	43～49	37～43	47～53(表面硬化处理时为 59～65)	47～53

ICS 13.110
J 09

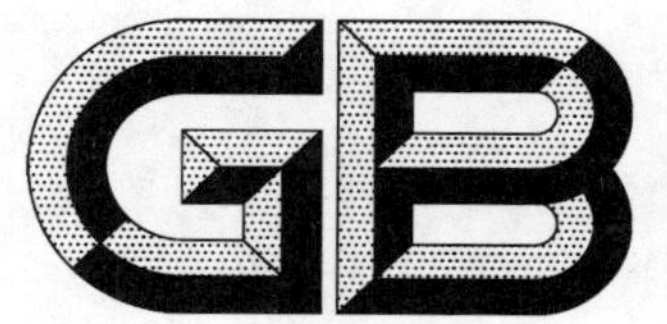

中华人民共和国国家标准

GB/T 35080—2018

机械安全　B类标准和C类标准与 GB/T 15706 的关系

Safety of machinery—Relationship of type-B and type-C standards to GB/T 15706

(ISO/TR 22100-1:2015,Safety of machinery—Relationship with ISO 12100—Part 1:How ISO 12100 relates to type-B and type-C standards,MOD)

2018-05-14 发布　　2018-12-01 实施

国家市场监督管理总局
中国国家标准化管理委员会　发布

前　言

本标准按照 GB/T 1.1—2009 给出的规则起草。

本标准使用重新起草法修改采用 ISO/TR 22100-1:2015《机械安全　与 ISO 12100 的关系　第 1 部分:ISO 12100 与 B 类标准和 C 类标准的关系》。

本标准与 ISO/TR 22100-1:2015 的技术性差异主要体现在规范性引用文件的调整,以适应我国的应用需求,具体调整为用等同采用国际标准的 GB/T 15706 代替 ISO 12100(见第 1 章、第 3 章～第 6 章)。

为便于使用,本标准做了下列编辑性修改:

——将标准名称修改为《机械安全　B 类标准和 C 类标准与 GB/T 15706 的关系》;

——删除了资料性附录 B;

——将资料性提及和参考文献中列出的国际标准替换为适用的我国标准。

本标准由全国机械安全标准化技术委员会(SAC/TC 208)提出并归口。

本标准起草单位:福建省闽旋科技股份有限公司、厦门迈拓宝电子有限公司、安徽省中智科标准化研究院有限公司、安士能电器(上海)有限公司、东莞市新立方标准化技术服务有限公司、南京林业大学、泉州市中标标准化研究院有限公司、机械科学研究总院、厦门三行电子有限公司、西安远征自动化控制有限公司、浙江丰贸信息科技有限公司、厦门利德宝电子科技股份有限公司、上海峦越精密机械有限公司、厦门万明电子有限公司。

本标准主要起草人:朱斌、江东红、崔从俊、李勤、刘诗益、黄贤信、居荣华、刘治永、宁燕、郑华婷、刘英、黄景林、南征、吉坤、付卉青、陆学贵、郁毛林、程红兵、黄景明、崔王旭、宋小宁、张晓飞。

引　言

本标准的目的是帮助机械机器相关元器件的设计者/制造商理解和使用不同类型的机械安全标准。本标准区别了不同类型的机械安全标准，并解释了机械安全标准的A类、B类和C类的体系结构以及三类标准的内在联系，目的是使得在机械设计实践中充分地减小风险，使其达到可接受的水平。

本标准可能还有助于B类和C类标准的标准化技术委员会起草标准。但是，本标准并未规定不同类型的机械安全标准需要包含的基本内容，这些内容在GB/T 16755中予以规定。

本标准直观地给出了很多机械安全标准，以帮助增强对这些标准之间内在联系的理解。

本标准与《机械安全 GB/T 16855.1与GB/T 15706的关系》、《机械安全　人类工效学原则在风险评估与风险减小中的应用》等两项标准构成系列标准。

机械安全 B类标准和C类标准与 GB/T 15706 的关系

1 范围

本标准给出了机械及其相关元器件设计者/制造商如何应用机械安全标准体系中的A类、B类和C类标准的指南，从而使其在机器的设计过程中能够通过充分的风险减小措施达到可接受的风险水平。

本标准给出了GB/T 15706的通用原则，以及在实践中如何综合使用GB/T 15706与B类标准和C类标准。

本标准还给出了相关的标准化技术委员会理解GB/T 15706如何与B类标准和C类标准相关联的指南，并解释了按照GB/T 15706进行风险评估和风险减小时，这些B类标准和C类标准的作用。

本标准还给出了现有不同类型的B类标准的总体概况，以帮助标准使用者和标准起草人员查找这些标准。

2 规范性引用文件

下列文件对于本文件的应用是必不可少的。凡是注日期的引用文件，仅注日期的版本适用于本文件。凡是不注日期的引用文件，其最新版本(包括所有的修改单)适用于本文件。

GB/T 15706—2012 机械安全 设计通则 风险评估与风险减小(ISO 12100:2010,IDT)

3 术语和定义

GB/T 15706—2012界定的以及下列术语和定义适用于本文件。

3.1

充分的风险减小 adequate risk reduction

至少按照法律法规的要求，并考虑了当前的工艺水平的风险减小。

注：改写GB/T 15706—2012，定义3.18。

3.2

可接受的风险 tolerable risk

基于当前的社会价值观，在给定条件下可以接受的风险水平。

注："可接受风险"和"可容许风险"被视为同义词。

注：改写GB/T 20002.4—2015，定义3.15。

4 机械安全标准体系的一般结构

机械安全标准的结构如下：

——A类标准(基础安全标准)给出了能适用于所有机械安全的基本概念、设计原则和一般特征的标准；

——B类标准(通用安全标准)规定能在较大范围应用的机械的一种安全特性或一类安全装置的标准；

——C类标准(机械产品安全标准)对一种特定的机器或一组机器规定出详细安全要求的标准。

如图1所示,GB/T 15706是规定机械安全通则的A类标准,适用于所有机械。

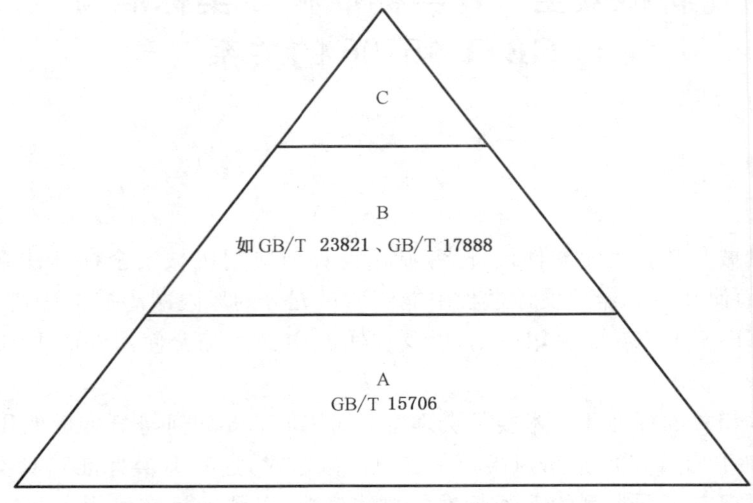

图1 机械安全标准体系的一般结构

5 A类、B类和C类标准体系

5.1 A类标准(GB/T 15706)

A类标准GB/T 15706规定了机械安全策略的原则。通过迭代三步法进行的风险评估和充分的风险减小是使设计的机器达到可接受的风险水平的必要措施。

为了进行风险评估和风险减小,设计者宜按照以下顺序采取措施(见图2):

a) 确定机械的限制,包括预定使用和任何可合理预见的误用等;

b) 识别危险及其相关的危险状态;

c) 估计每一项已识别的危险和危险状态的风险;

d) 评价风险并决定是否需要减小风险;

e) 通过保护措施/风险减小措施消除危险或减小与危险相关的风险。

注1:在本标准中,"保护措施"(见GB/T 15706—2012,3.19)和"风险减小措施"为同义词,是指任何用于消除危险和/或减小风险的措施或方法。

a)~d)的措施与风险评估相关,措施e)与风险减小相关。

风险评估是一系列逻辑步骤,以系统的方法识别、估计和评价机械相关的风险。

风险评估的结果确定了需要风险减小的危险。为了达到可接受的风险水平,反复进行风险评估的过程对于消除因采用保护措施/风险减小措施而新产生的危险,以及采取实际可行的或充分的措施减小相关风险是必要的。

保护措施/风险减小措施是设计者和使用者根据图3采取的措施的组合。在设计阶段可采取的措施优先于使用者采取的措施,并且通常更有效。

最终目的是最大程度地减小风险。本章规定的策略在图2中给出。过程本身是迭代的,并且为了充分利用可获得的技术来减小风险,有必要连续几次进行此过程。进行此过程时,有必要按照以下顺序考虑四个因素:

——在机器生命周期各阶段内机器的安全性;

——机器执行其功能的能力;

——机器的易用性;

——制造、运行和拆卸机器的成本。

注 2：要想更好地应用这些原则，需要掌握机器设计及其机器预定使用、机器的实际使用、事故历史和健康记录、可用的风险减小技术以及机器预定使用的法律法规要求(投放市场)的知识。

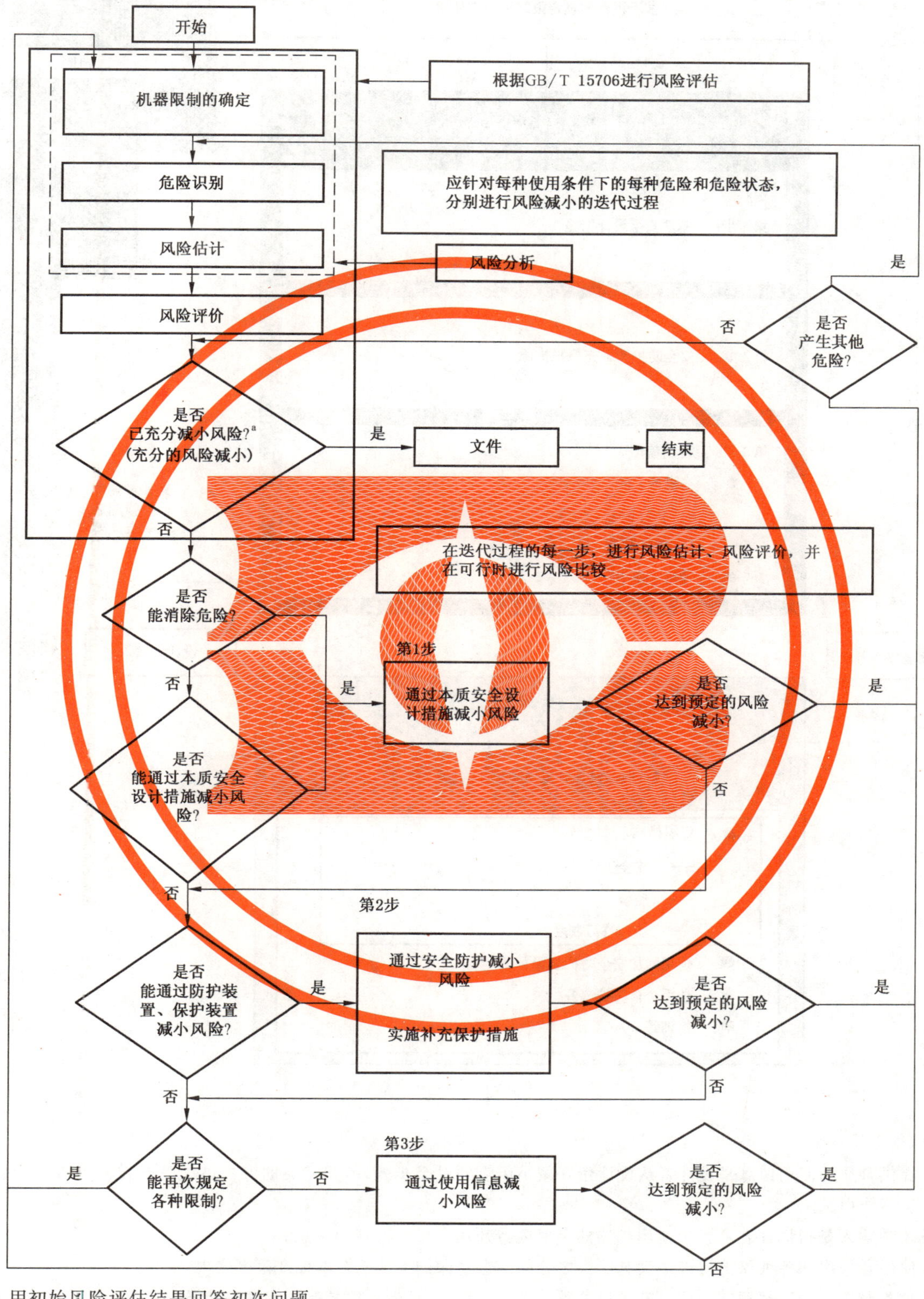

[a] 用初始风险评估结果回答初次问题。

更多信息见图 A.1。

图 2 根据 GB/T 15706—2012 的图 1 给出的风险评估与风险减小过程图解表示

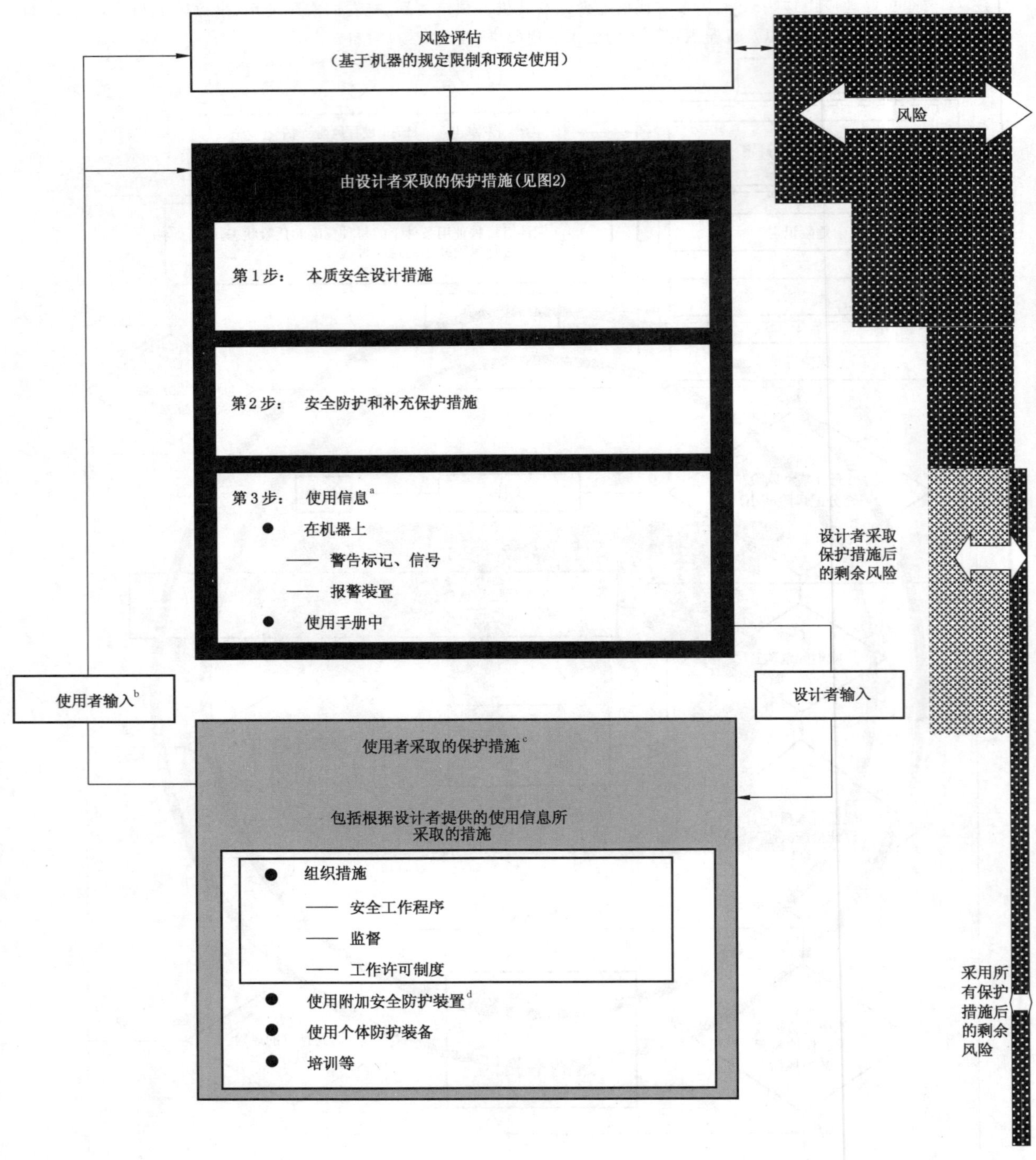

[a] 提供合适的使用信息是设计者从设计角度减小风险的一个步骤，但其相关的保护措施只有在使用者实施后才能发挥作用。

[b] 用户输入是指设计者从预定使用机器的一般或特殊用户群体得到的信息。

[c] 使用者采用的各种保护措施是没有层次之分的。这些保护措施不在本标准范围之内。

[d] 这类装置用于机器预定使用没有预见的特殊工艺，或者设计者不能控制的特殊安装条件。

图3　设计者角度的风险减小过程（也可参见 GB/T 15706—2012，图2）

5.2 B类标准

5.2.1 概述

根据GB/T 15706,B类标准涉及机械的一种安全特征(B1类标准)或适用范围较宽的一类安全装置(B2类标准)。B类标准预定用于支撑GB/T 15706中的原则,以:

——帮助确定是否存在危险,如GB/T 23821《机械安全　防止上下肢触及危险区的安全距离》;

——提供具体的信息/措施来进行风险减小,如GB/T 8196《机械安全　防护装置　固定式和活动式防护装置的设计与制造一般要求》。

5.2.2 B1类标准

B1类标准涉及特定的安全方面(如安全距离、表面温度、噪声)并通过数据和/或方法规定如何处理这些安全方面。设计者/制造商可直接使用B1类标准,或者通过在C类标准,包括相关的验证方法中的引用,来使用B1类标准。

5.2.3 B2类标准

B2类标准规定设计和制造特定安全防护装置(如双手操纵装置、联锁装置、压敏保护装置、防护装置)的性能要求。设计者/制造商可直接使用或通过C类标准的引用来使用B2类标准。除了性能要求之外,B2类标准可能还规定了相应的验证措施。

5.3 C类标准

5.3.1 概述

根据GB/T 15706,C类标准详细规定特定机械或机器组的安全要求。

注:术语"机器组"是指预定使用、危险、危险状态或危险事件均类似的机械。

C类标准针对具体的机器,其范围确定了机械的限制和涵盖的重大危险。

C类标准由具备机器设计(预定使用)、机器实际使用、事故历史和健康记录、可用的风险减小技术以及机器预定使用的法律法规要求(投放市场)的知识的技术专家(尤其是来自机器制造商的技术专家和健康与安全机构的专家)组成的小组起草。

C类标准通过以下方式处理特定机器的所有重大危险:

——引用相关的B类标准;

——引用已充分处理了这些重大危险的其他标准(如C类标准);

——当不能引用其他标准或引用其他标准不够充分,并且风险评估及其重要性表明需要时,在标准中规定安全要求;

——尽可能规定目标,而不是详细规定设计,从而将对设计的限制降至最小。

5.3.2 C类标准的内容

C类标准明确规定了以下内容:

——范围(机械的限制);

——重大危险;

——重大危险保护措施/风险减小措施的要求,这些措施是GB/T 15706相关章节的增补内容;

——验证保护措施/风险减小措施的方法。

注：可能时，C类标准处理根据机器使用识别出的所有重大危险、危险状态或危险事件。当C类标准处理一种或多种足够重要并需要特殊处理的危险时，重大危险、危险状态或危险事件的这种综合处理可以有例外。当C类标准涉及特定危险时，则在标准名称和范围中明确指出(如《纺织机械安全 噪声的测量》)。当确定不涉及的所有重大危险、危险状态或危险事件(如由于缺乏相关知识或由于这将导致标准起草不可接受的延误)，也需在范围中明确指出。

C类标准包含现有A类标准和B类标准相关要求的增补内容是基本原则。增补内容通常包括对处理重大危险、危险状态或危险事件的具体保护措施/风险减小措施的描述。但是，这也可包括对B类标准或其他标准的引用。

5.3.3 C类标准与B类标准的偏差

由于机械的多样性，C类标准可能违背B类标准中的一项或多项技术要求。在这种情况下，现有的C类标准优先于B类标准。

6 机械设计中实际应用GB/T 15706、B类标准和C类标准并通过充分的风险减小使机器达到可接受风险水平

6.1 概述

标准体系中的A类标准、B类标准和C类标准用于为设计者和制造商提供一种通过充分的风险减小使研发的机械达到可接受风险水平的方法。

图4给出了实际使用GB/T 15706和标准体系中现有B类标准与C类标准的推荐步骤。

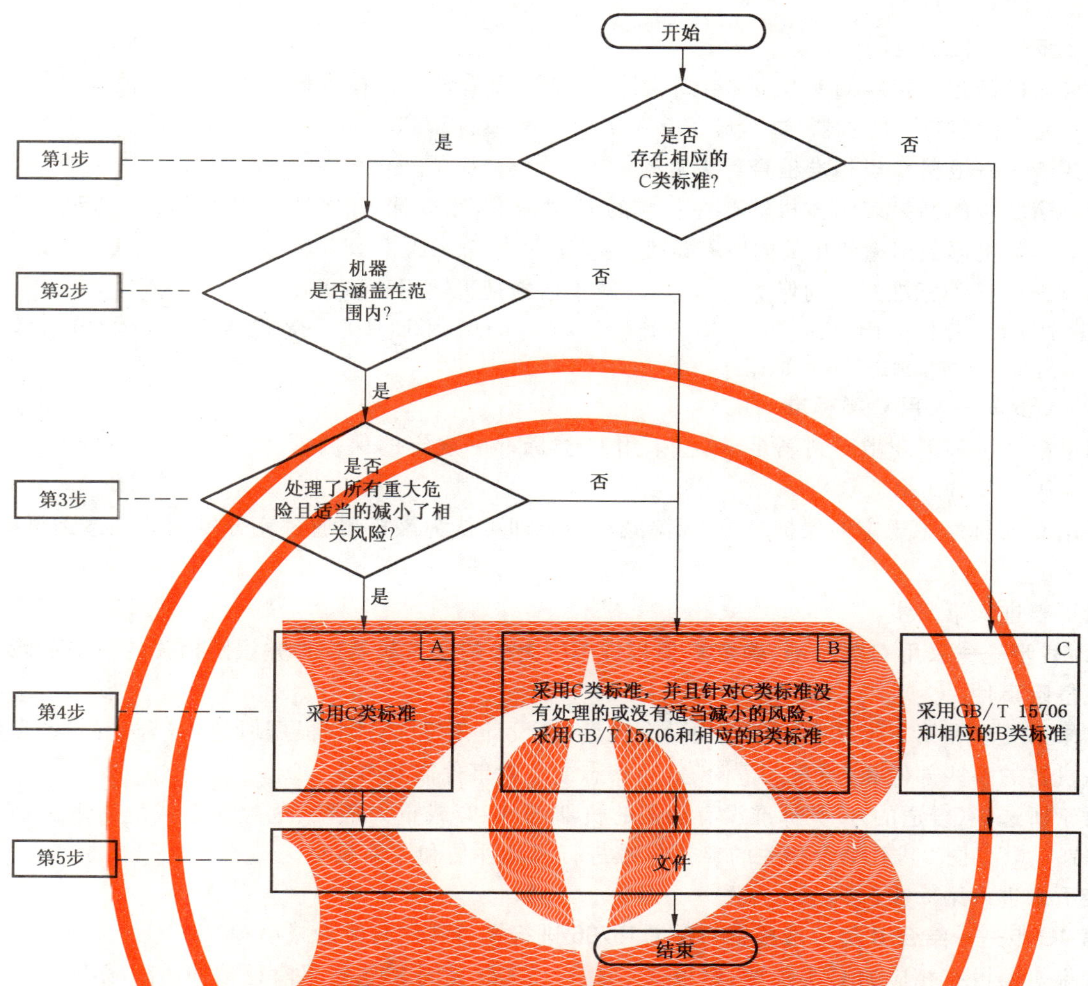

图 4　实际使用 GB/T 15706 和标准体系中现有 B 类标准与 C 类标准的推荐步骤

6.2　采用合适的 C 类标准

6.2.1　概述

由于 C 类标准识别了通常与一类机械相关的重大危险，并且规定了处理这些危险的保护措施/风险减小措施，因此采用 C 类标准便于风险评估的开展。一般假定 C 类标准是熟悉相关机器的技术专家团队进行风险评估的结果。但是，采用 C 类标准并不能免除机械制造商按照 GB/T 15706 进行风险评估的责任。

因此，应用 C 类标准要求的制造商宜确保该 C 类标准与具体的机械相适应，并且涵盖了所有存在的风险。如果该机械存在该标准没有涵盖的危险，则需要针对这些危险按照 GB/T 15706 进行完整的风险评估，并且宜采取合适的保护措施/风险减小措施处理这些危险。

此外，如果 C 类标准给出了几条可选要求，但未规定选择原则，则宜根据具体的风险评估选择适合于该机器的要求。

6.2.2　遵循的步骤

第 1 步——查找 C 类标准

由于 C 类标准最大程度的给出了特定机器关于机械安全方面的指南，因此，机器设计者和制造商宜查找相应的C类标准。

第2步——检查范围

如果该机器存在相应的C类标准，则设计者/制造商需要仔细检查该C类标准的范围在机械限制方面是否完全涵盖实际的机器(这对应于GB/T 15706—2012,5.3)。

第3步——根据C类标准检查重大危险

如果第2步的结果表明该机器存在相应的C类标准，则设计者/制造商需要仔细检查该C类标准是否涵盖实际机器的用途和相关的所有重大危险(这对应于GB/T 15706—2012,5.4)。此外，设计者还需仔细检查该C类标准规定的保护措施/风险减小措施是否适用于该机器。

注1：这个过程已涵盖了风险估计(见GB/T 15706—2012,5.5)。因此，对于C类标准涵盖的重大危险，设计者/制造商不必再单独进行风险估计。

第4A步——采用C类标准

如果第2步和第3步得到满足，则宜采用C类标准中规定的保护措施/风险减小措施(这对应于GB/T 15706—2012,第6章)。

采用C类标准中规定的保护措施/风险减小措施即可认为该机器通过充分风险减小达到可接受的风险。

接下来进入第5步。

第4B步——采用C类标准，确定C类标准范围之外的所有机器部件并识别相关的附加危险、危险状态或危险事件

如果第2步和第3步其中一步或均没有满足，则设计者/制造商宜根据所选择(合适的)C类标准，确定该机器的哪些部件和/或重大危险、危险状态或危险事件需要考虑。

对于所选择(合适的)C类标准没有涵盖的机器部件和/或重大危险、危险状态或危险事件，宜根据GB/T 15706(见图2)，并结合相关的B类标准进行风险评估和风险减小。

接下来进入第5步。

第4C步——结合B类标准根据GB/T 15706进行风险评估与风险减小

如果机器没有相应的C类标准，则根据GB/T 15706(见图2)进行风险评估和风险减小。

可采用相应的C类标准完成风险评估和风险减小。

GB/T 16856给出了风险评估的实施指南和方法举例。

此外，B1类标准(如ISO 13732-1)有助于评价危险状态。

对于风险评估识别出的重大危险、危险状态或危险事件，可采用相应的B1类标准和B2类标准来规定风险减小的有效措施。

注2：为便于查找相应的B类标准，第7章给出了基于危险种类的B类标准概况。

此外，设计者/制造商还可根据现有的安全标准规定其他保护措施/风险减小措施。

作为此过程的结果，可假定该机器的设计通过充分的风险减小达到了可接受的水平。

接下来进入第5步。

第5步——文件

关于如何进行的第1步至第4步的详细文件宜表明该机器的设计通过充分的风险减小达到了可接受的水平。

7 相关B类机械安全标准的引用指南

机械供应商宜识别和采用相应的B类安全标准。B类标准可根据危险的种类或主题进行分组。图5给出的标准体系有助于标准的引用。

注：图5给出了现有B类标准的主要概况，但并非所有现有B类标准的完整清单。图5中引用的B类标准见参考文献。

设计通则——风险评估与风险减小
GB/T 15706(A类标准)

与危险相关的B类标准

噪声
- 工作位置发射声压级的测定，GB/T 17248
- 声功率级和声压级的测定，GB/T 6881.1～6881.2、GB/T 3767、GB/T 6882、GB/T 3768、GB/T 16538
- 声强法测定声功率级，GB/T 16404
- 隔声罩的隔声性能，GB/T 18699
- 隔声间的隔声性能，GB/T 19885
- 隔声发射值的标示与验证，GB/T 14574

有害物质
- 空气传播的有害物质排放的评估，GB/T 25749
- 减小有害物质对健康的风险，GB/T 18569
- 卫生要求 GB/T 19891

热危险
- 人类接触热表面的反应，GB/T 18153

火灾危险
- 火灾防治，GB/T 23819

电气危险
- 防电击保护，GB 5226.1

振动与冲击
- 全身振动，GB/T 13441
- 手臂振动，GB/T 19739
- 手持式和手导式机械，GB/T 25631

人类工效学
- 开口尺寸，GB/T 18717
- 工作台人类工效学要求，ISO 14738
- 计算机人体模型和人体模版，GB/T 23702.1

辐射危险
- 激光和激光相关设备——概述，GB/T 15313

与特征和技术相关的B类标准

尺寸与距离
- 避免挤压的间隙，GB/T 12265.3
- 最小距离，GB/T 19876
- 安全距离，GB/T 23821
- 进入机械的固定设施，GB/T 17888

警报与报警
- 安全标志设计原则，GB/T 2893.1
- 登记的安全标记，ISO 7010
- 险情听觉信号，GB/T 1251.1
- 视觉、听觉和触觉信号 GB/T 18209.1

动力源
- 电气设备，GB 5226.1
- 液压设备，GB/T 7932
- 气动设备，GB/T 3766

控制系统
- 防止意外启动，GB/T 19670
- 控制系统安全相关部件的设计，GB/T 16855.1
- 控制系统安全相关部件的确认，GB/T 16855.2
- 急停功能，GB/T 16754

安全装置
- 防护装置，GB/T 8196
- 联锁装置，GB 18831
- 双手操纵装置，GB/T 19671
- 电敏保护设备，GB/T 19436.1~19436.2、GB 19436.3
- 压敏保护装置，GB/T 17454

机械装配
- 集成制造系统，GB/T 16655

图 5 根据危险种类、特征和技术分类的 B 类标准一览(不是全包括)

附 录 A
（资料性附录）
风险评估与风险减小的迭代过程

图 A.1 给出了将 GB/T 15706 和 GB/T 20002.4 中给出的风险评估过程相结合的另一种表示。

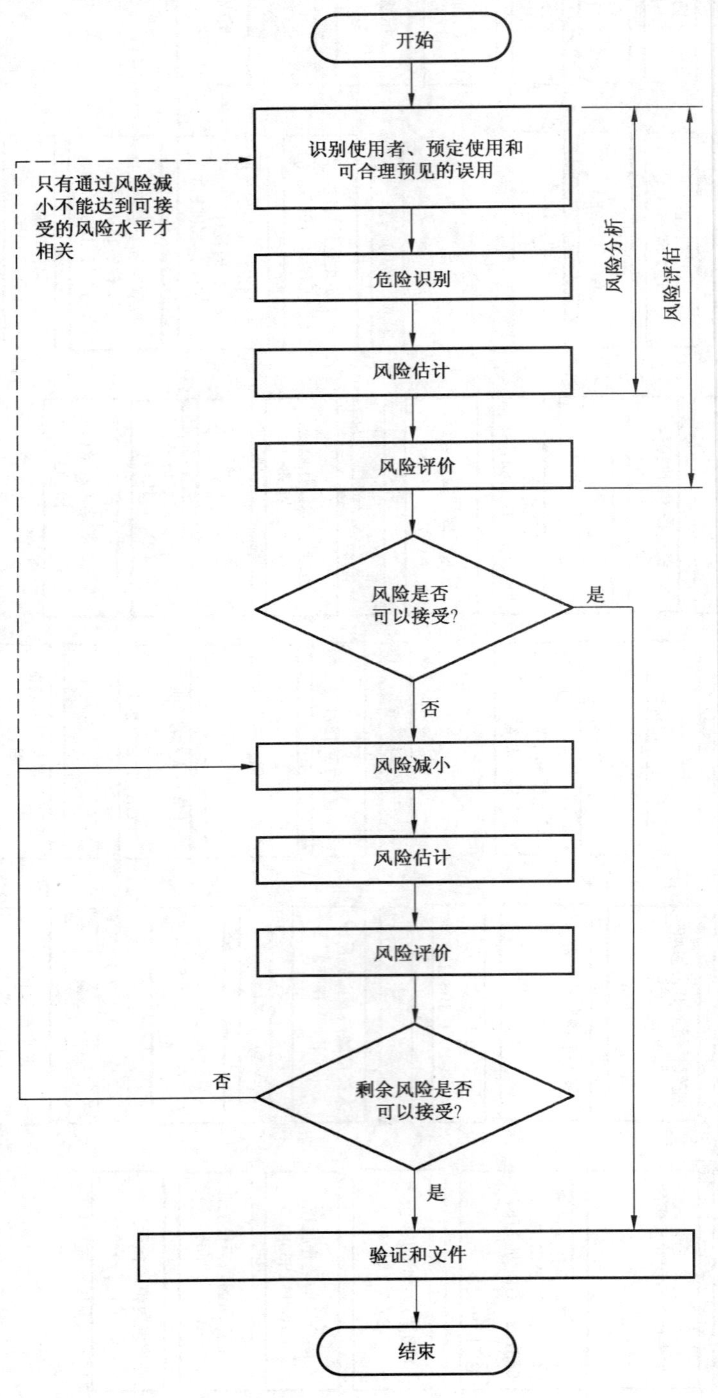

注：图 A.1 中的确认等同于 GB/T 15706 中的验证。

图 A.1 符合 GB/T 20002.4 中图 2 的风险评估与风险减小迭代过程

参 考 文 献

[1] GB/T 1.1 标准化工作导则 第1部分:标准的结构和编写

[2] GB/T 1251.1 人类工效学 公共场所和工作区域的险情信号 险情听觉信号

[3] GB/T 2893.1 图形符号 安全色和安全标志 第1部分:安全标志和安全标记的设计原则

[4] GB/T 3766 液压传动 系统及其元件的通用规则和安全要求

[5] GB/T 3767 声学 声压法测定噪声源声功率级和声能量级 反射面上方近似自由场的工程法

[6] GB/T 3768 声学 声压法测定噪声源声功率级 反射面上方采用包络测量表面的简易法

[7] GB 5226.1 机械电气安全 机械电气设备 第1部分:通用技术条件

[8] GB/T 6881.1 声学 声压法测定噪声源声功率级 混响室精密法

[9] GB/T 6881.2 声学 声压法测定噪声源声功率级和声能量级 混响场内小型可移动声源工程法 硬壁测试室比较法

[10] GB/T 6882 声学 声压法测定噪声源声功率级和声能量级 消声室和半消声室精密法

[11] GB/T 7932 气动 对系统及其元件的一般规则和安全要求

[12] GB/T 8196 机械安全 防护装置 固定式和活动式防护装置设计与制造一般要求

[13] GB/T 12265.3 机械安全 避免人体各部位挤压的最小间距

[14] GB/T 13441(所有部分) 机械振动与冲击 人体暴露于全身振动的评价

[15] GB/T 14574 声学 机器和设备噪声发射值的标示和验证

[16] GB/T 15313 激光术语

[17] GB/T 16404 声学 声强法测定噪声源的声功率级 第1部分:离散点上的测量

[18] GB/T 16404.2 声学 声强法测定噪声源的声功率级 第2部分:扫描测量

[19] GB/T 16404.3 声学 声强法测定噪声源声功率级 第3部分:扫描测量精密法

[20] GB/T 16538 声学 声压法测定噪声源声功率级 现场比较法

[21] GB/T 16655 机械安全 集成制造系统 基本要求

[22] GB/T 16754 机械安全 急停 设计原则

[23] GB/T 16755 机械安全 安全标准的起草与表述规则

[24] GB/T 16855.1 机械安全 控制系统有关安全部件 第1部分:设计通则

[25] GB/T 16855.2 机械安全 控制系统安全相关部件 第2部分:确认

[26] GB/T 16856 机械安全 风险评估 实施指南和方法举例

[27] GB/T 17248.1 声学 机器和设备发射的噪声 测定工作位置和其他指定位置发射声压级的基础标准使用导则

[28] GB/T 17248.2 声学 机器和设备发射的噪声 工作位置和其他指定位置发射声压级的测量 一个反射面上方近似自由场的工程法

[29] GB/T 17248.3 声学 机器和设备发射的噪声 工作位置和其他指定位置发射声压级的测量 现场简易法

[30] GB/T 17248.4 声学 机器和设备发射的噪声 由声功率级确定工作位置和其他指定位置的发射声压级

[31] GB/T 17248.5 声学 机器和设备发射的噪声 工作位置和其他指定位置发射声压级的测量 环境修正法

[32] GB/T 17248.6 声学 机器和设备发射的噪声 声强法现场测定工作位置和其它指定位

置发射声压级的工程法

[33] GB/T 17454(所有部分) 机械安全 压敏保护装置

[34] GB/T 17888(所有部分) 机械安全 进入机械的固定设施

[35] GB/T 18153 机械安全 可接触表面温度 确定热表面温度限值的工效学数据

[36] GB/T 18209.1 机械电气安全 指示、标志和操作 第1部分:关于视觉、听觉和触觉信号的要求

[37] GB/T 18569.1 机械安全 减小由机械排放的危害性物质对健康的风险 第1部分:用于机械制造商的原则和规范

[38] GB/T 18569.2 机械安全 减小由机械排放的危害性物质对健康的风险 第2部分:产生验证程序的方法学

[39] GB/T 18699(所有部分) 声学 隔声罩的隔声性能测定

[40] GB/T 18717(所有部分) 用于机械安全的人类工效学设计

[41] GB/T 18831 机械安全 带防护装置的联锁装置设计和选择原则

[42] GB/T 19436(所有部分) 机械电气安全 电敏防护装置

[43] GB/T 19670 机械安全 防止意外启动

[44] GB/T 19671 机械安全 双手操纵装置 功能状况及设计原则

[45] GB/T 19739 机械振动与冲击 手臂振动 手臂系统为负载时弹性材料振动传递率的测量方法

[46] GB/T 19876 机械安全 与人体部位接近速度相关的安全防护装置的定位

[47] GB/T 19885 声学 隔声间的隔声性能测定 实验室和现场测量

[48] GB/T 19891 机械安全 机械设计的卫生要求

[49] GB/T 20002.4—2015 标准中特定内容的起草 第4部分:标准中涉及安全的内容

[50] GB/T 23702.1 人类工效学 计算机人体模型和人体模板 第1部分:一般要求

[51] GB/T 23819 机械安全 火灾防治

[52] GB/T 23821 机械安全 防止上下肢触及危险区的安全距离

[53] GB/T 25631 机械振动 手持式和手导式机械 振动评价规则

[54] GB/T 25749(所有部分) 机械安全 空气传播的有害物质排放的评估

[55] ISO/IEC Directives—Part 1:Procedures for the technical work

[56] ISO 7010,Graphical symbols—Safety colours and safety signs—Registered safety signs

[57] ISO 14738,Safety of machinery—Anthropometric requirements for the design of workstations at machinery

---

ICS 13.110
J 09

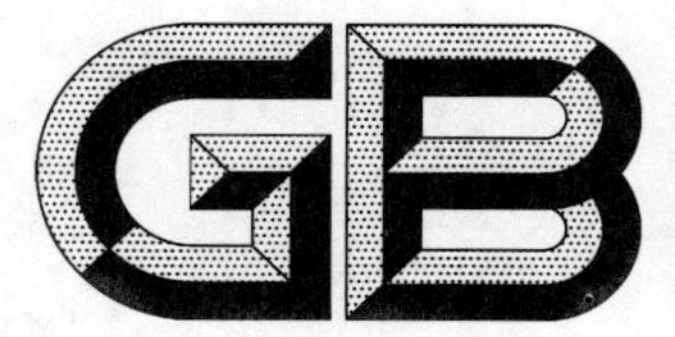

中华人民共和国国家标准

GB/T 35081—2018

机械安全 GB/T 16855.1 与 GB/T 15706 的关系

Safety of machinery—Relationship of GB/T 16855.1 to GB/T 15706

(ISO/TR 22100-2:2013,Safety of machinery—Relationship with ISO 12100—Part 2:How ISO 12100 relates to ISO 13849-1,MOD)

2018-05-14 发布 2018-12-01 实施

国家市场监督管理总局
中国国家标准化管理委员会 发布

前　　言

本标准按照 GB/T 1.1—2009 给出的规则起草。

本标准使用重新起草法修改采用 ISO/TR 22100-2:2013《机械安全　与 ISO 12100 的关系　第 2 部分:ISO 12100 与 ISO 13849-1》。

本标准与 ISO/TR 22100-2:2013 的技术性差异主要体现在规范性引用文件的调整,以适应我国的应用需求,调整情况集中反映在第 2 章"规范性引用文件"中,具体调整如下:

——用等同采用国际标准的 GB/T 15706 代替 ISO 12100(见第 1 章、第 3 章~第 5 章);

——用等同采用国际标准的 GB/T 16855.1 代替 ISO 13849-1(见第 1 章、第 3 章~第 5 章)。

为便于使用,本标准做了下列编辑性修改:

——将标准名称修改为《机械安全　GB/T 16855.1 与 GB/T 15706 的关系》;

——将资料性提及和参考文献中列出的国际标准替换为适用的我国标准;

——修改了国际标准图 3 中两处编辑性错误:"4.2"改为"5.2","4.3"改为"5.3"。

本标准由全国机械安全标准化技术委员会(SAC/TC 208)提出并归口。

本标准起草单位:福建省闽旋科技股份有限公司、厦门利德宝电子科技股份有限公司、安徽观岚智能科技有限公司、东莞市新立方标准化技术服务有限公司、安士能电器(上海)有限公司、南京林业大学、泉州市中标标准化研究院有限公司、中机生产力促进中心、厦门迈拓宝电子有限公司、浙江丰贸信息科技有限公司、西安市远征科技有限公司、厦门万明电子有限公司、皮尔磁电子(常州)有限公司、厦门三行电子有限公司、浙江博亚精密机械有限公司。

本标准主要起草人:朱斌、汪东红、沈杨、黄贤信、刘诗益、居荣华、付卉青、宋小宁、李勤、黄之炯、宁燕、黄景明、程红兵、郑华婷、刘英、刘治永、吉坤、陆学贵、黄景林、陆丽萍、南征、沈德红、张晓飞。

引　言

在GB/T 15706与GB/T 16855.1的使用中，往往难以理解这两项标准如何协同使用。本标准的目的是引导如何使用这两项标准，将机器及其控制系统安全相关部件的风险减小至可接受的范围。

本标准与《机械安全　B类标准和C类标准与GB/T 15706的关系》《机械安全　人类工效学原则在风险评估与风险减小中的应用》等两项标准构成系列标准。

机械安全 GB/T 16855.1 与 GB/T 15706 的关系

1 范围

本标准给出了用于减小伤害风险的 GB/T 15706 与 GB/T 16855.1 这两项标准之间的关系,并重点给出了控制系统安全相关部件的应用与风险评估和风险减小过程的关系。

注:本标准针对 GB/T 16855.1 给出的与 GB/T 15706 的关系,也适用于 GB 28526 与 GB/T 15706 的关系。

2 规范性引用文件

下列文件对于本文件的应用是必不可少的。凡是注日期的引用文件,仅注日期的版本适用于本文件。凡是不注日期的引用文件,其最新版本(包括所有的修改单)适用于本文件。

GB/T 15706—2012 机械安全 设计通则 风险评估与风险减小(ISO 12100:2010,IDT)

GB/T 16855.1 机械安全 控制系统安全相关部件 第 1 部分:设计通则(GB/T 16855.1—2008,ISO 13849-1:2006,IDT)

3 机械安全标准体系的一般结构

机械安全标准的结构如下:

——A 类标准(基础安全标准)给出了能适用于所有机械安全的基本概念、设计原则和一般特征的标准;

——B 类标准(通用安全标准)规定能在较大范围应用的机械的一种安全特性或一类安全装置的标准;

——C 类标准(机械产品安全标准)对一种特定的机器或一组机器规定出详细安全要求的标准。

如图 1 所示,GB/T 15706 是规定机械安全通则的 A 类标准,适用于所有机械。GB/T 16855.1 则针对具体的特性,是典型的 B 类标准,适用于大多数机械。

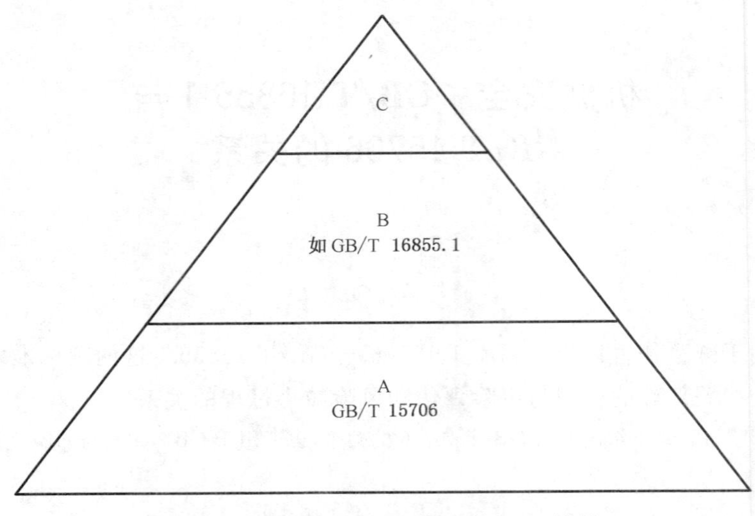

图 1 机械安全标准体系的一般结构

4 风险评估与风险减小过程

GB/T 15706 是机械安全基础标准。机械制造商宜遵循 GB/T 15706 所述的风险评估和风险减小过程，以进行危险识别、风险估计，并充分地减小风险(可接受风险)。

图 2 示出了根据 GB/T 15706 进行风险评估和风险减小的过程，其中包含了与 GB/T 16855.1 的相互关系。

如图 2 所示，根据 GB/T 15706 进行风险评估时，GB/T 16855.1 与依赖于安全相关控制系统的风险减小措施(如联锁防护装置)相关。此时，安全相关控制系统需执行安全功能，GB/T 16855.1 仅适用于此情况。

在 GB/T 15706 规定的风险评估和风险减小过程(迭代三步法)中，应识别与相关机器的危险并估计风险。如图 2 所示，风险估计通常在风险减小之前进行。通过 GB/T 16856 中的任一风险打分系统或方法可估计出初始风险。宜注意，GB/T 16855.1 提供的方法主要用于安全相关控制系统执行的安全功能。例如，类别或性能等级对于滑倒危险或坠落危险毫无意义。

根据 GB/T 15706，当选择一个具有安全功能的控制系统作为保护措施/风险减小措施(如防护门联锁)时，宜根据 GB/T 16855.1 对控制系统安全相关部件进行设计和评价。控制系统中并非所有部件都执行安全功能，如某些距离传感器、部件计数器或监控设备，只有控制系统中安全相关的部件属于 GB/T 16855.1 的适用范围。对于控制系统中的非安全相关部件，无需应用 GB/T 16855.1。

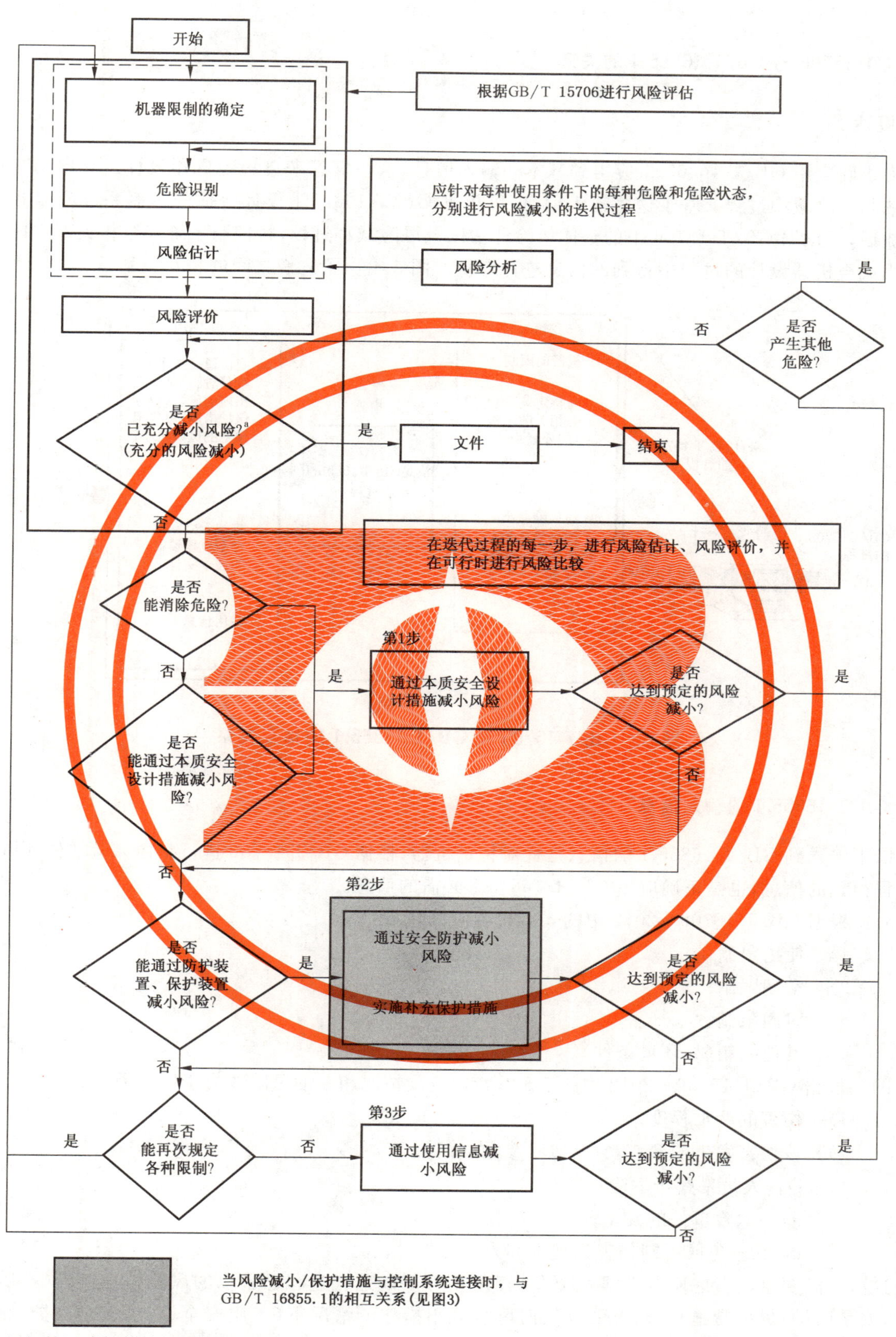

[a] 用初始风险评估结果回答初次问题。

图 2　根据 GB/T 15706—2012 中图 1 给出的风险评估与风险减小过程图解表示

5 GB/T 15706 与 GB/T 16855.1 的关系

5.1 概述

为正确应用 GB/T 16855.1，应得到基本的输入信息，这些信息来自特定机器设计过程中的整体风险评估和风险减小过程。基于这些输入信息，可根据 GB/T 16855.1 设计合适的控制系统安全相关部件。随后，再根据 GB/T 15706 中的整体风险评估以及风险减小过程，将控制系统安全相关部件的详细设计集成至机器设计的过程中得到的信息进行考量。图 3 给出了它们之间的相互关系。

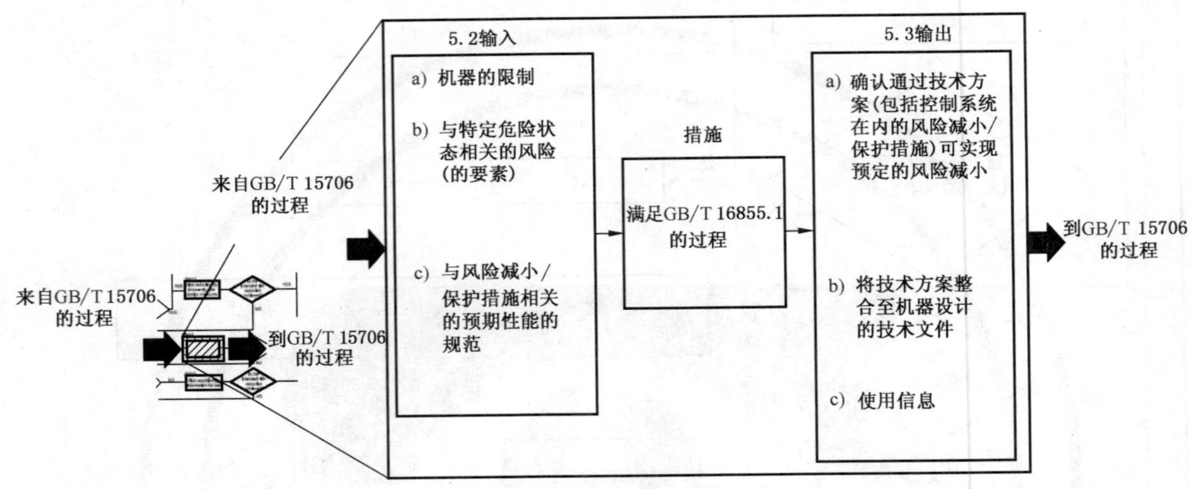

图 3 GB/T 15706 和 GB/T 16855.1 的相互关系

5.2 GB/T 16855.1 的输入信息

以下输入到 GB/T 16855.1 的信息是针对特定机器，根据 GB/T 15706 进行整体风险评估和风险减小过程得到的信息，也是正确应用 GB/T 16855.1 必需的信息。

a） 根据 GB/T 15706—2012 中的 5.3，机器限制包括：
   1） 使用限制；
   2） 空间限制；
   3） 时间限制；
   4） 其他限制（如环境条件）。
b） 根据 GB/T 15706—2012 中的 5.5.2，特定危险情况相关的风险取决于以下因素：
   1） 伤害的严重程度。
   2） 该伤害发生的概率，它是以下参数的函数：
      i） 人员暴露于危险；
      ii） 危险事件的发生；
      iii） 避免或限制伤害的技术和人为可能性。

这些风险要素应考虑所有根据 GB/T 15706 所开展的迭代过程已采取的风险减小措施（本质安全设计、安全防护/保护措施）。在未采取任何风险减小措施的情况下（本质安全设计、安全防护/保护措施），风险要素与 GB/T 15706 中迭代过程的步骤 1 得到的结果相同。

注 1：危险事件的发生可由技术或人为原因引起。更多说明，参见 GB/T 16855.1—2008 中 A.2.3。

注 2：危险事件的发生以及避免或限制伤害的技术和人为可能性可归纳为与 GB/T 16855.1—2008，附录 A 中相同的参数 P。

根据 GB/T 15706 进行风险评估和风险减小过程时，如果采用风险要素表，则宜将风险评估工具的输出信息与 GB/T 16855.1 给出的性能等级表相匹配。所有选择所需的性能等级 PL_r 必需的输入信息(所考虑危险情况的风险值)可从 GB/T 15706 的整体风险评估和风险减小过程得到。因此，应用 GB/T 16855.1 时不必再单独进行风险评估。

GB/T 16855.1—2008 给出的图 A.1 仅适用于为安全功能选择 PL_r，不能用于根据 GB/T 15706 对机器进行整体风险估计。

注 3：某些 C 类标准已针对具体安全功能给出了 PL_r 的值。

c) 与风险减小/保护措施相关的预期性能规范，如：
   1) 风险减小/保护措施预期功能的一般描述(与功能要求相关)；
   2) 风险减小/保护措施的具体安全相关特性(如响应时间、操作模式)；
   3) 风险减小/保护措施相关的环境条件描述(如空间限制、温度、湿度、振动)；
   4) 其他机器和/或过程特定条件的描述[如指定的安全相关元件(传感器、控制执行器)]。

5.3 从 GB/T 16855.1 得到的输出信息

GB/T 16855.1 的以下输出信息由安全相关控制系统的详细设计所得，是 GB/T 15706 的必要输入信息，以便完成整体风险评估和风险减小过程。

a) 根据 GB/T 16855.1 和 GB/T 16855.2 实施验证与确认的结果，用于证明预期的风险减小已通过所选的风险减小措施实现。
b) 满足 GB/T 16855.1—2008 中第 10 章，用于将技术解决方案集成至机器设计中的技术文件。
c) 满足 GB/T 16855.1—2008 中第 11 章的使用信息(为确保正确使用控制系统安全相关部件和相关风险减小/保护措施，机器设计者向机器使用者提供的相关信息)。

参 考 文 献

[1] GB/T 16855.1—2008 机械安全 控制系统有关安全部件 第1部分:设计通则
[2] GB/T 16855.2 机械安全 控制系统安全相关部件 第2部分:确认
[3] GB/T 16856 机械安全 风险评估 实施指南与方法举例
[4] GB 28526 机械电气安全 安全相关电气、电子和可编程电子控制系统的功能安全

ICS 77.140.85
J 32

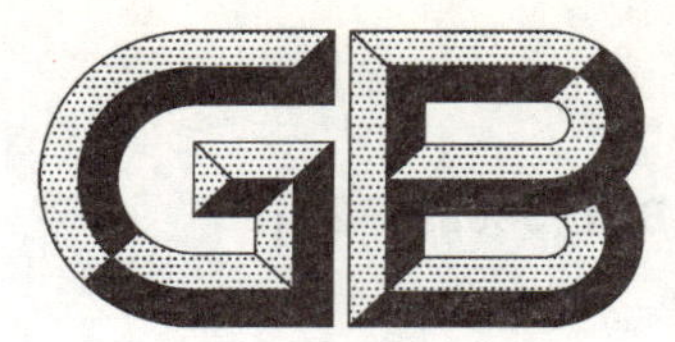

中华人民共和国国家标准

GB/T 35082—2018

钢质冷挤压件　工艺规范

Steel cold extrusion part—Technical specification

2018-05-14 发布　　　　2018-12-01 实施

国家市场监督管理总局
中国国家标准化管理委员会　发布

前　言

本标准按照 GB/T 1.1—2009 给出的规则起草。

本标准由全国锻压标准化技术委员会(SAC/TC 74)提出并归口。

本标准起草单位:上海交通大学、江苏太平洋精锻科技股份有限公司、江苏龙城精锻有限公司、北京机电研究所、芜湖禾田汽车工业有限公司。

本标准主要起草人:赵震、胡成亮、陶立平、刘强、魏巍、潘琦俊、吴公明、申加圣、孙跃、胡柏丽、周林、黄泽培、金红。

钢质冷挤压件　工艺规范

1 范围

本标准规定了钢质冷挤压件(以下简称"冷挤压件")的工艺规范,包括变形方式分类、工艺方案确定,以及变形工序编制、主要工艺参数确定、毛坯制备和设备选择原则。

本标准适用于钢质冷挤压件。

2 规范性引用文件

下列文件对于本文件的应用是必不可少的。凡是注日期的引用文件,仅注日期的版本适用于本文件。凡是不注日期的引用文件,其最新版本(包括所有的修改单)适用于本文件。

GB/T 700　碳素结构钢

GB/T 1591　低合金高强度结构钢

GB/T 8541　锻压术语

3 术语和定义

GB/T 8541 界定的术语和定义适用于本文件。

4 符号

下列符号适用于本文件。

d_0 ——冷挤压件毛坯直径,单位为毫米(mm)。

d_1 ——正挤压件挤出部分外径、反挤压件内径,单位为毫米(mm)。

F_0 ——冷挤压件变形前横截面面积,单位为平方毫米(mm^2)。

F_1 ——冷挤压件变形后横截面面积,单位为平方毫米(mm^2)。

h_0 ——冷挤压件毛坯高度,单位为毫米(mm)。

L_1 ——杯形反挤压件孔深度,单位为毫米(mm)。

P ——挤压力,单位为千牛(kN)。

p ——单位挤压力,单位为兆帕斯卡(MPa)。

S ——冷挤压件壁厚,单位为毫米(mm)。

t ——冷挤压件底厚,单位为毫米(mm)。

α ——正挤压凹模入口角,单位为度(°)。

β ——反挤压凸模锥角,单位为度(°)。

ε_F ——断面减缩率,$\varepsilon_F=\dfrac{F_0-F_1}{F_0}\times 100\%$。

$[\varepsilon_F]$——许用变形程度。

注:以上符号示意见图 1。

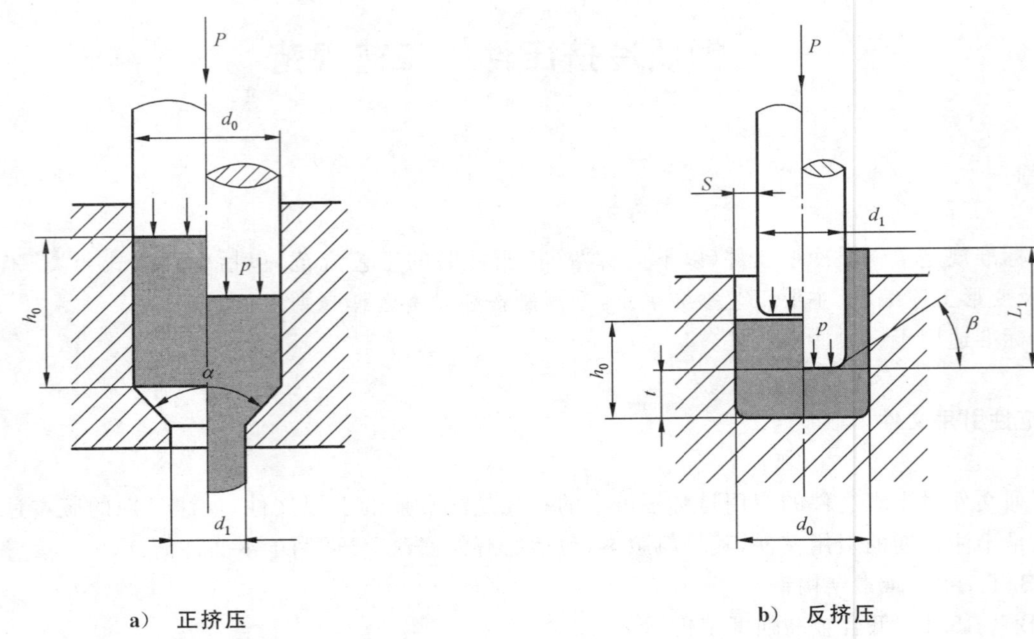

a） 正挤压　　b） 反挤压

图 1　符号示意图

5　工艺规范

5.1　冷挤压变形方式分类

冷挤压变形方式分为正挤压(见图 2)、反挤压(见图 3)、复合挤压(见图 4)、镦挤复合(见图 5)、径向挤压(见图 6)和自由缩径(见图 7)。对于冷挤压件,可以通过其中一种或多种变形方式的组合来获得。

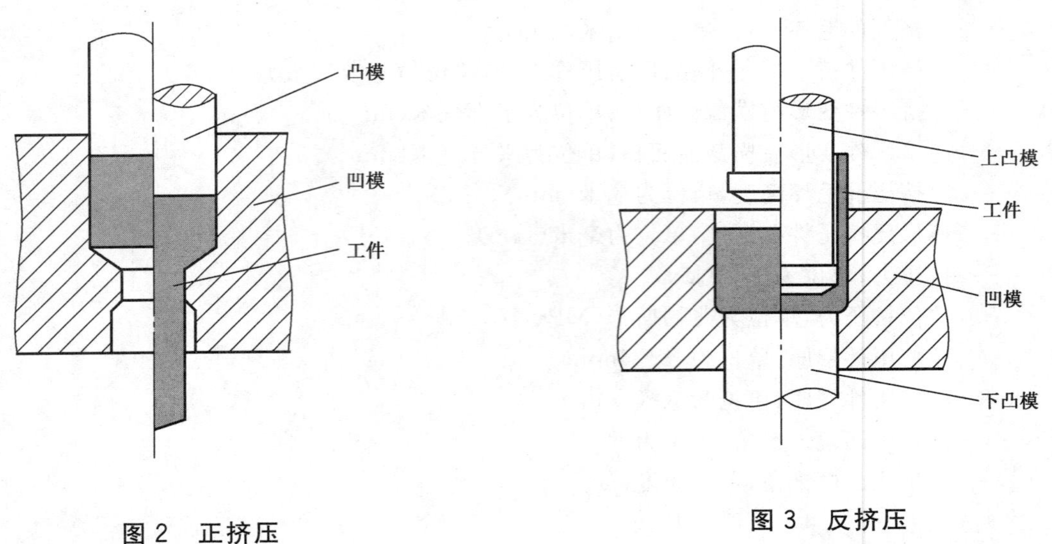

图 2　正挤压　　图 3　反挤压

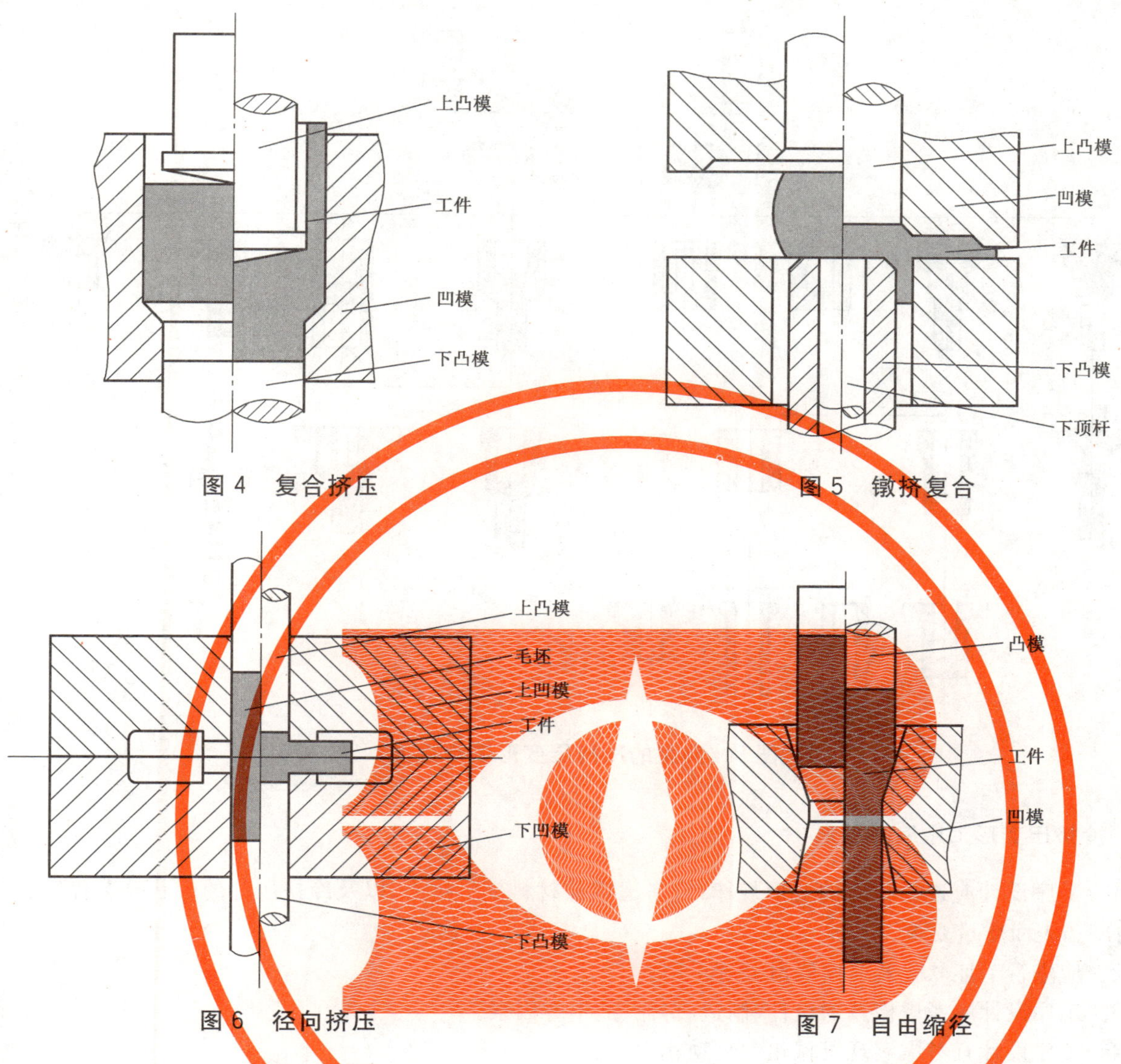

图4 复合挤压

图5 镦挤复合

图6 径向挤压

图7 自由缩径

5.2 冷挤压工艺方案确定

5.2.1 一般原则:冷挤压件单次变形量宜在许用变形程度[ε_F]范围内,超过许用变形程度的冷挤压件,可以通过增加工步来实现。

5.2.2 正挤压:正挤压件毛坯高径比宜满足 $h_0/d_0 \leqslant 5$。

5.2.3 反挤压:杯形反挤压件内孔高径比宜满足 $L_1/d_1 \leqslant 2.5$,采用特殊装置时,L_1/d_1 可达5。杯形反挤压件底厚与壁厚之比宜满足 $t/S \geqslant 1.2$。

5.2.4 复合挤压:复合挤压许用变形程度按单向挤压计算,其值可超过正挤压或反挤压的许用变形程度。

5.2.5 镦挤复合:镦挤复合件一次成形时,镦粗变形抗力应大于挤压变形抗力。镦粗部分毛坯的高径比宜满足 $h_0/d_0 \leqslant 2.5$。

5.2.6 径向挤压:宜采用双向运动凸模。

5.2.7 自由缩径:变形程度宜为18%~20%。

5.2.8 典型的冷挤压变形工步框图见图8。

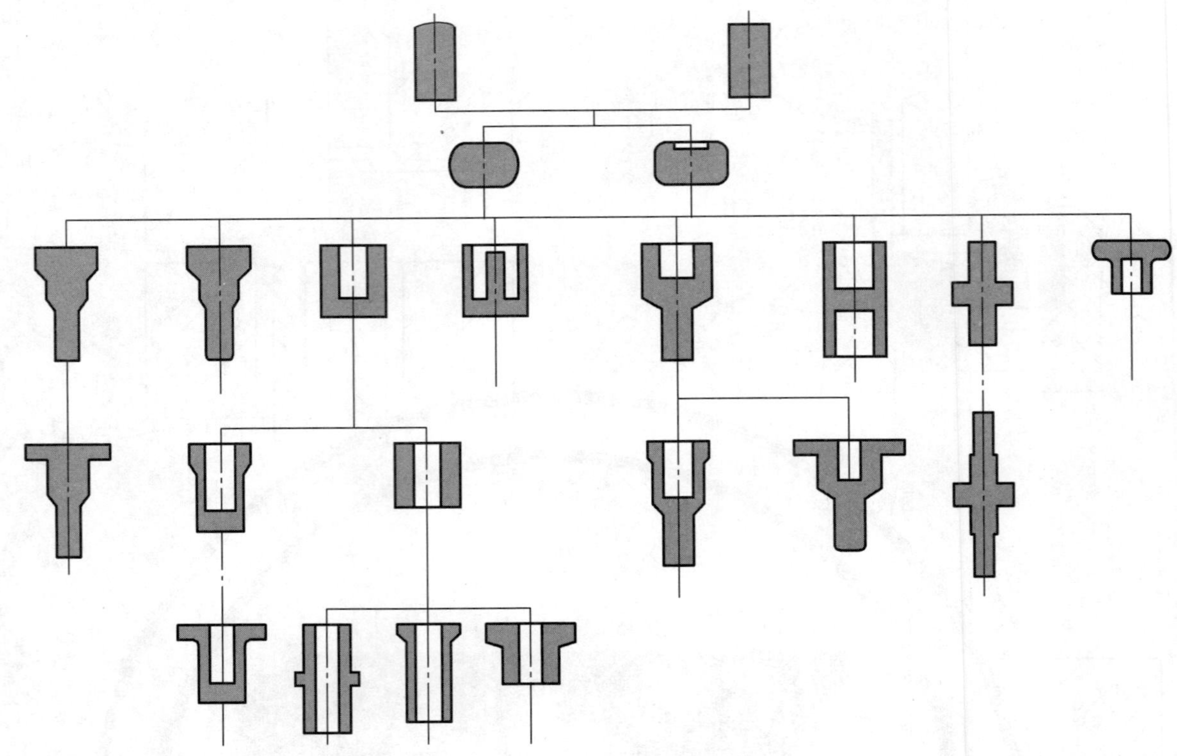

图 8 典型的冷挤压变形工步框图

5.3 冷挤压变形工序编制原则

5.3.1 工序设计应遵循材料的变形规律,应考虑零件材料变形抗力,以及冷挤压件的形状复杂程度、尺寸精度和表面质量要求。

5.3.2 应进行毛坯软化及表面润滑处理工序。

5.3.3 工序设计应考虑模具的设计、制造、寿命、成本等因素。

5.3.4 工序设计宜考虑实现机械化和自动化生产。

5.4 冷挤压主要工艺参数确定原则

5.4.1 变形程度的确定

5.4.1.1 各种钢质材料的许用变形程度见表 1。

表 1 冷挤压许用变形程度

<table>
<tr><th colspan="2" rowspan="3">材料</th><th colspan="3">[ε_F]/%</th></tr>
<tr><th rowspan="2">正挤压</th><th colspan="2">反挤压</th></tr>
<tr><th>最小值</th><th>最大值</th></tr>
<tr><td rowspan="3">碳素钢与低合金钢</td><td>Ce<0.15%</td><td>85</td><td>25</td><td>80</td></tr>
<tr><td>0.15% ≤Ce <0.20%</td><td>80</td><td>30</td><td>75</td></tr>
<tr><td>0.20%≤Ce <0.45%</td><td>75</td><td>45</td><td>65</td></tr>
<tr><td colspan="5">所述碳素钢与低合金钢应符合 GB/T 700 与 GB/T 1591 的规定。
注:以上数据是在钢材退火态及模具单位挤压力不超过 2 500 MPa 的条件下通过实验获得。</td></tr>
</table>

5.4.1.2 反挤压变形程度[ε_F]宜在40%～60%范围内。

5.4.1.3 正挤压变形程度应根据冷挤压件截面积大小合理选用。

5.4.1.4 多工位冷挤压时,各工位的变形程度应尽量均匀分布。

5.4.1.5 大批量冷挤压件生产时,所选用的[ε_F]值应适当偏小。

5.4.2 变形力的确定原则

5.4.2.1 宜采用数值模拟方法计算各工序变形力。亦可采用诺模图确定变形力。钢质材料正挤压和反挤压在不计变形速度影响情况下的变形力诺模图及其示例参见附录A。

5.4.2.2 复合挤压件的变形力计算,在一端封闭的条件下,可按大的变形程度计算变形力;在两端自由的条件下,可按小的变形程度计算变形力。

5.4.2.3 镦挤复合件的变形力,按镦粗的最大截面进行计算。

5.4.2.4 自由缩径件的变形力,按正挤压进行计算。

5.5 冷挤压件毛坯制备原则

5.5.1 毛坯可根据冷挤压件形状及技术经济要求选用板材、棒材、线材、管材等。

5.5.2 毛坯下料可采用锯切、切削、剪切及蓝脆冲切等方法。下料后宜增加去毛刺、整形工序。棒材采用剪切下料时,毛坯长径比不宜小于1.0。

5.5.3 毛坯软化应遵循以下原则:在满足塑性变形需求的前提下,为后续加工做组织准备。

5.6 冷挤压设备的选择原则

5.6.1 冷挤压设备的力-行程曲线及能量应满足冷挤压件成形的力-行程曲线及变形功的要求。

5.6.2 冷挤压设备应具有较好的刚性和导向精度。

5.6.3 冷挤压设备应有顶出装置。

附 录 A
（资料性附录）
用诺模图确定冷挤压变形力示例

A.1 材料为10＃钢，毛坯直径 $d_0=75$ mm，挤压后直径 $d_1=45$ mm，毛坯高度 $h_0=112$ mm，凹模入口角 $\alpha=100°$，用诺模图确定实心件冷态正挤压单位挤压力及挤压力。

查图A.1：以凸模直径 d_0 为起点，在①区找到 d_0 与代表挤压后直径 d_1 曲线的交点，向上投影查得断面缩减率 $\varepsilon_F=63\%$；由 $\varepsilon_F=63\%$ 向上投影至②区中10＃钢所对应曲线，再投影至③区中 $h_0/d_0=1.5$ 的曲线上，再根据③区中正挤压凹模入口角 $\alpha=100°$ 进行修正，可查得修正后的单位挤压力 $p=1\ 030$ MPa；将 $p=1\ 030$ MPa 一点投影至④区中，与 d_0 在④中的投影相交，即可求得挤压力 $P=4\ 400$ kN。

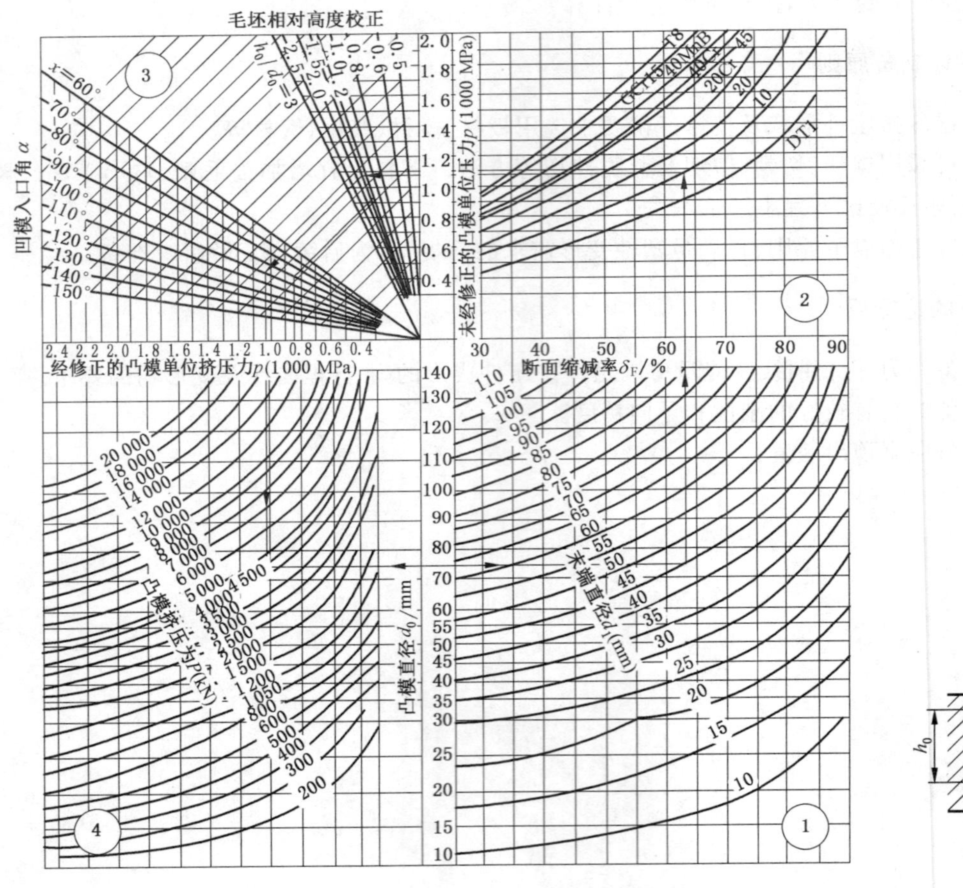

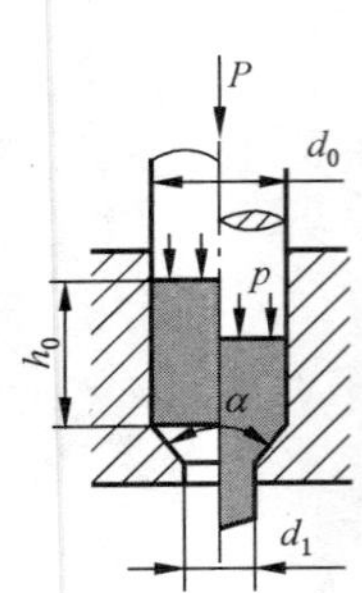

图 A.1 正挤压变形力诺模图

A.2 材料为10＃钢，毛坯直径 $d_0=70$ mm，凸模直径 $d_1=57$ mm，毛坯高度 $h_0=70$ mm，反挤压凸模锥角 $\beta=150°$，用诺模图确定杯心件冷态反挤压单位挤压力及挤压力。

查图A.2：以凸模直径 d_1 为起点，在①区找到 d_1 与代表毛坯直径 d_0 曲线的交点，向上投影查得断面缩减率 $\varepsilon_F=66\%$；由 $\varepsilon_F=66\%$ 向上投影至②区中10＃钢所对应曲线，再投影至③区中 $h_0/d_0=1$ 的曲线上，再根据③区中反挤压凸模锥角 $\beta=150°$ 进行修正，可查得修正后的单位挤压力 $p=1\ 860$ MPa；将 $p=1\ 860$ MPa 一点投影至④区中，与 d_1 在④区中的投影相交，即可求得挤压力 $P=4\ 800$ kN。

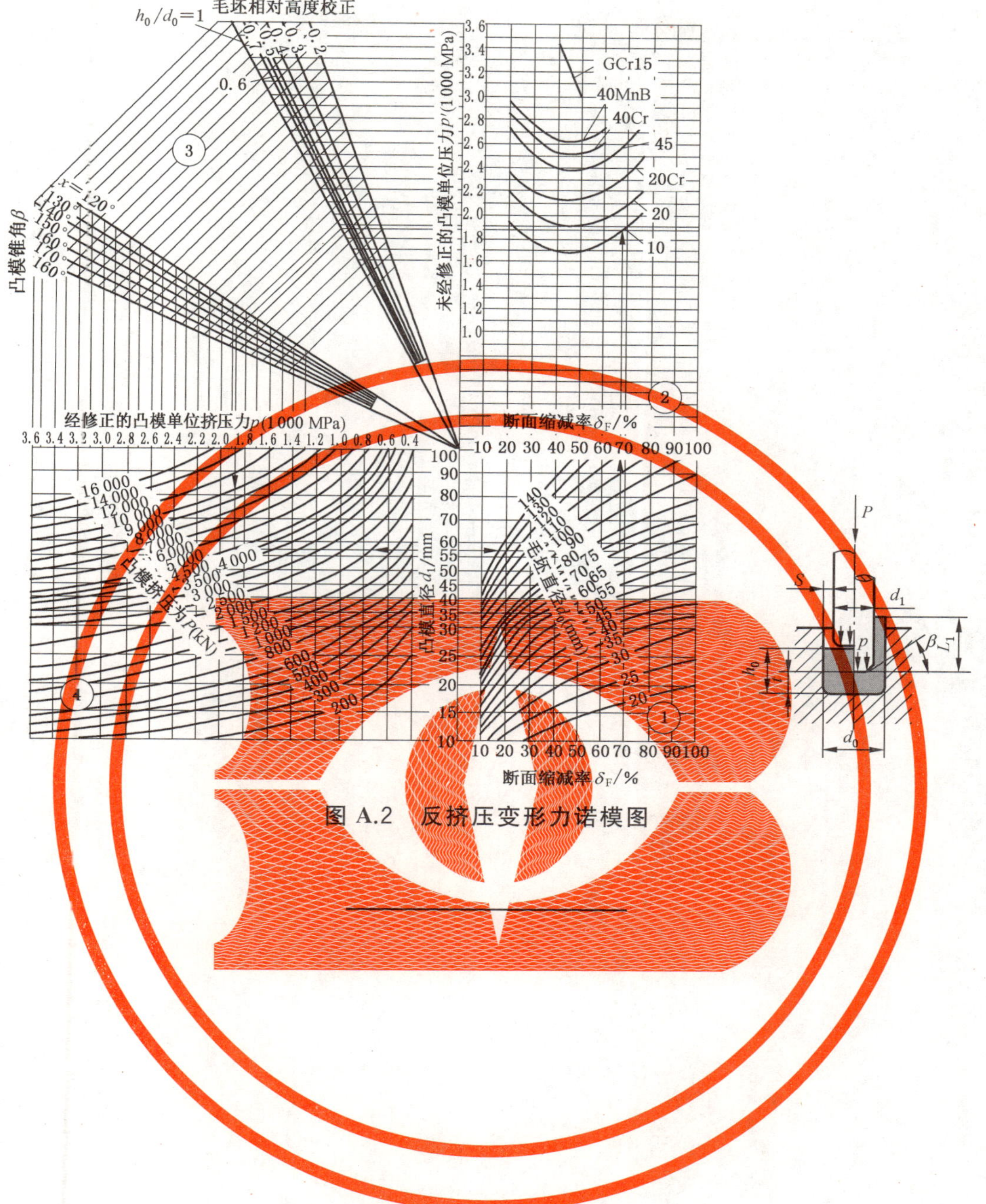

图 A.2 反挤压变形力诺模图

ICS 21.100.10
J 12

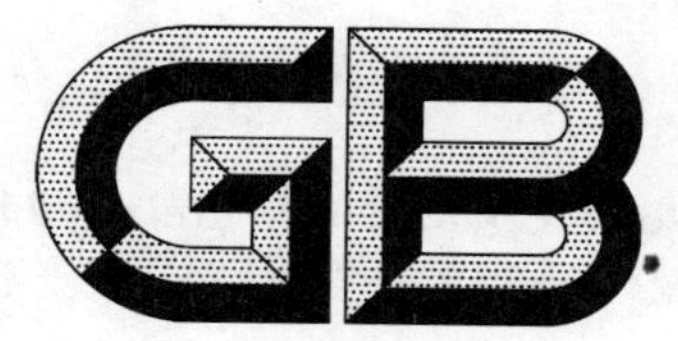

中华人民共和国国家标准

GB/T 35083.1—2018/ISO 7148-1:2012

滑动轴承　轴承材料摩擦学特性试验 第1部分:金属轴承材料试验

Plain bearings—Testing of the tribological behaviour of bearing materials—Part 1:Testing of bearing metals

(ISO 7148-1:2012,IDT)

2018-05-14 发布　　2018-12-01 实施

国家市场监督管理总局
中国国家标准化管理委员会 发布

前　言

GB/T 35083《滑动轴承　轴承材料摩擦学特性试验》由以下两部分组成：

——第1部分：金属轴承材料试验；

——第2部分：聚合物轴承材料试验。

本部分是GB/T 35083的第1部分。

本部分按照GB/T 1.1—2009给出的规则起草。

本部分使用翻译法等同采用ISO 7148-1:2012《滑动轴承　轴承材料摩擦学特性试验　第1部分：金属轴承材料试验》。

与本部分中规范性引用的国际文件有一致性对应关系的我国文件如下：

——GB/T 16748—1997　滑动轴承　金属轴承材料的压缩试验(idt ISO 4385:1981)

本部分由中国机械工业联合会提出。

本部分由全国滑动轴承标准化技术委员会(SAC/TC 236)归口。

本部分负责起草单位：中机生产力促进中心、合肥波林新材料股份有限公司、湖南崇德工业科技有限公司。

本部分参加起草单位：浙江长盛滑动轴承股份有限公司、浙江双飞无油轴承股份有限公司、浙江中达精密部件股份有限公司、临安东方滑动轴承有限公司、嘉善峰成三复轴承有限公司。

本部分由全国滑动轴承标准化技术委员会负责解释。

滑动轴承　轴承材料摩擦学特性试验　第1部分:金属轴承材料试验

1　范围

GB/T 35083 的本部分规定了边界润滑条件下滑动轴承金属轴承材料的摩擦学试验。

本部分描述的试验程序目的是比较各种轴承材料/对偶件/润滑剂组合形式的摩擦磨损特性,以便于为反复或长期在边界润滑、低速连续运转条件下工作的轴承选择轴承材料。由于试验条件的不同,摩擦磨损值可能因试验设备不同而不相同。

只有在有影响的所有参数相同时,试验结果才能对实际应用具有实用性。试验条件偏离实际应用情况越多,试验结果适用的不确定性越高。

2　规范性引用文件

下列文件对于本文件的应用是必不可少的。凡是注日期的引用文件,仅注日期的版本适用于本文件。凡是不注日期的引用文件,其最新版本(包括所有的修改单)适用于本文件。

ISO 4385　滑动轴承　金属轴承材料的压缩试验(Plain bearings—Compression testing of metallic bearing materials)

3　符号和单位

见表1。

表1　符号和单位

符号	定义	单位
A,B,C	试验方法	—
a	滑动距离	km
A_5	断后伸长率	%
f	摩擦因数;摩擦力与正压力(法向压力)之比:$f=F_f/F_n$	—
F_f	摩擦力	N
F_n	正压力	N
K_A	重叠比(接触面积与磨损轨迹面积之比)	—
K_w	磨损系数,与正压力有关的体积磨损率: $K_w=V_w/(F_n\times a)=w_v/F_n$	$mm^3/(N\cdot km)$
l_w	线磨损量	mm
m_w	磨损材料重量	g
Ra	表面粗糙度	μm

表 1（续）

符号	定义	单位
$R_{d0.2}$	规定非比例压缩极限强度	MPa
R_m	抗拉强度	MPa
$R_{p0.2}$	规定非比例塑性延伸强度	MPa
T	在稳定状态条件下试验时试样靠近滑动表面的温度	℃
T_{amb}	环境温度	℃
T_L	油池温度	℃
t_{Ch}	试验时间	h
U	滑动速度	m/s
V_w	体积磨损量	mm^3
w_l	线磨损率，$w_l=l_w/a$	mm/km
w_v	体积磨损率，$w_v=V_w/a$	mm^3/km
η	润滑剂黏度	mPa·s

4　金属轴承材料摩擦学特性试验的特殊要求

金属材料制成的滑动轴承通常需要润滑剂(如润滑油、润滑脂)来保证低摩擦和磨损率。

滑动轴承宜尽可能设计成在流体动压润滑条件下运转，轴颈的滑动表面和滑动轴承总是被油膜完全隔离开。在这样的工况下，摩擦力随润滑剂的流变性质而定，磨损通常不会发生。

如果不能确保流体动压润滑，则就可能发生边界润滑，轴承与对偶件材料将磨损。这可能发生在流体动压润滑滑动轴承启动或停机阶段，或重载低速少油时，或振荡运动阻止流体动压润滑形成时。

5　试验方法

5.1　试验方法 A：销-盘试验

图 1 为圆盘与销装配示意图。

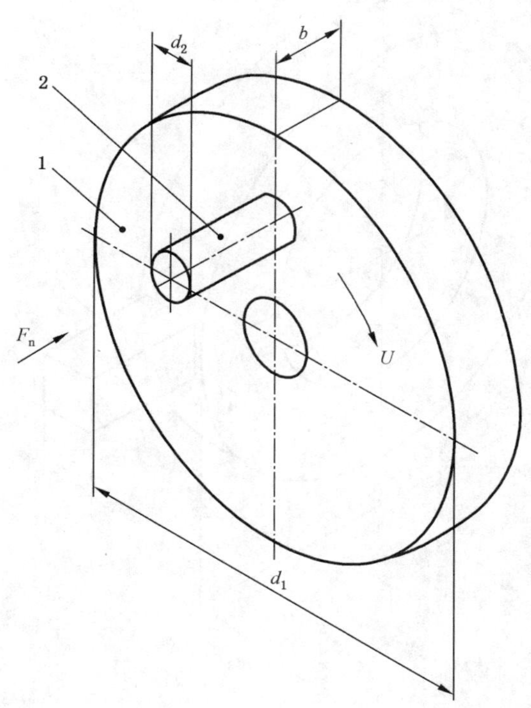

说明：
1——圆盘或圆环；
2——销或试块。

图 1 销-盘试验

5.2 试验方法 B:环-块试验

图 2 为试块与圆环装配示意图。

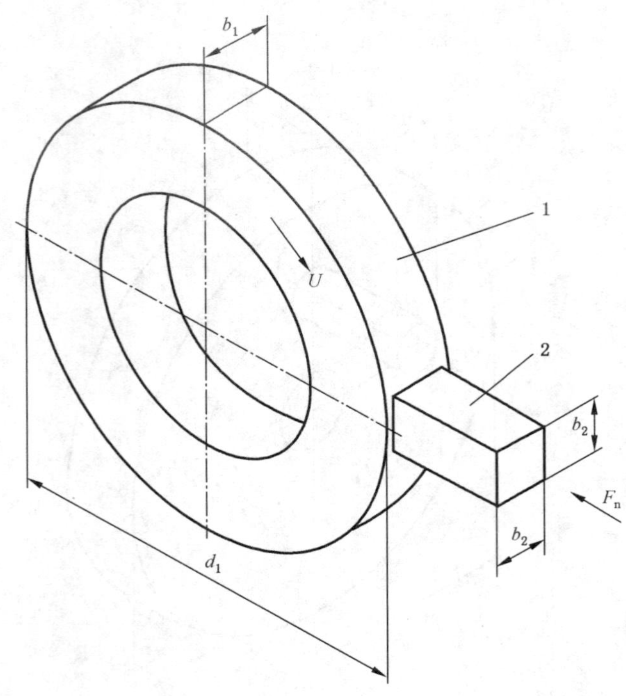

说明：

1——圆盘或圆环；

2——销或试块。

图 2　环-块试验

5.3　试验方法 C：止推载荷端面旋转摩擦试验

图 3 为轴套端面与轴套端面以及轴套端面与平板装配示意图。

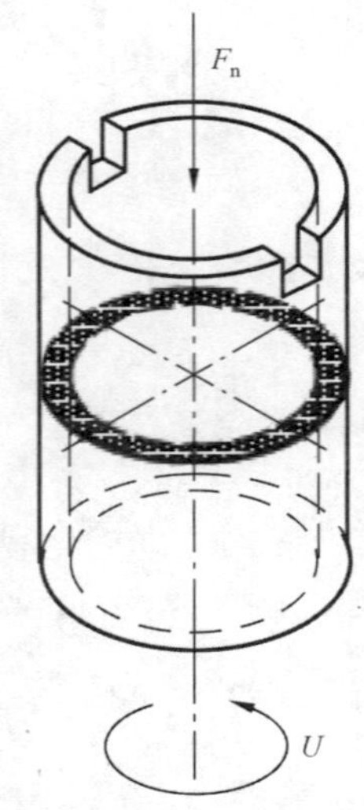

a)　轴套端面-轴套端面

图 3　止推载荷端面旋转摩擦试验

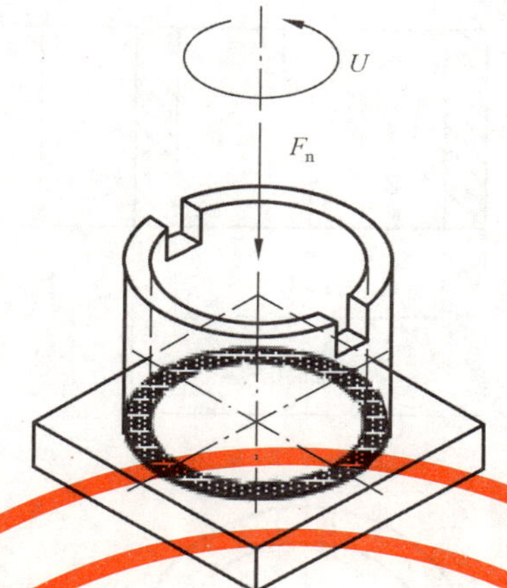

b） 轴套端面-平板

图 3（续）

6 试验试样

6.1 圆盘

圆盘应具有以下优先尺寸：

——直径 d_1:40 mm～110 mm；

——宽度 b:8 mm～12 mm。

试验报告中应注明滑动轨迹的直径。

6.2 圆环

圆环外直径 d_1 应为 40 mm～80 mm，圆环宽度 b_1 应大于试块宽度 b_2。

6.3 销

销的优选直径 d_2 应为 3 mm～10 mm。

6.4 试块

试块接触面高度应为 5 mm～10 mm，宽度应为 5 mm～10 mm。

6.5 轴套

轴套可用机械加工制成，轴套的优先尺寸见图 4。

单位为毫米

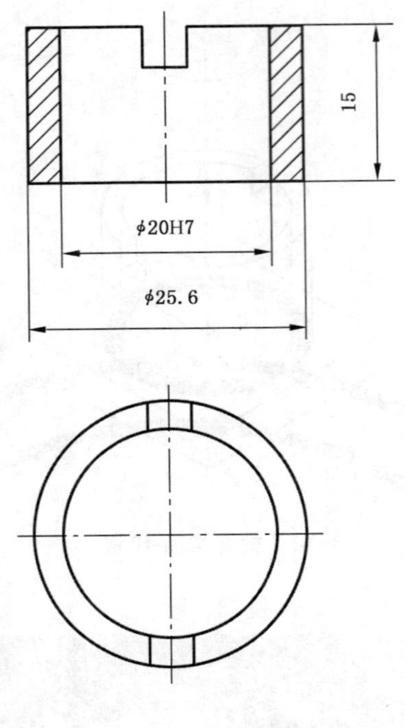

图 4 轴套尺寸

6.6 平板

平板可用机械加工制成,平板的优先尺寸见图 5。

单位为毫米

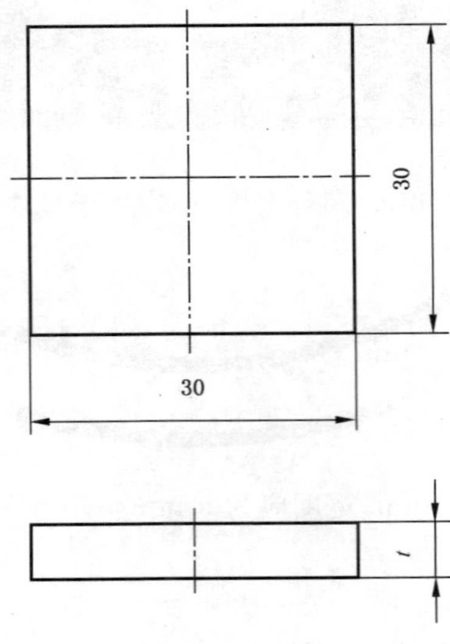

图 5 平板尺寸

6.7 试样制备

采用与待模拟的实际应用情况相似的相同加工方法,获得合适的表面粗糙度,制备好试验表面后,试样需彻底清洗。清洗方法示例如下:

——酒精清洗,可用超声波洗涤;

——加热干燥；

——乙烷擦洗；

——110 ℃烘箱干燥。

7 试验方法与设备

用试验轴承材料制成的销、试块、轴套或平板，按规定的正压力紧压在用对偶件材料制成的转动试件上(圆盘、圆环或轴套)。

实践中，具有圆柱曲率表面(径向轴承)的试件同样可用方法B进行试验，如果试件是多层材料，则可选择以下两种方法之一：

a) 改变圆环半径以适应试块(见图2)；

b) 以线接触摩擦开始试验(试块半径大于圆环半径)。

线磨损量不应超过轴承材料层的厚度，对于较薄的材料层，优先选用方法A(销-盘试验)和方法C(止推载荷端面旋转摩擦试验)。

如果试验在非大气气氛中进行，则应在气体足够密封的箱子中或高速流动的气流下试验。

试验设备应能够对摩擦磨损进行连续测量。

如果使用润滑脂，设备应保证在滑动轨迹上持续充足的供给润滑脂。

应避免导致正压力方向上产生不规则变化的振动。

8 润滑

应根据实际应用情况选用润滑油或润滑脂。销、试块、轴套或平板与圆盘、圆环、轴套之间的接触面应充满润滑剂。

当选用润滑油时，推荐将试样完全浸入润滑油中。如果供给到摩擦副表面的润滑剂能充分保证磨损率不受润滑剂流速的影响，则也可以采用喷油润滑方式。润滑油油温应保持恒定。

注：润滑剂的选用对试验结果影响很大。

9 标记

示例：符号试验方法A(销-盘试验)的金属轴承材料摩擦学特性试验标记为：

GB/T 35083.1-A 试验

10 试验条件

在对不同的材料/润滑剂组合进行对比试验时，销、试块、轴套或平板(轴承材料)与圆盘、圆环或轴套(对偶件材料)的机加工方法、表面加工方法及下列独立变量值应保持一致：

——试件的初始粗糙度值 Ra；

——正压力 F_n；

——润滑剂温度 T_L；

——滑动距离 a；

——滑动速度 U；

——重叠比 K_A。

为模拟给定轴承的摩擦磨损，要选择接近实际的轴承表面粗糙度、正压力、油温及足够长的滑动距离。

对特定应用的材料进行试验评估时，应注意使材料表面具有在该应用中的特征并在每次试验时保持一致。

长时间在边界润滑条件下运转，对偶件材料表面由于与轴承材料的接触，其粗糙度值有可能逐渐改变，因此又引起轴承材料磨损率的改变。评估长时间在边界润滑条件下运转的滑动轴承的材料时，可考虑进行长周期试验，测量磨损量并将其作为滑动距离的函数。试验结束后，应测量对偶件材料表面的粗糙度值 Ra，并随试验结果一起给出。每次试验时，相配合的摩擦表面都应重新制备。

对于 F_n 的选择，最通用的方法是使销、试块或轴套的最大试验压力等于实际使用的轴承单位投影面积上所承受的载荷（比载荷）。

当对不同机械性能和承载能力轴承材料进行材料/润滑剂组合对比试验时，可在实际应用的温度下，在产生比载荷（正压力除以接触区域的投影面积）为 1/3 的 0.2%规定塑性延伸强度 $R_{p0.2}$ 或 1/3 的 0.2%压缩极限强度 $R_{d0.2}$（见 ISO 4385）的正压力下进行试验。实践中，该值通常被认为是各种高载荷滑动轴承的轴承材料在边界润滑条件下，单位投影面积上的最大许用压力。

选择油温 T_L 时，应选择轴承实际使用中可能出现的最高温度作为试验温度。滑动速度 U 应低至使系统达不到流体动压润滑状态。

如果要对一组轴承材料/对偶件/润滑剂组合与另一组非特定应用组合的摩擦磨损特性作比较，正压力 F_n，润滑剂温度 T_L（如果可能，也包含表面粗糙度 Ra）宜在较宽的范围内变化。

11 试验过程

应记录下摩擦-滑动距离曲线和磨损-滑动距离曲线，以区分磨合阶段与稳定状态。试验结果中应给出总的滑动距离。

试验结束后，应测量对偶件材料表面磨损，例如用针式仪器描绘磨损轮廓，即可估算出对偶件材料磨损量在总磨损量中的比例。同时还可显示出对偶件材料表面在与轴承材料摩擦中是否划伤。另外，轴承材料磨损量应通过称量其试验前后的重量变化来确定（在去除所有多余碎屑后）。试验参数的确定应使轴承材料的磨损量多于 5 mg。

试验结束后，要同时检查两滑动表面的表面状况（如反应层的形成，材料转移，划痕等）。

注：每次摩擦学特性试验结果变化很大。

为使试验结果尽可能可靠，应对每个组合进行多次试验。

附 录 A
（资料性附录）
试 验 报 告

除另外规定外，试验报告应包括以下内容：

表 A.1 试验报告

试验依据：GB/T 35083.1	符号	单位	销、试块、轴套或平板	圆盘、圆环或轴套
试样：				
型号/名称				
化学成分				
加工方法				
热处理				
显微组织				
机械性能				
硬度		HB，HV，HRC		
抗拉强度	R_m	N/mm^2		
规定塑性延伸强度	$R_{p0.2}$	N/mm^2		
断后伸长率	A_5	%		
尺寸		mm		
滑动轨迹直径		mm		
表面处理				
表面精加工方式				
表面粗糙度	Ra	μm		
润滑剂：				
型号/名称				
化学成分				
在…℃时黏度	η	mPa·s		
环境条件：				
大气气氛				
相对湿度				
环境温度	T_{amb}	℃		
试验条件：				
试验方法				
正压力	F_n	N		
滑动速度	U	m/s		
润滑剂温度	T_L	℃		

表 A.1（续）

试验依据:GB/T 35083.1		符号	单位	销、试块、轴套或平板	圆盘、圆环或轴套
	试验时间	t_{Ch}	h		
	滑动距离	a	km		
试验结果:					
	稳定状态时的摩擦因数	f			
	试样温度	T	℃		
	线磨损率[a]	w_l	mm/km		
	体积磨损率[a]	w_v	mm^3/km		
	磨损系数[a]	K_w	mm^3/(N·km)		
	总磨损体积[a]				
	通过磨损-滑动距离曲线计算的磨损体积	V_w	mm^3		
	计算的磨损重量	V_m	g		
	表面状况				
	表面粗糙度	Ra	μm		
	材料转移				
	反应层				
	划痕				
地点:		日期:		试验员:	

[a] 当圆盘或圆环磨损可以忽略时，对于多层材料，滑动表面层应足够厚，以便试验中能达到稳定状态或使试样接触面轮廓与圆盘半径相吻合。

参 考 文 献

[1] ISO 4378-1 Plain bearings—Terms, definitions, classification and symbols—Part 1: Design, bearing materials and their properties

[2] ISO 4378-2 Plain bearings—Terms, definitions, classification and symbols—Part 2: Friction and wear

[3] ISO 4378-3 Plain bearings—Terms, definitions, classification and symbols—Part 3: Lubrication

[4] ISO 4381 Plain bearings—Tin casting alloys for multilayer plain bearings

[5] ISO 4382-1 Plain bearings—Copper alloys—Part 1: Cast copper alloys for solid and multilayer thick-walled plain bearings

[6] ISO 4382-2 Plain bearings—Copper alloys—Part 2: Wrought copper alloys for solid plain bearings

[7] ISO 4383 Plain bearings—Multilayer materials for thin-walled plain bearings

[8] ISO 7148-2, Testing of the tribological behaviour of bearing materials—Testing of polymer-based bearing materials

[9] BEGELINGER. A. and DE GEE, A.W.J., Wear in lubricated journal bearings, Transactions ASME. 100(1), 1978, pp.104-109

[10] HABIG. K.-H. BROSZEIT, E. and DE GEE, A.W.J., Friction and wear test on metallic bearing materials for oil lubricated bearing. Wear. 69, 1981, pp.43-54

ICS 21.100.10
J 12

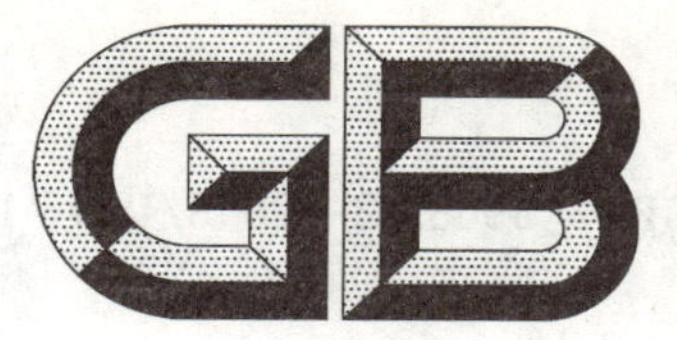

中华人民共和国国家标准

GB/T 35083.2—2018/ISO 7148-2:2012

滑动轴承　轴承材料摩擦学特性试验 第2部分:聚合物轴承材料试验

Plain bearings—Testing of the tribological behaviour of bearing materials—Part 2:Testing of polymer-based bearing materials

(ISO 7148-2:2012,IDT)

2018-05-14 发布　　　　2018-12-01 实施

国家市场监督管理总局
中国国家标准化管理委员会　发布

前　言

GB/T 35083《滑动轴承　轴承材料摩擦学特性试验》由以下两部分组成：

——第1部分：金属轴承材料试验；

——第2部分：聚合物轴承材料试验。

本部分是GB/T 35083的第2部分。

本部分按照GB/T 1.1—2009给出的规则起草。

本部分使用翻译法等同采用ISO 7148-2:2012《滑动轴承　轴承材料摩擦学特性试验　第2部分：聚合物轴承材料试验》。

与本部分中规范性引用的国际文件有一致性对应关系的我国文件如下：

——GB/T 1040.2—2006　塑料　拉伸性能的测定　第2部分：模塑和挤塑塑料的试验条件(ISO 527-2:1993,IDT)

——GB/T 1040.3—2006　塑料　拉伸性能的测定　第3部分：薄膜和薄片的试验条件(ISO 527-3:1993,IDT)

——GB/T 16748—1997　滑动轴承　金属轴承材料的压缩试验(ISO 4385:1981,IDT)

——GB/T 23893:2009　滑动轴承用热塑性聚合物　分类和标记(ISO 6691:2000,IDT)

本部分由中国机械工业联合会提出。

本部分由全国滑动轴承标准化技术委员会(SAC/TC 236)归口。

本部分负责起草单位：中机生产力促进中心、合肥波林新材料股份有限公司、湖南崇德工业科技有限公司。

本部分参加起草单位：浙江长盛滑动轴承股份有限公司、浙江双飞无油轴承股份有限公司、浙江中达精密部件股份有限公司、临安东方滑动轴承有限公司、嘉善峰成三复轴承有限公司。

本部分由全国滑动轴承标准化技术委员会负责解释。

滑动轴承 轴承材料摩擦学特性试验 第2部分:聚合物轴承材料试验

1 范围

GB/T 35083的本部分规定了特定工况下滑动轴承聚合物轴承材料的摩擦学试验,例如承载能力、滑动速度和温度、有或无润滑等的试验方法。通过试验结果,可获得金属-聚合物或聚合物-聚合物摩擦副的摩擦学性能数据。

本部分的目的是获得无润滑(干摩擦表面)和有润滑(边界润滑)情况下,用于滑动轴承的聚合物轴承材料与其对偶件材料的组合在规定并明确定义的试验条件下可重复测得的摩擦磨损值。

只有在有影响的所有参数相同时,试验结果才能对实际应用具有实用性。试验条件偏离实际应用情况越多,试验结果适用的不确定性越高。

2 规范性引用文件

下列文件对于本文件的应用是必不可少的。凡是注日期的引用文件,仅注日期的版本适用于本文件。凡是不注日期的引用文件,其最新版本(包括所有的修改单)适用于本文件。

ISO 527-2 塑料 拉伸性能的测定 第2部分:模塑和挤塑塑料的试验条件(Plastics—Determination of tensile properties—Part 2:Test conditions for moulding and extrusion plastics)

ISO 527-3 塑料 拉伸性能的测定 第3部分:薄膜和薄片的试验条件(Plastics—Determination of tensile properties—Part 3:Test conditions for films and sheets)

ISO 2818 塑料 试样的机加工制备

ISO 4385 滑动轴承 金属轴承材料的压缩试验(Plain bearings—Compression testing of metallic bearing materials)

ISO 6691 滑动轴承用热塑性聚合物 分类和标记(Thermoplastic polymers for plain bearings—Classification and designation)

3 符号、单位和缩略语

见表1。

表1 符号和单位

符号	定义	单位
A,B,C,D,E	试验方法	—
a	滑动距离	km
dr	干摩擦	—
f	摩擦因数;即摩擦力与正压力之比。$f=F_f/F_n$	—
F_f	摩擦力	N

表 1（续）

符号	定义	单位
F_n	正压力	N
gr	润滑脂	—
K_w	磨损系数，与正压力有关的体积磨损率： $K_w = V_w/(F_n \times a) = w_v/F_n$	$mm^3/(N \cdot km)$
l_w	线磨损量	mm
M_f	摩擦力矩	Nm
oi	润滑油	—
$\bar{p}$	比载荷（力/实际接触面积）	MPa
$R_{d.B}$	压缩强度	MPa
$R_{d0.2}$	规定非比例压缩强度	MPa
so	固体润滑剂	—
T	在稳定状态条件下试验时试样靠近滑动表面的温度	℃
T_{amb}	环境温度	℃
T_g	玻璃化转变温度	℃
T_{lim}	轴承最大许用温度	℃
t_{ch}	试验时间	h
U	滑动速度	m/s
V_W	通过测量体积变化所得的材料磨损量	mm^3
w_l	线磨损率，$w_l = l_w/a$	mm/km
w_v	体积磨损率，$w_v = V_w/a$	mm^3/km
η	润滑剂黏度	$mPa \cdot s$

4 聚合物轴承材料摩擦学特性试验的特点

聚合物具有低热传导率和低熔点，因此接触摩擦产生的热量可能导致聚合物部分熔融而造成磨损假象。由于聚合物热膨胀高（最高比钢高 10 倍），得到的结果具有误导性，因为试样在摩擦热量下发生了膨胀。因此评估试验结果时，需考虑热膨胀（间隙变化）和热导率（熔融）的影响。在可能的情况下，试验摩擦副中两个试样的温度都应受到控制。

聚合物具有玻璃化转变温度 T_g，该温度取决于聚合物的化学结构。在该温度下，聚合物的物理性能和摩擦学特性可能会改变。

注塑聚合物表面与车削加工表面相比具有不同的性能。试样应在与实际应用中相同表面状态下进行试验。

强化物和填充物，例如纤维组织，可导致聚合物材料产生很强的各向异性，纤维方向将影响其耐磨特性。在实际应用中，试样应具有与实际应用相同的纤维方向。

为避免粘性滑动，试验设备应非常稳固并且不易受振动影响。

聚合物的摩擦学特性主要取决于其材料成分的组合，即哪部分材料流动，哪部分材料保持固定。试验系统应与实际应用情况相似。

聚合物磨损和金属磨损过程不同。不仅有粉状磨损碎屑的摩擦磨损过程,还有伴随光滑或粗糙的转移层而产生的粘附磨损过程。同时,也可能有犁沟磨损和熔融或塑性变形。因此,在任何情况下,磨损不能通过测量质量来确定,磨损情况应在试验后判定(无论表面是细小/粗大的颗粒,划痕,剥落,熔融或塑性变形)。

某些聚合物的试验结果重复性较差,因此需要多次试验(例如 6 次或更多)。

试样的准备工作和预处理(例如整理、储存、清洁)对试验结果影响很大。

在一些热塑性塑料,例如聚酰胺中,吸收湿气会引起线性尺寸逐渐变化并改变其力学性能。因此,在试验过程中,应控制环境参数。由于聚合物具有吸湿性,因此不能通过测定质量来确定磨损。

试验条件与实际应用偏离越大,试验结果适用的不确定性越大(见图 1 和图 2)。

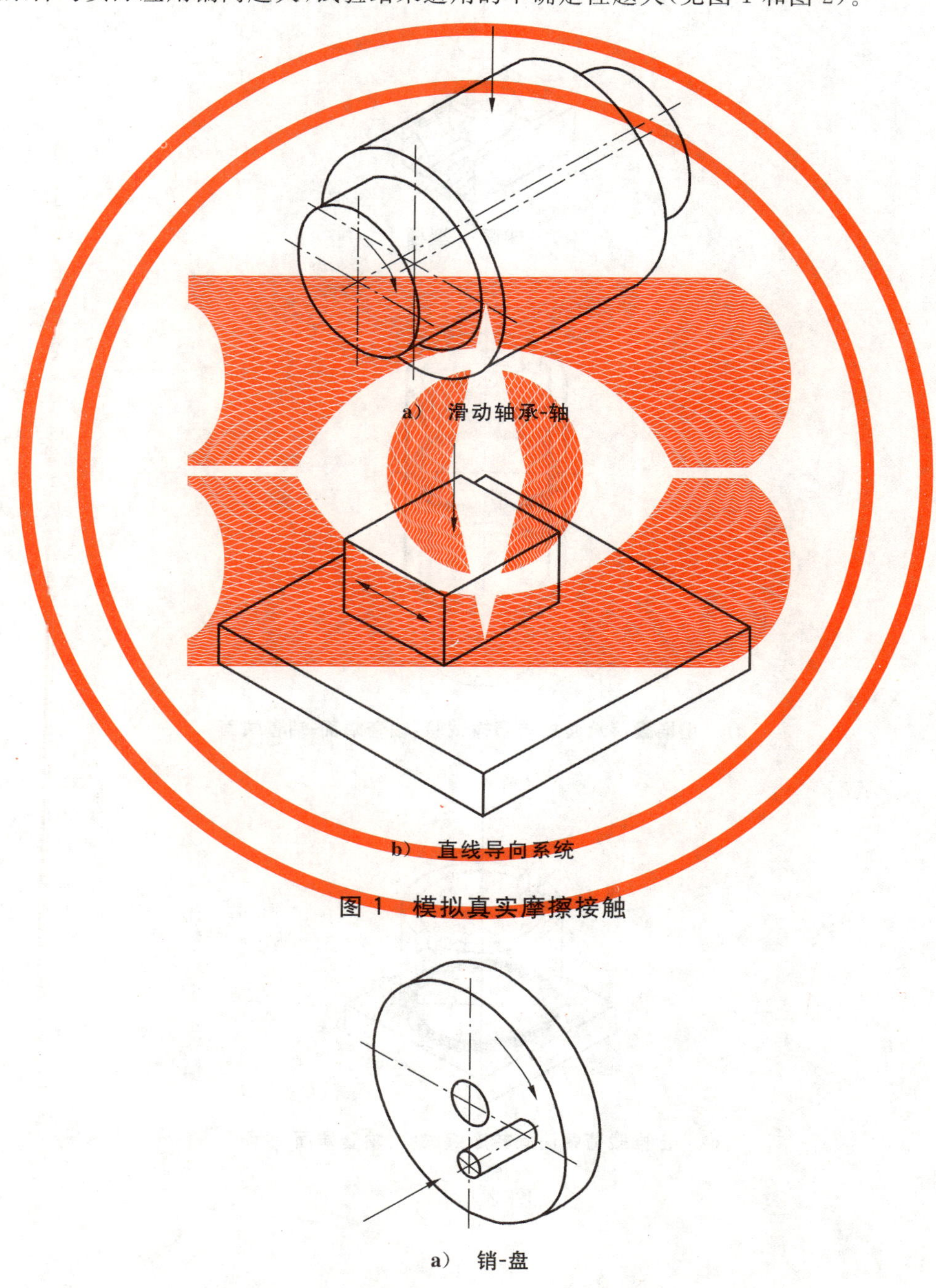

a) 滑动轴承-轴

b) 直线导向系统

图 1 模拟真实摩擦接触

a) 销-盘

图 2 模拟近似实际试验条件和模型系统

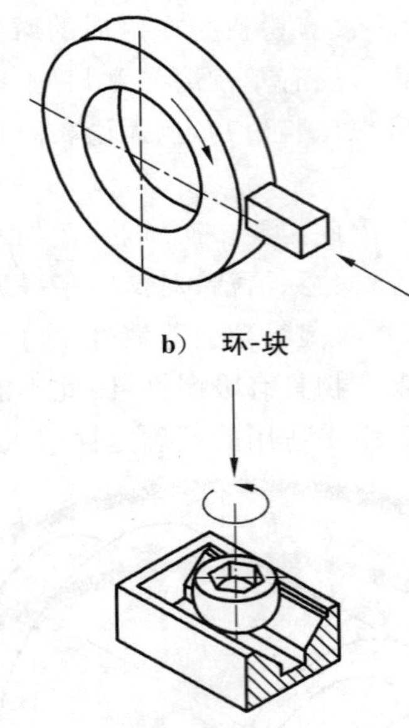

b） 环-块

c） 球面-V 型槽

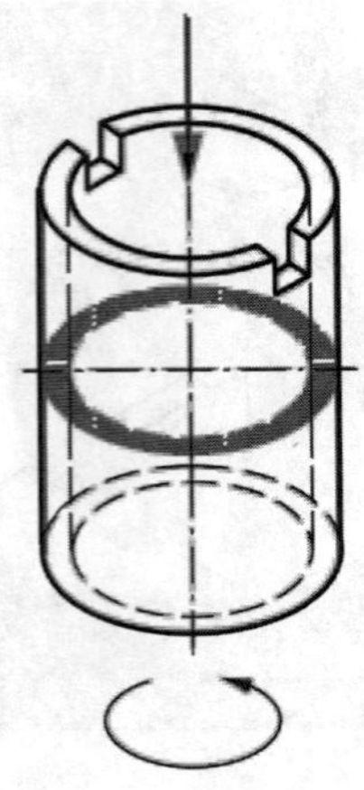

d） 止推载荷端面旋转摩擦试验:轴套端面-轴套端面

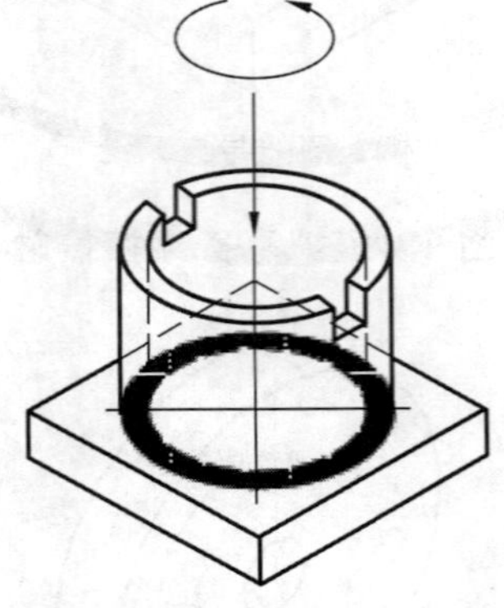

e） 止推载荷端面旋转摩擦试验:轴套端面-平面

图 2（续）

5 试验方法

5.1 概述

本部分规定了不同的试验方法,可以使用如下几种几何形状的试样。试验方法应尽可能与实际应用接近。

5.2 试验方法 A:销-盘试验

见图 3。

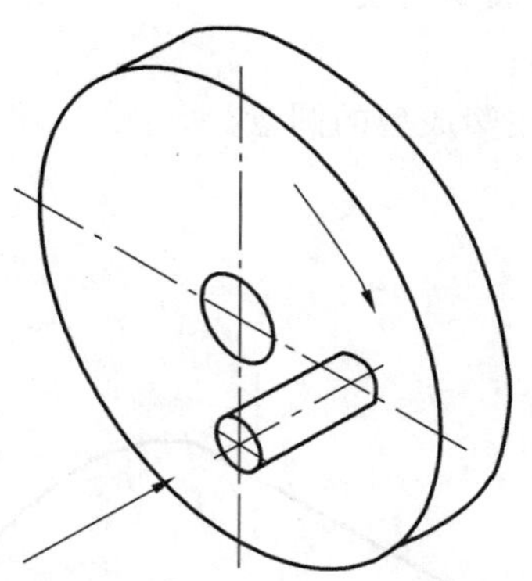

图 3 试验方法 A:销-盘试验

优点:

——简单试样的基础试验;

——摩擦学特性试验;

——不会因为磨损而增加滑动面积;

——材料摩擦学特性对比分析;

——模拟直线导向系统[见图 1b)]。

缺点:

——销的边缘可能会擦除润滑剂;

——不能用于纤维增强材料注塑成型的销;

——因为有收缩问题,不能用于注塑成型的圆盘。

5.3 试验方法 B:环-块(销)试验

见图 4。

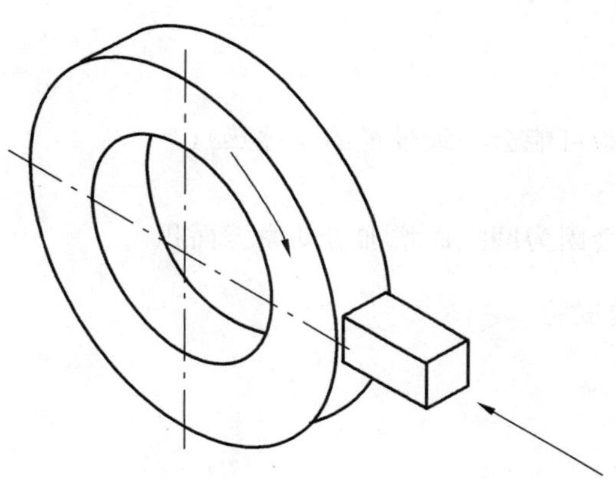

图 4 试验方法 B:环-块(销)试验

优点：

——简单试样的基础试验；

——摩擦学特性试验；

——不会因为磨损而增加滑动面积；

——材料摩擦学特性对比分析；

——有无润滑都适用。

缺点：

——不能用于纤维增强材料注塑成型的块；

——块的边缘可能会擦除润滑剂；

——因为有收缩问题，不能用于注塑成型的圆盘。

5.4 试验方法 C：滑动轴承-轴试验

见图 5。

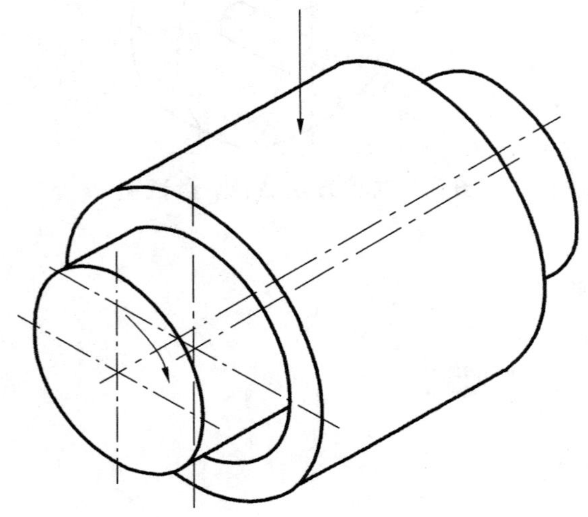

图 5 试验方法 C：滑动轴承-轴试验

优点：

——系统模拟性最好；

——可对实际产品或成比例缩放的轴承进行试验；

——可预测实际的摩擦学特性；

——有无润滑都适用。

缺点：

——试验时间长(加速试验可能会导致过量的摩擦热)；

——试验条件难以调整；

——在边界润滑情况下，会因为磨损而增加滑动摩擦面积。

5.5 试验方法 D：球面-V 型槽试验

见图 6。

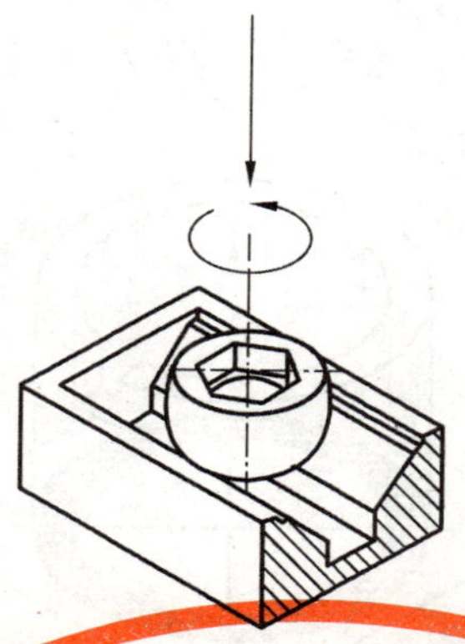

图6　试验方法D:球面-V型槽试验

优点:

——可以对聚合物-聚合物或聚合物-金属的材料组合进行试验;

——有无润滑都适用(试样具有润滑剂存储槽);

——试验中可同时对聚合物和润滑剂之间的作用进行试验;

——可用于注塑成型试样;

——滑动摩擦副可以自动调整对中。

缺点:

——塑性变形可能会影响试验结果;

——在边界润滑或干摩擦条件下,会因为磨损而增加滑动摩擦面积。

5.6　试验方法E:止推载荷端面旋转摩擦试验

见图7。

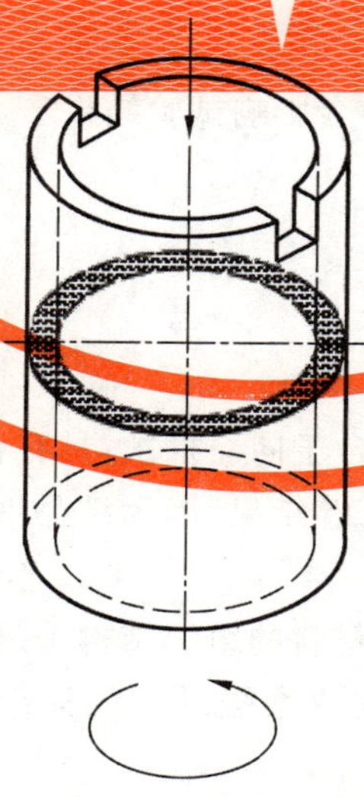

a)　E1:轴套端面-轴套端面

图7　试验方法E:止推载荷端面旋转摩擦试验

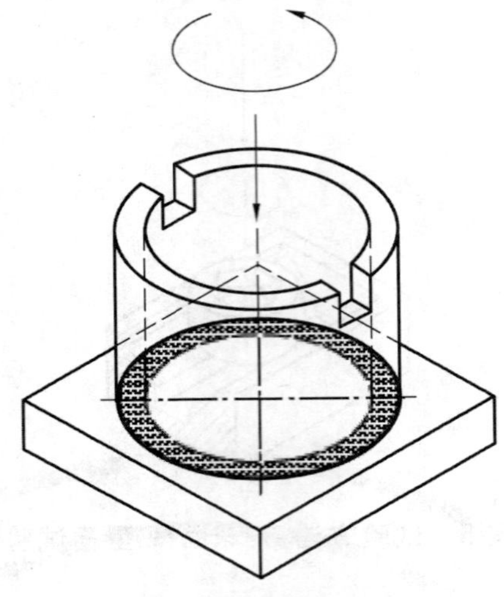

b) E2：轴套端面-平面

图 7（续）

优点：

——简单试样的基础试验；

——可用于注塑成型试样；

——摩擦学特性试验；

——材料摩擦学特性对比分析；

——不会因为磨损而增加滑动面积；

——两个试样间可以持续滑动；

——有无润滑都适用。

缺点：

——塑性变形可能会影响试验结果；

——注塑成型试样上滑动表面的收缩会影响试验结果。

6 试验试样

6.1 数据要求

对同一种材料的系列试验，试样应来自于同一批次，具有相同的后处理状态和精加工摩擦面。机加工和注塑成型的试样可能会产生不同的试验结果，因为结晶性质可能随着离表面深度而变化。它们宜分别进行试验。

当考虑试验结果的重复性时，对偶件材料的组织结构是最本质的因素，以下信息也是必需的：

a) 材料的规格和成分，包括填充物或增强纤维的详细情况（见 ISO 6691 或 GB/T 23893 中的规定）；

b) 制造方法；

c) 组织结构，例如密度、晶粒度；

d) 材料力学性能，例如肖氏硬度，规定非比例压缩强度 $R_{d0.2}$（见 ISO 4385 中规定），压缩强度 $R_{d,B}$；

e) 处理状态，例如水分含量；

f) 表面状态和表面粗糙度 Ra，例如注塑成型、机加工（见 ISO 2818 中规定），车加工，研磨，磨光，抛光,铣削。

6.2 聚合物基滑动轴承材料(pl)

这些材料可通过模具成型、注塑成型或通过切割一定长度的圆棒或圆管或通过机加工整个半成品材料或通过剪切注塑成型或轧制(复合的)板材制成。

如果试验纤维增强聚合物材料,试验中纤维应保持与在最终产品中的方向一致,例如平行或垂直于滑动表面。

6.3 对偶件材料

所有金属或者聚合物基的材料都可做为对偶件材料。材料的选择应与实际应用一样。在技术应用中,所有系统都是有可能的,例如具有注塑成型齿轮和聚甲醛(POM)轴的铝制齿轮箱。对偶件材料应具有相同滑动摩擦副,例如转动的聚甲醛圆盘或圆球放在固定的铝制销或铝制 V 型槽上。在这种情况下,相反组合即聚甲醛销放在铝制圆盘上,会导致试验结果评价错误。

6.4 试样尺寸

6.4.1 概述

试样推荐使用以下尺寸,否则,由于转移膜和热量散失的影响,试验结果可能不具备可比性。

6.4.2 圆盘

圆盘应优先选用以下尺寸:

——外径:110 mm;

——内径:60 mm;

——滑动轨迹的半径:(51.5±0.2)mm;

——高度:10 mm。

圆盘的基本形式与在轴侧上止推深沟球轴承的圆环相同。

6.4.3 圆环

圆环应优先选用外径 40 mm 并且宽度不小于试块宽度。

6.4.4 销

对于注塑成型材料,销应优先选用 3 mm 直径。对于纤维增强材料,应优先选用更大的直径。

如果用到直径大于 7 mm 的销,应减小滑动轨迹的半径或增大圆盘直径。应采取一定的措施阻止销转动。

销的自由长度不应超过 2 mm。由于它的尺寸,可用符合 ISO 527-3 或 ISO 527-2 规定的标准拉伸试棒来制做直径 3 mm 的聚合物销。这样可使磨损试验和拉伸强度试验结果相关。

6.4.5 试块

试块的基本尺寸应优先选用 10 mm×10 mm×20 mm。如果没有合适的该尺寸的大部件,试块可以破例使用 10 mm 的高度。试块的表面粗糙度是根据机加工条件定的,如铣削或车削。试块的摩擦面半径最小应是圆环半径的 1.001 倍。如果最大半径超过了圆环半径的 1.003 倍(线接触),磨合时间将过长(见 11.1)。

6.4.6 球面

球面直径应优先选用 12.7 mm，热塑材料可使用注塑成型(见图 8)。金属材质的球面可从市场购买(球轴承球或阀球)。

单位为毫米

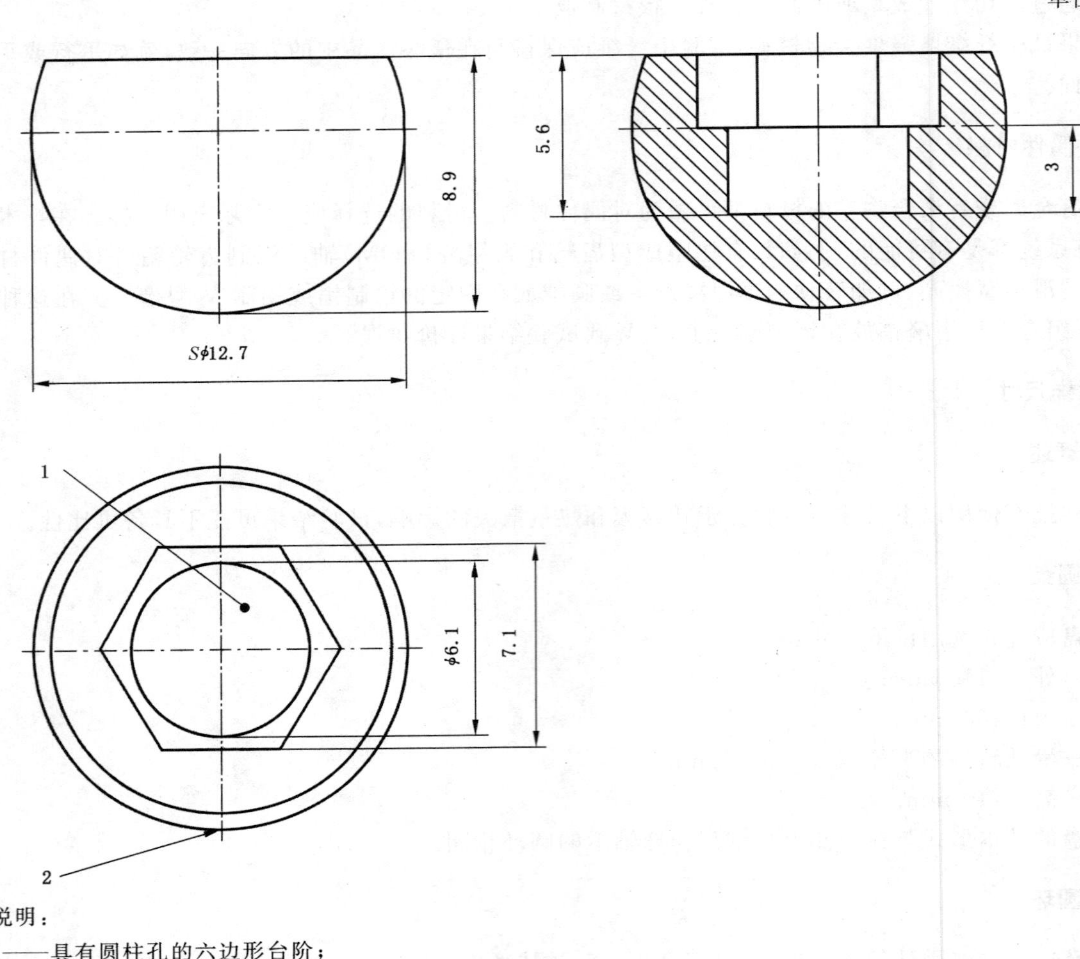

说明：

1——具有圆柱孔的六边形台阶；

2——注塑口位置。

图 8 注塑成型球面示例

6.4.7 V 型槽

V 型槽应优先选用如下特定形状。如果是注塑成型，V 型槽试样应具有统一的壁厚(2 mm)，并要求金属支承底座不变形(见图 9)。或者，将切割下来的平面可装入特殊的固定装置(见图 10)。

单位为毫米

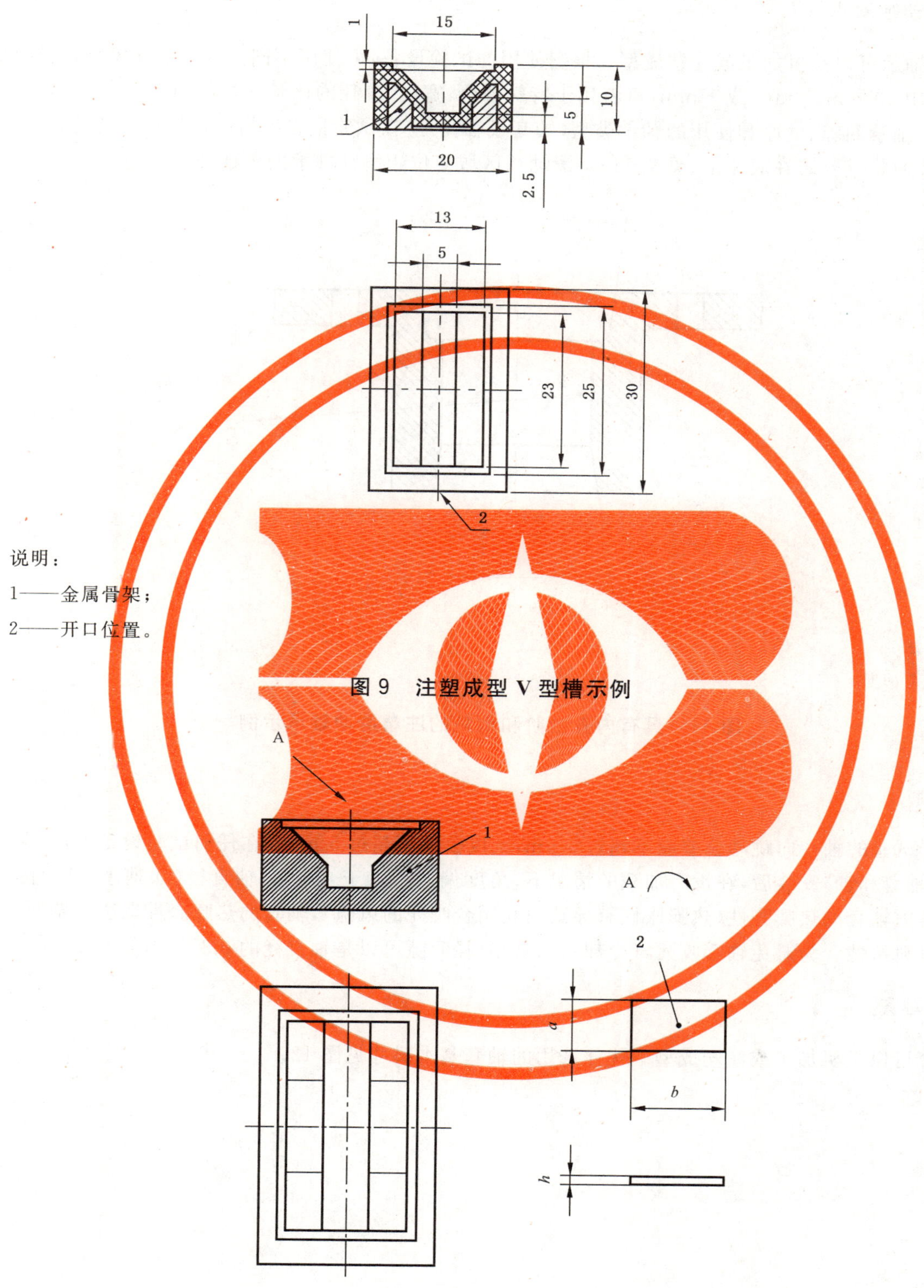

说明：

1——金属骨架；

2——开口位置。

图 9　注塑成型 V 型槽示例

说明：

1——金属底座；

2——机加工平面。

图 10　插入金属底座的机加工平面示例

6.4.8 滑动轴承

滑动轴承可以是机加工或注塑成型。根据使用的试验设备，可使用不同内径的滑动轴承，内径尺寸应优先选用 20 mm、5 mm 或 1 mm，后者用于特殊场合，宽度/直径的比是 0.75 或 1。

直径、轴承间隙、壁厚和使用的轴承类型（轴套或轴瓦）应在试验报告中指出。较小的滑动轴承应具有法兰，以便将其安装在底座上（见图 11）。滑动面区域应位于滑动轴承的圆柱部分。

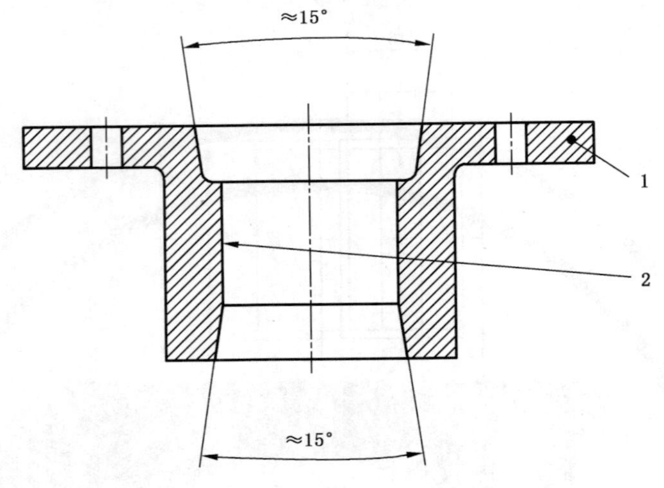

说明：
1——法兰；
2——滑动面。

图 11 具有内孔台阶和倒角的注塑滑动轴承示例

6.4.9 轴

用于试验的轴径向跳动公差应不超过 1 μm，圆度公差不超过 5 μm。在任何试验设备上，应保证试样（试验轴套和轴）安装后，在没有加载的情况下，角度偏差不大于 0.05°。轴直径（如轴承间隙）的选取应充分考虑轴套的热膨胀性（热膨胀性有导致内孔闭合咬死的风险），轴套的热膨胀性取决于壁厚、运行温度和材料特性。为避免轴套咬死，（冷却状态下）直径间隙可以是轴直径的 0.3%～1%。

6.4.10 轴套

轴套可以是机加工或注塑成型。优先选用的轴套基本尺寸见图 12。

单位为毫米

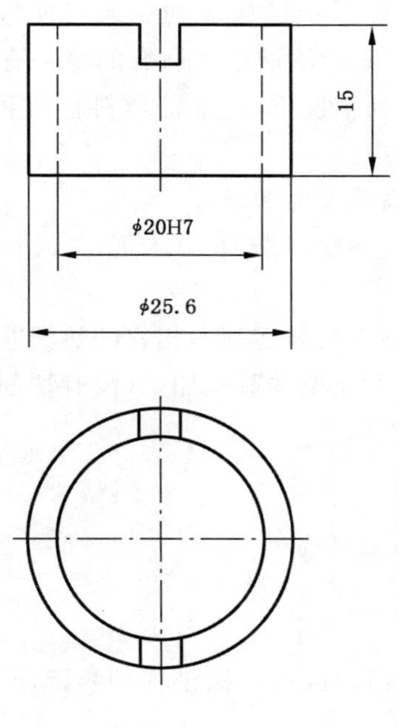

图 12 轴套尺寸

6.4.11 平板

平板可以是机加工或注塑成型。优先选用的平板基本尺寸见图 13。

单位为毫米

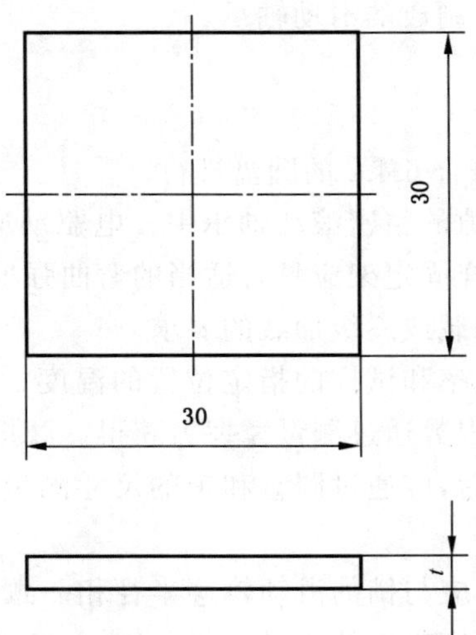

$t=2$ mm～5 mm。

图 13 平板尺寸

6.5 试样准备

试样准备适用于轴承材料和对偶件材料。

试验前，应清洗切削液和其他可能用于准备试样物质的残留物以避免影响滑动特性。

清理完成后，不应再用手或其他任何工具触碰试样将要相互接触的滑动面。

清理过程应按以下方式进行：

——从试样上刷去松散的颗粒。然后把试样分别浸入三种与试验材料类型相适应的高纯度溶剂(杂质最大体积含量为0.000 5%)溶液中。适合的溶剂有:二丙醇、乙醇、丙酮、碳氟化合物、某些水溶液或环己胺等。在任何情况下,应保证塑料材质和溶剂的相容性。清理过程的数据和所选溶剂应记录到试验报告中。

——试样应在干燥箱里烘干,最高温度为60℃。

——易受湿度影响的聚合物材料(如聚酰胺)的试样应在试验前于标准环境(23℃和50%的湿度)中进行预处理24 h。

——某些情况下不能进行清理,例如对与溶剂不相容的热塑非晶体材料,或是包含润滑剂或多孔纤维的聚合物材料。它们应在干燥条件下机加工(没有切削液)或无脱模剂的注塑成型加工。手不应触摸滑动面。

7 试验方法和试验设备

7.1 概述

为了向滑动轴承用聚合物材料制造商或用户提供各种实际应用情况的模拟,对不同的试验方法进行了标准化。

本部分根据以下分类规定了试验方法:

——简单试样的基础试验。

——简单试样的模拟试验。

——实物产品或按比例缩小产品的试验。

本部分的目的是只进行基本或有选择性的特定模拟试验。实物产品的试验,允许用实物产品作为试样,例如按实际尺寸用热塑性材料制成的滑动轴承。

7.2 试验方法 A:销-盘试验

试验应使用符合6.4.4的销和符合6.4.2的圆盘进行。

支承圆盘的轴应安装于消除游隙的精密滚动轴承中。电驱动应能够无级调速。或者,应可以通过振荡运行以获得弧形平移运动。试样固定架应具有适当的弯曲强度,并装上无间隙低摩擦的导向结构。加载系统应能满足恒定载荷、连续加载或逐级加载的要求。

要测量的变量是摩擦因数、磨损率和试样的指定位置的温度。推荐在销上装上热电偶。测量温度的位置应在试验报告中说明。摩擦因数通过测量摩擦力获得。磨损是通过测定销上材料磨损的线性体积来确定(持续间隔测量)。试验最后,应通过圆盘和销的尺寸测量,以确认转移膜或圆盘磨损,从而确定磨损量。

温度传感器在圆盘上的测量点,应与销的滑动轨迹半径相一致,应能够测量圆盘总体温度(平均温度)。该测得的大致稳定的温度与摩擦产生的热量近似成比例,可以用来作为监控温度特性的方法。

对于要求滑动表面温度固定的试验,圆盘的温度应受到控制。

7.3 试验方法 B:环-块试验

环-块试验应采用符合6.4.5的预成型(配形)试块和符合6.4.3的圆环。无级调速的驱动轴上应安装径向圆跳动不超过25 μm的绝热圆环。试块应放置在可连续或逐级加载的自调节底座上。试验系统应配备可以连续测量摩擦因数、试块线磨损和圆环温度的测量仪器。

圆环温度测量点位于试块滑动方向的两面,圆环温度取两个热电偶测得温度的平均值。恒温对于测量结果的重复性是必不可少的。因此,在没有温度调节装置控制的简单试验设备中,只能进行对比试验。确定材料性能的试验(认证试验),应通过带加热或冷却液体流的校准过温度的圆环或试验轴进行。

7.4 试验方法C:滑动轴承-轴试验

7.4.1 概述

滑动轴承-轴试验是通过滑动轴承(或两个半轴瓦)与轴进行。

7.4.2 试验方法C1

试验采用滑动轴承固定钢制轴旋转的方式进行。试验力可通过弹簧的方式加载。磨损量可通过量具或显微镜进行测量。对于高载荷、高速和大直径(如20 mm)滑动轴承试验,可能需要同时调节控制滑动轴承和旋转轴的温度。

7.4.3 试验方法C2

试验采用滑动轴承压入摇摆装置的方式进行,并由悬臂轴支承。摇摆装置通过加载对试验轴承施加试验力,并通过侧向偏转测量摩擦力。

7.4.4 试验方法C3

试验采用轴旋转轴承固定的方式进行。试验轴用弹簧夹头夹持到具有高旋转精度(径向圆跳动公差为2 μm)的试验机主轴上,方便替换;装在底座支承的试验轴承应放置到悬臂轴的自由端。

7.5 试验方法D:球面-V型槽试验

试验应通过可变速驱动装置连续或逐级调节球面速度,力臂装置通过配重或连续调节加载力的方式加载。应通过控制单元保证两个试样的温度以及环境参数,如空气湿度或气体成分,在试验过程中受到控制并保持不变。

本试验要求测量一定滑动速度、载荷及温度下的摩擦力,及球面与V型槽的总磨损深度。磨损量是通过直读式量具测量或通过电子位移传感器连续测定磨损。体积磨损率和磨损系数可通过这些数据计算而得。

7.6 试验方法E:止推载荷端面旋转摩擦试验

7.6.1 概述

止推载荷端面旋转摩擦试验是通过轴套和平板组合,包括轴套端面-轴套端面或轴套端面-平板来进行。

7.6.2 试验方法E1

试验通过试验材料轴套和用对偶件材料制成的符合6.4.10的轴套进行。

固定试样的芯轴应有足够的硬度以承受加载力,并能够在没有不平衡和/或振动的情况下平滑转动。芯轴跳动应不大于0.005 mm。

试样转动轴中心和对偶件材料试样底座中心应同轴。具有适当强度的试样底座应安装上无间隙无键的导向结构以避免试样和底座的相对滑动。加载系统应能够使试验力保持恒定、连续增加或分级加载。

所测项目是摩擦因数、磨损率和静止试样指定位置的温度。测温位置应在报告中说明。摩擦因数通过测量扭矩方式得到,磨损量是用测定试样磨损体积的方法测得。尺寸测量也可用于测定磨损量。

7.6.3 试验方法 E2

试验应通过对偶件表面材料制成的符合 6.4.10 的轴套和用试验轴承材料制成的符合 6.4.11 的平面进行。

固定试样的芯轴应有足够的硬度以承受加载力和在没有不平衡和/或振动的情况下平滑转动。心轴跳动应不大于 0.005 mm。

试样(轴套)转动轴中心和平板底座中心应同轴。具有适当强度的试样(轴套)底座应安装于无间隙带锁紧装置的导向结构上,以避免试样和底座的相对滑动。加载系统应可以使试验力保持恒定、连续增加或分级加载。

所测项目是摩擦因数、磨损率和静止试样的指定位置的温度。测温仪器的位置应在报告中说明。摩擦因数通过测得的扭矩得到。磨损量是用测定试样磨损体积的方法测得。尺寸测量,例如厚度变化,也可用于测定磨损量。

8 润滑

8.1 概述

聚合物材料制成的滑动轴承可干摩擦运行,例如没有任何润滑剂,但是也可用油、脂和其他流体(前提是化学上相容)润滑。

有润滑的滑动轴承可以承受更高的摩擦负荷。耐磨程度是取决于润滑条件(边界润滑或流体动压润滑)。并且,也可对装配好的滑动表面应用固体润滑剂,例如聚四氟乙烯(PTFE)、石墨和二硫化钼。

润滑剂应和聚合物相匹配,并考虑聚合物老化和溶解特性。并且,高表面压力会导致摩擦接触点内部产生应力裂纹以及在非承载区域产生油池或油泡(特别是非结晶热塑性材料)。粉末状磨屑将使油或脂层变稠。

8.2 干摩擦(dr)

试验中不添加润滑剂。

8.3 脂润滑(gr)

只进行初始脂润滑。在试验开始前,用一把小抹刀将一定体积的脂抹到对偶件表面上。

8.4 油润滑(oi)

向安装好的试样摩擦面上加入可控量的润滑油(润滑油的量应与实际应用相匹配)。应选用能够保留在滑动面上的油(根据聚合物表面张力和油润湿性能,某些种类的油可以在滑动面上缓慢流动)。

8.5 固体润滑(so)

试验前,通过烧结、喷涂涂层或适当的方法将固体润滑剂施加到一个或两个滑动表面。

9 标记

示例 1:

聚合物材料摩擦学特性试验,试验方法为销-盘试验(A),干摩擦(dr),比载荷 3 MPa(F4),滑动速度 0.1 m/s(U3),标记如下:

试验 GB/T 35083.2-A-dr-F4-U3

示例 2:

聚合物材料摩擦学特性试验,试验方法为球面-V 型槽试验(D),油润滑(oi),比载荷 10 MPa(F5),滑动速度 0.01 m/s(U1),标记如下:

试验 GB/T 35083.2-D-oi-F5-U1

注:缩略语见表 3 和表 4。

10 试验环境

10.1 环境条件

试验的环境条件通常应为 T_{amb}=(23±5)℃和 40%~60%的相对湿度。偏离该试验条件的应在试验报告中注明。

注:对于一些聚合物材料,如聚酰胺,要求更加严格控制的环境条件,如 T_{amb}=(23±2)℃和相对湿度(50±5)%。

为了保证测量结果的可重复性,所有试验项目应在标准大气和根据要求给定(受控)的试样温度下进行。

10.2 试样安装

将清理过的对偶件试样安装到试验设备上,测量径向和轴向跳动,如果可能,还要用适当的测量仪器(如精密指示器)测量同轴度。将清理过的聚合物材料试样安装到底座。通常,不允许通过粘合或其他结合方式固定试验试样。如果试样尺寸过小而必须固定试样,应在试验报告中详细说明紧固方式。

10.3 试验变量

通常可选以下参数作为试验变量:

——平均滑动速度;

——试验力或比载荷;

——试样温度。

滑动可能是持续旋转、回转摆动或轴向往复运动。对于特殊应用,测试量应由合同各方达成一致(如滑动轴承材料的制造商和客户)。对于一般试验目的,建议以下试验规则。

试验条件应基于聚合物材料的性能,例如规定非比例压缩强度 $R_{0.2}$ 和最大允许温度 T_{lim}。试验变量的选择应保证聚合物不会发生机械或热破坏。三个试验阶段每个都应定义比载荷 $\overline{p}$ 和滑动速度 U(见表 2)。

表 2 试验阶段

试验阶段	比载荷 $\overline{p}$ MPa	滑动速度 U m/s
1	$(0.003\sim0.01)R_{d0.2}$	$0.2\times\frac{(T_{lim}-T_{amb})}{f\times\overline{p}\times Q}$
2	$(0.01\sim0.05)R_{d0.2}$	$0.4\times\frac{(T_{lim}-T_{amb})}{f\times\overline{p}\times Q}$
3	$(0.05\sim0.1)R_{d0.2}$	$0.6\times\frac{(T_{lim}-T_{amb})}{f\times\overline{p}\times Q}$
$Q=(T_{lim}-T_{amb})/f\times\overline{p}\times U$ 是试验设备的热常量,是在某一环境温度 T_{amb} 下,由测量的轴承实际温度,给定的试验参数比载荷 $\overline{p}$,估算的滑动速度 U 共同确定。		

因此，试验变量 $\overline{p}$ 和 U 共有 9 种可用组合，使试验后分析显示磨损特性和表面特性成为可能。根据应用领域，这些试验变量的组合可以以行、列或单个参数的形式分别设定。在加热试样的情况下，也可规定试样温度以使上述提到的变量组合同一个或多个特性的温度值联系起来。

不考虑聚合物材料性能限制，可在同一比载荷、滑动速度、同一温度的情况下对不同聚合物材料进行比对。

表 3　试验条件　比载荷

变量	比载荷 $\overline{p}$ MPa
F1	0.1
F2	0.3
F3	1
F4	3
F5	10
F6	30

表 4　试验条件　滑动速度

变量	滑动速度 U m/s
U1	0.01
U2	0.03
U3	0.1
U4	0.3
U5	1
U6	3

尽管高比载荷和高滑动速度的参数组合不适用于干摩擦，比载荷和滑动速度的所有试验变量仍然可组合搭配。

其他比载荷和滑动速度组合下，或者某一温度下进行的试验，需要供应商和客户之间达成一致。有润滑摩擦试验应在模拟实际应用中的比载荷和滑动速度的情况下进行。要注意即使低速运转情况下，选取适当黏度的润滑剂和适当的比载荷，仍然可形成流体动压润滑（润滑剂分隔开滑动表面），因此，在轴承磨合运行后可能不发生磨损。

对于磨损试验，尤其同时也对润滑剂（黏度的影响等）进行试验时，应选择适当的滑动速度和压力参数，以保证达到边界润滑状态。所有磨损试验应在相同条件下进行，以更好地对比和评估不同材料的试验结果。

优先选用的球面-V 型槽试验参数见表 5。表 5 中给出的是标准试验条件。

表 5 球面-V 型槽试验参数

试验	参数	值	范围
磨损	正压力 F_n	30 N	1 N~50 N
	滑动速度 U	0.028 m/s	0.01 m/s~0.1 m/s
	试验时间 t_{ch}	100 h	10 h~500 h
	润滑剂(oi/gr)	0.2 g	0.1 g~0.5 g
摩擦	正压力 F_n	1 N,3 N,6 N	0.5 N~50 N
	滑动速度 U	0 m/s~0.2 m/s	0 m/s~0.5 m/s
	环境温度 T_{amb}	25 ℃	−35 ℃~+150 ℃
	润滑剂(oi/gr)	0.2 g	0.1 g~0.5 g

11 试验过程

11.1 磨合

试验完全开始前,试验系统应进行磨合。

磨合期是根据材料、表面状态和试样的对中性而定的。

当达到下列任何条件时,磨合期结束:

a) 摩擦因数在小离散范围内是稳定的;

b) 磨损率在小离散范围内是稳定的(如果未达到,应绘制显示线性或体积磨损与滑动距离关系的图表);

c) 试样的温度在小离散范围内是稳定的。

在重要应用中,应达到两个或全部三个条件。测得的磨损量应至少是测量不确定度的 10 倍。对于大多数聚合物轴承材料,磨合期为 0.5 h 到 3 h。

11.2 试验

对于一般应用的试验,应根据 10.3 选择试验变量。原则上,可运用单个变量组合、全部加载力范围组合或试验变量的所有九种组合。每个试验应最少进行 3 次。对于不同变量组合进行的试验,每次试验都应使用新试样。

12 试验分析

12.1 概述

试验报告应包含以下内容:

a) 符合第 9 章规定的试验方法标记;

b) 根据材料、几何形状、精加工方式(见 6.1)和表面粗糙度 Ra 来说明对偶件;

c) 清理过程、溶剂和表面处理的详细说明;

d) 试验设备说明;

e) 环境条件;

f) 润滑条件;

g) 试验力、滑动速度、温度数据和试验过程。

12.2 试验结果

应评估下述独立的试验结果：

a) 磨合后，在稳定状态条件(根据滑动速度、试验力和温度)下的摩擦因数 f；

b) 如果达到稳定状态，线磨损率 w_1(或者提供与时间或滑动距离关系的图表)，单位为毫米每千米 (mm/km)；

c) 如果达到稳定状态，体积磨损率 w_v(或者提供与时间或滑动距离关系的图表)，单位为立方毫米每千米(mm^3/km)；

d) 如果达到稳定状态，磨损系数 k_w(或者提供与时间或滑动距离关系的图表)，单位为立方毫米每牛顿千米[$mm^3/(N \cdot km)$]；

e) 试验前后的对偶件的表面状况，说明两个试样的磨损状况(分层，裂纹等)和磨屑(细小或粗大颗粒等)；

f) 由于摩擦化学反应而导致的润滑剂和聚合物相互作用的情况；

g) 地点、日期和试验员。

附 录 A
（资料性附录）
试 验 报 告

除另有规定外，试验报告应包括表 A.1 的内容。

表 A.1 试验报告

试验依据:GB/T 35083.2	符号	单位	试样	对偶件试样
试样:				
型号/名称				
化学成分				
加工方法				
处理方式				
力学性能				
硬度		HB,HV,HRC		
尺寸[a]		mm		
表面粗糙度	Ra	μm		
润滑剂:				
牌号/名称				
化学成分				
在…℃时黏度	η	mPa·s		
环境条件:				
大气				
相对湿度				
环境温度	T_{amb}	℃		
试验条件:				
试验方法				
正压力	F_n	N		
滑动速度	U	m/s		
试验时间	t_{Ch}	h		
滑动距离	a	km		
试验结果:				
稳定状态时的摩擦因数	f			
试样温度[b]	T	℃		
线磨损率	w_l	mm/km		
体积磨损率	w_v	mm^3/km		
磨损系数	K_w	mm^3/(N·km)		

表 A.1（续）

试验依据:GB/T 35083.2	符号	单位	试样	对偶件试样
表面状况				
磨屑				
地点:	日期:		试验员:	

[a] 对于滑动轴承试验(5.4)来说,尺寸还包括半径间隙。

[b] 某些情况下,应报告摩擦运动中的温度(由摩擦产生的热量引起的)。此时,应在最靠近滑动面的地方测量温度,并在试验报告中注明。

参 考 文 献

[1] ISO 175 Plastics—Methods of test for the determination of the effects of immersion in liquid chemicals

[2] ISO 4378-1 Plain bearings—Terms, definitions, classification and symbols—Part 1: Design, bearing materials and their properties

[3] ISO 4378-2 Plain bearings—Terms, definitions, classification and symbols—Part 2: Friction and wear

[4] ISO 4378-3 Plain bearings—Terms, definitions, classification and symbols—Part 3: Lubrication

[5] ISO 7148-1 Plain bearings—Testing of the tribological behaviour of bearing materials—Part 1: Testing of bearing metals

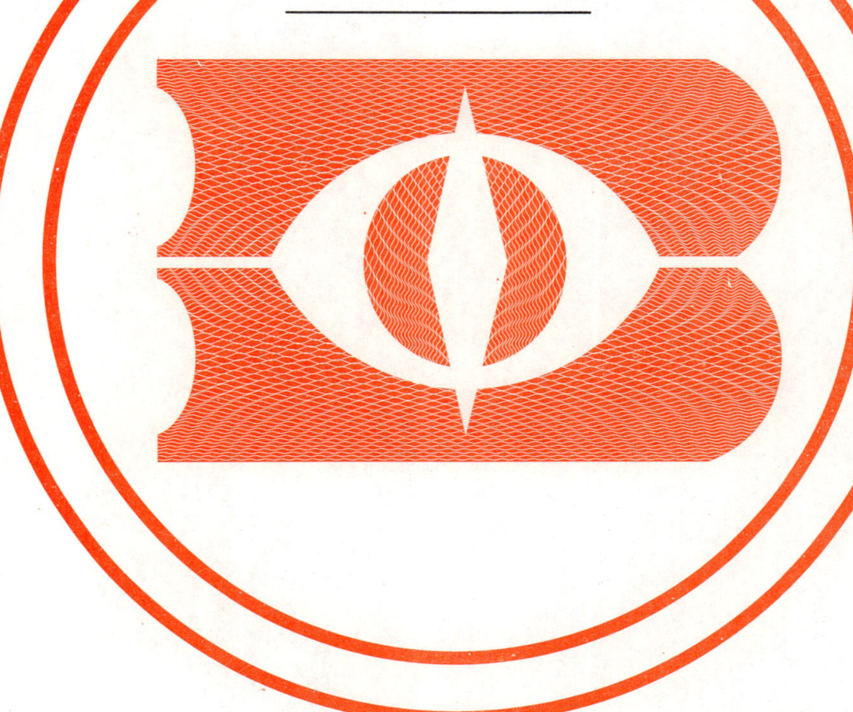

ICS 25.020
J 32

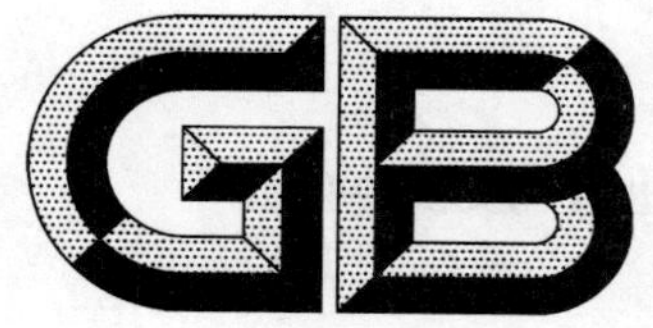

中华人民共和国国家标准

GB/T 35084—2018

冲压车间环境保护导则

Guidelines for environmental protection at press shop

2018-05-14 发布　　　　2018-12-01 实施

国家市场监督管理总局
中国国家标准化管理委员会 发布

前　言

本标准按照 GB/T 1.1—2009 给出的规则起草。

本标准由全国锻压标准化技术委员会(SAC/TC 74)提出并归口。

本标准起草单位:北方工程设计研究院有限公司、北京机电研究所、机械工业第九设计研究院有限公司。

本标准主要起草人:谭玮、杨勇、魏巍、金红、李延春、陆振东、贾建勇、周林、杜庆辉、刘存、陈保龙、马丽、于洋。

冲压车间环境保护导则

1 范围

本标准规定了冲压车间环境保护的基本要求和方法。

本标准适用于金属、非金属板料、卷料及型材冲压车间(或“工厂”,下同)的环境保护。也适用于工业企业中新建、改建和扩建冲压车间(以下统称“建设项目”)的环境保护设计和原有冲压车间技术改造工程(以下统称“技术改造项目”)的环境保护设计。

2 规范性引用文件

下列文件对于本文件的应用是必不可少的。凡是注日期的引用文件,仅注日期的版本适用于本文件。凡是不注日期的引用文件,其最新版本(包括所有的修改单)适用于本文件。

GB 3096 声环境质量标准

GB/T 3222.1 声学 环境噪声的描述、测量与评价 第1部分:基本参量与评价方法

GB/T 3222.2 声学 环境噪声的描述、测量与评价 第2部分:环境噪声级测定

GB 8176—2012 冲压车间安全生产通则

GB/T 8541 锻压术语

GB 8978 污水综合排放标准

GB 10070 城市区域环境振动标准

GB/T 10071 城市区域环境振动测量方法

GB 12348 工业企业厂界环境噪声排放标准

GB 16297 大气污染物综合排放标准

GB/T 23281 锻压机械噪声声压级测量方法

GB/T 23282 锻压机械噪声声功率级测量方法

GB/T 26483 机械压力机 噪声限值

GB/T 26484 液压机 噪声限值

GB 50014 室外排水设计规范

GB 50019 工业建筑供暖通风与空气调节设计规范

GB 50040 动力机器基础设计规范

GB/T 50087 工业企业噪声控制设计规范

GB/T 50102 工业循环水冷却设计规范

GB 50187—2012 工业企业总平面设计规范

GB 50231 机械设备安装工程施工及验收通用规范

GB 50463 隔振设计规范

GB 50894 机械工业环境保护设计规范

GBJ 122 工业企业噪声测量规范

GBZ 1—2010 工业企业设计卫生标准

GBZ 2.1 工作场所有害因素职业接触限值 第1部分:化学有害因素

GBZ 2.2 工作场所有害因素职业接触限值 第2部分:物理因素

3 术语和定义

GB/T 8541 界定的术语和定义适用于本文件。

4 符号

下列符号适用于本文件。

A_{max} ——幅值(振幅,正弦量的最大值),单位为米(m)。

a ——有效加速度值,单位为米每二次方秒(m/s^2)。

a_o ——基准加速度值,单位为米每二次方秒(m/s^2)。

Cn ——振动对环境影响的加权修正值,单位为分贝(dB)。

f ——频率(正弦频率),单位为赫兹(Hz)。

f_n ——机组固有频率,单位为赫兹(Hz)。

r ——离振源的距离,单位为米(m)。

VAL ——振动加速度级,单位为分贝(dB)。

VAL_r——离振源距离 r 的振动加速度级,单位为分贝(dB)。

VAL_1——振源位置(距振中 1 m)测得的振动加速度级,单位为分贝(dB)。

VL ——振动级,单位为分贝(dB)。

ω_{n1} ——无阻尼第一振型固有频率,单位为赫兹(Hz)。

ω_{n2} ——无阻尼第二振型固有频率,单位为赫兹(Hz)。

5 噪声控制

5.1 车间噪声控制

5.1.1 当车间噪声传至厂界,按环境类别不同,其噪声级应符合 GB 12348 的规定。

5.1.2 当车间噪声传至厂外毗邻区域,按环境类别不同,其噪声级应符合 GB 3096 的规定。

5.1.3 车间噪声传至厂区内各类地点的噪声级不应超过 GBZ 1—2010 中 6.3.1.7 的有关规定。

5.2 工作场所噪声要求

工作场所噪声要求见表 1。非噪声工作地点噪声声级设计要求应符合 GBZ 1—2010 中 6.3.1.7 的要求。

表 1 工作场所噪声职业接触限值

接触时间	接触限值 dB(A)	备注
5 天/周,8 h/天	85	非稳态噪声计算 8 h 等效声级
5 天/周,非 8 h 工作制	85	计算 8 h 等效声级
每周工作小于或大于 5 天	85	计算 40 h 等效声级
注:dB(A)表示在 A 计权下测量的噪声。		

5.3 厂区布局

5.3.1 厂区位置选择

产生噪声并成为工厂主噪声的车间,应设置在居民集中区的当地常年夏季最小风频的上风侧;低噪声车间应设置在周围主要噪声源的当地常年夏季最小风频的下风侧。

5.3.2 总平面布置

产生噪声的车间总平面布置,在满足工艺流程要求的前提下,应符合下列规定及 GB/T 50087 的要求:

a) 结合功能分区与工艺分区,应将生活区、行政办公区、生产区分开布置,高噪声厂房与低噪声厂房分开布置,工业企业内的主要噪声源应相对集中,并宜远离厂内外要求安静的区域;

b) 主要噪声源及生产车间周围,宜布置对噪声不敏感的、高大的、朝向有利于隔声的建筑物、构筑物,在高噪声区与低噪声区之间,宜布置仓库、料场等;

c) 对于室内要求安静的建筑物,其朝向布置与高度应有利于隔声。

5.3.3 立面布置

工业企业的立面布置,应利用地形、地物隔挡噪声;主要噪声源宜低位布置,对噪声敏感的建筑物宜布置在自然屏障的声影区中。

5.3.4 建筑设计

当按 5.3.2、5.3.3 各项要求仍达不到噪声控制设计标准时,宜设置隔声屏障或在各建筑物之间保持必要的防护间距,并应符合 GB 50187—2012 的有关规定,同时应注意绿化设计,以降低噪声的传播。

产生高噪声厂房的建筑体型、朝向、门窗等应采取有效措施,以减少噪声对环境的影响。

5.4 设备选择与布置

5.4.1 优先选用无噪声或低噪声设备。噪声与振动较大的生产设备宜安装在单层厂房内。如设计需要将这些生产设备安置在多层厂房内时,则应将其安装在多层厂房的底层;布置在联合厂房中时,应采取隔振降噪措施。

5.4.2 压力机的噪声限值应符合 GB/T 26483 和 GB/T 26484 的相关规定,其测量方法按 GB/T 23281 和 GB/T 23282 有关规定进行。

5.4.3 在设备设计、制造或改装时,应采取措施,消减压力机的噪声,如:增加压力机整体刚性,大型连续生产线采取封闭式设计等。

5.4.4 产生强噪声的设备[>90 dB(A)],宜密闭于隔声间或隔声罩中。

5.5 工艺措施

5.5.1 制定冲压工艺时,宜采取下列措施消减噪声,如:选用刚度较大的压力机;选用斜刃或阶梯凸模冲裁厚大工件;选用减振器或其他缓冲装置,延长冲裁力消失时间,防止突然卸载;对材料或工件、模具涂敷润滑剂等。

5.5.2 采取措施消减工件或废料传输过程中的噪声,如:避免工件或废料相互撞击或直接落地;降低工件或废料的滑落高度;传输工件或废料的斜槽或滑道采用阻尼材料作护面等。

5.5.3 采取措施消减设备和工艺气流噪声,如:减少压缩空气吹扫工件次数,必要时可控制压缩空气的气压和流量;气动摩擦离合器设置隔声或消声器;减少风动工具使用次数,以电动工具或液压工具代替风动工具等。

5.5.4 采用机械手或自动化设备实现上下料与工序间的运输,减少人工搬运;工艺允许远距离控制的,可设置隔声控制操作室。

5.6 吸声处理

产生强噪声的作业场所和设备,当不宜采用消声、隔声或其他措施控制噪声时,应对厂房墙体、门窗等采取吸声降噪措施。吸声处理应遵循下列原则:

a) 吸声处理适用于原有吸声较少、混响声较强的车间;

b) 声源密集、体形扁平的大面积厂房,宜用吸声天棚或悬挂吸声体,空间悬挂吸声体应靠近声源;

c) 对长、宽、高尺度相差不大的小面积厂房,宜对天棚、墙面作吸声处理;

d) 集中于厂房一隅的局部声源,宜对声源区域的天棚、墙面作吸声处理,或在声源处悬挂吸声体,并应同时设置隔声障;

e) 吸声处理应同时满足起重运输、防火、防潮、防腐、防尘等工艺和安全要求,并应考虑通风、采光、照明及装修要求。

5.7 综合控制

5.7.1 当车间采用单一的隔声、吸声等消声措施不能满足噪声标准要求时,应采取综合控制措施。

5.7.2 采取消减噪声措施,应同时与第6章相结合,以获得最佳控制效果。

5.7.3 当采取有关降噪措施后,噪声级仍超过5.2规定的工作场所噪声职业接触限值,应提高设备的自动化水平,并为操作者配备耳塞、耳罩或其他护耳用品,合理设计劳动作息时间,减少对作业者的直接影响。

5.8 噪声测量

生产环境、非生产场所和厂界的噪声测量应按GBJ 122、GB/T 3222.1和GB/T 3222.2各有关规定进行。

6 振动控制

6.1 车间振动控制

6.1.1 当车间振动为工厂主振动源时,振动传至厂界毗邻区域的振动级,应符合GB 10070的规定。当车间振动不为工厂主振动源,但振动传至厂界毗邻区域的振动级超过GB 10070规定的限值时,应随同主振动源并按适用地带范围进行综合控制。

6.1.2 车间内保证工作人员良好工作效率的“工效界限”的振动参数,不应超过图1的示值,例如垂直振动时频率为4 Hz~8 Hz,接触时间为8 h,允许有效加速度值为0.315 m/s^2;水平振动时频率为8 Hz,接触时间为2.5 h,允许有效加速度值为2.0 m/s^2。振动容许标准的有效加速度值参见附录A。

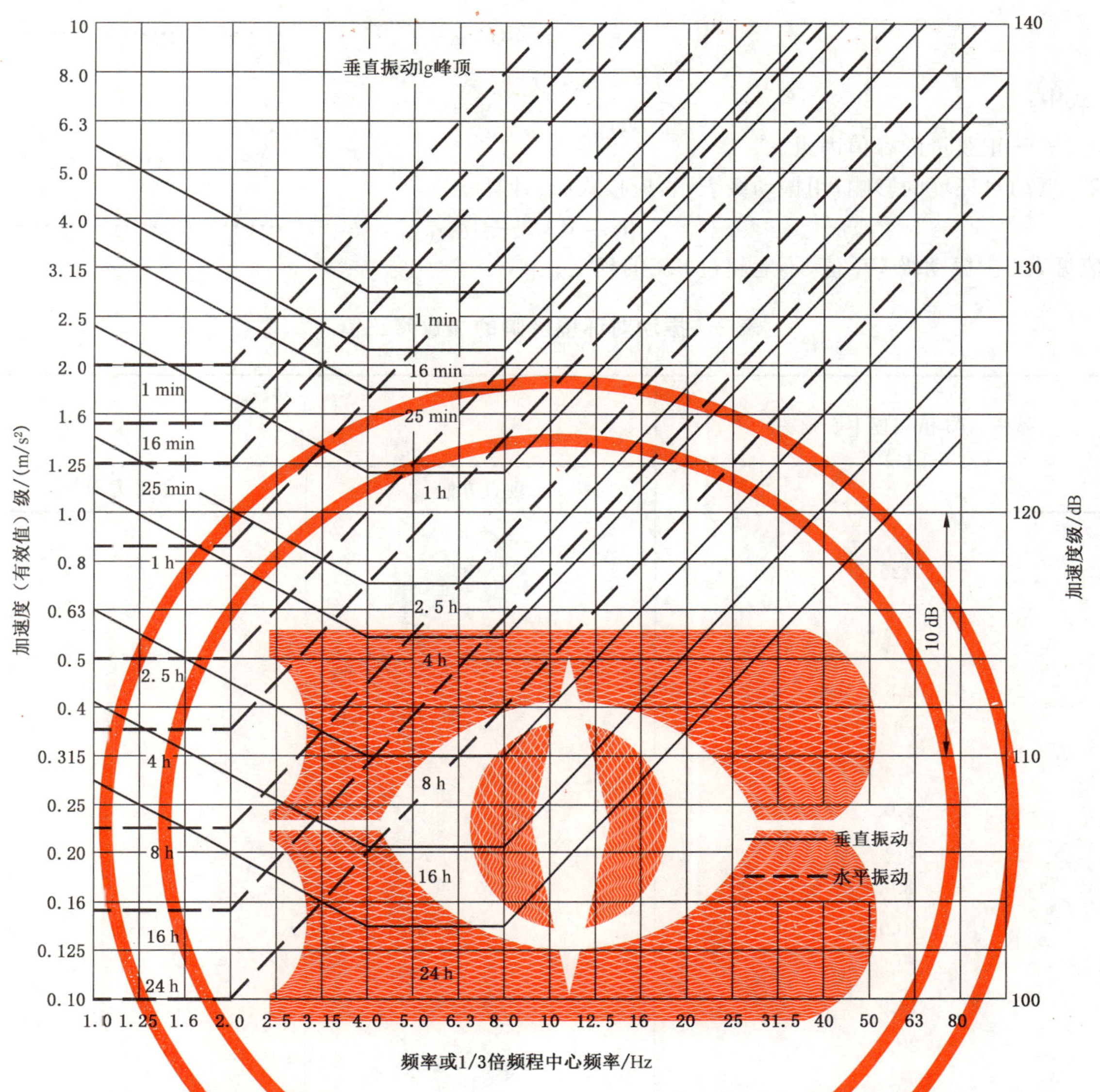

图 1　垂直和水平方向振动限值与允许接触时间

6.1.3　车间内保证工作人员健康和安全的“暴露界限”的振动参数，允许比工效界限加速度级高 6 dB，即以 2 乘以图 1 所示各曲线的加速度值就可得到在同样接触时间的允许加速度值。例如，当中心频率为 6.3 Hz，接触时间为 4 h，工效界限的垂直和水平方向加速度值分别为 0.53 m/s^2 和 1.12 m/s^2 时，暴露界限的限值则分别为 1.06 m/s^2 和 2.24 m/s^2。

6.1.4　车间内保证工作人员舒适和愉快的“舒适界限”振动参数需比工效界限加速度级低 10 dB，即以图 1 所示各曲线的加速度值除以 3.15 就可得到在同样接触时间的允许加速度值。例如，当中心频率为 20 Hz，接触时间为 8 h，工效界限的垂直和水平方向加速度值分别为 0.8 m/s^2 和 2.24 m/s^2 时，舒适界限的加速度值分别为 0.25 m/s^2 和 0.71 m/s^2。

6.2　振动加速度级与振动级的计算

6.2.1　振动源和环境的振动强度用振动加速度级表示，应按式(1)计算：

$$VAL = 20\lg \frac{a}{a_0} \qquad \cdots\cdots(1)$$

$$a=\frac{A_{max}}{\sqrt{2}}(2\pi f)^2 \qquad \cdots\cdots(2)$$

式中：

$\sqrt{2}$——正弦量的峰值因量。

6.2.2 振动对环境的影响，用振动级表示，应按式(3)计算：

$$VL=VAL+Cn \qquad \cdots\cdots(3)$$

Cn 值见表 2。振动级 VL 值，不应超过 6.1 的规定。

表 2 振动对环境影响的加权修正值

频率(1/3 倍频程中心频率) Hz	修正值 dB	
	垂直方向	水平方向
1.0	−6	0
1.25	−5	0
1.6	−4	0
2.0	−3	0
2.5	−2	−2
3.15	−1	−4
4.0	0	−6
5.0	0	−8
6.3	0	−10
8.0	0	−12
10.0	−2	−14
12.5	−4	−16
16.0	−6	−18
20.0	−8	−20
25.0	−10	−22
31.5	−12	−24
40.0	−14	−26
50.0	−16	−28
63.0	−18	−30
80.0	−20	−32

6.3 设备选择与布置

6.3.1 设备设计、制造或改装时，应采取下列措施以消减压力机运转和工艺过程中的振动：

a) 增加压力机的机身阻尼，提高减振能力；

b) 提高飞轮等回转体的动平衡精度；

c) 装设滑块平衡装置；

d) 在轴承和轴承座之间加弹性衬套；

e) 在传导振动的部件上镶嵌阻尼合金即减振合金(如锰-铜-锌合金等)。

6.3.2 产生振动的厂房设计和设备布局应采取减振措施。压力机的安装应符合 GB 50231 的有关规定。振动较大的生产设备宜安装在单层厂房内。当设计需要将这些生产设备安置在多层厂房内时，应将其安装在底层，并采取有效的减振措施：

a） 应改进工艺和设备，并应减少振动源数量或降低振动强度；
b） 应采用无冲击工艺；
c） 应采用平衡良好的工艺；
d） 应将高振级振动源远离振动敏感点；
e） 采用减振基础吸收振动，压力机基础的设计应符合 GB 50040 的规定。

6.3.3 应避免剪切或冲裁时产生的强烈振动。使用公称压力较大的压力机时，冲裁力不宜超过设备公称压力的 2/3；采用斜刃或者波浪刃口冲模；装设避振器等。采用液压机进行厚板料冲裁时，设备应设有冲裁缓冲装置。

6.3.4 对产生强烈振动的工位，应为操作者配备防振鞋和手套，使操作者避免直接操持有强烈振动的工件，并应由机械装置代替。

6.4 隔振设计

6.4.1 产生强烈振动的机器，当其振动对周边环境产生有害影响时，应采取隔振措施。隔振措施的选用，应符合下列要求：

a） 隔振装置及支撑结构型式，应根据机器设备的类型、振动强弱、扰动频率、建筑、环境和操作者对振动的要求等因素确定；
b） 隔振元件，可根据有关产品的技术性能确定；
c） 设置在设备与隔振元件之间的隔振机座，应采用型钢或混凝土。

6.4.2 公称压力大于 1 000 kN 的压力机基础应专门设计，并应符合 GB 50040 的有关要求。在基础质量相同的情况，应增加基础面积，以提高减振能力。

6.4.3 行程次数小于或等于 50 次/min、公称压力小于或等于 1 000 kN 的小型低速普通压力机，可采用简易减振装置直接安装在地坪上（当车间地坪厚度大于或等于 200 mm 时）。当不采用减振装置时，应安装在专门的基础上。用于落料、冲孔工序的小型压力机，不应直接安装在楼板上。但公称压力小于或等于 6.3 kN 的小型仪表压力机不在此限。

6.4.4 压力机的隔振设计应符合下列要求：

a） 闭式多点压力机，宜将隔振器直接安装在压力机底部；
b） 闭式单点压力机和开式压力机，可在压力机下部设置台座，隔振器宜安装在台座下部；
c） 压力机隔振系统的竖向阻尼比，宜取 0.1～0.15。

6.4.5 压力机基础的容许振动值，应符合 GB 50463 隔振设计规范的规定，压力机基础控制点的容许振动值，可按表 3 采用。

表 3 压力机基础控制点的容许振动值

基组固有频率 Hz	容许振动线位移 mm
$f_n \leqslant 3.6$	1.0
$3.6 < f_n \leqslant 6.0$	$3.6/f_n$

压力机组的固有频率，可按下列公式计算：

a） 确定水平容许振动线位移时：

$$f_n = \omega_{n1}/2\pi \qquad \cdots\cdots(4)$$

b） 确定竖向容许振动线位移时：

$$f_n = \omega_{n2}/2\pi \quad \cdots\cdots(5)$$

6.4.6 当采取有关控制措施后，振动级仍超过6.1规定的限值时，应采取距离衰减措施，使振动源与振动敏感区保持一定距离。距离衰减按公式计算，并达到控制指标。当采用固定支承时用式(6)计算；当采用防振支承时用式(7)计算。

$$VAL_r = VAL_1 - 0.44r - 10\lg r \quad \cdots\cdots(6)$$

$$VAL_r = VAL_1 - 10\lg r \quad \cdots\cdots(7)$$

6.4.7 产生强烈振动的生产设施，应避开对防振要求较高的建筑物、构筑物布置，其与有防振要求较高的仪器、设备的防振间距，应符合GB 50187—2012中表5.2.4-1的规定。精密仪器、设备的允许振动速度与频率及允许振幅的关系，应符合GB 50187—2012中表5.2.4-2的规定。

6.4.8 居民区的防振卫生防护间距，应符合GB 50894的相关规定，并满足表4要求。

表4 居民区的防振卫生防护间距

振源		离振源中心距离 m
压力机 kN	≤10 000	60～100
	＞10 000	100～150
地基土能量吸收系数可按现行国家标准GB 50040的有关规定执行。 当振源已采取隔振措施时，防振卫生防护间距可酌情确定。 注：防振卫生防护间距的下限值用于地基土能量吸收系数较大值和频率大于10 Hz的振源；上限值用于地基土能量吸收系数较小值和频率小于或等于10 Hz的振源。		

6.5 振动测量

厂界的振动测量，应按GB/T 10071的有关规定进行。

7 污水排放控制

7.1 工程设计

7.1.1 生产过程中应减少新鲜水的用量，清洗和冲洗用水应循环使用，减少工业废水和污水(以下统称污水)的排放量。冷却循环水系统设计应符合GB/T 50102的有关规定。

7.1.2 压力机基础设计时应设置积油槽，并进行防渗处理，定期清理。

7.1.3 车间地坪不应有渗漏，也不应用渗坑、渗井或漫流等方式排放污水。输送污水的管道和明渠应有防渗措施，以避免污染地下水水源。

7.1.4 排放系统应按清、污分流原则设计和施工。车间直接排放厂外的含油碱性污水应符合GB 8978的有关规定，当不符合规定时，应在排放前进行处理。可按油类的性质及在污水中的状态，采用下列处理措施：

a） 采用旋流分离器使油水分离；

b） 采用吸附过滤装置，吸附和截留油类；

c） 处理以后的水应进行回用，并应回收废油品。

7.2 设备及工艺

7.2.1 对毛坯或工件的表面处理，例如去油(污)、除锈等，应采用先进工艺与环保型清洗剂，除锈不宜采用酸洗工艺。

7.2.2 压力机的传动用油和润滑用油应避免漏损。

7.2.3 清洗装置应设置隔油槽，以收集浮油。

7.3 生产管理

7.3.1 生产过程中所用的油类、酸类、碱类和其他化学物料，在运输、贮存、分发和使用过程中应妥善管理，避免滴漏、渗漏和事故泄漏等现象发生。

7.3.2 生产过程中，冲模或工件润滑应采用易清洗、环保型的润滑剂，以减少清洗工作量和清洗水中油类的含量，不宜用乳化或皂化材料。

7.3.3 延长清洗液的使用时间，降低含碱浓度。当排放废水含碱浓度较高时，应在排放前进行综合处理，使 pH 值达到 6.0～9.0。当车间既有含碱又有含酸废水时，应相互中和。

7.3.4 酸洗毛坯或工件的含酸溶液，严禁不经处理直接排放或稀释排放。需要排放的含酸污水，应经中和处理，使其 pH 值达到 6.0～9.0 才能排放。当含酸污水的处理，没有碱性废物可利用时，应采用石灰中和法或过滤中和法处理。石灰中和法应有搅拌和沉淀槽(池)。废酸应进行浓缩回收处理并综合利用。

7.3.5 酸洗或清洗后用作冲洗的循环水，当酸或碱含量较高又需要排放时，应视同酸洗或清洗污水，并经处理后达到规定的标准(pH 值 6.0～9.0)时才允许排放。

7.3.6 污水排放除应符合 GB 8978、GB 50014 等国家规定外，还应符合地方有关规定。

7.3.7 清洗和酸洗的沉渣，应进行脱水处理或综合利用。

7.3.8 乳化液供液，应经除渣净化后循环使用；乳化液废水，应进行除渣、破乳、除油和水质净化处理。

8 通风与废气、粉尘排放控制

8.1 车间内空气和空气循环应符合 GB 8176—2012 中 4.3 和 GB 50019 的有关规定。

8.2 有害物质的发生源应布置在机械通风或自然通风的下风侧。酸洗间宜与主厂房分开建设，如必须位于主厂房内，应采用隔墙将其封闭。

8.3 酸洗槽的加热温度不应超过 65 ℃。酸洗槽液面上应置放酸雾抑制剂，必要时酸洗槽上应设罩盖，防止酸雾溢出。酸洗槽上应设置抽风装置，排放酸雾的浓度不应超过 45 mg/m³；超过标准时，应设置酸雾净化装置，满足国家污染物排放标准。酸雾净化宜采用直接回收酸液的酸雾净化器。

8.4 当装有以石棉作摩擦材料的摩擦离合器的压力机数目较多时，应尽可能采用连续行程作业，减少单次行程的接合次数。必要时，应对离合器装设隔尘罩，以过滤因摩擦片频繁接合产生的石棉粉尘。石棉粉尘浓度不应超过 0.8 mg/m³。

8.5 用于表面处理(例如强化或除锈)的喷砂或抛光装置，应设置排风、过滤和沉积系统，以过滤、收集和排除粉尘。处理过程中产生的含有 10%以上的游离二氧化硅粉尘排入大气的最高允许浓度应符合 GB 16297 的有关规定；车间内各种有害气体的最高容许浓度，应符合 GBZ 2.1 和 GBZ 2.2 的规定。如有地方标准则应先执行地方标准。

8.6 生产过程中(例如材料的贮存和剪切)产生的游离二氧化硅含量在 10%以下，不含有毒物质的矿物性和植物性粉尘，在车间内最高容许浓度不应超过 10 mg/m³，采用局部通风除尘措施后排入大气的最高容许浓度不应超过 100 mg/m³。

8.7 生产过程中产生的其他有害物质，排入大气和在车间内的最高容许浓度应分别符合 GB 16297、GBZ 2.1 和 GBZ 2.2 的有关规定。

9 其他污染控制

9.1 生产过程中产生的金属废料应回收利用，不能利用的废料应分类并依法合规处理。

9.2 生产过程中产生的废弃物应妥善处理，防止污染。

附　录　A
（资料性附录）
振动界限值

表 A.1 给出了垂直振动界限值，表 A.2 给出了水平振动界限值。

表 A.1　垂直振动界限值

频率 （1/3 倍频程中心频率） Hz	有效加速度值 m/s² 允许接触时间						
	8 h	4 h	2.5 h	1 h	25 min	16 min	1 min
1.0	0.63	1.06	1.40	2.36	3.55	4.25	5.60
1.25	0.56	0.95	1.26	2.12	3.15	3.75	5.00
1.6	0.50	0.85	1.12	1.90	2.80	3.35	4.50
2.0	0.45	0.75	1.00	1.70	2.50	3.0	4.00
2.5	0.40	0.67	0.90	1.50	2.24	2.65	3.55
3.15	0.355	0.60	0.80	1.32	2.00	2.35	3.15
4.0	0.315	0.53	0.71	1.18	1.80	2.12	2.80
5.0	0.315	0.53	0.71	1.18	1.80	2.12	2.80
6.3	0.315	0.53	0.71	1.18	1.80	2.12	2.80
8.0	0.315	0.53	0.71	1.18	1.80	2.12	2.80
10.0	0.40	0.67	0.90	1.50	2.24	2.65	3.55
12.5	0.50	0.85	1.12	1.90	2.80	3.35	4.50
16.0	0.63	1.06	1.40	2.36	3.55	4.25	5.60
20.0	0.80	1.32	1.80	3.00	4.50	5.30	7.10
25.0	1.0	1.70	2.24	3.75	5.60	6.70	9.0
31.5	1.25	2.12	2.80	4.75	7.10	8.50	11.2
40.0	1.60	2.65	3.55	6.00	9.00	10.6	14.0
50.0	2.0	3.35	4.50	7.50	11.2	13.2	18.0
63.0	2.5	4.25	5.60	9.50	14.0	17.0	22.4
80.0	3.15	5.30	7.10	11.8	18.0	21.2	28.0

表 A.2 水平振动界限值

频率 (1/3 倍频程中心频率) Hz	有效加速度值 m/s²						
	允许接触时间						
	8 h	4 h	2.5 h	1 h	25 min	16 min	1 min
1.0	0.224	0.355	0.50	0.85	1.25	1.50	2.0
1.25	0.224	0.355	0.50	0.85	1.25	1.50	2.0
1.6	0.224	0.355	0.50	0.85	1.25	1.50	2.0
2.0	0.224	0.355	0.50	0.85	1.25	1.50	2.0
2.5	0.280	0.450	0.63	1.06	1.6	1.90	2.5
3.15	0.355	0.560	0.80	1.32	2.0	2.36	3.15
4.0	0.450	0.710	1.0	1.70	2.5	3.0	4.0
5.0	0.560	0.900	1.25	2.12	3.15	3.75	5.0
6.3	0.710	1.12	1.6	2.65	4.0	4.75	6.3
8.0	0.900	1.40	2.0	3.35	5.0	6.0	8.0
10.0	1.12	1.80	2.5	4.25	6.3	7.5	10
12.5	1.40	2.24	3.15	5.30	8.0	9.5	12.5
16.0	1.80	2.80	4.0	6.70	10.0	11.8	16
20.0	2.24	3.55	5.0	8.5	12.5	15	20
25.0	2.80	4.50	6.3	10.6	16	19	25
31.5	3.55	5.60	8.0	13.2	20	23.6	31.5
40.0	4.50	7.10	10.0	17.0	25	30	40
50.0	5.60	9.00	12.5	21.2	31.5	37.5	50
63.0	7.10	11.2	16.0	26.5	40	45.7	63
80.0	9.00	14.0	20.0	33.5	50	60	80

ICS 25.160.40
J 33

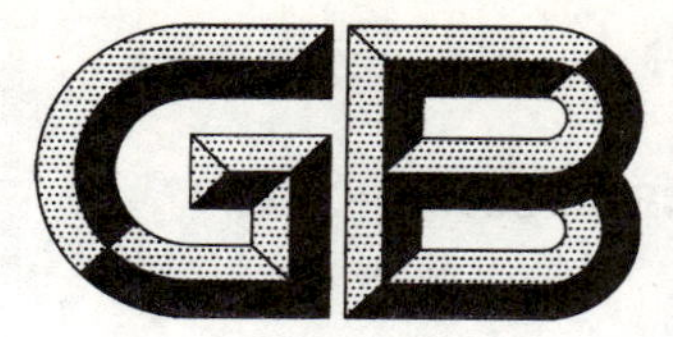

中华人民共和国国家标准

GB/T 35085—2018

金属材料焊缝破坏性试验　激光和电子束焊接接头的维氏和努氏硬度试验

Destructive tests on welds in metallic materials—Vickers and Knoop Hardness testing of joints welded by laser and electron beam

[ISO 22826:2005, Destructive tests on welds in metallic materials—Hardness testing of narrow joints welded by laser and electron beam (Vickers and Knoop hardness tests), MOD]

2018-05-14 发布　　　　2018-12-01 实施

国家市场监督管理总局
中国国家标准化管理委员会　发布

前　言

本标准按照 GB/T 1.1—2009 给出的规则起草。

本标准使用重新起草法修改采用 ISO 22826:2005《金属材料的破坏性试验　激光和电子束焊接接头的维氏和努氏硬度试验》。

本标准与 ISO 22826:2005 的技术性差异及其原因如下：

——关于规范性引用文件，本标准做了具有技术性差异的调整，以适应我国的技术条件，调整的情况集中反映在第 2 章“规范性引用文件”中，具体调整如下：

- 用 GB/T 4340(所有部分)代替 ISO 6507(所有部分)，两项标准各部分之间的一致性程度如下：
  - GB/T 4340.1—2009　金属材料　维氏硬度试验　第 1 部分：试验方法(ISO 6507-1:2005,MOD)；
  - GB/T 4340.2—2012　金属材料　维氏硬度试验　第 2 部分：硬度计的检验与校准(ISO 6507-2:2005,MOD)；
  - GB/T 4340.3—2012　金属材料　维氏硬度试验　第 3 部分：标准硬度块的标定(ISO 6507-3:2005,MOD)。
- 原标准的 ISO 4545、ISO 4546、ISO 4547、ISO 10250 已被 ISO 4545-1、ISO 4545-2、ISO 4545-3、ISO 4545-4 代替，本标准用 GB/T 18449(所有部分)代替 ISO 4545(所有部分)，两项标准各部分之间的一致性程度如下：
  - GB/T 18449.1—2009 金属材料　努氏硬度试验　第 1 部分：试验方法(ISO 4545-1:2005, MOD)；
  - GB/T 18449.2—2012 金属材料　努氏硬度试验　第 2 部分：硬度计的检验与校准(ISO 4545-2:2005,MOD)；
  - GB/T 18449.3—2012 金属材料　努氏硬度试验　第 3 部分：标准硬度块的标定(ISO 4545-3:2005,MOD)；
  - GB/T 18449.4—2009 金属材料　努氏硬度试验　第 4 部分：硬度值表(ISO 4545-4:2005,IDT)。
- 用 GB/T 26956 代替 ISO/TR 16060。

本标准由全国焊接标准化技术委员会(SAC/TC 55)提出并归口。

本标准起草单位：上海材料研究所、上海市激光技术研究所、哈尔滨焊接研究院有限公司。

本标准主要起草人：翟莲娜、王滨、张伟、王健超、苏金花、陈默、王春亮。

金属材料焊缝破坏性试验　激光和电子束焊接接头的维氏和努氏硬度试验

1　范围

本标准规定了金属材料激光和电子束窄焊缝横截面的维氏和努氏硬度试验。

本标准规定的维氏硬度试验力范围通常为 0.098 N～≤98 N(HV 0.01～≤HV 10),努氏硬度试验力范围通常为不大于 9.8 N(HK 1)。

本标准适用于采用或不采用填充丝的焊缝试样的硬度试验。

本标准不适用于采用激光/电弧复合宽焊缝试样的硬度试验。

非窄焊缝的硬度试验按 GB/T 2654 和 GB/T 27552 执行。

2　规范性引用文件

下列文件对于本文件的应用是必不可少的。凡是注日期的引用文件,仅注日期的版本适用于本文件。凡是不注日期的引用文件,其最新版本(包括所有的修改单)适用于本文件。

GB/T 4340.1　金属材料　维氏硬度试验　第 1 部分:试验方法(GB/T 4340.1—2009,ISO 6507-1:2005, MOD)

GB/T 4340.2　金属材料　维氏硬度试验　第 2 部分:硬度计的检验与校准(GB/T 4340.2—2012,ISO 6507-2:2005,MOD)

GB/T 4340.3　金属材料　维氏硬度试验　第 3 部分:标准硬度块的标定(GB/T 4340.3—2012,ISO 6507-3:2005,MOD)

GB/T 18449.1　金属材料　努氏硬度试验　第 1 部分:试验方法(GB/T 18449.1—2009,ISO 4545-1:2005, MOD)

GB/T 18449.2　金属材料　努氏硬度试验　第 2 部分:硬度计的检验与校准(GB/T 18449.2—2012,ISO 4545-2:2005,MOD)

GB/T 18449.3　金属材料　努氏硬度试验　第 3 部分:标准硬度块的标定(GB/T 18449.3—2012,ISO 4545-3:2005,MOD)

GB/T 18449.4　金属材料　努氏硬度试验　第 4 部分:硬度值表(GB/T 18449.4—2009,ISO 4545-4:2005, IDT)

GB/T 26956　金属材料焊缝破坏性试验　宏观和微观检验用侵蚀剂(GB/T 26956—2011,ISO/TR 16060:2003,IDT)

3　通则

维氏硬度试验应按 GB/T 4340.1～GB/T 4340.3 要求进行,努氏硬度试验应按 GB/T 18449.1～GB/T 18449.3 要求进行。

硬度试验用来测定焊缝两侧母材(包括两侧母材为不同金属材料的情况)、热影响区和焊缝的硬度值。硬度值可以通过点测试(E 型测试)或线测试(R 型测试)得到。点测试(E 型测试)是试验点为一个或一组的测试类型,线测试(R 型测试)是试验点在一条直线上的测试类型。

试验宜在(23±5)℃条件下进行,如果试验温度超出该范围,则应在报告中注明。

显微硬度测试结果易受震动的影响,所以试验应在无震动的地方进行。

4 符号及说明

符号及说明见表1。

表1 符号及说明

符号	说明	单位
HAZ	热影响区	—
HV	维氏硬度	*
HK	努氏硬度	**
L	两个相邻压痕中心之间的距离	mm
M	R型测试时相邻两压痕中心之间的推荐距离	mm
W	热影响区压痕中心和熔合线之间的距离	mm
d_V	维氏硬度试验压痕对角线长度	mm
d_{KL}	努氏硬度试验压痕长对角线长度	mm
d_{KS}	努氏硬度试验压痕短对角线长度	mm
h	焊缝熔深	mm
t	试样厚度	mm
* 见GB/T 4340。 ** 见GB/T 18449。		

5 试样制备

试样制备应按GB/T 4340.1或GB/T 18449.1要求进行。

试件横截面应通过机加工制备,通常垂直于焊缝轴线。机加工及后续的试样表面制备应避免由于过热或冷加工使试样表面产生软化或硬化。

试样表面应进行适当的磨抛并按GB/T 26956进行适当的侵蚀,以便能准确测定焊接接头不同区域的压痕对角线长度。

6 试验程序

6.1 通则

图1给出了硬度测量位置的典型区域。1～2点表示在焊缝金属,3～6点表示在热影响区,7～8点表示在母材。

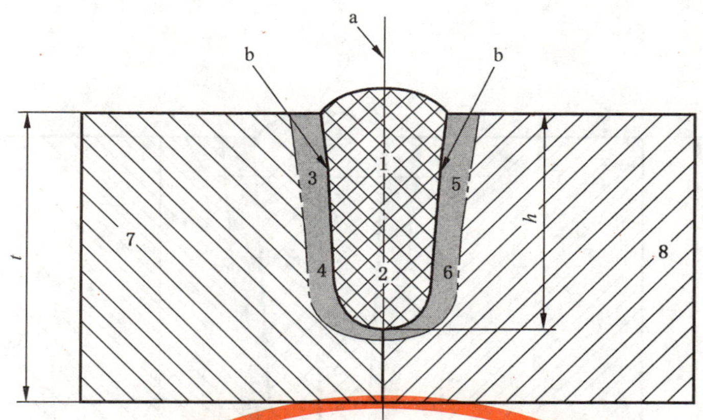

说明：

1、2 ——焊缝金属；

3、4、5、6 ——热影响区(HAZ)；

7、8 ——母材；

a ——焊缝中心；

b ——熔合线。

图 1 维氏硬度和努氏硬度试验硬度测量位置示例

当焊接类型与示例不同时，应选择与该焊接类型相适应的试验工艺。

6.2 试验类型

图 2 和图 3 给出了点测试(E 型测试)压痕位置示例，图 4 和图 5 给出了线测试(R 型测试)压痕位置示例。除非另有规定，试验类型应由试验人员自行选择并记录。

6.3 试验位置要求

当母材厚度 t 或焊缝熔深 h 不大于 4 mm 时，焊缝金属和热影响区的压痕应在母材厚度的 1/2 位置($t/2$)或焊缝熔深的 1/2 位置($h/2$)，如图 2a)和图 2c)所示。

当母材厚度 t 或焊缝熔深 h 大于 4 mm 时，压痕应在离顶端表面和底部表面(熔深底部)2 mm 范围内，如图 2b)和图 2d)所示。对于双面成型全熔透 T 型角焊缝，压痕应在熔合区中心线位置，见图 2d)。

单位为毫米

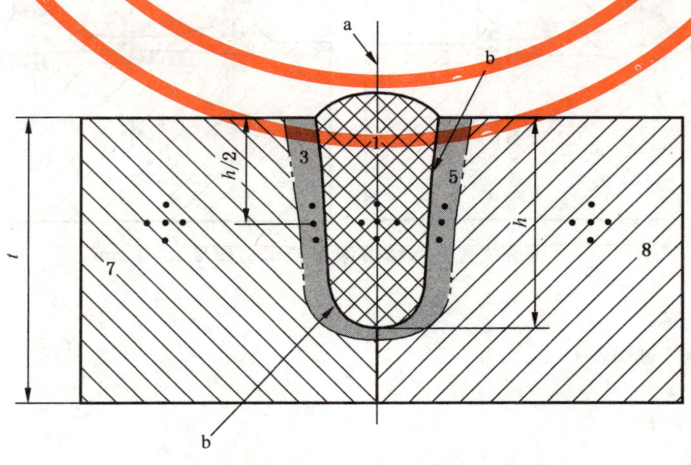

a) 压痕位置—焊缝熔深 $h \leqslant 4$ mm

图 2 点测试(E 型测试)压痕位置示例

单位为毫米

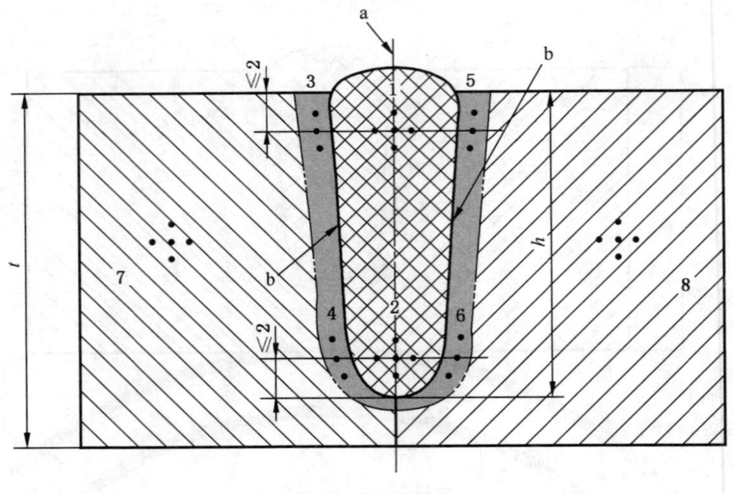

b) 压痕位置—焊缝熔深 $h>4$ mm

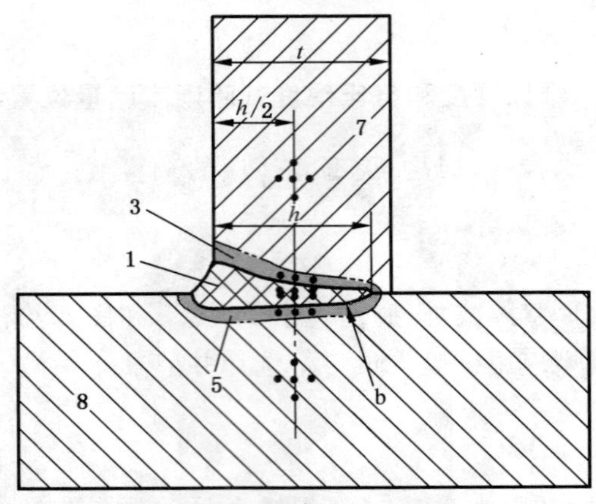

c) 压痕位置—焊缝熔深 h 或母材厚度 $t\leqslant4$ mm

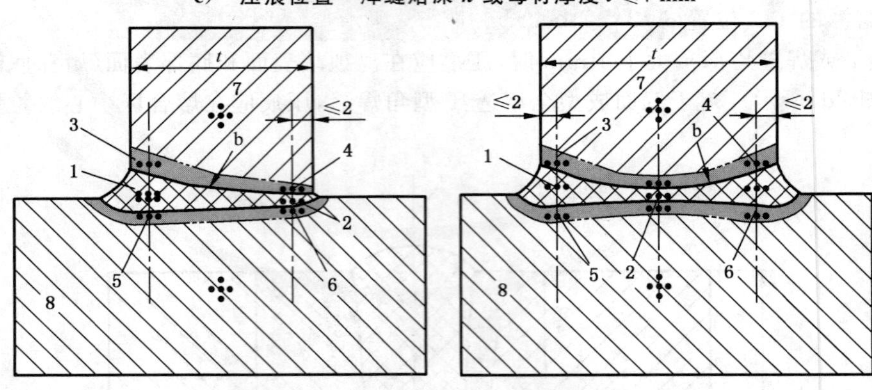

d) 压痕位置—焊缝熔深 h 或母材厚度 $t>4$ mm

说明：

1、2 ——焊缝金属；

3、4、5、6 ——热影响区(HAZ)；

7、8 ——母材；

a ——焊缝中心；

b ——熔合线。

图 2(续)

对于淬硬钢，压痕中心距试样边缘的距离应：

——维氏硬度试验时，至少为压痕对角线平均长度的 2.5 倍；

——努氏硬度试验时，为压痕短对角线长度。

对于不淬硬钢和有色金属，压痕中心距试样边缘距离应：

——维氏硬度试验时，至少为压痕对角线平均长度的 3 倍；

——努氏硬度试验时，为压痕短对角线长度。

点测试(E 型测试)时两个相邻压痕中心之间的距离 L 见表 2，线测试(R 型测试)时两个相邻压痕中心之间的距离 L 见表 4。

注：建议整个焊缝金属硬度试验采用相同的试验力。

表 2　点测试(E 型测试)两个相邻压痕中心之间的距离 L

测定方法	母材	两个相邻压痕中心之间的距离，L
维氏硬度试验(HV)	淬硬钢	$L \geqslant 3d_V$
	不淬硬钢和有色金属	$L \geqslant 6d_V$
努氏硬度试验(HK)	淬硬钢	$L \geqslant 3d_{KL}$长对角线 $L \geqslant 3d_{KS}$短对角线
	不淬硬钢和有色金属	$L \geqslant 6d_{KL}$长对角线 $L \geqslant 6d_{KS}$短对角线

6.4　点测试(E 型测试)

6.4.1　焊缝金属硬度试验

焊缝金属应至少选取 3 个点进行硬度试验：中心、顶部和底部，或中心、左边和右边，如图 3 所示。测定所有压痕的硬度值。对于维氏硬度试验使用较大试验力时，如 49 N(HV 5)和 98 N(HV 10)，压痕数量可减少。

焊缝金属硬度试验时，压痕对角线长度 d_V 或 d_{KS}应不大于被测焊缝宽度的 1/10。试验力应满足表 3 要求。

注：维氏硬度试验中根据硬度值和试验力估算的压痕对角线的长度见表 A.1；努氏硬度试验中根据硬度值和试验力估算的压痕对角线的长度见表 A.2。

6.4.2　热影响区硬度试验

热影响区应沿熔合线选取 3 个点进行硬度试验，见图 3a)和 3b)。

热影响区和焊缝金属硬度试验时的试验力应相同。热影响区硬度试验时，压痕中心与熔合线之间的距离 W 应不小于 $0.5d_V$ 且不大于 d_V，或不小于 $0.5d_{KS}$且不大于 $2d_{KS}$，如图 3a)和 3b)所示。

6.4.3　母材硬度试验

母材应至少选取 3 个点进行硬度试验，试验位置记录在报告中。

对于点测试，测定区域应按图 1 所示予以编号。

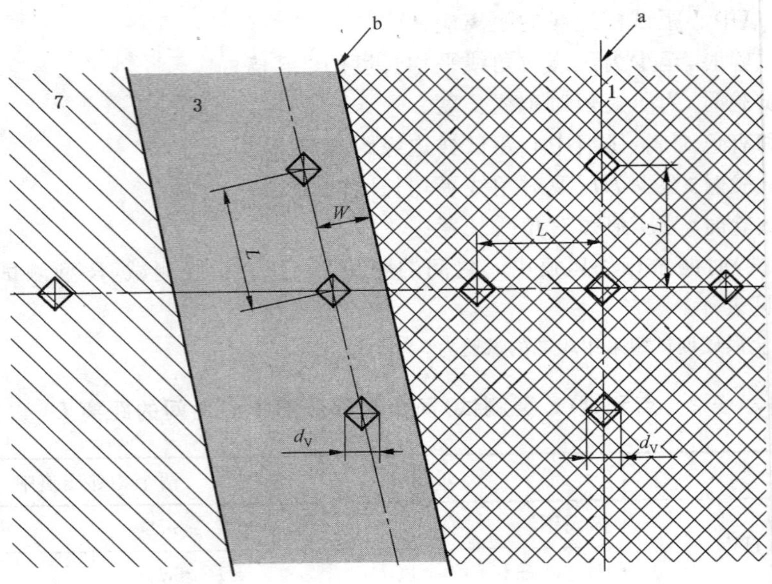

a） 维氏硬度（$d_V/2 \leqslant W \leqslant d_V$）

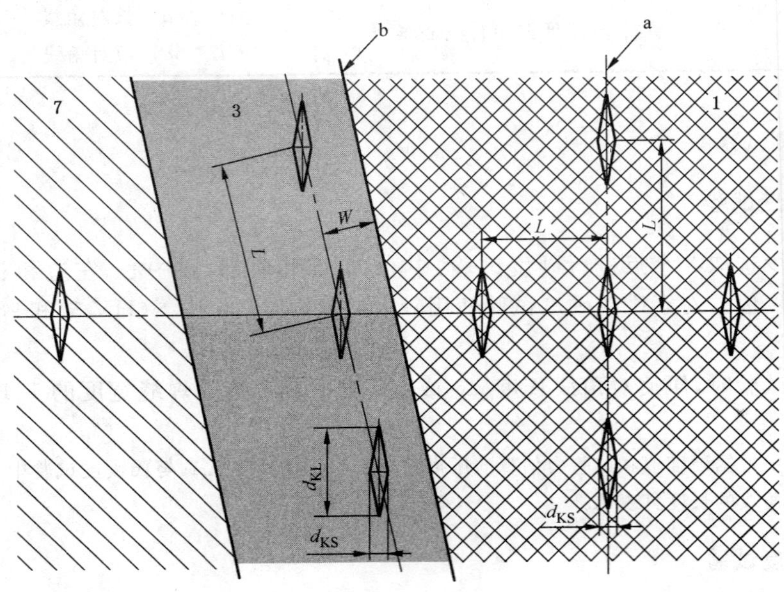

b） 努氏硬度（$d_{KS}/2 \leqslant W \leqslant 2d_{KS}$）

说明：

1——焊缝金属；

3——热影响区（HAZ）；

7——母材；

a——焊缝中心；

b——熔合线。

图3 点测试（E型测试）焊缝金属和热影响区压痕位置示例

表 3 试验力

硬度符号		试验力标称值/N
维氏硬度试验	努氏硬度试验	
HV 0.01	HK 0.01	0.098 07
HV 0.015	—	0.147 1
HV 0.02	HK 0.02	0.196 1
HV 0.025	HK 0.025	0.245 2
HV 0.05	HK 0.05	0.490 3
HV 0.1	HK 0.1	0.980 7
HV 0.2	HK 0.2	1.961
HV 0.3	HK 0.3	2.942
HV 0.5	HK 0.5	4.903
HV 1	HK 1	9.807
HV 2	—	19.61
HV 3	—	29.42
HV 5	—	49.03
HV 10	—	98.07

6.5 线测试(R 型测试)

图 4 给出了线测试(R 型测试)压痕位置示例。如相关协议或应用标准有规定,可增加压痕数量和/或变更压痕位置,但均应在试验报告中体现。

对于不淬硬钢和有色金属,如奥氏体不锈钢、铜、轻金属、铅、锡及其合金,可能不需要进行焊缝底部的线测试。

压痕的位置和数量选择应能保证可以确定焊接所引起的硬化或软化区域。焊缝和热影响区压痕中心之间的推荐距离见表 4。

对于焊缝热影响区硬化的金属,应额外增加两个压痕,压痕中心与熔合线之间的距离 W 应为 $d_V/2 \leqslant W \leqslant d_V$ 或 $d_{KS}/2 \leqslant W \leqslant 2d_{KS}$,如图 5 所示。

单位为毫米

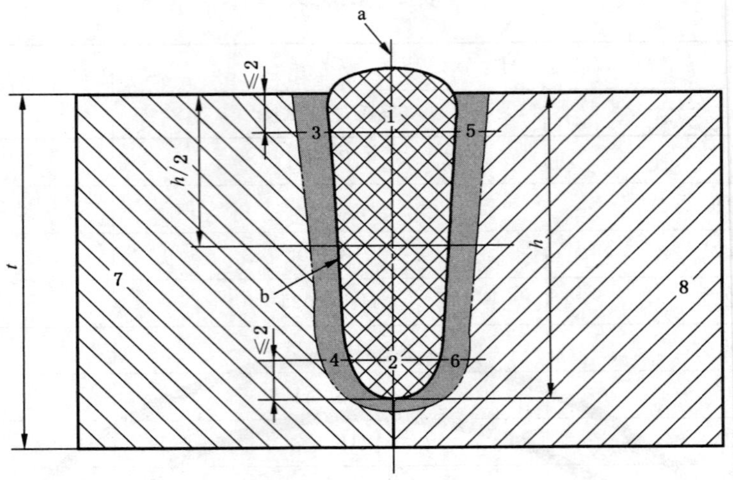

说明：

1、2 ——焊缝金属；

3、4、5、6 ——热影响区(HAZ)；

7、8 ——母材；

a ——焊缝中心；

b ——熔合线。

图 4 线测试(R 型测试)压痕位置示例

表 4 线测试(R 型测试)焊缝和热影响区相邻两压痕中心之间的推荐距离 M

硬度符号	相邻两压痕中心之间的推荐距离，M^{a}/mm	
	淬硬钢	不淬硬钢和有色金属
HV 0.01	0.1	0.3～1
HV 0.10	0.2	0.6～2
HV 1	0.5	1.5～4
HV 5.00	0.7	2.5～5
HV 10.0	1.0	3～5
HK 0.01	0.1	0.3～1
HK 0.10	0.2	0.6～2
HK 1	0.3	1.5～4

[a] 压痕中心之间的推荐距离应不小于表 2 规定的最小值。

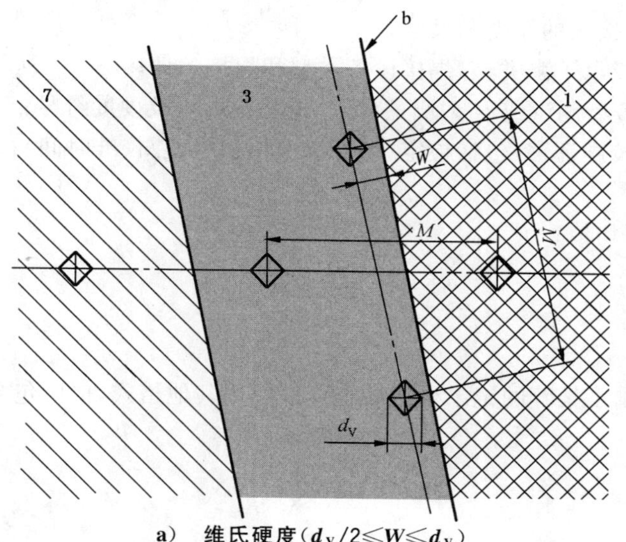

a） 维氏硬度（$d_V/2 \leqslant W \leqslant d_V$）

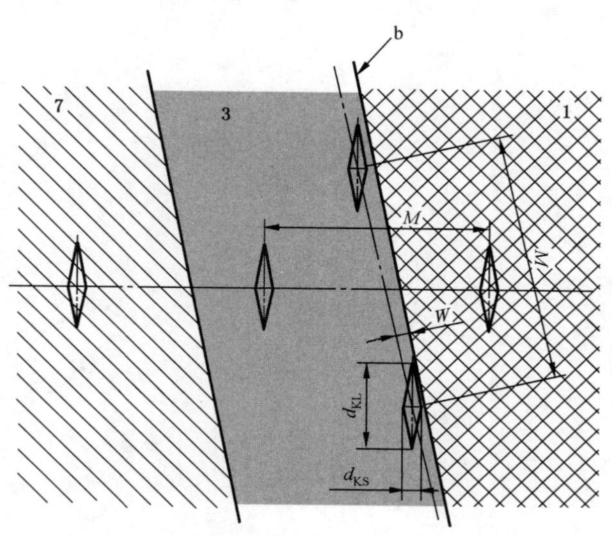

b） 努氏硬度（$d_{KS}/2 \leqslant W \leqslant 2d_{KS}$）

说明：

1——焊缝金属；

3——热影响区（HAZ）；

7——母材；

b——熔合线。

图 5 线测试（R 型测试）时在淬硬钢热影响区增加的压痕位置示例

7 试验结果

压痕位置及对应硬度值均应记录。

8 试验报告

试验报告应包括但不限于以下内容：

a） 试验温度；

b） 母材金属和焊接接头的厚度和尺寸；

c） 焊接类型，激光或电子束类型，焊接设备类型和焊接条件；

d） 硬度试验类型，E 型测试或 R 型测试(维氏或努氏)，以及硬度符号；

e） 试验设备检定/校准证书(包括检定/校准标准块和检定/校准时间)；

f） 压痕位置；

g） 硬度单个值和平均值；

h） 试验日期；

i） 试验人员；

j） 试样标识。

附录 B 和附录 C 给出了推荐的记录格式。也可以使用其他格式，但应包含所有要求记录的内容。

附 录 A
（资料性附录）
试验力的选择

表 A.1 和表 A.2 分别给出了维氏硬度和努氏硬度试验中根据硬度值和试验力估算的压痕对角线长度的示例。式 A.1 和表 A.2 分别给出了维氏硬度和努氏硬度试验的压痕对角线长度计算公式。

表 A.1 维氏硬度试验中根据硬度值和试验力估算的压痕对角线的长度

维氏硬度 HV	试验力，F/N							
	0.098	0.980	1.96	4.90	9.80	19.6	49	98
	硬度符号							
	HV 0.01	HV 0.1	HV 0.2	HV 0.5	HV 1	HV 2	HV 5	HV 10
	压痕对角线长度，d_V/mm							
50	0.020	0.061	0.086	0.136	0.193	0.272	0.431	0.609
100	—	0.043	0.061	0.096	0.136	0.193	0.304	0.431
150	—	0.035	0.050	0.079	0.111	0.157	0.249	0.352
200	—	0.030	0.043	0.068	0.096	0.136	0.215	0.304
250	—	0.027	0.039	0.061	0.086	0.122	0.193	0.272
300	—	0.025	0.035	0.056	0.079	0.111	0.176	0.249
350	—	0.023	0.033	0.051	0.073	0.103	0.163	0.230
400	—	0.022	0.030	0.048	0.068	0.096	0.152	0.215
450	—	0.020	0.029	0.045	0.064	0.091	0.144	0.203
500	—	—	0.027	0.043	0.061	0.086	0.136	0.193
550	—	—	0.028	0.041	0.058	0.082	0.130	0.184
600	—	—	0.025	0.039	0.056	0.079	0.124	0.176
650	—	—	0.024	0.038	0.053	0.076	0.119	0.169
700	—	—	0.023	0.036	0.051	0.073	0.115	0.163
750	—	—	0.022	0.035	0.050	0.070	0.111	0.157
800	—	—	0.022	0.034	0.048	0.068	0.108	0.152
850	—	—	0.021	0.033	0.047	0.066	0.104	0.148

维氏硬度和压痕对角线长度的关系：

$$HV = \frac{0.189\,1 \times F}{d_V^2} \qquad \cdots\cdots\cdots\cdots (A.1)$$

式中：

F ——试验力，单位为牛(N)；

d_V ——压痕对角线长度，单位为毫米(mm)。

表 A.2 努氏硬度试验中根据硬度值和试验力估算的压痕对角线的长度

努氏硬度 HK	试验力，F/N							
	0.098 0	0.196	0.490	0.980	1.96	2.94	4.90	9.80
	硬度符号							
	HK 0.01	HK 0.02	HK 0.05	HK 0.1	HK 0.2	HK 0.3	HK 0.5	HK 1
	长对角线长度，d_{KL}[a]/mm							
50	0.053	0.075	0.119	0.168	—	—	—	—
100	0.038	0.053	0.084	0.119	0.169	—	—	—
150	0.031	0.043	0.069	0.097	0.138	0.169	—	—
200	0.027	0.038	0.060	0.084	0.119	0.146	0.189	—
250	0.024	0.034	0.053	0.075	0.107	0.131	0.169	—
300	0.022	0.031	0.049	0.069	0.097	0.119	0.154	—
350	0.020	0.028	0.045	0.064	0.090	0.110	0.142	—
400	—	0.027	0.042	0.060	0.084	0.103	0.133	0.189
450	—	0.025	0.040	0.056	0.079	0.097	0.126	0.178
500	—	0.024	0.038	0.053	0.075	0.092	0.119	0.169
550	—	0.023	0.036	0.051	0.072	0.088	0.114	0.161
600	—	0.022	0.034	0.049	0.069	0.084	0.109	0.154
650	—	0.021	0.033	0.047	0.066	0.081	0.105	0.148
700	—	0.020	0.032	0.045	0.064	0.078	0.101	0.143
750	—	—	0.031	0.043	0.062	0.075	0.097	0.138
800	—	—	0.030	0.042	0.060	0.073	0.094	0.133
850	—	—	0.029	0.041	0.058	0.071	0.091	0.129

[a] 短对角线长度 d_{KS} 比长对角线 d_{KL} 短约 1/7。

努氏硬度与压痕对角线长度间关系：

$$HK = \frac{1.451 \times F}{d_{KL}^2} \quad \cdots\cdots(A.2)$$

式中：

F ——试验力，单位为牛(N)；

d_{KL}——压痕长对角线长度。

附　录　B
（资料性附录）
焊接接头点测试(E 型测试)硬度试验报告实例

点测试(E 型测试)硬度试验：　　　　[标明维氏/努氏试验和硬度符号(如：HV 0.01 或 HK 0.3)]

试验机型号：________________

试验温度：________________

母材：________________

材料厚度：________________

激光或电子束类型：________________

焊接类型：________________

焊接工艺参数：________________

焊接材料：________________

焊后热处理和/或时效处理：________________

试验日期：________________

试验人员签字：________________

试样标识：________________

备注：________________

带有测试区域及压痕位置的照片或示意图

测试区域	压痕位置	单个硬度值[a]					平均硬度
1	焊接金属，顶部						
2	焊接金属，底部						
3	热影响区，焊接顶部						
4	热影响区，焊接底部						
5	热影响区，焊接顶部						
6	热影响区，焊接底部						
7	母材						
8	母材						
[a] 应按 GB/T 4340.1 或 GB/T 18449.1 标明试验力。							

附 录 C
（资料性附录）
焊接接头线测试（R 型测试）硬度试验报告实例

线测试（R 型测试）硬度试验：　　［标明维氏/努氏试验和硬度符号（如：HV 0.01 或 HK 0.3）］

试验机型号：____________________

试验温度：____________________

母材：____________________

材料厚度：____________________

激光或电子束类型：____________________

焊接类型：____________________

焊接工艺参数：____________________

焊接材料：____________________

焊后热处理和/或时效处理：____________________

试验日期：____________________

试验人员签字：____________________

试样标识：____________________

备注：____________________

给出尺寸和压痕标线的照片或示意图

硬度[a] HV										

焊缝中心

距焊缝中心的距离（mm）

[a] 应按 GB/T 4340.1 或 GB/T 18449.1 标明试验力。

参 考 文 献

[1] GB/T 2654 焊接接头硬度试验方法

[2] GB/T 27552 金属材料焊缝破坏性试验 焊接接头显微硬度试验

[3] ISO 14271 Vickers hardness testing of resistance spot, projection and seam welds (low load and microhardness)

ICS 31.200
L 55

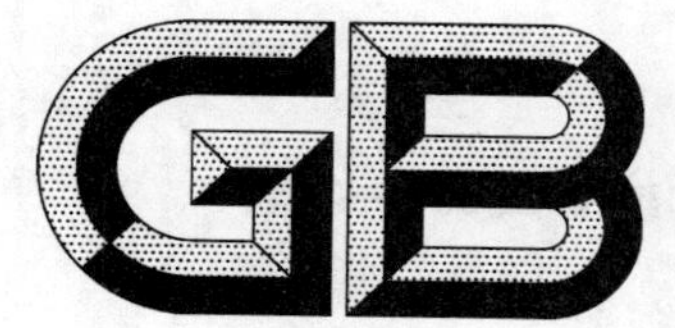

中华人民共和国国家标准

GB/T 35086—2018

MEMS电场传感器通用技术条件

General specification for MEMS electric field sensor

2018-05-14 发布 　　　　2018-12-01 实施

国家市场监督管理总局
中国国家标准化管理委员会 发布

前　言

本标准按照 GB/T 1.1—2009 给出的规则起草。

本标准由全国微机电技术标准化技术委员会(SAC/TC 336)提出并归口。

本标准起草单位:中国科学院电子学研究所、中机生产力促进中心、西安西谷微电子有限责任公司。

本标准主要起草人:夏善红、彭春荣、李海斌、郑凤杰、程红兵、朱悦、白巍。

MEMS电场传感器通用技术条件

1 范围

本标准规定了MEMS电场传感器(以下简称“传感器”)的原材料、结构组成、技术要求、试验项目和方法、检验规则、包装、存储和运输。

本标准适用于MEMS电场传感器的研制、生产和采购。其他类型的电场传感器可参照使用。

2 规范性引用文件

下列文件对于本文件的应用是必不可少的。凡是注日期的引用文件,仅注日期的版本适用于本文件。凡是不注日期的引用文件,其最新版本(包括所有的修改单)适用于本文件。

GB/T 191 包装储运图示标志

GB/T 2423.1—2008 电工电子产品环境试验 第2部分:试验方法 试验A:低温

GB/T 2423.2—2008 电工电子产品环境试验 第2部分:试验方法 试验B:高温

GB/T 2423.4 电工电子产品环境试验 第2部分:试验方法 试验Db 交变湿热(12 h+12 h循环)

GB/T 2423.5 电工电子产品环境试验 第2部分:试验方法 试验Ea和导则:冲击

GB/T 2423.10 电工电子产品环境试验 第2部分:试验方法 试验Fc:振动(正弦)

GB/T 2423.16 电工电子产品环境试验 第2部分:试验方法 试验J及导则:长霉

GB/T 2423.17 电工电子产品环境试验 第2部分:试验方法 试验Ka:盐雾

GB/T 2423.21 电工电子产品环境试验 第2部分:试验方法 试验M:低气压

GB/T 2423.22—2012 环境试验 第2部分:试验方法 试验N:温度变化

GB/T 2828.1 计数抽样检验程序 第1部分:按接收质量限(AQL)检索的逐批检验抽样计划

GB/T 17626.2—2006 电磁兼容 试验和测量技术 静电放电抗扰度试验

GB/T 18459—2001 传感器主要静态性能指标计算方法

GB/T 26111 微机电系统(MEMS)技术 术语

3 术语和定义

GB/T 26111界定的以及下列术语和定义适用于本文件。

3.1

MEMS电场传感器 MEMS electric field sensor

敏感元件采用微机电系统(MEMS)技术制造,能感受电场强度并可转换成可用输出信号的传感器。

4 原材料

除另有规定外,传感器所用的原材料应具有合格证。

5 传感器组成

传感器一般由MEMS电场敏感元件和信号处理电路等组成,传感器结构分为一体式和分体式两种形式。

6 技术要求

6.1 总则

传感器的技术要求应符合本标准的规定。如有其他规定,可由供需双方协商解决。

6.2 基本性能

6.2.1 测量范围

传感器测量范围的上、下限值的绝对值应从下列数值中选取:

a) 下限绝对值:0 V/m、10 V/m、20 V/m、50 V/m、100 V/m、200 V/m、300 V/m、400 V/m、500 V/m、1 000 V/m;

b) 上限绝对值:2 kV/m、5 kV/m、10 kV/m、20 kV/m、30 kV/m、50 kV/m、100 kV/m、200 kV/m。

6.2.2 零点输出

传感器的零点输出(以满量程输出的百分比表示)应不大于±2%。

注:如果传感器测量范围不包括零电场时,则本标准所指零点为测量范围下限值(绝对最小值)。

6.2.3 满量程输出

传感器的满量程输出应符合产品设计要求。

6.2.4 线性度

传感器的线性度应不大于10%。

6.2.5 重复性

传感器的重复性应不大于10%。

6.2.6 迟滞(回差)

传感器的迟滞应不大于10%。

6.2.7 准确度

传感器的准确度应不大于15%。

注:本标准中,传感器的准确度是指在参比工作条件下,线性度加回差加重复性的一种组合,表示实际特性相对于其参比工作特性的偏差皆不超过的一个极限范围。

6.2.8 分辨力

传感器的分辨力应不大于500 V/m。

6.2.9 灵敏度

传感器的灵敏度输出应符合产品设计要求。

6.2.10 零点漂移

传感器的零点漂移应不大于15%。

6.2.11 满量程漂移

传感器的满量程漂移应不大于15%。

6.2.12 热零点漂移

传感器的热零点漂移应不大于0.2%/℃。

6.2.13 功耗

传感器的功耗应不大于1 W。

6.2.14 响应时间

传感器的响应时间应不大于1 s。

6.3 电气性能

6.3.1 绝缘电阻(规定时)

按7.6.1规定进行试验,传感器的绝缘电阻应不小于100 MΩ(直流100 V)。

6.3.2 介质耐电压(规定时)

按7.6.2规定进行试验,施加电压为直流500 V,持续时间60 s,传感器应无机械损伤、飞弧、电迁移或击穿现象。

6.4 环境适应性

按7.7规定进行试验,传感器外观应符合6.6的规定;零点输出应符合6.2.2的规定;绝缘电阻应符合6.3.1的规定。

6.5 寿命

按7.8规定进行试验,传感器试验时间:探空一次性使用时96 h,其他使用时1 000 h。

试验过程中,传感器零点输出应符合6.2.2的规定;线性度应符合6.2.4的规定;准确度应符合6.2.7的规定。

6.6 外观

传感器的外观应无明显损伤、无锈斑;零部件无松动和脱落;标志应清晰、完整、正确。

6.7 外形和安装尺寸

当一个详细规范中包含多种外形时,应尽可能给出全部型号的外形尺寸,并至少给出一种典型的外形图。

6.8 重量

传感器的重量可由用户和供应商协商确定。

6.9 电磁兼容

除另有规定外，传感器应进行静电放电抗扰度试验，满足 GB/T 17626.2—2006 规定试验等级的 4 级的要求。

7 试验项目和方法

7.1 试验环境条件

除另有规定外，所有检验应在标准大气条件下进行：

a) 温度：15 ℃～35 ℃；

b) 相对湿度：25％～75％；

c) 气压：86 kPa～106 kPa。

7.2 测试系统

测试系统主要由供电电源、传感器、标准电场箱、控制与检测装置组成，见图 1。标准电场箱内产生可调均匀电场，传感器测试时放置在标准电场箱内部，使得传感器的被测方向与电场方向一致。

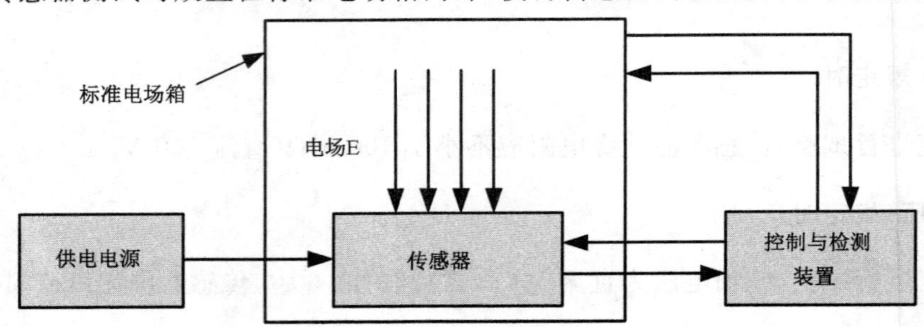

图 1 测试系统框图

7.3 试验的一般规定

7.3.1 证书文件

试验用的仪器设备和计量器具应具有计量检定单位签发的有效期内的检定、校准证书。

7.3.2 预热时间

试验前，传感器应进行通电预热。除另有规定外，试验前通电预热 15 min。

7.4 基本特征

7.4.1 外观

目测检查传感器的外观，其结果应符合 6.6 的要求。

7.4.2 外形尺寸

用量具检查传感器的外形尺寸,其结果应符合6.7的要求。

7.4.3 重量

用天平测量传感器的重量,其结果应符合6.8的要求。

7.5 性能特征

7.5.1 测量范围

施加下限电场,每间隔一段时间(3 s～30 s均可)记录3个数据进行算术平均,该电场值为传感器测量范围下限。施加上限电场,每间隔一段时间记录3个数据进行算术平均,该电场值作为传感器测量范围上限值。

7.5.2 零点输出

施加零电场,每间隔一段时间(3 s～30 s均可)记录3个数据进行算术平均,作为传感器的零点输出。

注:如果传感器测量范围不包括零电场,则本标准所指零点为测量范围下限值(绝对值的最小值)。

7.5.3 满量程输出

施加下限电场,每间隔一段时间(3 s～30 s均可)记录3个数据进行算术平均,作为传感器输出值y_{min}。施加上限电场,记录3个数据进行算术平均,作为传感器输出值y_{max},则按式(1)计算满量程输出:

$$Y_{FS}=y_{max}-y_{min} \qquad \cdots\cdots(1)$$

式中:

Y_{FS} ——传感器满量程输出;

y_{max} ——施加上限电场时传感器输出值;

y_{min} ——施加下限电场时传感器输出值。

7.5.4 线性度

在规定的测量范围内均布取m个(除另有规定外,通常取$m=5\sim11$)校准点(含测量范围的上限和下限),从测量范围下限E_0开始,按规定的校准点平稳加电场,待稳定后,读取传感器的输出值,一直到测量范围的上限为止。

除另有规定外,按GB/T 18459—2001中A2提供的独立线性度方法作为传感器的参比工作直线,按GB/T 18459—2001中3.8.7规定的方法按式(2)计算传感器的线性度:

$$\xi_L=\frac{|\Delta Y_{L,max}|}{Y_{FS}}\times100\% \qquad \cdots\cdots(2)$$

式中:

$\Delta Y_{L,max}$——传感器的实际特性曲线对参比直线的最大偏差;

Y_{FS} ——传感器的满量程输出;

ξ_L ——传感器的线性度。

7.5.5 重复性

在测量范围内均布取m个(除另有规定外,通常取$m=5\sim11$)校准点(含测量范围的上限和下限),

从测量范围下限 E_0 开始，按规定的校准点平稳加电场，待稳定后，读取传感器的输出值，一直到测量范围的上限为止。然后将上限电场再向上波动约 0.2%，再回到上限值，此时读取的输出值作为反行程的初始值，按原校准点顺序回校(称反行程)。正、反行程各 n(除另有规定外，取 $n=3$)次。

采用贝塞尔(Bessel)公式分别计算每个校准点上正、反行程子样标准偏差。

正行程子样标准偏差按式(3)计算：

$$S_{Ui}=\sqrt{\frac{1}{n-1}\sum_{j=1}^{n}(Y_{Uij}-\overline{Y}_{Ui})^2} \qquad (3)$$

式中：

S_{Ui}——正行程第 i 个校准点子样标准偏差($i=1,2,\cdots,m$)；

Y_{Uij}——正行程第 i 个校准点第 j 次的测量值($i=1,2,\cdots,m$；$j=1,2,\cdots,n$)；

$\overline{Y}_{Ui}$——第 i 个校准点处正行程测量值的平均值($i=1,2,\cdots,m$)。

反行程子样标准偏差按式(4)计算：

$$S_{Di}=\sqrt{\frac{1}{n-1}\sum_{j=1}^{n}(Y_{Dij}-\overline{Y}_{Di})^2} \qquad (4)$$

式中：

S_{Di} ——反行程第 i 个校准点子样标准偏差($i=1,2,\cdots,m$)；

Y_{Dij} ——反行程第 i 个校准点第 j 次的测量值($i=1,2,\cdots,m$；$j=1,2,\cdots,n$)；

$\overline{Y}_{Di}$ ——第 i 个校准点处反行程测量值的平均值($i=1,2,\cdots,m$)。

传感器在整个测量范围内的子样标准偏差按式(5)计算：

$$S=\sqrt{\frac{1}{2m}\left(\sum_{i=1}^{m}S_{Ui}^2+\sum_{i=1}^{m}S_{Di}{}^2\right)} \qquad (5)$$

式中：

S ——整个测量范围内的子样标准偏差；

S_{Ui} ——正行程第 i 个校准点子样标准偏差($i=1,2,\cdots,m$)；

S_{Di} ——反行程第 i 个校准点子样标准偏差($i=1,2,\cdots,m$)。

则重复性按式(6)计算：

$$\xi_R=\frac{2S}{Y_{FS}}\times 100\% \qquad (6)$$

式中：

ξ_R ——传感器的重复性；

Y_{FS} ——传感器的满量程输出；

S ——整个测量范围内的子样标准偏差。

7.5.6 迟滞(回差)

传感器的迟滞按式(7)计算。

$$\xi_H=\frac{|\overline{Y}_{Ui}-\overline{Y}_{Di}|_{max}}{Y_{FS}}\times 100\% \qquad (7)$$

式中：

$\overline{Y}_{Ui}$——第 i 个校准点处正行程测量值的平均值($i=1,2,\cdots,m$)；

$\overline{Y}_{Di}$——第 i 个校准点处反行程测量值的平均值($i=1,2,\cdots,m$)；

Y_{FS}——满量程输出值；

ξ_H ——传感器的迟滞。

7.5.7 准确度

正行程相对于参比工作直线的系统误差和反行程相对于参比工作直线的系统误差分别采用式(8)和式(9)计算：

$$\Delta Y_{\mathrm{LH,U}i} = \overline{y}_{\mathrm{U}i} - Y_i \qquad \cdots\cdots (8)$$

$$\Delta Y_{\mathrm{LH,D}i} = \overline{y}_{\mathrm{D}i} - Y_i \qquad \cdots\cdots (9)$$

式中：

$\Delta Y_{\mathrm{LH,U}i}$——正行程相对于参比工作直线的系统误差；

$\Delta Y_{\mathrm{LH,D}i}$——反行程相对于参比工作直线的系统误差；

$\overline{y}_{\mathrm{U}i}$ ——第 i 个校准点处正行程测量值的平均值($i=1,2,\cdots,m$)；

$\overline{y}_{\mathrm{D}i}$ ——第 i 个校准点处反行程测量值的平均值($i=1,2,\cdots,m$)；

Y_i ——传感器在第 i 个校准点处的参比特性值($i=1,2,\cdots,m$)。

正行程准确度($\xi_{\mathrm{LHR,U}i}$)和反行程准确度($\xi_{\mathrm{LHR,D}i}$)采用式(10)和式(11)分别计算：

$$\xi_{\mathrm{LHR,U}i} = \frac{|\Delta Y_{\mathrm{LH,U}i} + 2S|}{Y_{\mathrm{FS}}} \times 100\% \qquad \cdots\cdots (10)$$

$$\xi_{\mathrm{LHR,D}i} = \frac{|\Delta Y_{\mathrm{LH,D}i} + 2S|}{Y_{\mathrm{FS}}} \times 100\% \qquad \cdots\cdots (11)$$

则传感器的准确度 ξ_{LHR} 采用式(12)表示为：

$$\xi_{\mathrm{LHR}} = \pm \max|\xi_{\mathrm{LHR,U}i}, \xi_{\mathrm{LHR,D}i}| \qquad \cdots\cdots (12)$$

7.5.8 分辨力

根据规定的测量范围，调整电场输入量，施加电场 $E_0+\Delta E_{\mathrm{step}}$($E_0$ 即为量程下限，ΔE_{step} 应为规定的分辨力数值)作为基点，读取传感器的输出值 y_{c0}；将电场增大到 $E_0+2\times\Delta E_{\mathrm{step}}$，读取传感器的输出值 y_{c2}；重新施加电场 $E_0+\Delta E_{\mathrm{step}}$，将电场减小到量程下限 E_0，读取传感器的输出值 y_{c1}。

应满足：$y_{c1}<y_{c0}<y_{c2}$，则分辨力为 ΔE_{step}。

7.5.9 灵敏度

传感器输出为线性输出，其参比工作直线的斜率即为灵敏度，按式(13)进行计算：

$$s = \frac{Y_{\max} - Y_{\min}}{x_{\max} - x_{\min}} \qquad \cdots\cdots (13)$$

式中：

s ——灵敏度；

$Y_{\max}$ ——参比工作直线决定的上限电场时传感器最大输出值；

$Y_{\min}$ ——参比工作直线决定的下限电场时传感器最小输出值；

$x_{\max}$ ——传感器的测量范围上限值；

$x_{\min}$ ——传感器的测量范围下限值。

7.5.10 零点漂移

根据零点输出结果，每隔 5 min 记录一次数据，共记录 2 h。传感器的零点漂移应按式(14)计算：

$$D_0 = \frac{|y_{0,\max} - y_0|}{Y_{\mathrm{FS}}} \times 100\% \qquad \cdots\cdots (14)$$

式中：

D_0 ——零点漂移；

$y_{0,max}$——最大漂移处的零点输出；
y_0——初始时的零点输出；
Y_{FS}——按式(1)计算得到的传感器满量程输出值。

7.5.11 满量程漂移

根据满量程输出结果，每隔 5 min 记录一次数据，共记录 2 h。传感器的满量程漂移应按式(15)计算：

$$D_{FS}=\frac{|y_{FS,max}-y_{FS}|}{Y_{FS}}\times 100\% \qquad (15)$$

式中：
D_{FS}——满量程漂移；
$y_{FS,max}$——最大漂移处的满量程输出；
y_{FS}——初始时的满量程输出；
Y_{FS}——按式(1)计算得到的传感器满量程输出值。

7.5.12 热零点漂移

除另有规定外，传感器放入高低温试验箱内，分别在室温、上限工作温度(温度偏差±2 ℃)、下限工作温度(温度偏差±2 ℃)保温，直至传感器温度稳定(保温时间通常可参考传感器的热容量由用户和供应商协商确定)，记录上述温度时的零点输出值。热零点漂移按式(16)计算，取两者最大值作为热零点漂移。

$$\alpha=\frac{Y(T_2)-Y(T_1)}{Y_{FS}(T_1)(T_2-T_1)}\times 100\% \qquad (16)$$

式中：
α——热零点漂移；
T_1——室温，单位为摄氏度(℃)；
T_2——为上限工作温度或下限工作温度，单位为摄氏度(℃)；
$Y(T_1)$——室温时零点输出值；
$Y(T_2)$——为上限工作温度或下限工作温度的零点输出值；
$Y_{FS}(T_1)$——室温时满量程输出值。

7.5.13 功耗

施加零电场情况下，分别测量传感器的供电电流和供电电压，根据测量的供电电压和电流值按式(17)计算出功率：

$$W=U\times I \qquad (17)$$

式中：
U——传感器供电电压，单位为伏(V)；
I——传感器供电电流，单位为安(A)；
W——传感器功耗，单位为瓦(W)。

注：如果传感器测量范围不包括零电场，则所指零点为测量范围下限值(绝对值的最小值)。

7.5.14 响应时间

施加一阶跃电场，同步进行传感器输出信号的采集，输出信号由零输出达到理论输出的 90%时的时间即为电场响应时间。

7.6 电气性能试验

7.6.1 绝缘电阻

除另有规定外，试验电压为直流 100 V，在被测传感器不供电的条件下，除接地端子之外，用绝缘电阻测试仪测量各电气端子对外壳的绝缘电阻，应不小于 100 MΩ。

7.6.2 介质耐电压

除另有规定外，施加电压为直流 500 V，持续时间 60 s。传感器应无机械损伤、飞弧、电迁移或击穿现象。

7.7 环境试验

7.7.1 高温贮存

按 GB/T 2423.2—2008 中 5.2 规定的试验方法和如下规定进行试验：

a) 温度：贮存温度的上限温度±2 ℃；

b) 保温时间：48 h。

试验后，在试验的标准大气条件下恢复 2 h，然后检查传感器外观，检测零点输出。

7.7.2 低温贮存

按 GB/T 2423.1—2008 中 5.2 规定的试验方法和如下规定进行试验：

a) 温度：贮存温度的下限温度±2 ℃；

b) 保温时间：24 h。

试验后，在试验的标准大气条件下恢复 2 h，然后检查传感器外观，检测零点输出。

7.7.3 温度冲击

按 GB/T 2423.22—2012 规定的试验方法和如下规定进行试验：

a) 试验程序：按照 GB/T 2423.22—2012 的第 7 章；

b) 温度：高温为贮存温度的上限温度±2 ℃，低温为贮存温度的下限温度±2 ℃；

c) 保温时间：应确保传感器达到温度稳定（保温时间通常可参考传感器的热容量由用户和供应商协商确定）；

d) 转换时间：不大于 3 min；

e) 冲击次数：3 次。

试验后，在试验的标准大气条件下恢复 2 h，然后检查传感器外观，检测零点输出。

7.7.4 低气压（规定时）

按 GB/T 2423.21 规定的试验方法进行试验。试验过程中，监测传感器供电电压。试验后，在试验的标准大气条件下恢复 2 h，然后检查传感器外观，检测零点输出。

7.7.5 湿热

按 GB/T 2423.4 规定的试验方法进行试验。试验后，在试验的标准大气条件恢复 2 h，然后检查传感器外观，检测零点输出、绝缘电阻。

7.7.6 振动

按 GB/T 2423.10 规定的试验方法进行试验。试验后，在试验的标准大气条件下，然后检查传感器外观，检测零点输出。

7.7.7 冲击

按 GB/T 2423.5 规定的试验方法进行试验。试验后，在试验的标准大气条件下，然后检查传感器外观，检测零点输出。

7.7.8 盐雾（规定时）

按 GB/T 2423.17 规定的试验方法进行试验。试验后，除另有规定外，可用清水轻轻洗去表面沉积的盐，然后在试验的标准大气条件下恢复 2 h，然后检查传感器外观，检测零点输出。

7.7.9 霉菌（规定时）

按 GB/T 2423.16 规定的试验方法进行试验，试验后立即检查传感器长霉程度。

7.8 寿命

按如下规定进行试验：

a) 试验温度：除另有规定外，试验温度为工作温度上限；

b) 试验时间：探空一次性使用时：96 h；其他使用时：1 000 h；

c) 供电电压：按 6.3.2 规定连接施加工作电压。

试验中间检测，每隔 4 h 测量供电电压；试验后，在试验的标准大气条件下恢复 24 h，然后检测传感器外观、零点输出、线性度、准确度、绝缘电阻。

7.9 电磁兼容

按 GB/T 17626.2 规定的试验方法进行试验，测试结果满足 6.9 要求。

8 检验规则

8.1 检验分类

传感器的检验分为出厂检验和型式检验。

8.2 检验项目

出厂检验和型式检验的检验项目及检验顺序见表 1。

表 1 检验项目

序号	检验项目	技术要求条款	试验方法条款	型式检验	出厂检验
1	外观	6.6	7.4.1	●	●
2	外形尺寸	6.7	7.4.2	●	●
3	重量	6.8	7.4.3	●	●
4	绝缘电阻	6.3.1	7.6.1	●	○

表 1（续）

序号	检验项目	技术要求条款	试验方法条款	型式检验	出厂检验
5	介质耐电压	6.3.2	7.6.2	●	○
6	测量范围	6.2.1	7.5.1	●	○
7	零点输出	6.2.2	7.5.2	●	●
8	满量程输出	6.2.3	7.5.3	●	○
9	线性度	6.2.4	7.5.4	●	●
10	重复性	6.2.5	7.5.5	●	○
11	迟滞（回差）	6.2.6	7.5.6	●	○
12	准确度	6.2.7	7.5.7	●	●
13	分辨力	6.2.8	7.5.8	●	●
14	灵敏度	6.2.9	7.5.9	●	○
15	零点漂移	6.2.10	7.5.10	●	○
16	满量程漂移	6.2.11	7.5.11	●	○
17	热零点漂移	6.2.12	7.5.12	●	—
18	功耗	6.2.13	7.5.13	●	○
19	响应时间	6.2.14	7.5.14	●	○
20	高温贮存	6.4	7.7.1	●	—
21	低温贮存	6.4	7.7.2	●	—
22	温度冲击	6.4	7.7.3	●	—
23	低气压（规定时）	6.4	7.7.4	●	—
24	湿热	6.4	7.7.5	●	—
25	振动	6.4	7.7.6	●	—
26	冲击	6.4	7.7.7	●	—
27	盐雾（规定时）	6.4	7.7.8	●	—
28	霉菌（规定时）	6.4	7.7.9	●	—
29	寿命	6.5	7.8	●	—
30	电磁兼容	6.9	7.9	●	—

注：“●”表示应检验的项目；“—”表示不必检验的项目；“○”表示协议的项目。

8.3 出厂检验

8.3.1 检验原则

传感器的出厂检验由制造商质量检验部门进行逐件检验。

8.3.2 检验判别

出厂检验项目全部合格的传感器准予出厂，并应附有产品质量合格证。

出厂检验结果若有不合格项时，可对缺陷产品进行修复，修复后的传感器需重新进行检验，检验合格后准予出厂。

8.4 型式检验

8.4.1 检验原则

有下列情况之一时，应进行型式检验：

a) 新产品鉴定或定型投产前；

b) 产品转厂生产时；

c) 正式生产后因结构、材料、工艺有较大改变可能影响产品性能时；

d) 产品停产 18 个月以上，恢复生产时；

e) 合同中有规定时；

f) 产品执行标准有重要修改时；

g) 正常生产时，每隔 3 年至少进行一次的检验；

h) 国家质量监督机构提出进行型式检验要求时。

8.4.2 抽样方案

型式检验按 GB/T 2828.1 规定的抽样方案进行，样本数量通常不少于 3 个。

9 标志、包装、储存和运输

9.1 标志

传感器的标志应包括下列内容：

a) 型号规格；

b) 名称；

c) 出厂编号；

d) 测量范围；

e) 生产单位名称或商标；

f) 检验批号；

g) 敏感方向标识。

传感器外壳上标识出上述内容。当受限于位置时，至少应标 a)、c)、e)、g)项内容，其他内容可标注在包装盒或使用说明书上。

9.2 包装

传感器包装箱内应包括传感器、使用说明书和附件。包装标志应符合 GB/T 191 的规定。

9.3 储存

包装好的产品应放在环境温度为－10 ℃～40 ℃和相对湿度不大于80％的无腐蚀性气体影响的场所。

9.4 运输

产品在运输过程中应有牢固的包装箱，箱外应按GB/T 191规定标上“易碎物品”“怕雨”等字样或相应的图案。装有传感器产品的包装箱允许用常用的交通工具运输，运输中避免剧烈振动、冲击、机械碰撞、雨雪直接淋袭和腐蚀性气体的腐蚀。

ICS 21.100.10
J 12

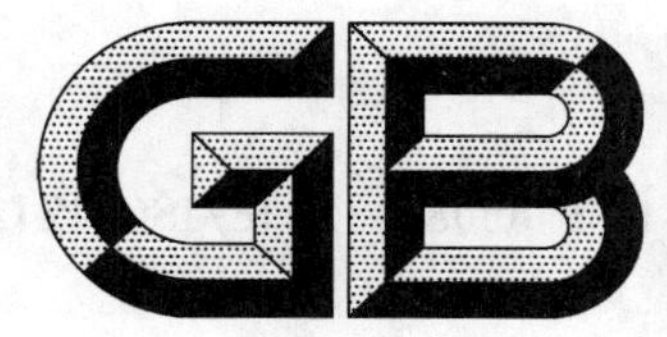

中华人民共和国国家标准

GB/T 35087—2018/ISO 12128:2001

滑动轴承 轴套润滑油孔、油槽和油穴尺寸、型式、标记及其应用

Plain bearings—Lubrication holes, grooves and pockets—Dimensions, types, designation and their application to bearing bushes

(ISO 12128:2001, IDT)

2018-05-14 发布 2018-12-01 实施

国家市场监督管理总局
中国国家标准化管理委员会 发布

前　言

本标准按照 GB/T 1.1—2009 给出的规则起草。

本标准使用翻译法等同采用 ISO 12128:2001《滑动轴承 轴套润滑油孔、油槽和油穴 尺寸、型式、标记及其应用》。

与本标准中规范性引用的国际文件有一致性对应关系的我国文件如下:

——GB/T 1804—2000　一般公差　未注公差的线性和角度尺寸的公差(eqv ISO 2768-1:1989)

本标准做了下列编辑性修改:

——第 1 章范围中增加了“注:由于烧结金属制成的轴套自身含有润滑剂,本标准未规定其润滑剂供给及分配方式。碳材料制成的轴套不需要润滑油或润滑脂润滑。”。

本标准由中国机械工业联合会提出。

本标准由全国滑动轴承标准化技术委员会(SAC/TC 236)归口。

本标准负责起草单位:中机生产力促进中心。

本标准参加起草单位:浙江长盛滑动轴承股份有限公司、浙江双飞无油轴承股份有限公司、浙江中达精密部件股份有限公司、嘉善峰成三复轴承有限公司、临安东方滑动轴承有限公司。

本标准由全国滑动轴承标准化技术委员会负责解释。

滑动轴承 轴套润滑油孔、油槽和油穴 尺寸、型式、标记及其应用

1 范围

本标准规定了轴套的润滑油孔、油槽和油穴的尺寸。这些尺寸可以以示例中规定的标记方法标注于图纸上。润滑油孔、油槽、油穴的使用取决于特定的运行工况。

此外，本标准允许铜合金、热固性塑料、热塑性塑料或碳材料制成的轴套采用不同的润滑剂供给和分配方式。

注：由于烧结金属制成的轴套自身含有润滑剂，本标准未规定其润滑剂供给及分配方式。碳材料制成的轴套不需要润滑油或润滑脂润滑。

2 规范性引用文件

下列文件对于本文件的应用是必不可少的。凡是注日期的引用文件，仅注日期的版本适用于本文件。凡是不注日期的引用文件，其最新版本(包括所有的修改单)适用于本文件。

GB/T 18324—2001 滑动轴承 铜合金轴套(ISO 4379:1993,IDT)

ISO 2768-1:1989 一般公差 第1部分:未注公差的线性和角度尺寸的公差(General tolerances—Part 1: Tolerances for linear and angular dimensions without individual tolerance indications)

3 尺寸、型式和标记

3.1 概述

润滑油孔、油槽和油穴的尺寸与轴承的壁厚 s 有关。给定的尺寸 d_1 应仅作为参考尺寸使用。

所有尺寸单位均为 mm。

3.2 润滑油孔

3.2.1 尺寸及型式

润滑油孔尺寸及型式见图1和表1。

润滑油孔可与油槽、油穴共同提供润滑。当某一润滑点的润滑能满足要求时，可不用润滑油孔、油槽或油穴。

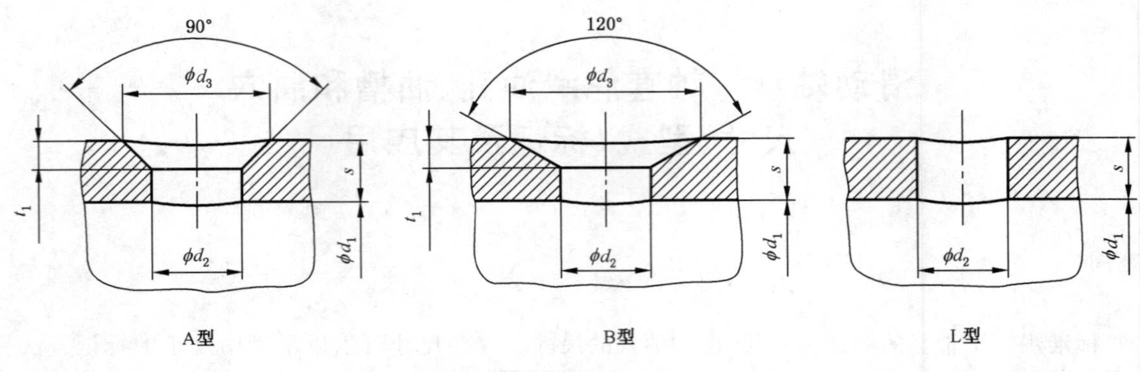

图 1 润滑油孔

表 1 润滑油孔尺寸

d_2		2.5	3	4	5	6	8	10	12
t_1		1	1.5	2	2.5	3	4	5	6
d_3	A 型	4.5	6	8	10	12	16	20	24
	B 型	6	8.2	10.8	13.6	16.2	21.8	27.2	32.6
s	$>$	—	2—	2.5	3	4	5	7.5	10
	$\leqslant$	2	2.5	3	4	5	7.5	10	—
d_1	公称	$d_1 \leqslant 30$		$30 < d_1 \leqslant 100$			$d_1 > 100$		

3.2.2 标记

示例：A 型润滑油孔，油孔直径 $d_2 = 3$ mm，标记如下：

润滑油孔 GB/T 35087-A3

3.3 润滑油槽

3.3.1 尺寸及型式

润滑油槽尺寸及型式见图 2、图 3 和表 2、表 3。

润滑油槽主要用于滑动轴承。C、D、E 型油槽通常与 H 型（周向油槽）一起，主要用于有色金属、钢、铸铁或塑料制成的滑动轴承中。F、G 型油槽主要用于碳材料制成的滑动轴承。

J 型油槽是窄幅混合油槽，通常主要用于脂润滑。为便于加工和避免毛刺，所有尖角处可制出小的倒角或圆角。

注：为方便制造，可在图纸上标注油槽部位轴承剩余壁厚的尺寸作为控制尺寸。

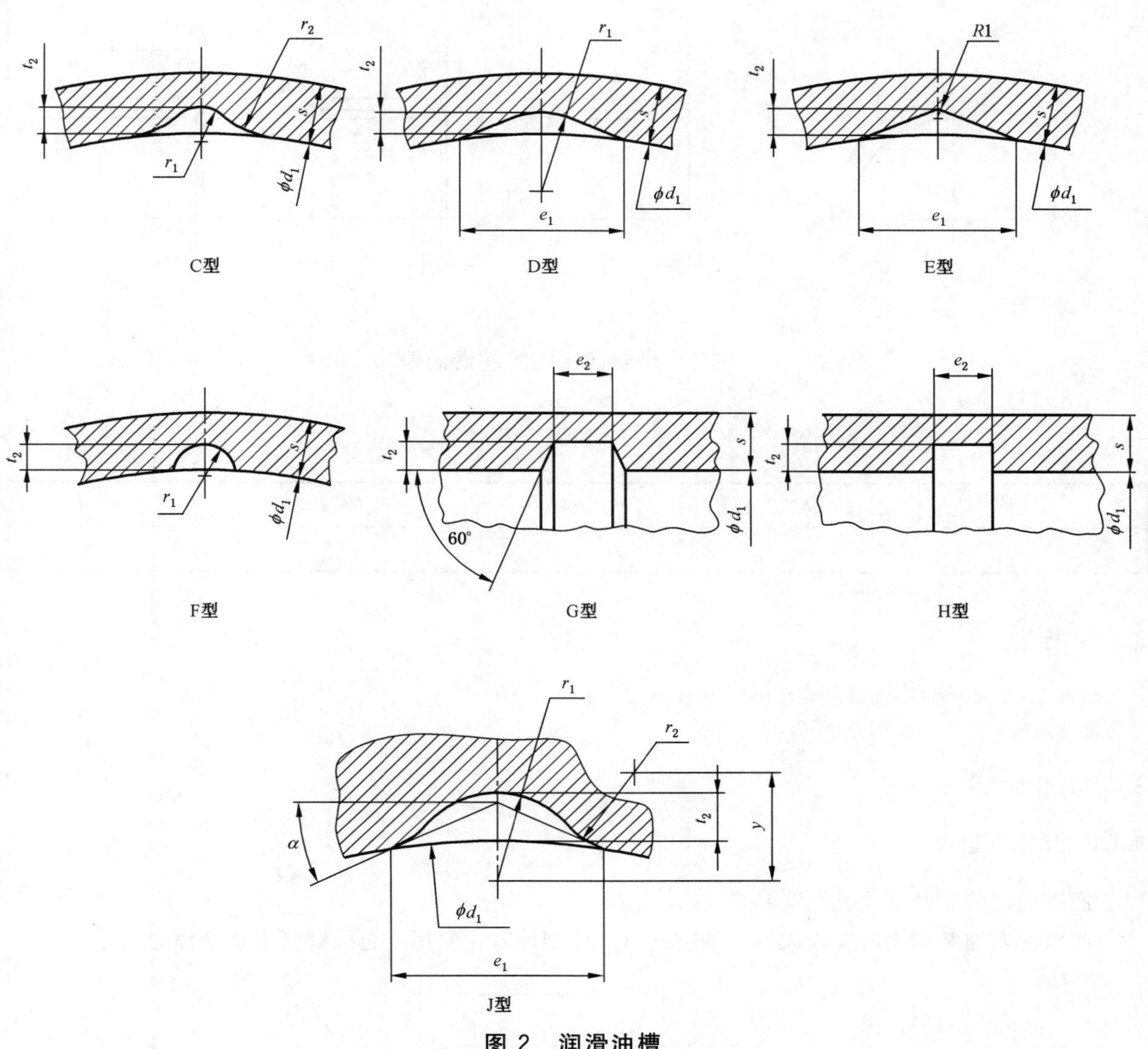

图 2　润滑油槽

表 2　润滑油槽尺寸

t_2	e_1		e_2		r_1				r_2		y	α	s		d_1	
型式	型式		型式		型式				型式		型式	型式			型式	
C～J	D,E	J	G	H	C	D	F	J	C	J	J	J	>	≤	C～H	J
0.4	3	3	1.2	3	1.5	1.5	1	1	1.5	1	1.5	28°	—	1	$d_1 \leqslant 30$	16
0.6	4	4	1.6	3	1.5	1.5	1	1.5	2	1.5	2.1	25°	1	1.5		20
0.8	5	5	1.8	3	1.5	2.5	1	1.5	3	1.5	2.2	25°	1.5	2		30
1	8	6	2	4	2	4	1.5	2	4.5	2	2.8	22°	2	2.5		40
1.2	10.5	6	2.5	5	2.5	6	2	2	6	2	2.6	22°	2.5	3	$d_1 \leqslant 100$	40
1.6	14	7	3.5	6	3	8	3	2.5	9	2.5	2.6	20°	3	4		50
2	19	8	4.5	8	4	12	4	2.5	12	2.5	2.8	20°	4	5		60
2.5	28	8	7.5	10	5	20	5	3	15	3	3	20°	5	7.5	$d_1 > 100$	70
3.2	38	—	11	12	7	28	7	—	21	—	—	—	7.5	10		—
4	49	—	14	15	9	35	9	—	27	—	—	—	10	—		—

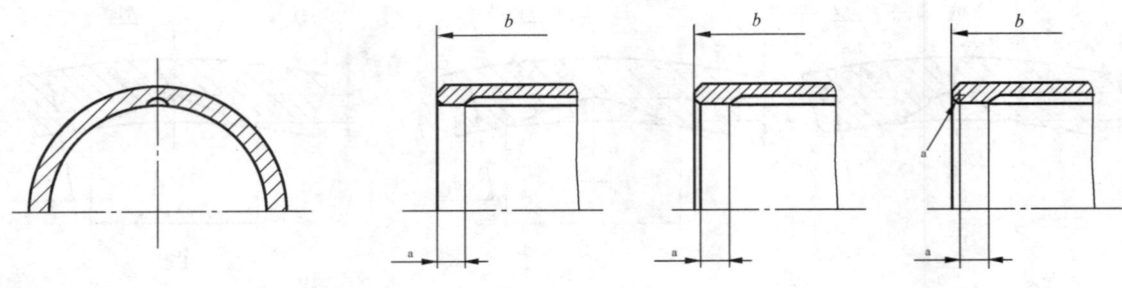

[a] 倒圆角。

图 3 带封闭末端的润滑油槽

表 3 边距 *a* 尺寸

b 公称	$15 \leqslant b \leqslant 30$	$30 < b \leqslant 60$	$60 < b \leqslant 100$	$b > 100$
a	3	4	6	10

3.3.2 标记

示例：D 型润滑油槽，油槽深度 $t_2 = 0.8$ mm，标记如下：

润滑油槽 GB/T 35087-D0.8

3.4 润滑油穴

3.4.1 尺寸及型式

润滑油穴尺寸及型式见图 4 和表 4。

润滑油穴通常用于需要较大的储油空间时。K 型油穴主要用于直线往复滑动摩擦运动。

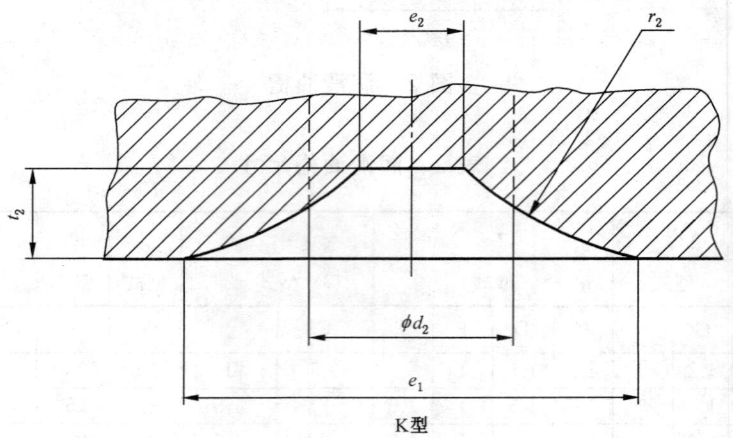

图 4 润滑油穴

表 4 润滑油穴尺寸

t_2	d_2	e_1	e_2	r_2
1.6	6	8	1.8	6.5
2.5	8	15	2.8	14
4	10	24	4.5	20
6	12	35	6.3	30

3.4.2 标记

示例：K 型润滑油穴，油穴深度 $t_2=2.5$ mm，标记如下：

润滑油孔 GB/T 35087-K2.5

3.5 设计

未注公差的允许偏差应符合 ISO 2768-1 中的“c”级公差。边角处倒角最大尺寸应为 0.5 mm 或者倒圆角。应避免滑动表面处的尖角过渡。

除碳材料制成的滑动轴承外，润滑油孔、油槽和油穴的位置不宜位于轴承承载区。通常油槽和油穴不应在轴向开通。油槽或油穴的形状应由制造商决定。

注：当在韧性和硬度较高的材料制成的滑动轴承上加工润滑油槽和油穴时，油槽底部允许出现不影响滑动轴承运转的波纹。由于烧结金属制成的轴套自身含有润滑剂，因此不规定其润滑油孔、油槽和油穴。

4 轴套上的润滑油孔、油槽及油穴(见表 5)

符合本标准规定的润滑油孔、油槽和油穴的尺寸和型式见 3.2 和 3.4。

不带润滑油孔、油槽和油穴的轴套的标记示例见相关标准。

除 $x=b/2$ 外，符号 x 表示距轴套导入端的距离。符号 h 表示油槽的节距，大小为 $0.1b$ 至 $1b$。

如果轴套中有两个油孔或油穴，其位置应隔 180°，三个油孔和油穴应间隔 120°，四个应间隔 90°。

每个轴套应仅规定一种形式的油孔、油槽和油穴。每种型式的 x 和 h 值可自由选择。

5 带润滑油孔和/或油槽的轴套的标记示例

尺寸为 20×24×20Y 的 C 型轴套，材料为符合 GB/T 18324—2001 中规定的 CuSn8P，具有与本标准中 A 型轴套对应的两个 L 型油孔(2L)，油孔中心线距离导入端面距离 $x=6$ mm，标记示例如下：

轴套 GB/T 18324-C20×24×20Y-A2L6-CuSn8P

同一轴套，增加与本标准中 C 型轴套对应的两个 D 型(2D)纵向油槽，标记示例如下：

轴套 GB/T 18324-C20×24×20Y-A2L62D-CuSn8P

尺寸为 20×24×20Y 的 C 型轴套，材料为符合 GB/T 18324—2001 中规定的 CuSn8P，具有与本标准中 C 型轴套对应的 3 个 D 型(3D)纵向油槽，同时还具有与本标准中 E 型轴套对应的 1 个 H 型(1H)周向油槽，周向油槽中心线距导入端面距离 $x=6$ mm，标记示例如下：

轴套 GB/T 18324-C20×24×20Y-C3DE1H6-CuSn8P

表 5 轴套型式

轴套型式	润滑油孔和油槽			轴套材料
	型式 （见第 3 章）	型式及应用		
A	A B L	润滑油孔，居中或偏离中心	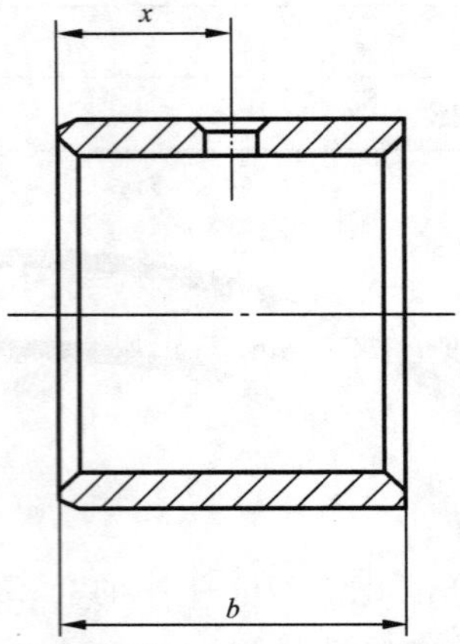 *x* *b*	铜合金 热固性塑料 热塑性塑料
C	C D E J	纵向油槽，在两端面均闭合	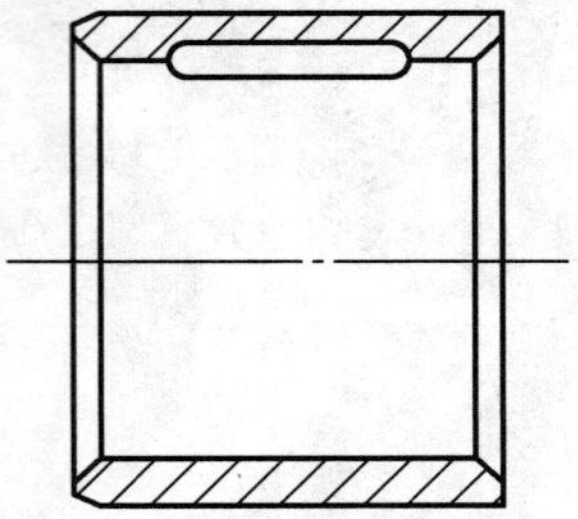	铜合金 热固性塑料 热塑性塑料
E	G H	周向油槽，居中或偏离中心	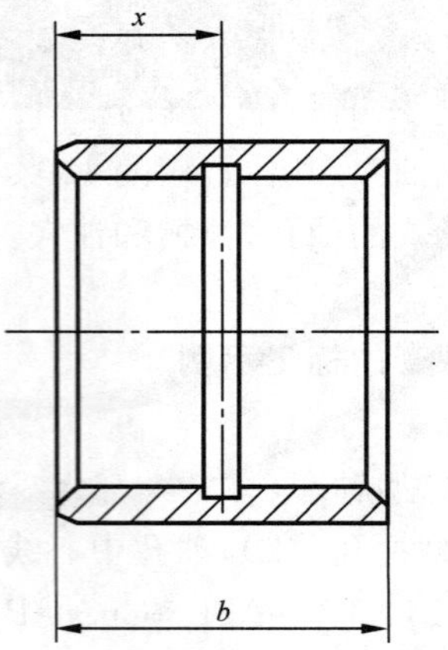 *x* *b*	铜合金 热固性塑料 热塑性塑料 碳材料
G	C D E J	纵向油槽，通至轴套导入端面的另一面	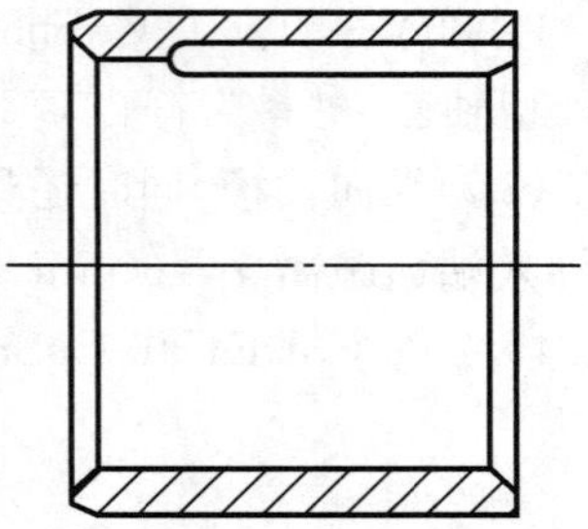	铜合金 热固性塑料 热塑性塑料

表 5（续）

轴套型式	润滑油孔和油槽			轴套材料
	型式 （见第 3 章）	型式及应用		
H	C D E J	纵向油槽，通至导入端面	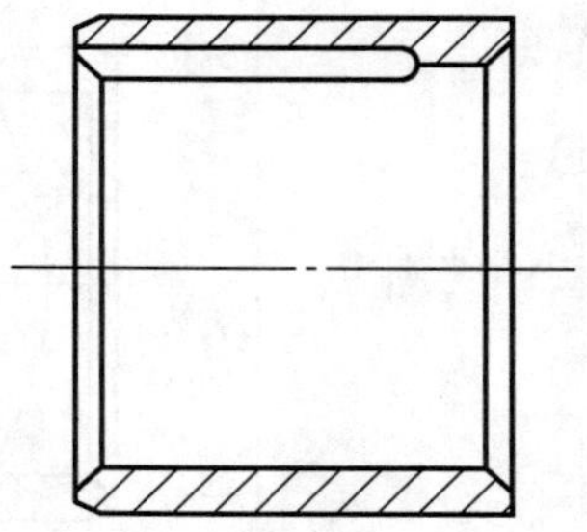	铜合金 热固性塑料 热塑性塑料
J	C D E F J	纵向油槽，两端面均贯通	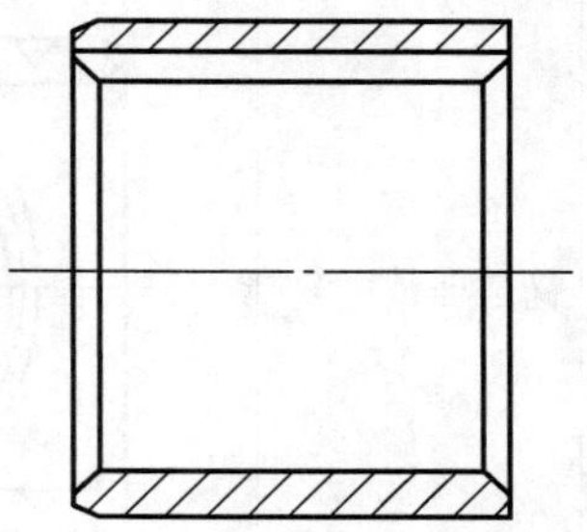	铜合金 碳材料
K	C F J	右旋螺旋油槽	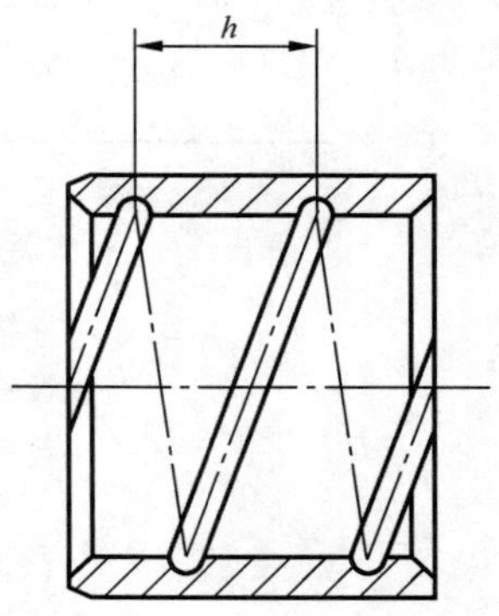 h	铜合金 碳材料
L	C F J	左旋螺旋油槽	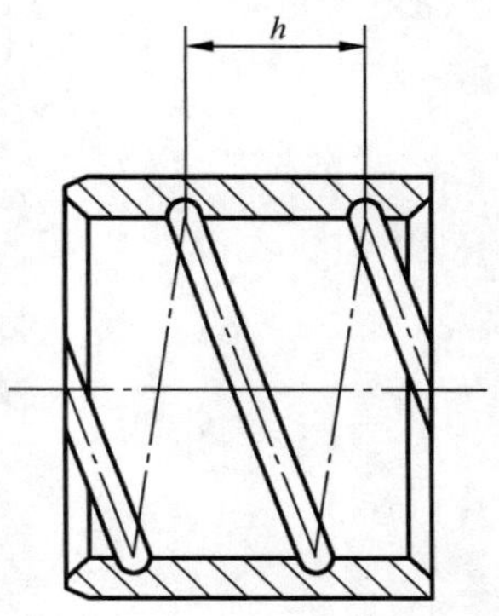 h	铜合金 碳材料

表 5（续）

轴套型式	润滑油孔和油槽			轴套材料
	型式 （见第 3 章）	型式及应用		
M	C J	八字型油槽	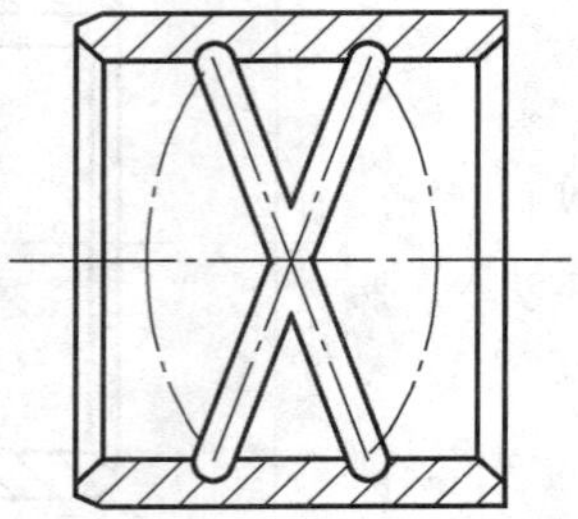	铜合金 热固性塑料 热塑性塑料
N	C J	椭圆油槽	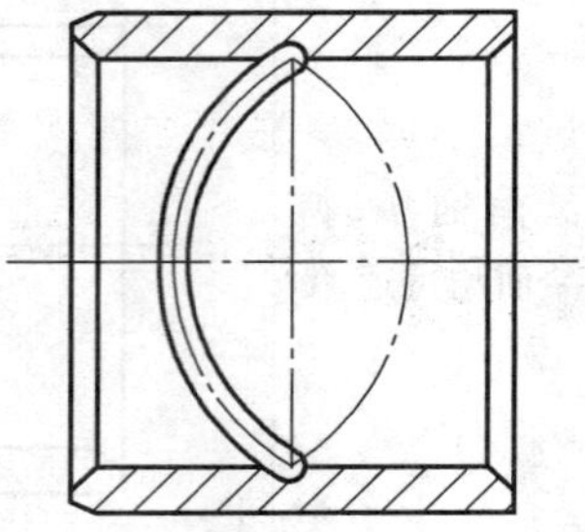	铜合金 热固性塑料 热塑性塑料

ICS 21.100.10
J 12

中华人民共和国国家标准

GB/T 35088—2018/ISO 4381:2011

滑动轴承 多层滑动轴承用锡基铸造合金

Plain bearings—Tin casting alloys for multilayer plain bearings

(ISO 4381:2011,IDT)

2018-05-14 发布

2018-12-01 实施

国家市场监督管理总局
中国国家标准化管理委员会 发布

前　言

本标准按照 GB/T 1.1—2009 给出的规则起草。

本标准使用翻译法等同采用 ISO 4381:2011《滑动轴承　多层滑动轴承用锡基铸造合金》。

本标准做了下列编辑性修改：

——第 1 章范围中增加了“注：除本标准规定的材料，其他牌号锡基铸造合金化学成分和技术要求参见附录 A。”

本标准由中国机械工业联合会提出。

本标准由全国滑动轴承标准化技术委员会(SAC/TC 236)归口。

本标准负责起草单位：中机生产力促进中心、合肥波林新材料股份有限公司、常州恒业轴瓦材料有限公司。

本标准参加起草单位：湖南崇德工业科技有限公司、临安东方滑动轴承有限公司、上海核威实业有限公司、金华市程凯合金材料有限公司、湖南飞碟新材料有限责任公司。

本标准由全国滑动轴承标准化技术委员会负责解释。

滑动轴承
多层滑动轴承用锡基铸造合金

1 范围

本标准规定了多层滑动轴承用锡基铸造轴承合金技术要求。化学成分和材料性能是指未经加工的原材料,应使用有代表性的试样检测。由于轴承制造的影响,成品轴承的检测结果可能与原材料检测结果不一致。因此,成品轴承的检测结果不应作为材料性能指标的判定依据。

注:除本标准规定的材料,其他牌号锡基铸造合金化学成分和技术要求参见附录A。

2 规范性引用文件

下列文件对于本文件的应用是必不可少的。凡是注日期的引用文件,仅注日期的版本适用于本文件。凡是不注日期的引用文件,其最新版本(包括所有的修改单)适用于本文件。

ISO 1143 金属材料 回转梁弯曲疲劳试验(Metallic materials—Rotating bar bending fatigue testing)

ISO 4384-2 滑动轴承 轴承合金硬度检验 第2部分:单层材料(Plain bearings—Hardness testing of bearing metals—Part 2: Solid materials)

ISO 4386-2:2012 滑动轴承 金属多层滑动轴承 第2部分:厚度大于或等于2 mm的轴承合金层粘结强度的无损检验(Plain bearings—Metallic multilayer plain bearings—Part 2: Destructive testing of bond for bearing metal layer thicknesses greater than or equal to 2 mm)

3 要求

3.1 化学成分

合金元素的化学成分应在表1规定的范围内。有争议时,化学分析法为仲裁方法。

3.2 机械性能

材料性能应符合表1的规定。

材料的所有性能值都是平均值或范围,作为设计时的典型值。由于某些合金成分范围较大以及冷却条件对机械性能产生的显著影响,在个别情况下,某些性能值将会与给出值偏差较大。

3.3 材料的选用

附录A中给出了轴承合金应用及轴承对偶件(轴)硬度的指南。

表 1 锡基铸造合金

化学元素		化学成分(质量分数)/%
		SnSb8Cu4
Sn		其余
Sb		7～8
Cu		3～4
杂质		
Pb		<0.35
As		<0.1
Bi		<0.08
Fe		<0.1
Al		<0.01
Zn		<0.01
Cd		<0.05
其他总量		0.2
机械性能		
布氏硬度 按照 ISO 4384-2 中 HBW10/250/180	20 ℃	22
	100 ℃	10
0.2%拉伸屈服应力 $R_{p0.2}$ N/mm²	20 ℃	46
抗拉强度 R_m N/mm²	20 ℃	77
0.2%压缩屈服应力 $\sigma_{d0.2}$ N/mm²	20 ℃	47
	100 ℃	27
粘结强度 R_{Ch} N/mm²		见 ISO 4386-2:2012 中 8.1 和 8.2
回转梁弯曲疲劳 R_{rbf} 按照 ISO 1143 中 10^7 循环 N/mm²		±29
线性热膨胀系数 α 10^{-6}/K		23.9
熔化温度 ℃		233～360
铸造温度 ℃		440～460
密度 ρ kg/dm³		7.3

4 标记

示例:化学成分代号为 SnSb8Cu4 的轴承合金标记如下:

轴承合金 GB/T 35088-SnSb8Cu4

附　录　A
（资料性附录）
轴承合金应用及轴承对偶件(轴)硬度的指南

轴承合金	特点及主要用途	轴的最低硬度[a]
SnSb8Cu4	良好的滑动性、顺应性和高的韧性；良好的嵌入性；适用于流体动压范围内的高滑动速度、中等载荷；低频的冲击应力；对交变弯曲应力不敏感。 适用于高载荷的轧机轴承；用于制造卷制轴套，壁厚最大达 3 mm 左右的薄壁轴瓦以及止推垫片	160 HBW

[a] 在多层滑动轴承中，轴承材料和轴材料硬度之间的差值应能在工作条件下安全避免咬粘的发生。工作条件，特别是润滑条件，对轴材料的选用有相当大的影响。因此，所推荐的轴材料硬度值为最小值。通常，锡基轴承材料用于和未淬火和未回火的轴匹配。

参 考 文 献

[1] ISO 4386-1 Plain bearings—Metallic multilayer plain bearings—Part 1:Non-destructive ultrasonic testing of bond

[2] ISO 4386-3 Plain bearings—Metallic multilayer plain bearings—Part 3:Non-destructive penetrant testing

ICS 21.200
J 17

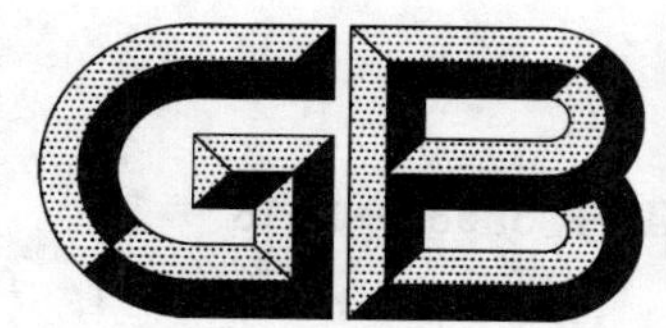

中华人民共和国国家标准

GB/T 35089—2018

机器人用精密齿轮传动装置　试验方法

Precision gear transmission for robot—Test method

2018-05-14 发布　　2018-12-01 实施

国家市场监督管理总局
中国国家标准化管理委员会　发布

前 言

本标准按照 GB/T 1.1—2009 给出的规则起草。

本标准由中国机械工业联合会提出。

本标准由全国齿轮标准化技术委员会(SAC/TC 52)归口。

本标准起草单位:江苏济川创新传动机械研究院有限公司、江苏省减速机产品质量监督检验中心、苏州绿的谐波传动科技有限公司、机械科学研究总院中机生产力促进中心、重庆大学传动机械国家重点实验室、陕西渭河工模具有限公司/国营第702厂、上海ABB工程有限公司、南通慧幸智能科技有限公司、秦川机床工具集团股份公司、国家不锈钢制品监督检验中心、成都斯瑞工具科技有限公司、上海交通大学机械与动力工程学院、南京高速齿轮箱制造有限公司、广东产品质量监督检验研究院、南京康尼机电股份有限公司、南京工程学院。

本标准主要起草人:丁军、左昱昱、周晓菊、李谦、刘红旗、张彦君、张敬彩、弓宇、陈安源、王绍忠、陶桂宝、赵言正、张佳帆、吴文、吴清锋、胡万良、史翔、史旭东、张杰、瞿虎春、李朝阳、唐娟、王海霞、徐磊琛、何君、陈健。

机器人用精密齿轮传动装置　试验方法

1　范围

本标准规定了机器人用精密齿轮传动装置台架试验的试验件、试验设备、安装调试、转矩效率试验、传动精度试验、寿命试验、弯曲刚度试验及其数据处理的基本要求。

本标准适用于一般工业环境下机器人用谐波齿轮减速器、行星摆线减速器、摆线针轮减速器等精密齿轮传动装置的台架试验。

2　规范性引用文件

下列文件对于本文件的应用是必不可少的。凡是注日期的引用文件，仅注日期的版本适用于本文件。凡是不注日期的引用文件，其最新版本(包括所有的修改单)适用于本文件。

GB/T 2828.1　计数抽样检验程序　第1部分：按接收质量限(AQL)检索的逐批检验抽样计划

GB/T 2828.11　计数抽样检验程序　第11部分：小总体声称质量水平的评定程序

GB/T 6404.1　齿轮装置的验收规范　第1部分：空气传播噪声的试验规范

3　术语和定义

下列术语和定义适用于本文件。

3.1

空载摩擦转矩　no-load running torque

输出端无负载，驱动输入端，不同稳定转速下的输入转矩。

注：空载摩擦转矩也可用转速-转矩曲线表达。

3.2

启动转矩　starting torque

输出端无负载，缓慢扭转输入端至输出端启动瞬间所需的转矩。

3.3

反向启动转矩　backdriving torque

增速启动转矩

输入端无负载，缓慢扭转输出端至输入端启动瞬间所需的转矩。

3.4

滞回曲线　hysteresis curve

输入端固定，给输出端逐渐加载至额定转矩后卸载，再反向逐渐加载至额定转矩后卸载，记录输出端对应的转矩、转角值，绘制完成的封闭的转矩-转角曲线。

3.5

弯曲刚度　bending moment rigidity

输出端承受的弯矩与输出端轴线的弹性偏转角之比值。

3.6

扭转刚度　torsional rigidity

输入端固定，输出端承受的转矩与输出端的弹性扭转角的比值。

3.7

回差 lost motion

滞回曲线上，±3%额定转矩处两组交点的中点的转角差的绝对值。

3.8

传动误差 transmission error

输出端实际转角与理论转角之差。

4 试验件

4.1 试验件及数量

试验件为产品或样机，数量由试验目的和要求决定。若为抽样检验，试验件数量应依据 GB/T 2828.1 或 GB/T 2828.11 进行确定。

4.2 试验件的材质和加工精度

试验件的主要零件的材料、热处理、机械加工应符合产品设计要求并有检查记录。

5 试验设备

5.1 转矩、转速试验设备

5.1.1 用于空载、负载、超载、空载摩擦转矩、启动转矩、机械效率等试验项目，基本组成如图 1 所示(可以不装角度传感器)。在试验件的输入和输出端各安装一台转速转矩传感器，直接测量试验件的输入和输出转矩、转速。

5.1.2 驱动与加载方式不受限制，应能保持运转稳定。在额定转速下，驱动转速波动不应超过±1 r/min，负载转矩波动不应超过±1.5%FS。

5.1.3 应可以正、反转及带载启动，位置调节部件应能锁死。

5.1.4 仪器仪表的规格、量程、精度应与试验要求相适应，并通过校准及理论计算得出系统误差。试验过程中应能自动记录数据。

5.2 传动精度试验设备

5.2.1 用于扭转刚度、回差、传动误差等试验项目，基本组成如图 1 所示。在试验件的输入和输出端各安装一组角度传感器和转速转矩传感器，直接测量试验件的输入和输出转角、转矩、转速。试验件与角度传感器之间联接应保证同步。

5.2.2 驱动与加载方式不受限制，应能保持运转稳定。在额定转速下，驱动转速波动不应超过±1 r/min，负载转矩波动不应超过±1.5%FS。转角测量误差应不大于试验件传动误差的 1/3。

5.2.3 应可以正、反转及带载启动，位置调节部件应能锁死，旋转制动部件应作用可靠(即制动状态下不能有松动，松开状态下不能有摩擦)。

5.2.4 仪器仪表的规格、量程、精度应与试验要求相适应，并通过校准及理论计算得出系统误差。试验过程中应能自动记录数据。

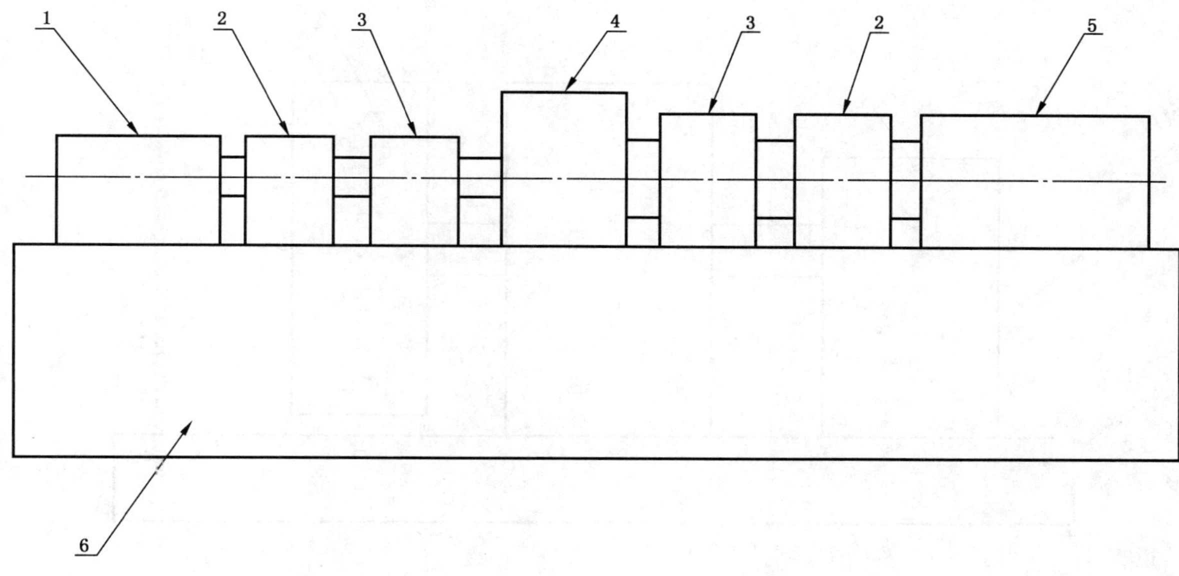

说明：

1——驱动系统；

2——转矩转速传感器；

3——角度传感器；

4——试验件；

5——加载系统；

6——工作平台。

图 1 转矩、效率及传动精度试验设备示意图

5.3 寿命试验设备

5.3.1 用于疲劳寿命试验项目。应采用模拟机器人实际工况的摆动试验方法，包括但不限于摆动 $n\times$ 360°、180°、90°、45°。分为卧式和立式两种型式，基本组成如图 2、图 3 所示。在惯性负载上安装加速度传感器，测量输出轴的角加速度。

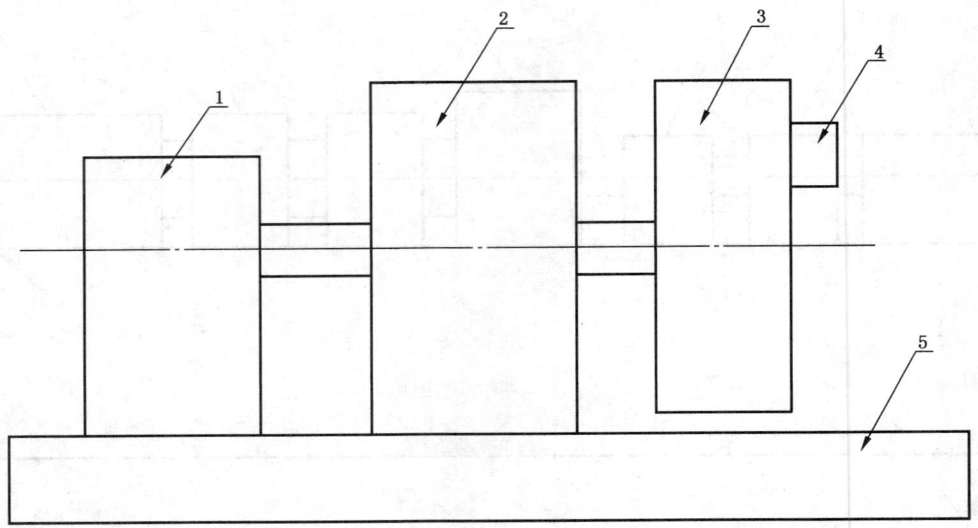

说明：

1——驱动系统；

2——试验件及安装支承系统；

3——惯性负载；

4——加速度传感器；

5——工作平台。

图 2 卧式寿命试验设备示意图

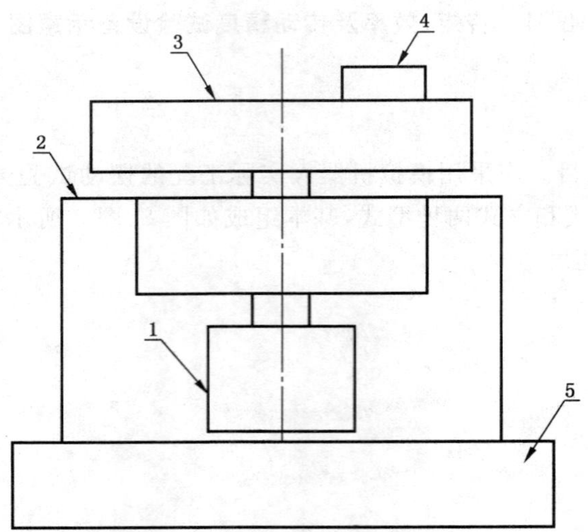

说明：

1——驱动系统；

2——试验件及安装支承系统；

3——惯性负载；

4——加速度传感器；

5——工作平台。

图 3 立式寿命试验设备示意图

5.3.2 仪器仪表的规格、量程、精度应与试验要求相适应，并通过校准及理论计算得出系统误差。试验过程中应能自动记录数据。

5.4 弯曲刚度试验设备

5.4.1 用于弯由刚度试验项目。基本组成如图 4 所示。将试验件固定于工作平台后,可以分别对输出轴施加径向负载力 W_1 和轴向负载力 W_2,方式不限。

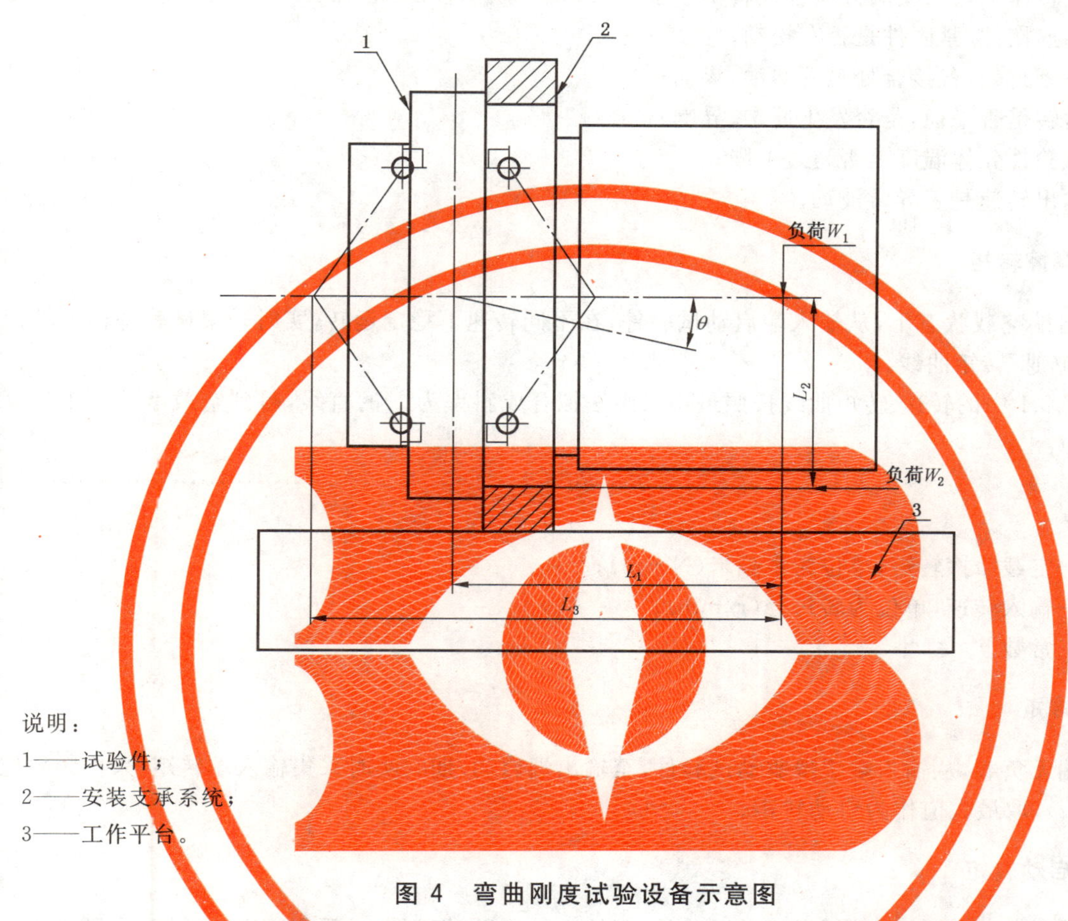

说明:

1——试验件;

2——安装支承系统;

3——工作平台。

图 4 弯曲刚度试验设备示意图

5.4.2 仪器仪表的规格、量程、精度应与试验要求相适应,并通过校准及理论计算得出系统误差。测试参数包括轴向、径向负载力及输出轴偏转角。采用力传感器分别测量轴向、径向负载;采用角度测试仪器直接测量输出轴偏转角,或采用位移传感器测量偏转位移后计算得到偏转角。

5.5 温度、噪声测试仪器

5.5.1 试验件壳体温度的测量优先采用贴片式温度传感器。

5.5.2 噪声测试仪器和测试方法应符合 GB/T 6404.1 的规定。

6 安装调试

试验件安装完毕应符合下列要求:

——试验件与试验设备各部件连接可靠,保证刚度,减少调整环节,减小系统误差。

——试验件的输入、输出轴线与相邻设备的同轴度应不大于 0.02 mm,并保证系统运转灵活。

7 转矩、效率试验与数据处理

7.1 空载试验

在额定转速下，正、反两方向各运转不小于 30 min。试验过程中应观察并记录：

——各连接件、紧固件是否有松动；

——各密封处、各接合处是否漏油、渗油；

——运转是否平稳，是否发生冲击、异响；

——试验件壳体温度是否超过上限；

——输出转速是否异常波动。

7.2 空载摩擦转矩

7.2.1 输出端空载状态下，从输入端启动试验件，在不同转速下稳定运转，实时采集试验件输入转速及转矩，绘制转速-转矩曲线。

7.2.2 将 7.2.1 中的转速-转矩曲线按照最小二乘法拟合成斜率为 k 的直线，得到空载摩擦转矩计算方法，见式(1)：

$$T = kn + c \quad \cdots\cdots\cdots\cdots (1)$$

式中：

T ——空载摩擦转矩，单位为牛顿米(N·m)；

n ——输入转速，单位为转每分(r/min)；

c ——常数。

7.3 启动转矩

输出端无负载，从输入端缓慢驱动试验件，至输出端启动，期间实时采集输入端转矩(采样频率应不低于 1 kHz)，取最大值作为启动转矩。

7.4 反向启动转矩

输入端无负载，从输出端缓慢驱动试验件，至输入端启动，期间实时采集输出端转矩(采样频率应不低于 1 kHz)，取最大值作为反向启动转矩。

7.5 加载及传动效率试验

7.5.1 空载试验后进行加载及传动效率试验，试验环境温度(23±5)℃。在额定转矩下运转至温度平衡，且壳体温度≤60 ℃时，进行效率试验。

7.5.2 在不同转速下从零加载至额定转矩，记录输入/输出转矩、输入/输出转速，每个转速下至少采集 5 组数据(同时记录壳体温度、噪声和运转时间)，根据记录数据计算传动效率，然后绘制出不同转速下的转矩—效率曲线，如图 5 所示。

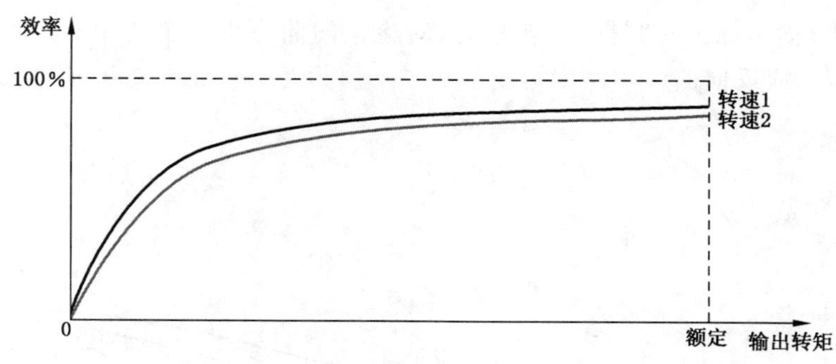

图 5 转矩-效率曲线

7.5.3 机械效率的计算见式(2)：

$$\eta = \frac{\overline{T}_2}{\overline{T}_1 i} \times 100\% \qquad \cdots\cdots(2)$$

式中：

η ——试验件的传动效率；

$\overline{T}_2$——输出转矩算术平均值，单位为牛顿米(N·m)；

$\overline{T}_1$——输入转矩算术平均值，单位为牛顿米(N·m)；

i ——试验件的传动比。

7.5.4 温升的计算见式(3)：

$$\Delta t = t - t_0 \qquad \cdots\cdots(3)$$

式中：

Δt ——壳体温升，单位为摄氏度(℃)；

t ——壳体温度，单位为摄氏度(℃)；

t_0 ——试验环境温度，单位为摄氏度(℃)。

7.6 超载试验

加载试验完成后不卸载，继续在 2.5 倍额定转矩下运转 10 min，在 4 倍额定转矩下运转 2 s～5 s。

8 传动精度试验与数据处理

8.1 扭转刚度

8.1.1 输入端固定，给输出端逐渐加载至额定转矩后卸载，再反向逐渐加载至额定转矩后卸载，记录输出端对应的转矩、转角值，同时绘制出滞回曲线，如图 6 所示。试验过程中应保证各连接部分无侧隙，若存在侧隙，则需在试验前准确测量，并在最终结果中将连接部分侧隙作为系统误差修正。

8.1.2 从零加载至额定负载，再从额定负载降至零，输出转矩及转角的采样数量分别不少于 100 点；反向加载亦然。试验数据应根据角位移的正增加与负增加进行记录。

8.1.3 扭转刚度值由滞回曲线中计算得出。扭转刚度值应根据滞回曲线分段拟合，一般可将单方向加载及卸载曲线按照斜率不同分为 2 至 3 段，或根据试验件试验需求进行划分。对每段加载及卸载数据集进行最小二乘法直线拟合，获得该段的斜率 $k=a/b$，k 值的倒数即为该段转矩范围内的扭转刚度。

8.2 回差

8.2.1 回差试验步骤及方法同扭转刚度，其结果依据滞回曲线按照回差定义计算得出。

8.2.2 在滞回曲线中，横坐标为+3%额定转矩时，对应正向曲线中两个转角值的平均值为θ_1，横坐标为-3%额定转矩时，对应反向曲线中两个角度值的平均值为θ_2，θ_1与θ_2的差值即为试验件的回差。

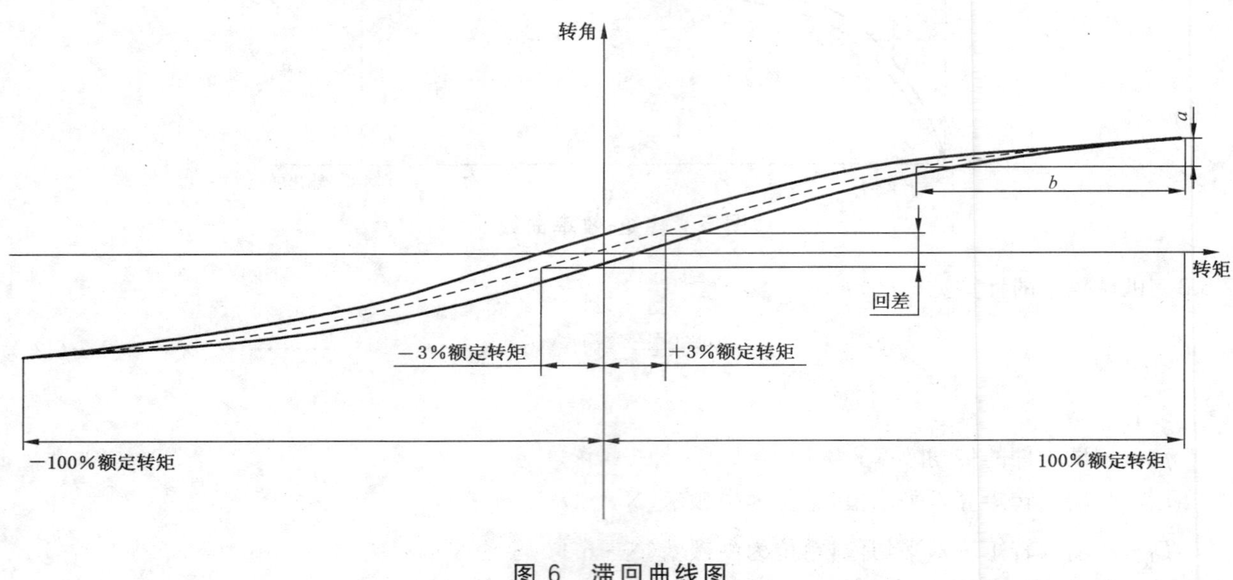

图6 滞回曲线图

8.3 传动误差

8.3.1 传动误差试验应正、反向分别测量。从输入端驱动试验件，输出端施加空载或指定负载，待转速和载荷平稳后，在输出端运行一周范围内记录输入、输出端的实时转角值。试验过程中，转角值采样数量不低于1 000点，输入、输出采样同步性不大于1 ms，输出转速不大于5 r/min。连续测量每次采样位置应相同，以避免不同位置的测量结果相叠加引入的测量误差。

8.3.2 根据实时采样结果，以输出端角度为横坐标，以该角度对应的传动误差值为纵坐标，绘制传动误差曲线，如图7所示。曲线纵坐标最大值与最小值之差θ即为试验件的传动误差。

8.3.3 对于同一个试验件，应在相同工况下连续测量至少5次，测量结果取平均值。

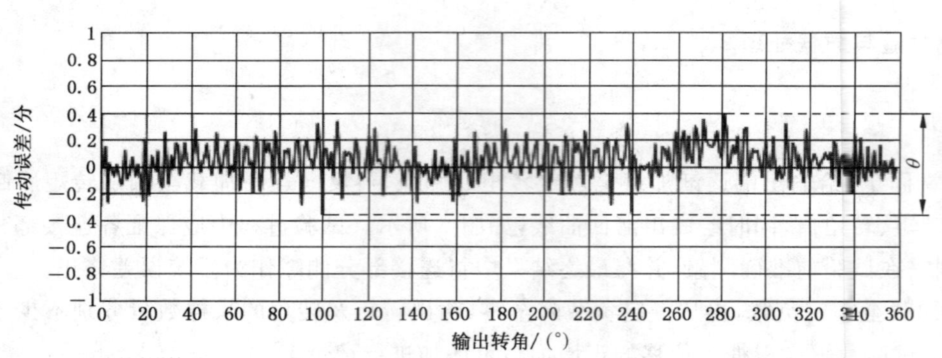

图7 传动误差曲线图

9 寿命试验与数据处理

9.1 模拟试验件在机器人中的工作状况，在输出端上固定刚体负载，从输入端驱动试验件，使输出端作往复摆动，摆动角 ϕ 角度范围为 45°～90°，加/减速角度值为 ϕ_a，等速区角度范围为 $\phi-2\phi_a$（应不小于0）。按照等加/减速曲线或正弦加/减速度曲线进行加载寿命试验，试验时最大加速度应保证试验件最大输出转矩不大于额定输出转矩的 2.5 倍，最大转速不大于试验件额定转速（试验件壳体温度应控制在60 ℃以内）。实时测量各个时间段 t_i 的负载转矩 T_i、转速 n_i，转矩测量精度不低于 1%FS。

9.2　当采用卧式试验装置时，周期性负载转矩 T 的计算见式(4)：

$$T=J\varepsilon+\sum(m_i g r_i \cos\phi_i) \qquad (4)$$

式中：

J ——输出轴上刚体负载的转动惯量，单位为千克平方米（kg·m²），$J=\sum m_i r_i^2$；

ε ——输出轴角加速度，单位为弧度每二次方秒（rad/s²）；

g ——重力加速度，单位为米每二次方秒（m/s²）；

m_i——输出轴上刚体负载中各质点的质量，单位为千克（kg）；

r_i ——该质点到转动轴线的半径，单位为米（m）；

ϕ_i ——输出轴上刚体负载质心的摆动角度，单位为度（°）。

当采用立式试验装置时，周期性负载转矩 T 的计算见式(5)：

$$T=J\varepsilon \qquad (5)$$

9.3　寿命试验所需时间 t 根据试验负载和试验转速，按照滚动轴承的疲劳寿命计算方法进行计算，见式(6)：

$$t=t_0 n_0 T_0^e/n_m T_m^e=t_0 n_0 T_0^e \sum t_i/\sum(t_i n_i T_i^e) \qquad (6)$$

式中：

t_0 ——额定转矩下的设计寿命，单位为小时（h）；

n_0 ——输出端额定转速，单位为转每分（r/min）；

T_0 ——输出端额定转矩，单位为牛顿米（N·m）；

n_m ——试验时输出端平均转速，单位为转每分（r/min），$n_m=\sum(t_i n_i)/\sum t_i$；

T_m ——试验时输出端平均负载转矩，单位为牛顿米（N·m），$T_m=[\sum(t_i n_i T_i^e)/\sum(t_i n_i)]^{1/e}$；

e ——寿命指数。对摆线类减速器偏心轴滚子轴承，$e=10/3$；对谐波减速器柔性（球）轴承，$e=3$。

9.4　试验过程中应观察：

——各连接件、紧固件是否有松动；

——各密封处接合处是否漏油、渗油；

——运转是否平稳，是否发生过大冲击、异响；

——传动装置壳体温度是否超过上限；

——输出转速和转矩是否出现异常。

9.5　寿命试验完成后应进行检查：

——检查试验件传动误差变化情况；

——检查零部件失效情况。

10　弯曲刚度试验与数据处理

输出端按图 4 方式施加互相垂直的负载力 W_1 和 W_2。逐步增加负载 W_1、W_2，记录 θ、W_1、W_2 的值。根据式(7)，计算出弯曲刚度 K_m。

$$K_m=\frac{W_1 L_1+W_2 L_2}{\theta\times 10^3} \qquad (7)$$

式中：

K_m ——弯曲刚度，单位为牛顿米每弧分（N·m/arc min）；

θ ——输出法兰的偏转角，单位为弧分（arc min）；

W_1、W_2 ——负载力，单位为牛顿（N）；

L_1、L_2 ——基准到负载力作用点的距离，单位为米（m）。

ICS 19.100
J 04

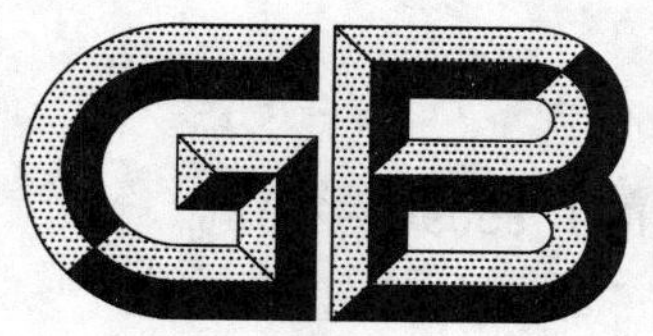

中华人民共和国国家标准

GB/T 35090—2018

无损检测　管道弱磁检测方法

Non-destructive testing—Test method for weak magnetic testing of pipeline

2018-05-14 发布　　2018-12-01 实施

国家市场监督管理总局
中国国家标准化管理委员会　发布

前　言

本标准按照GB/T 1.1—2009给出的规则起草。

本标准由全国无损检测标准化技术委员会(SAC/TC 56)提出并归口。

本标准起草单位:中国工程物理研究院总体工程研究所、四川瑞迪射线影像技术有限责任公司、上海材料研究所、中国石油天然气股份有限公司管道分公司、中石化长输油气管道检测有限公司、北京市燃气集团有限责任公司特种设备检验所、北京邹展麓城科技有限公司、新疆燃气集团、中国石油天然气第七建设公司青岛维康中油检测所、贵州燃气集团贵州安发工程检测有限公司、宁波市鄞州磁泰电子科技有限公司。

本标准主要起草人:胡绍全、牛红攀、韦利明、程发斌、向前、金宇飞、陈朋超、韩烨、刘清泉、李剑峰、张建兵、景文学、毕波、于润桥。

无损检测　管道弱磁检测方法

1　范围

本标准规定了一种管道弱磁检测方法，用于磁场信号强度通常在 0.1 mT 以下铁磁材质管道的几何变形、裂纹、材料损失、穿孔等损伤检测。

本标准适用于不处理表面保护层或覆盖层的管道直接检测和埋地管道的不开挖检测。本标准不适用于检测螺旋焊缝处损伤，不适用于有金属覆盖层的管道。

2　规范性引用文件

下列文件对于本文件的应用是必不可少的。凡是注日期的引用文件，仅注日期的版本适用于本文件。凡是不注日期的引用文件，其最新版本(包括所有的修改单)适用于本文件。

GB/T 20737　无损检测　通用术语和定义

3　术语和定义

GB/T 20737 界定的术语和定义适用于本文件。

4　方法概要

4.1　探测运营中管道损伤引起的微弱空间磁场分布信号，经干扰去除、数据处理与分析，可判断出管道损伤的位置和类型，评估管道损伤状况。

4.2　特点及优点如下：

a)　非接触式检测；

b)　不需要停运、不需要清管等预处理，不需施加外部激励；

c)　具有预警能力；

d)　操作方便、简单，不受管道规格限制。

4.3　影响检测效果的因素如下：

a)　管道运行状况，如管道规格、运行压力、投入使用时间等，影响磁场信号强弱；

b)　不同区域大地磁场的差异性；

c)　管道的人为磁化或消磁，影响损伤检测准确性；

d)　被检管道外部的磁场干扰，如高压线、铁磁质标志牌、并行管道、交叉管道等，增加损伤诱发磁场信号提取难度；

e)　检测仪器的自身零部件，如电子元件、铁磁质元件等，增加损伤诱发磁场信号提取难度；

f)　检测仪器与被检管道的距离，包括竖直提离距离、水平偏移距离等，影响测得磁场信号的强弱；

g)　检测仪器与被检管道相对位置的变化，如管道埋深的变化、仪器姿态变化等，影响磁场信号测量准确性。

5 人员要求

采用本标准对管道进行弱磁检测的人员应经过专业培训和考核，并获得雇主或其代理方的检测授权。

6 检测系统

6.1 检测仪器

6.1.1 检测仪器应至少具备以下功能：

a) 能探测管道外磁场的空间分布；

b) 能实时探测和记录管道的位置坐标；

c) 能探测存储检测数据，并能传输到计算机上。

6.1.2 检测仪器性能指标应至少满足以下要求：

a) 磁场测量的量程不低于±0.1 mT；

b) 磁场测量的分辨率不大于 1×10^{-7} mT；

c) 100 m 距离的定位误差不大于±0.5 m。

6.2 检测仪器核查

检测仪器应至少每年进行一次核查。

核查内容应至少包括仪器磁场测量量程、分辨率以及距离测量误差等内容。

6.3 检测分析软件

应有与检测仪器配套的检测分析软件，将检测仪器测得的检测数据结合管道特征参数等辅助信息进行数据分析和结果输出，包括干扰信号去除、损伤信号提取、损伤等级评估、损伤数据库功能。

7 检测

7.1 检测前准备

7.1.1 管道资料收集

管道运营企业应详细填写待检管线的信息记录表，并对填写内容的正确性负责，检测人员应在管道运营企业的配合下对待检管道进行现场勘查。管道信息记录表参见附录 A。

7.1.2 检测方案编制

检测人员应依据待检管线信息及勘查情况，制定检测方案。检测方案包括任务来源、检测目的、管道状态、检测流程、人员配备、进度安排等内容。管道弱磁检测流程参见附录 B。

7.2 现场检测

7.2.1 仪器检查

通过仪器自检程序检测传感器输出是否正常，电池电量、存储空间是否足够，以确保仪器能正常使用。

7.2.2 管道定位与标记

确定检测过程中开始记录数据的起点，宜以被测管道有明显标识(如测试桩、泵站起点或终点等)或裸露管道的位置为起始点；采用合适方法对管道进行准确定位和标记，沿管道轴线方向间距不大于 100 m(可视范围内)放置标志物。

7.2.3 管道磁信号测量

检测人员携带检测仪器沿着管道标记前进，测量管道外磁场信号。测量时应注意：

a) 仪器保持平稳状态，避免出现大幅晃动；
b) 检测过程中检测人员不携带铁磁材质饰品(包括皮带扣、衣服纽扣、钥匙、手表等)及手机等电子产品；
c) 非检测人员远离检测仪器 5 m 以上，其他电子设备(如管线探测仪)在使用时远离检测仪器 10 m 以上；
d) 检测过程中通过建造在管道上方的房屋、与道路和沟壑的交叉点、磁场干扰源等环境标志物时，做好记录。检测过程记录表参见附录 C；
e) 被检管道如遇水域、沟壑等无法直接通过的特殊地段时，借助辅助装置进行检测。

7.3 数据初步分析

7.3.1 干扰信号去除

采用检测分析软件，对检测仪器采集的磁场信号进行干扰信号去除。干扰信号去除包括检测仪器自身铁磁质元件等载体磁场干扰信号的去除，仪器姿态摆动等测量过程引起干扰信号的去除，高压线等环境磁场干扰信号的去除，大地磁场信号的去除等方面。

7.3.2 损伤位置判断

采用检测分析软件，对去除干扰信号之后磁场数据，结合管道埋深等信息，判断损伤的位置。

7.3.3 损伤类型判断

根据损伤位置的磁信号的波形特征，结合检测软件的损伤数据库和检测人员的经验，初步判断损伤的类型。

7.3.4 损伤程度评估

获得损伤位置的磁信号后，通过式(1)对损伤位置的损伤程度进行评估。磁矢量分量差值计算示例，参见附录 D。$G>0$，G 越大表示损伤程度越高。

$$G=\sum_{i=x,y,z}\sqrt{\sum_{j=x,y,z}\left(\frac{\Delta H_{ij}}{\Delta l_i}\right)^2} \qquad \cdots\cdots(1)$$

式中：

G ——损伤程度大小的度量值；
i、j ——x、y、z 方向；
ΔH_{ij}——i 方向排列的传感器之间磁矢量 j 分量的差值；
Δl_i ——i 方向排列的传感器之间的距离。

7.4 损伤点取样

7.4.1 取样目的

通过取样，为损伤等级评估提供比对数据，用于确定损伤等级评估公式中的修正系数 A。

埋地管道宜通过开挖来取样。

7.4.2 取样点的选择

管道检测数据初步分析完成后，应选择适当的损伤点作为取样点。取样点的选择依据如下：

a) 每一损伤类型(见7.3.3)，至少选2个取样点；

b) 根据损伤程度(见7.3.4)，选择 G 值较大的作为取样点；

c) 检测人员认为需要取样的其他位置。

7.4.3 取样点的损伤测量

取样点的损伤宜采用其他无损检测方法进行测量。

测量结果应记录并填写取样点测量结果记录表。

7.5 损伤等级评估

取样完成后，结合管道信息、现场检测记录等，利用检测分析软件对初步分析结果进行再分析，确定被检管道除取样点外其他部位的损伤等级。

对于含有损伤的管道，依据损伤等级指标 F 确定管道的损伤等级。F 由式(2)计算得出：

$$F = e^{-AG} \tag{2}$$

式中：

A ——修正系数；

G ——损伤程度的度量值。

在确定修正系数 A 时，应使采用本方法获得的取样点损伤等级与采用其他无损检测数据评估获得的损伤等级一致。针对不同的损伤类型，确定各自的修正系数。对于同一损伤类型的多个取样点，应调整 A 值，使得各取样点损伤等级一致情况达到最优。

管道损伤等级可分为三个等级：Ⅰ级为高风险，Ⅱ级为中等风险，Ⅲ级为低风险，管道损伤等级及处理措施建议见表1。

表1 管道损伤等级划分

损伤等级	F 值	安全状况	处理措施建议
Ⅰ	$0<F\leqslant 0.2$	高风险	立即修复
Ⅱ	$0.2<F\leqslant 0.6$	中风险	计划修复
Ⅲ	$0.6<F\leqslant 1.0$	低风险	定期检测

8 检测记录和报告

8.1 记录

应按检测流程的要求记录相关信息，并按相关法规、标准和(或)合同要求保存所有记录。

8.2 报告

检测报告至少应包括以下内容：

a) 委托单位和检测单位的名称；

b) 检测仪器名称和主要性能参数；

c) 被检管道的信息；
d) 执行与参考的标准；
e) 检测方法的简单描述；
f) 检测结果分析的简单描述；
g) 取样点的损伤测量结果；
h) 损伤等级评估用主要参数 G、A、F；
i) 被检管道损伤部位位置信息；
j) 被检管道损伤部位对应等级；
k) 被检管道损伤部位的处理措施建议；
l) 检测结论；
m) 检测人员和审核人签字；
n) 检测日期。

附 录 A
（资料性附录）
管道信息记录表

管道信息记录表见表 A.1。

表 A.1 管道信息记录表

管道信息	参数
管道名称	
运营单位	
投入运营时间(年月)	
管道长度/km	
管道壁厚/mm	
管道外径/mm	
运行压力/MPa	
设计压力/MPa	
管道材质	
管道埋深范围/m	
输送介质(主要成分及腐蚀性)	
防腐层(类型及厚度)	
近期检测情况(检测时间、检测标准、检测方式及结果等)	
管道维修情况(维修时间、维修方式及位置等)	
其他信息(并行管道、交叉管道等)	
备注：	

附 录 B
（资料性附录）
管道弱磁检测基本流程

管道弱磁检测基本流程见图 B.1。

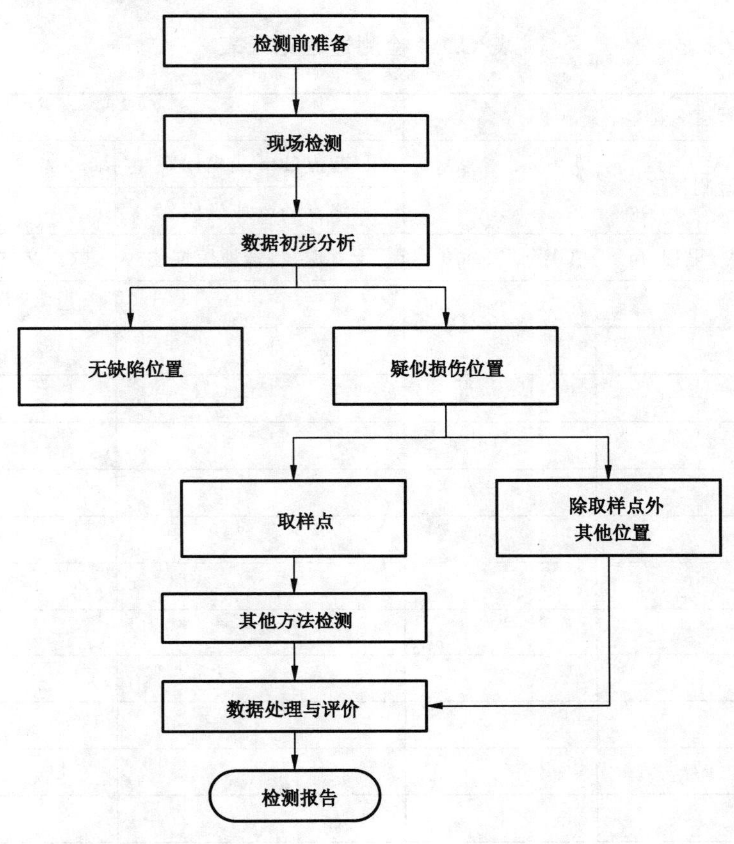

图 B.1 管道弱磁检测基本流程

附　录　C
（资料性附录）
检测过程记录表

检测过程记录表见表 C.1。

表 C.1　检测过程记录表

<table>
<tr><td colspan="4">管道名称</td><td colspan="3"></td></tr>
<tr><td colspan="4" rowspan="2">检测长度</td><td>起点(km 或坐标)</td><td colspan="2"></td></tr>
<tr><td>终点(km 或坐标)</td><td colspan="2"></td></tr>
<tr><td>序号</td><td>参考起点</td><td>里程/m</td><td>GPS(经、纬度)</td><td>干扰源、特殊地貌描述</td><td>数据文件名称</td><td>备注</td></tr>
<tr><td></td><td></td><td></td><td></td><td></td><td></td><td></td></tr>
<tr><td></td><td></td><td></td><td></td><td></td><td></td><td></td></tr>
<tr><td></td><td></td><td></td><td></td><td></td><td></td><td></td></tr>
<tr><td></td><td></td><td></td><td></td><td></td><td></td><td></td></tr>
<tr><td></td><td></td><td></td><td></td><td></td><td></td><td></td></tr>
<tr><td></td><td></td><td></td><td></td><td></td><td></td><td></td></tr>
<tr><td></td><td></td><td></td><td></td><td></td><td></td><td></td></tr>
<tr><td></td><td></td><td></td><td></td><td></td><td></td><td></td></tr>
<tr><td></td><td></td><td></td><td></td><td></td><td></td><td></td></tr>
<tr><td></td><td></td><td></td><td></td><td></td><td></td><td></td></tr>
<tr><td></td><td></td><td></td><td></td><td></td><td></td><td></td></tr>
<tr><td></td><td></td><td></td><td></td><td></td><td></td><td></td></tr>
<tr><td></td><td></td><td></td><td></td><td></td><td></td><td></td></tr>
<tr><td></td><td></td><td></td><td></td><td></td><td></td><td></td></tr>
<tr><td colspan="2">检测人员：</td><td></td><td>记录人员：</td><td></td><td>日期：</td><td></td></tr>
</table>

附 录 D
（资料性附录）
磁矢量分量的差值计算示例

图 D.1 给出了一种检测仪器传感器布局与被检管道位置示意图。其中管道走向为 z 向，检测仪器在被检管道上方提离一定高度行进，行进方向为 z 向。

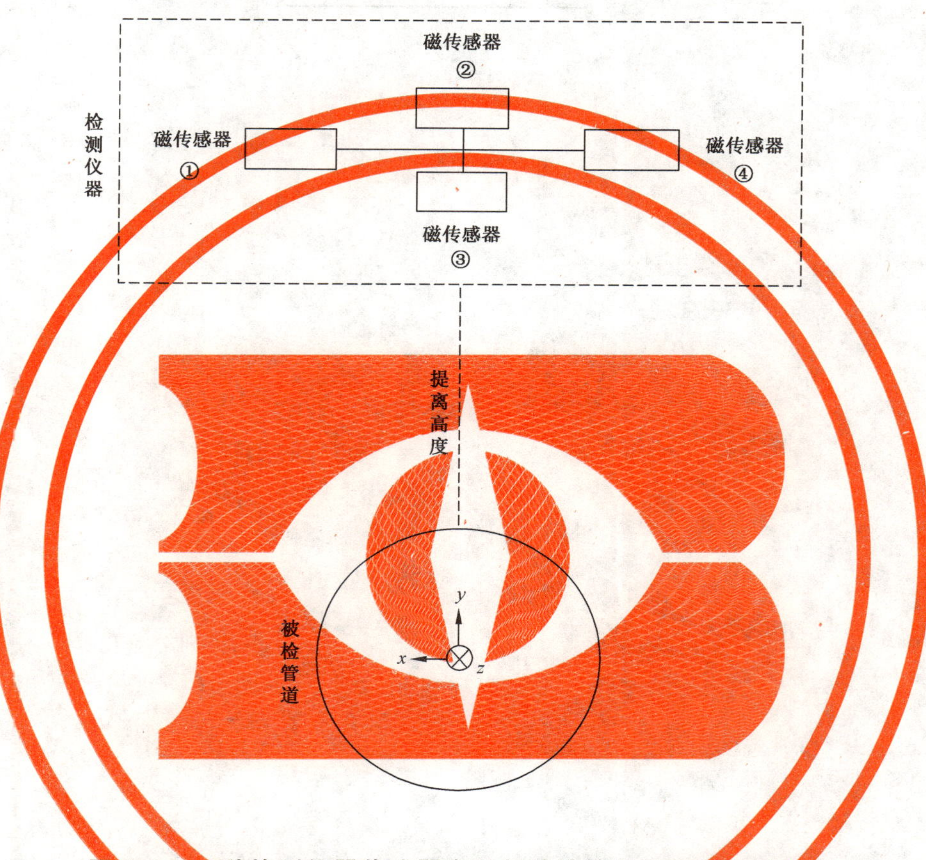

图 D.1 一种检测仪器传感器布局与被检管道位置示意图

按照图 D.1 所示，传感器布局计算磁矢量差值的方法如下：

x 方向排列的传感器之间磁矢量分量的差值为：

$$\Delta H_{xx} = H_x^{\ 1} - H_x^{\ 4}$$

$$\Delta H_{xy} = H_y^{\ 1} - H_y^{\ 4}$$

$$\Delta H_{xz} = H_z^{\ 1} - H_z^{\ 4}$$

y 方向排列的传感器之间磁矢量分量的差值为：

$$\Delta H_{yx} = H_x^{\ 2} - H_x^{\ 3}$$

$$\Delta H_{yy} = H_y^{\ 2} - H_y^{\ 3}$$

$$\Delta H_{yz} = H_z^{\ 2} - H_z^{\ 3}$$

利用磁场信号的无旋性和无源性，z 向的磁梯度张量分量为：

$$\frac{\Delta H_{zx}}{\Delta l_z} = \frac{H_z^{\ 1} - H_z^{\ 4}}{\Delta l_x}$$

$$\frac{\Delta H_{zy}}{\Delta l_z} = \frac{H_z^{\ 2} - H_z^{\ 3}}{\Delta l_y}$$

$$\frac{\Delta H_{zz}}{\Delta l_z}=-\frac{H_x{}^1-H_x{}^4}{\Delta l_x}-\frac{H_y{}^2-H_y{}^3}{\Delta l_y}$$

式中：

$H_i{}^n$ ——n 号传感器的磁矢量 i 方向分量；

Δl_x ——1 号传感器与 4 号传感器之间的距离；

Δl_y ——2 号传感器与 3 号传感器之间的距离。

ICS 25.120.10
J 62

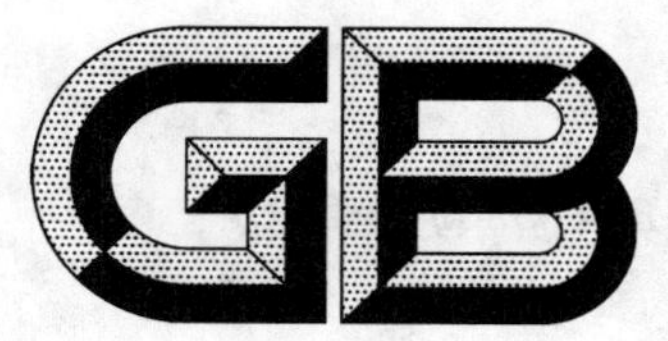

中华人民共和国国家标准

GB/T 35091—2018

闭式高速压力机　型式与基本参数

Straight-sided high-speed mechanical power presses—Types and basic parameters

(ISO 9189:1993, Machine tools—Straight-sided high-speed mechanical power presses from 250 kN up to and including 4 000 kN nominal force—Characteristics and dimensions, MOD)

2018-05-14 发布　　　　2018-12-01 实施

国家市场监督管理总局
中国国家标准化管理委员会　发布

前　言

本标准按照 GB/T 1.1—2009 给出的规则起草。

本标准使用重新起草法修改采用 ISO 9189:1993《机床工具　250 kN～4 000 kN 闭式高速机械压力机　特性和尺寸》。

本标准与 ISO 9189:1993 相比，第 3 章在结构上做了调整，章下设了 3.1 和 3.2 条款编号。

本标准与 ISO 9189:1993 的技术性差异及其原因如下：

——适用范围扩大到 6 300 kN，以适应我国闭式高速压力机行业发展；

——增加了“公称力行程”参数，满足我国冲压工艺需求；

——增加了“行程次数”参数，满足我国冲压工艺需求；

——表 1 中增加了 6 300 kN 规格的参数值，以指导我国闭式高速压力机产品设计制造；

——表 1 中调整了装模高度调节量 hv 参数值，以适应我国冲压工艺要求。

本标准还做了下列编辑性修改：

——修改了标准名称。

本标准由中国机械工业联合会提出。

本标准由全国锻压机械标准化技术委员会(SAC/TC 220)归口。

本标准起草单位：江苏省徐州锻压机床厂集团有限公司、山东莱恩光电科技有限公司、浙江易锻精密机械有限公司、深圳市华测检测有限公司、福建省闽旋科技股份有限公司、泉州市中标标准化研究院有限公司。

本标准主要起草人：闵建成、徐一武、王达、张鑫国、刘攀超、朱斌、方昕、林媛珍。

闭式高速压力机　型式与基本参数

1　范围

本标准规定了公称力范围为 250 kN～6 300 kN 闭式高速压力机的型式与基本参数。

本标准适用于一般用途的闭式高速压力机。

2　术语和定义

下列术语和定义适用于本文件。

2.1

高速压力机　high-speed press

一种高速自动压力机，其滑块每分钟行程次数比公称力相同的通用压力机高多倍，不适用于单次行程、手动送料操作，需要自动送料装置配合工作的压力机。

2.2

公称力　nominal force

F_n

在下死点之前一段距离内，滑块上允许承受的最大作用力。

2.3

最大装模高度　shut height normal slide stroke

e_n

装模高度调节到上限位和滑块处于下死点时，滑块底面至工作台垫板上平面之间的距离。

2.4

可调节送料高度　adjustable feed height

h_f

从工作台垫板上平面测量的高度。

注：以下公式可用于确定固定送料高度：

$$h_f = \frac{h_b - 0.75h_v}{2}$$

式中：

h_b ——在半行程情况下的工作台板到滑块的高度；

h_v ——装模高度调节量。

3　型式与基本参数

3.1　型式

闭式高速压力机采用曲轴结构或偏心传动结构型式；其示意图见图 1。

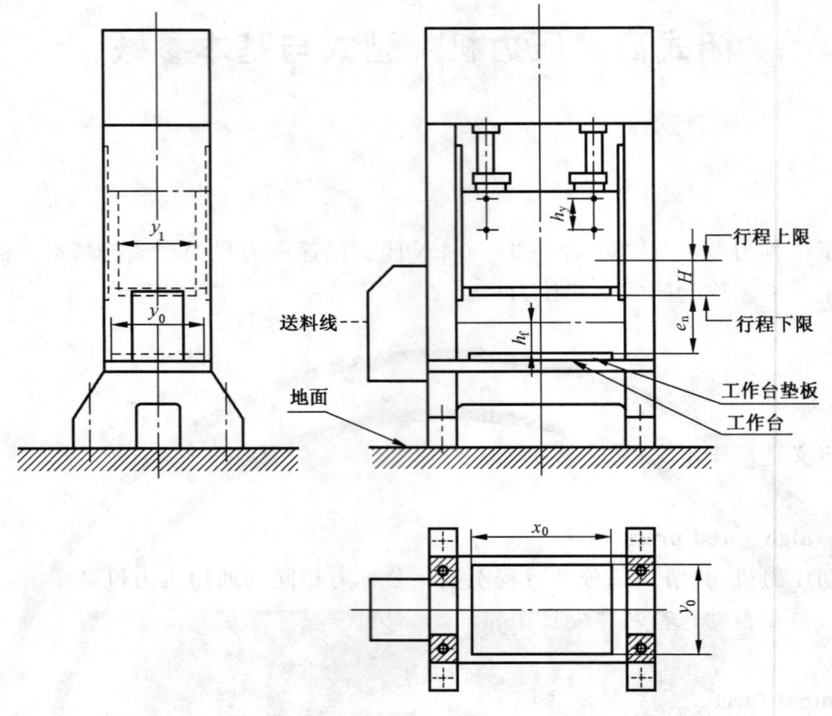

图1 闭式高速压力机结构示意图

3.2 基本参数

闭式高速压力机的主参数为公称力;基本参数应符合表1的规定。也可根据用户要求来确定基本参数。

注:表1中同一栏的参数值都是相关联的,不同栏中的参数值不能组合使用(x_0 除外)。

表1 闭式高速压力机基本参数

基本参数	单位	基本参数值					
公称力 F_n	kN	250	400	630	800	1 000	(1 250)
滑块行程 H	mm	20	20	25	25	25	25
最大滑块行程 H_{max}	mm	50	50	50	50	50	50
装模高度调节量 h_v	mm	50	50	50	50	60	60
最大装模高度 e_n	mm	275	300	325	350	350	375
工作台板和滑块尺寸(左右)x_0	mm	630	710	800	900	1 000	1 120
工作台板尺寸(前后)y_0	mm	530	560	600	630	670	710
滑块底面尺寸(前后)y_1	mm	425	450	475	500	530	560
可调送料线高度 h_f	mm	95~155	95~155	95~155	110~170	110~170	130~190
公称力行程 S_p	mm	0.8	1.2	1.6	2	2	3
行程次数 n	min^{-1}	≥500	≥500	≥400	≥400	≥400	≥300

表 1（续）

基本参数	单位	基本参数值					
公称力 F_n	kN	1 600	(2 000)	2 500	(3 150)	4 000	6 300
滑块行程 H	mm	30	30	30	35	35	35
最大滑块行程 H_{max}	mm	60	60	60	60	60	60
装模高度调节量 h_v	mm	60	80	80	100	100	100
最大装模高度 e_n	mm	375	400	400	450	500	520
工作台板和滑块尺寸(左右)x_0	mm	1 250	1 400	1 600	1 800	2 000	2 000
工作台板尺寸(前后)y_0	mm	900	950	1 000	1 000	1 120	1 250
滑块底面尺寸(前后)y_1	mm	630	710	800	900	1 000	1 050
可调送料线高度 h_f	mm	130～190	150～210	150～210	170～230	170～230	170～230
公称力行程 S_p	mm	3	3	3	3	3	3
行程次数 n	min^{-1}	≥300	≥300	≥250	≥200	≥200	≥100

注 1：公称力 F_n(首选值)对应优先数系的 R5 系列。

注 2：滑块行程 H 是固定的。

注 3：最大滑块行程 H_{max} 是可选择的，是根据用户要求或设计需要确定的，选定后该行程是固定的。

注 4：建议压力机上的模具设计的封闭高度为 $h_v-0.75h_v$。

注 5：工作台板和滑块尺寸(左右)x_0 对应优先数系的 R20 系列；当给出的宽度不合适时，参数值可以跨栏选择。

注 6：滑块底面尺寸(前后)y_1 对应优先数系的 R40、R20 系列。

参 考 文 献

[1] ISO 6898:1984 Open front mechanical power presses—Capacity ratings and dimensions

[2] ISO 8540:1993 Open front mechanical power presses—Vocabulary

[3] ISO 9188:1993 Machine tools—Straight-sided single-action mechanical power presses from 400 kN up to and including 4 000 kN nominal force—Characteristics and dimensions

ICS 25.120.10
J 62

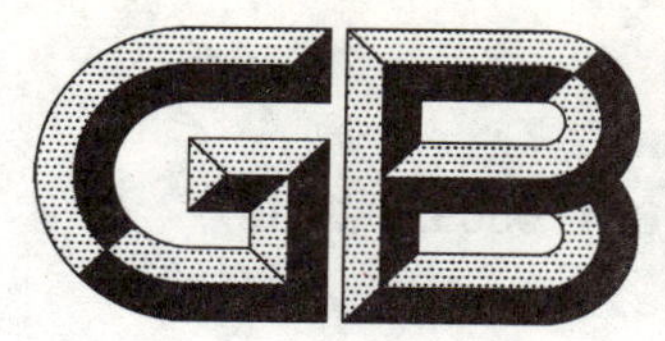

中华人民共和国国家标准

GB/T 35092—2018

液压机静载变形测量方法

Methods of static load deflection measurement for hydraulic presses

2018-05-14 发布　　2018-12-01 实施

国家市场监督管理总局
中国国家标准化管理委员会 发布

前　言

本标准按照GB/T 1.1—2009给出的规则起草。

本标准由中国机械工业联合会提出。

本标准由全国锻压机械标准化技术委员会(SAC/TC 220)归口。

本标准起草单位:合肥合锻智能制造股份有限公司、湖州机床厂有限公司、佛山市康思达液压机械有限公司、天津市天锻压力机有限公司、福建省闽旋科技股份有限公司、深圳市华测检测有限公司、南安市中机标准化研究院有限公司。

本标准主要起草人:李贵闪、郑建华、张悦、王玉山、隋岩、朱斌、刘攀超、郑华婷。

液压机静载变形测量方法

1 范围

本标准规定了液压机的静载变形测量方法。

本标准适用于单动四柱液压机、框架结构的液压机，双动液压机、卧式液压机、特殊结构的液压机也可参照使用。

本标准不适用于单柱液压机。

2 术语和定义

下列术语和定义适用于本文件。

2.1

滑块挠度　slide deflection

在液压机滑块底面上规定的范围内施加相当于公称力的均布载荷时，滑块底面在规定位置长度(左右或前后方向)内垂直于工作面方向的变形量。

2.2

工作台挠度　table deflection

在液压机工作台面上规定的范围内施加相当于公称力的均布载荷时，工作台面在规定位置长度(左右或前后方向)内垂直于工作面方向的变形量。

2.3

相对挠度　relative deflection

在规定长度(左右或前后方向)上的挠度与规定长度的比值。

3 静载变形测量方法

3.1 滑块、工作台挠度(左右)和相对挠度(左右)

3.1.1 滑块挠度(左右)和滑块相对挠度(左右)

3.1.1.1 测量条件

滑块挠度(左右)和滑块相对挠度(左右)测量时应符合下列条件：

——加载器均匀地置于工作台面长、宽方向的三分之二范围内，加载器具体布置原则见附录 A 和附录 B；

——指示表①、②、③按图 1 所示置于左右台架上，台架置于工作台前后中心位置，指示表的测头触及滑块下平面。

单位为毫米

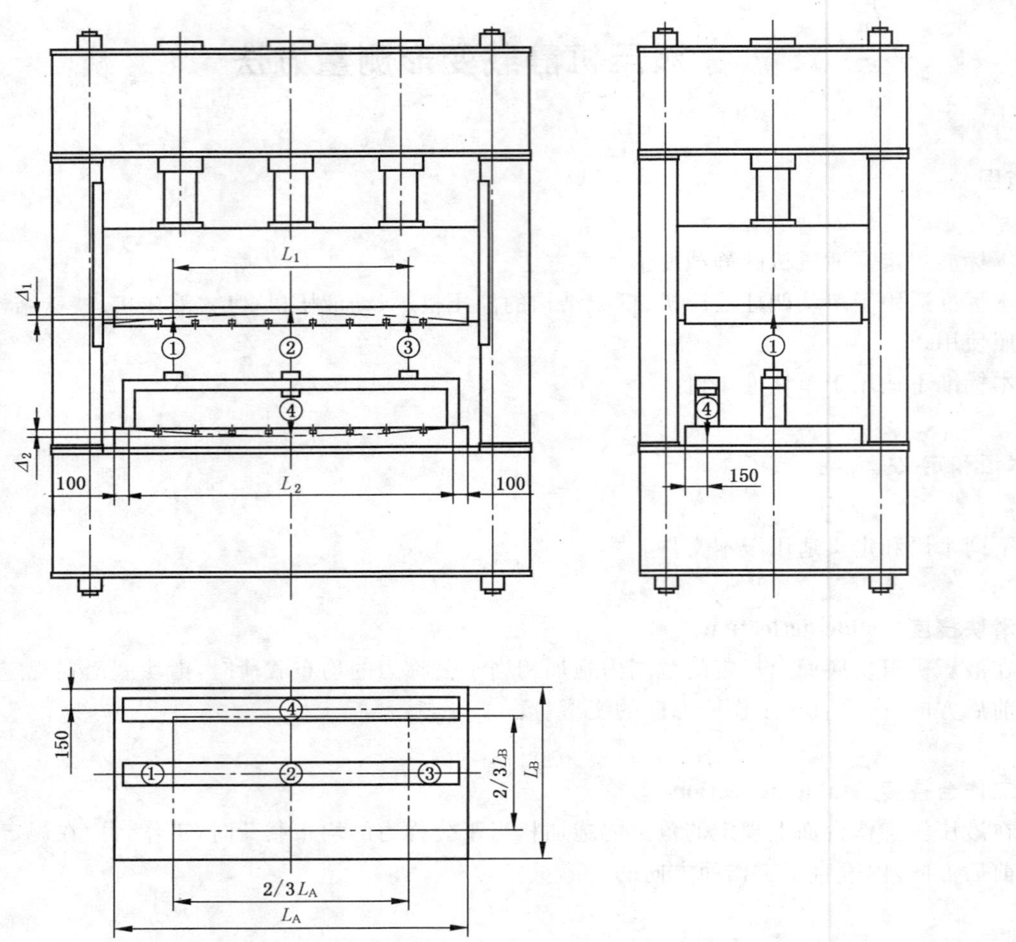

图 1　液压机滑块、工作台挠度(左右)和相对挠度(左右)测量示意图

3.1.1.2　测量方法

在工作台面长、宽方向的三分之二范围内施加载荷(见图 1),加载前指示表调整到零位;然后缓慢加压,分 5 次加载到 P_g(P_g 为液压机的公称力),每次的加载增量是 $P_g/5$,从 $P_g/5$ 载荷开始记录指示表的读数(测试记录表参见附录 C),每增加 $P_g/5$ 载荷读表一次,当载荷加载至液压机公称力 P_g 时,记录指示表①、②、③的读数,滑块挠度(左右)Δ_1 按式(1)计算。

$$\Delta_1 = \Delta_{a2} - \frac{1}{2}(\Delta_{a1} + \Delta_{a3}) \quad \cdots\cdots(1)$$

式中:

Δ_1 ——滑块挠度(左右),单位为毫米(mm);

Δ_{a1} ——指示表①的读数,单位为毫米(mm);

Δ_{a2} ——指示表②的读数,单位为毫米(mm);

Δ_{a3} ——指示表③的读数,单位为毫米(mm)。

滑块相对挠度(左右)C_1 按式(2)计算。

$$C_1 = \frac{\Delta_1}{L_1} \quad \cdots\cdots(2)$$

式中:

C_1 ——滑块相对挠度(左右);

Δ_1——滑块挠度(左右),单位为毫米(mm);

L_1——指示表①和③的测量距离(L_A 的 2/3),单位为毫米(mm)。

3.1.2 工作台挠度(左右)和工作台相对挠度(左右)

3.1.2.1 测量条件

工作台挠度(左右)和工作台相对挠度(左右)测量时应符合下列条件:

——加载器均匀地置于工作台面长、宽方向的三分之二范围内,加载器具体布置原则见附录 A 和附录 B;

——指示表④按图 1 所示置于台架左右中间的下方,台架中心位置距工作台边缘(前或后)约 150 mm,指示表测头触在工作台面上。

3.1.2.2 测量方法

在工作台面长、宽方向的三分之二范围内施加载荷(见图 1),加载前指示表调整到零位;然后缓慢加压,分 5 次加载到 P_g(P_g 为液压机的公称力),每次的加载增量是 $P_g/5$,从 $P_g/5$ 载荷开始记录指示表的读数(测试记录表参见附录 C),每增加 $P_g/5$ 载荷读表一次,当载荷加载至液压机公称力 P_g 时,指示表④的读数即为工作台挠度(左右)Δ_2。工作台相对挠度(左右)C_2 按式(3)计算。

$$C_2 = \frac{\Delta_2}{L_2} \qquad \cdots\cdots(3)$$

式中:

C_2——工作台相对挠度(左右);

Δ_2——工作台挠度(左右),单位为毫米(mm);

L_2——左右台架支脚中心距离,单位为毫米(mm)。

3.2 滑块、工作台挠度(前后)和相对挠度(前后)

3.2.1 滑块挠度(前后)和滑块相对挠度(前后)

3.2.1.1 测量条件

滑块挠度(前后)和滑块相对挠度(前后)测量应符合下列条件:

——加载器均匀地置于工作台面长、宽方向的三分之二范围内,加载器具体布置原则见附录 A 或附录 B;

——指示表⑤、⑥、⑦按图 2 所示置于前后台架上,台架置于工作台左右中心位置,指示表的测头触及滑块下平面。

3.2.1.2 测量方法

在工作台面长、宽方向的三分之二范围内均布载荷(见图 2),加载前指示表调整到零位;然后缓慢加压,分 5 次加载到 P_g(P_g 为液压机的公称力),每次的加载增量是 $P_g/5$,从 $P_g/5$ 载荷开始记录指示表的读数(测试记录表参见附录 C),每增加 $P_g/5$ 载荷读表一次,当载荷加载至液压机公称力 P_g 时,记录指示表⑤、⑥、⑦的读数。滑块挠度(前后)Δ_3 按式(4)计算。

$$\Delta_3 = \Delta_{a6} - \frac{1}{2}(\Delta_{a5} + \Delta_{a7}) \qquad \cdots\cdots(4)$$

式中:

Δ_3 ——滑块挠度(前后),单位为毫米(mm);

Δ_{a5}——指示表⑤的读数,单位为毫米(mm);

Δ_{a6} ——指示表⑥的读数，单位为毫米(mm)；

Δ_{a7} ——指示表⑦的读数，单位为毫米(mm)。

滑块相对挠度(前后)C_3按式(5)计算。

$$C_3=\frac{\Delta_3}{L_3} \quad \cdots\cdots(5)$$

式中：

C_3——滑块相对挠度(前后)；

Δ_3——滑块挠度(前后)，单位为毫米(mm)；

L_3——指示表⑤和⑦的测量距离(L_B 的 2/3)，单位为毫米(mm)。

单位为毫米

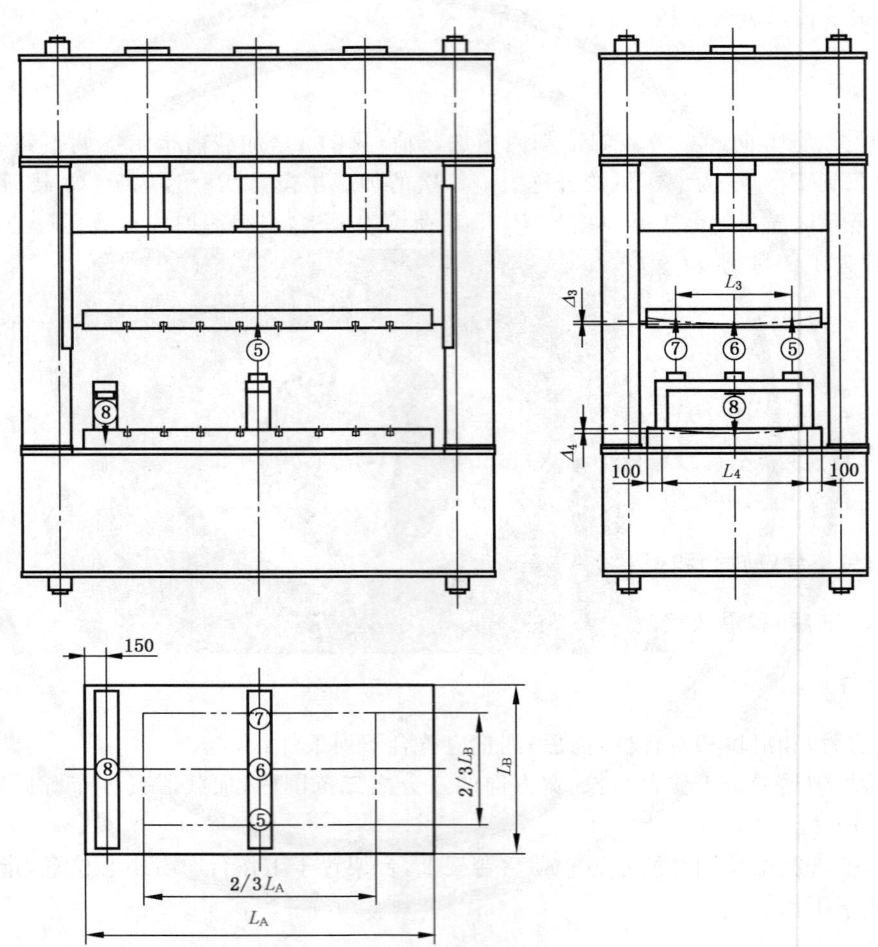

图 2　液压机滑块与工作台挠度(前后)和相对挠度(前后)测量示意图

3.2.2　工作台挠度(前后)和工作台相对挠度(前后)

3.2.2.1　测量条件

工作台挠度(前后)和工作台相对挠度(前后)测量时应符合下列条件：

——加载器均匀的置于工作台面长、宽方向的三分之二范围内，加载器具体布置原则见附录 A 和附录 B；

——指示表⑧按图 2 所示置于前后台架中间的下方，台架中心位置距工作台边缘(左或右)150 mm 左右，指示表测头触在工作台面上。

3.2.2.2　**测量方法**

在工作台面长、宽方向的三分之二范围内施加载荷，加载前指示表调整到零位；然后缓慢加压，分5次加载到 P_g（P_g 为液压机的公称力），每次的加载增量是 $P_g/5$，从 $P_g/5$ 载荷开始记录指示表的读数（测试记录表参见附录C），每增加 $P_g/5$ 载荷读表一次，当载荷加载至液压机公称力 P_g 时，指示表⑧的读数即为工作台挠度（前后）Δ_4。工作台相对挠度（前后）C_4 按式（6）计算。

$$C_4 = \frac{\Delta_4}{L_4} \qquad \cdots\cdots (6)$$

式中：

C_4——工作台相对挠度（前后）；

Δ_4——工作台挠度（前后），单位为毫米（mm）；

L_4——前后台架支脚中心距离，单位为毫米（mm）。

附 录 A
（规范性附录）
液压式加载器布置原则

A.1 液压式加载器适用于由加载器或液压机自身提供加载力的情况。

A.2 液压式加载器应均匀分布于工作台面长(L_A)、宽(L_B)方向的三分之二范围内($A \times B$)，在条件允许的情况下应多布置加载器，使加载载荷尽可能地接近均布。

A.3 在工作台面长(L_A)、宽(L_B)方向的三分之二范围内($A \times B$)，液压式加载器按前后两排布置，其中心前后间距规定为 B 的 2/3，左右间距 a 应根据加载器数量按等分原则来确定(见图 A.1)。

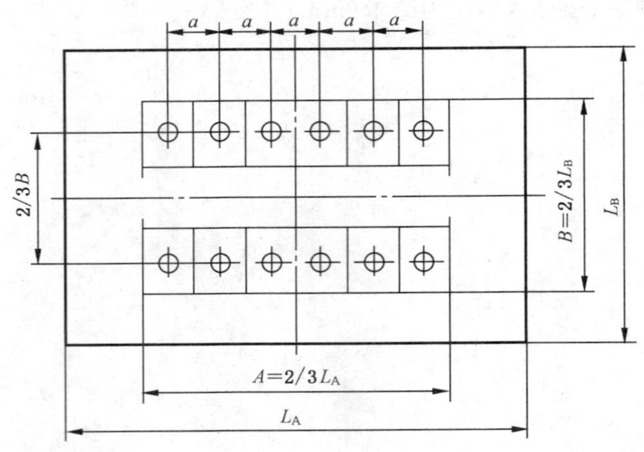

图 A.1 加载器布置图

A.4 如果只有 4 个加载器，应在工作台上平面和滑块下平面增加垫板，以增加加载面积，使加载载荷尽可能地均布。垫板在左右方向长度不大于 $0.2L_A$，前后方向宽度不大于 $0.3L_B$(见图 A.2)。

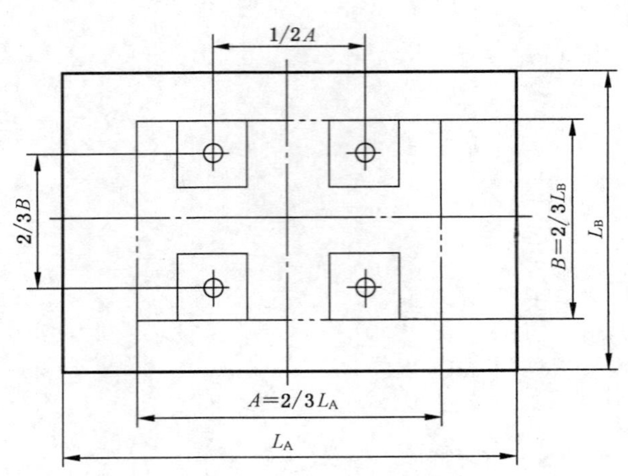

图 A.2 带垫板时的加载器布置图

A.5 液压式加载器仅限定为柱塞油缸式或活塞油缸式。在同一测试中，柱塞油缸式或活塞油缸式不应混合使用。

A.6 柱塞油缸式加载器的柱塞直径应相等，多个加载器缸体内液体通过管路连接在一起，通过一个溢流阀溢流。

A.7 活塞油缸式加载器的活塞直径应相等，多个加载器无杆腔内液体通过管路连接在一起，通过一个溢流阀溢流，各有杆腔应接大气压。

A.8 加压读表时，各加载器均不应处于上下死点位置(各加载器在使用前检查死点位置并做标记)。

附 录 B
（规范性附录）
机械挡块式加载器要求及布置原则

B.1 机械挡块式加载器其加载力由被测液压机自身提供。

B.2 机械挡块式加载器结构件见图 B.1，其中 H/T 不小于 6，在承受载荷 P_g 时腹板承受的平均压应力不小于 80 MPa。

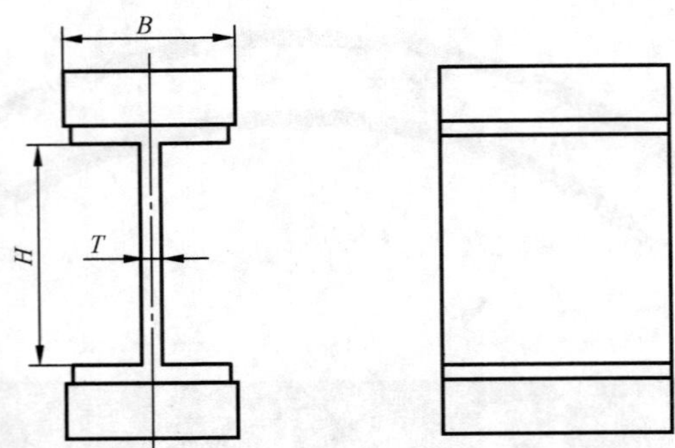

图 B.1 机械挡块式加载器

B.3 在测量工作台和滑块的左右方向刚度时，机械挡块式加载器的布置见图 B.2；在测量工作台和滑块的前后方向变形时，机械挡块式加载器的布置见图 B.3。

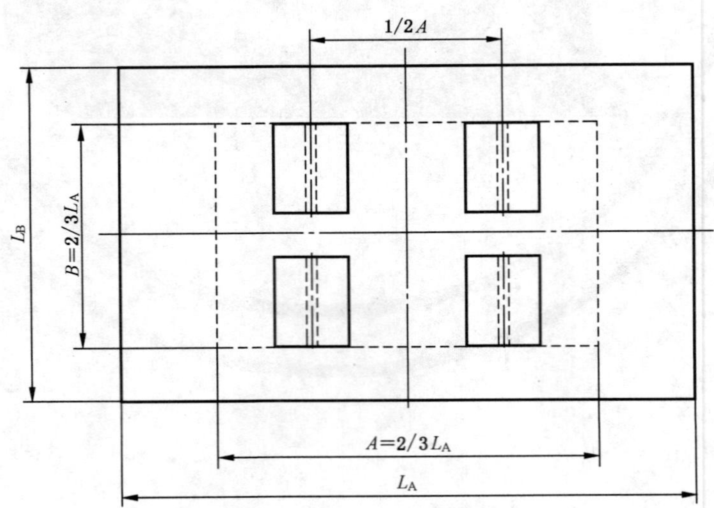

图 B.2 测量左右方向刚度时加载器布置

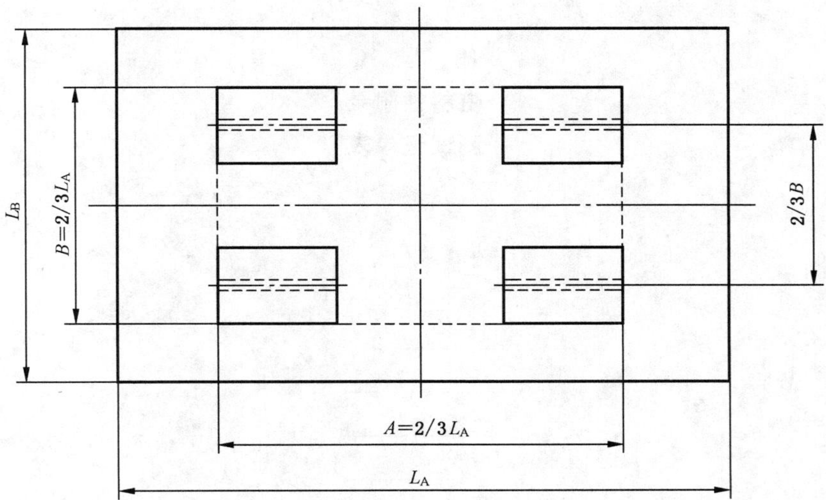

图 B.3 测量前后方向刚度时加载器布置

B.4 在测量工作台和滑块的左右方向刚度时，所用加载器的宽度 B 不应大于 $0.2L_A$，腹板厚度 T 不应大于 $0.05L_A$；在测量工作台和滑块的前后方向变形时，所用加载器的宽度 B 不应大于 $0.3L_B$，腹板厚度 T 不应大于 $0.075L_B$。

附 录 C
(资料性附录)
测试记录表

C.1 一般数据

制造商：____________

产品型号 ____________

生产年月 ____________

公称力 ________ kN

滑块行程 ________ mm

滑块底面尺寸 ____________×____________ mm

工作台板尺寸 ____________×____________ mm

主缸数量 ____________个

C.2 测试数据

指示表①和③的距离 L_1=____________ mm

左右台架支脚中心距离 L_2=____________ mm

指示表⑤和⑦的距离 L_3=____________ mm

前后台架支脚中心距离 L_4=____________ mm

指示表①读数 ____________ mm

指示表②读数 ____________ mm

指示表③读数 ____________ mm

指示表④读数 ____________ mm

指示表⑤读数 ____________ mm

指示表⑥读数 ____________ mm

指示表⑦读数 ____________ mm

指示表⑧读数 ____________ mm

C.3 滑块、工作台相对挠度

滑块相对挠度(左右) C_1=____________

工作台相对挠度(左右) C_2=____________

滑块相对挠度(前后) C_3=____________

工作台相对挠度(前后) C_4=____________

C.4 测试记录表

C.4.1 滑块和工作台挠度(左右)测试记录表

项目名称:__________加载器型式:__________加载器数量:__________

测试时间:____年____月____日　测试地点:__________

总载荷 kN	对应压力 MPa	读表压力 MPa	指示表读数 mm				备注
			指示表 ①	指示表 ②	指示表 ③	指示表 ④	
1/5 P_g							
2/5 P_g							
3/5 P_g							
4/5 P_g							
P_g							

记录人:__________

C.4.2 滑块和工作台挠度(前后)测试记录表

项目名称:__________加载器型式:__________加载器数量:__________

测试时间:____年____月____日　测试地点:__________

总载荷 kN	对应压力 MPa	读表压力 MPa	指示表读数 mm				备注
			指示表 ⑤	指示表 ⑥	指示表 ⑦	指示表 ⑧	
1/5 P_g							
2/5 P_g							
3/5 P_g							
4/5 P_g							
P_g							

记录人:__________

ICS 25.120.10
J 62

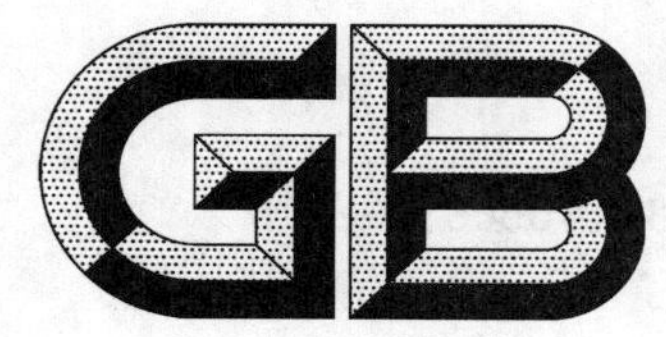

中华人民共和国国家标准

GB/T 35093—2018

数控闭式多连杆压力机 精度

CNC straight-side link-drive press—Accuracy

2018-05-14 发布 2018-12-01 实施

国家市场监督管理总局
中国国家标准化管理委员会 发布

前　言

本标准按照 GB/T 1.1—2009 给出的规则起草。

本标准由中国机械工业联合会提出。

本标准由全国锻压机械标准化技术委员会(SAC/TC 220)归口。

本标准主要起草单位:济南二机床集团有限公司、济南铸造锻压机械研究所有限公司、扬力集团股份有限公司、浙江金澳兰机床有限公司、福建省闽旋科技股份有限公司。

本标准主要起草人:张世顺、王旭、马立强、仲太生、吕时广、郑美华、李正爽、徐洪平、李冬梅、朱斌、周淑君、于树江。

数控闭式多连杆压力机 精度

1 范围

本标准规定了数控闭式多连杆压力机的精度及其检验方法。

本标准适用于在金属材料的弯曲、成形以及拉伸加工等工序中使用的单动双、四点数控闭式多连杆压力机(以下简称压力机)。

本标准不适用于锻造用压力机、冲裁用压力机以及特殊结构的专用压力机(如粉末成型压力机)。

2 规范性引用文件

下列文件对于本文件的应用是必不可少的。凡是注日期的引用文件,仅注日期的版本适用于本文件。凡是不注日期的引用文件,其最新版本(包括所有的修改单)适用于本文件。

GB/T 1219 指示表

GB/T 6092—2004 直角尺

GB/T 6093—2001 几何量技术规范(GPS) 长度标准 量块

GB/T 8170 数值修约规则与极限数值的表示和判定

GB/T 10923 锻压机械 精度检验通则

GB/T 16455—2008 条式和框式水平仪

GB/T 24760—2009 铸铁平尺

3 精度

3.1 一般要求

3.1.1 精度检验前,应调整压力机的安装水平,在工作台板中间位置,沿压力机纵向和横向放置水平仪测量安装水平,均不得超过 0.10/1 000。

3.1.2 工作台板上平面为压力机精度检验的基准面。

3.1.3 在检验矩形平面时,当边长 L 等于或小于 1 000 mm 时,在距边缘 $0.1L$ 的范围内不检测;当边长 L 大于 1 000 mm 时,在距边缘 100 mm 的范围内不检测。

3.1.4 本标准的精度检验顺序并不表示实际检验次序。为了装拆检验工具和检验方便,可按任意次序进行检验。

3.1.5 检验项目的精度允差值应按实际检验长度计算。计算结果按 GB/T 8170 修约至微米位数。

3.1.6 在 3.2.2、3.2.3 的精度检验过程中,滑块平衡机构应处于工作状态。

3.1.7 精度检验应在无负荷(即空载)状态下按照 GB/T 10923 的规定进行检验。检验过程中,不准许对影响精度的机构和零件进行调整。导轨间隙应保证滑块不卡住,摩擦部位温度符合要求,双面间隙一般为 0.05 mm～0.40 mm。

3.2 精度检验

3.2.1 工作台板上平面及滑块下平面的平面度

3.2.1.1 用平尺、量块检验

在被检平面上选择 A、B 和 C 三点作为测量基准(见图 1),将三个等高量块分别放在这三点上,这些量块的上表面就是用作与被检平面相比较的基准平面。将平尺放在 A 和 C 点上,在被检平面的 E 点处放一可调量块,使其与平尺的下表面接触,这时 A、B、C 和 E 量块的上表面处在同一平面内。再将平尺放在 B 和 E 点上,在 D 点处放一可调量块,使其与平尺的下表面接触。将平尺分别放在 A 和 D、B 和 C、A 和 B、D 和 C 上进行测量,可测得被检面上各点的偏差。平面度误差以各测量点的最大代数差计。

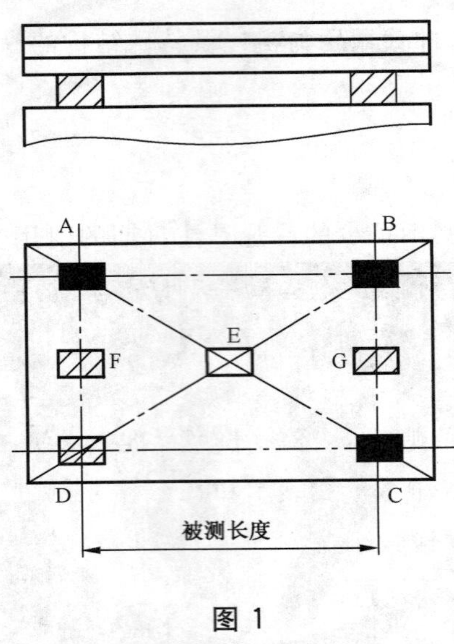

图 1

3.2.1.2 用水平仪检验

通过被检面上的 A、B、D 三点的平面作为基准平面(见图 2)。被检面上的各测点到基准平面的座标值,即为各测点相对于基准平面的偏差。平面度误差以各测量点偏差的最大代数差计。

采用分度值 0.02 mm/m 的水平仪及桥板,按网格布点进行测量,从 A 点开始按图 2 所示箭头方向依次移动测量距离 d(≤500 mm),将 A-B、A-D、A_1-B_1、A_2-B_2、A_3-B_3、…D-C 上测得的水平仪读数按作图法或计算法求出平面度误差。

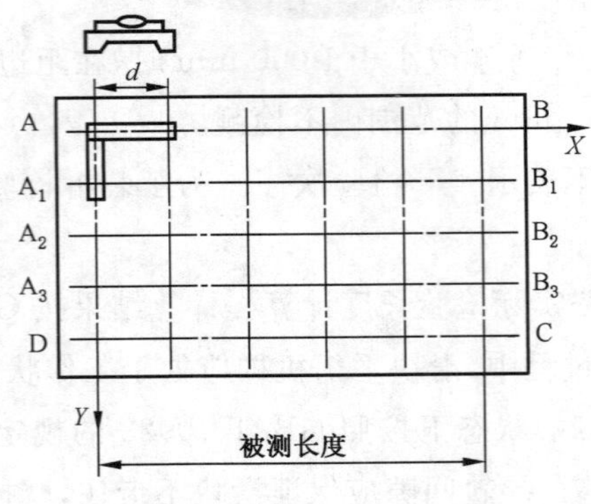

图 2

3.2.1.3 **检验方法**

3.2.1.3.1 滑块下平面的平面度检验允许在加工完成后(装配前)按上述方法进行测量。

3.2.1.3.2 当测量长度小于或等于 1 600 mm 时,采用平尺检验;当测量长度大于 1 600 mm 时,采用水平仪检验。

3.2.1.4 **允差值**

工作台板上平面及滑块下平面的平面度允差值见表 1。

表 1 工作台板上平面及滑块下平面的平面度允差值

单位为毫米

检验项目	允差
工作台板上平面的平面度	$0.02+\frac{0.06}{1\ 000}L_1$
滑块下平面的平面度	$0.02+\frac{0.06}{1\ 000}L_2$
注 1:L_1 为工作台板长边被测长度。 注 2:L_2 为滑块长边被测长度。	

3.2.2 **滑块下平面对工作台板上平面的平行度**

3.2.2.1 **检验方法**

在工作台板上放一长度不大于 500 mm 的平尺,平尺上放一带表架的指示表,使指示表测头顶在滑块下平面上(见图 3)。当滑块在最大和最小装模高度时,滑块行程位于下死点或中间位置,按图示规定移动指示表(平尺)测量。若装模高度调节量大于 500 mm,应增加滑块在调节量中间位置的测量。误差分别在图示的前后、左右方向上用指示表测量,以指示表在前后方向两端处,左右方向三处的读数差值计。

操作者一边为"前",其右边为"右",对应边为"后""左"。

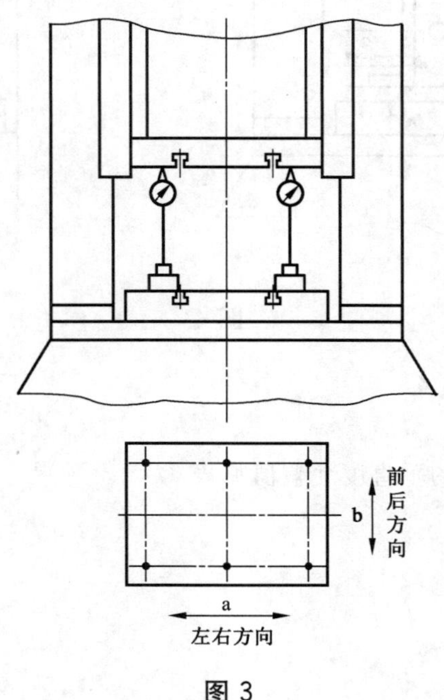

图 3

3.2.2.2 **允差值**

滑块下平面对工作台板上平面的平行度允差值见表2。

表2 滑块下平面对工作台板上平面的平行度允差值

单位为毫米

滑块行程位置	允差	
滑块行程位于下死点	a(左右)	$0.02+\frac{0.10}{1\,000}L_3$
	b(前后)	
滑块行程位于中间位置	a(左右)	$0.04+\frac{0.20}{1\,000}L_3$
	b(前后)	
注:L_3 为滑块下平面的被测长度。		

3.2.3 滑块行程对工作台板上平面的垂直度

3.2.3.1 **检验方法**

在工作台板中间位置上放一检验平尺,角尺放在平尺上,指示表紧固在滑块下平面,使指示表测头触及角尺的检验面上(见图4)。当滑块在最大和最小装模高度时,滑块上下运行,在通过工作台板中心的两个相互垂直的方向上进行测量。若装模高度调节量大于500 mm,应增加滑块在调节量中间位置的测量。误差以滑块下降过程中下部1/2行程内指示表的读数差值计。

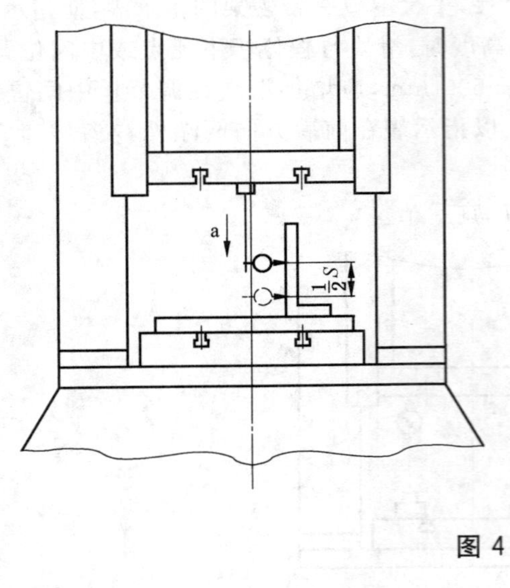

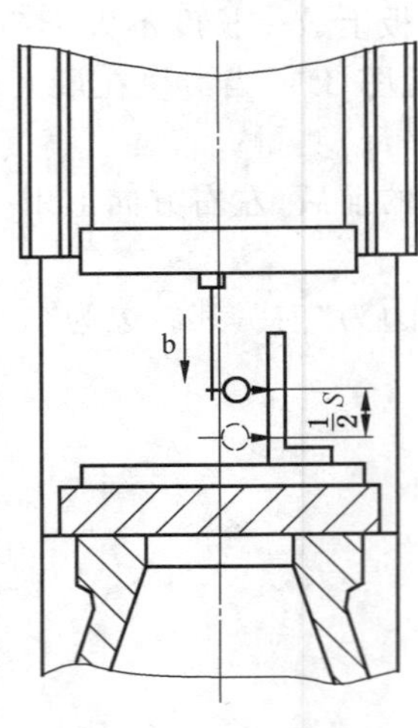

图4

3.2.3.2 **允差值**

滑块行程对工作台板上平面的垂直度允差值见表3。

表 3　滑块行程对工作台板上平面的垂直度允差值

单位为毫米

方　　向	允　　差
a(左右方向)	$\frac{0.03}{100}S$
b(前后方向)	
注:S 为滑块行程。	

3.2.4　**连接部位的总间隙**

3.2.4.1　**检验方法**

3.2.4.1.1　**有平衡装置的压力机**(见图 5)

装模高度调节在中间位置,滑块行程应位于下死点,按压力机公称力 P(单位为 kN)约 5%调整平衡力,向平衡器通入气压,以指示表读数不再变化时为止,然后把平衡器气压完全排掉,以排气前后指示表的读数差为测定值。

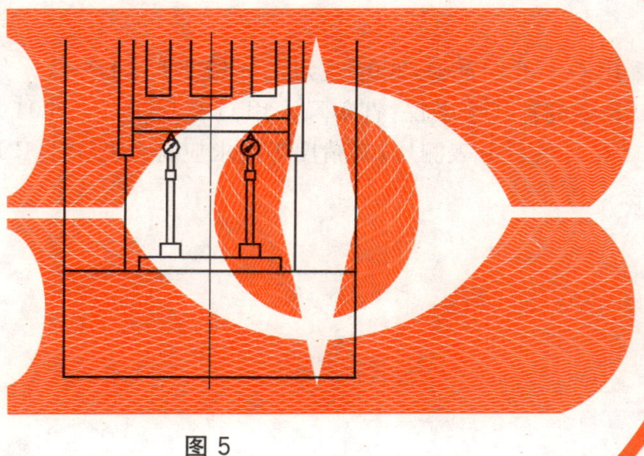

图 5

3.2.4.1.2　**无平衡装置的压力机**(见图 6)

装模高度调节在中间位置,滑块行程应位于下死点,在工作台板中间位置放置加载器或带指示表的液压千斤顶,按压力机公称力 P(单位为 kN)约 5%进行加载。以加载前后指示表的读数差为测定值。

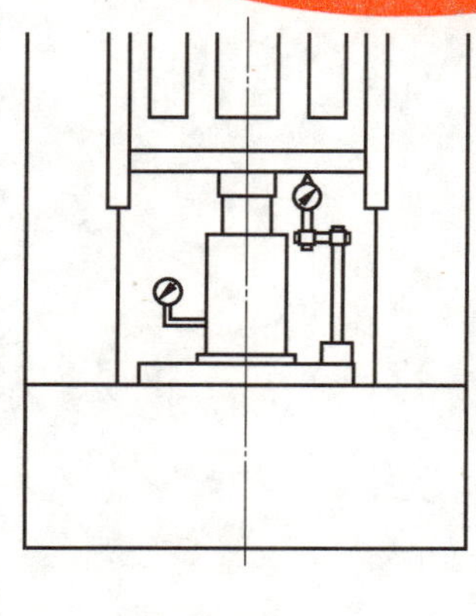

图 6

3.2.4.2 总间隙计算

压力机应在靠近每个连杆中心线的滑块下平面上放一指示表(见图5),总间隙按加载前后指示表的读数差值计(每个指示表读数分别计算)。

3.2.4.3 允差值

连接部位的总间隙允差值见表4。

表4 连接部位的总间隙允差值

单位为毫米

检验项目	允　差
连接部位的总间隙	$1.6+\frac{3.16\sqrt{P}}{100}$
注:P 为压力机公称力,单位为千牛(kN)。	

3.3 检验工具

铸铁平尺采用GB/T 24760—2009规定的一级平尺;水平仪采用GB/T 16455—2008中分度值为0.02 mm/1 000 mm的框式水平仪;直角尺采用GB/T 6092—2004规定的一级宽座直角尺;指示表采用分度值为0.01 mm的百分表测量,其精度等要求应符合GB/T 1219的规定;量块采用GB/T 6093—2001规定的3级5等量块。

ICS 25.060.20
J 52

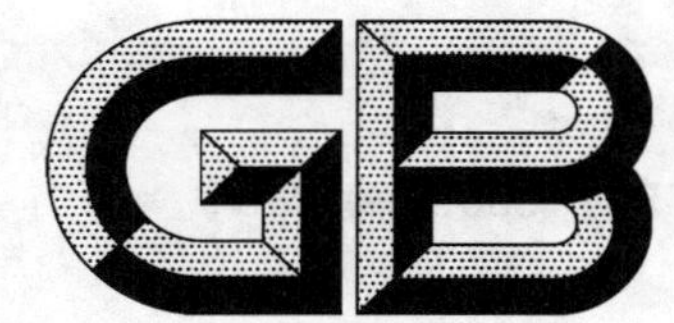

中华人民共和国国家标准

GB/T 35094—2018

镁铝合金轮毂夹具通用技术规范

Magnesium-aluminium alloy wheel hub fixture general specification

2018-05-14 发布　　2018-12-01 实施

国家市场监督管理总局
中国国家标准化管理委员会　发布

前　言

本标准按照 GB/T 1.1—2009 给出的规则起草。

本标准由中国机械工业联合会提出。

本标准由全国金属切削机床标准化技术委员会(SAC/TC 22)归口。

本标准起草单位:江苏天宏机械工业有限公司、江苏天宏自动化科技有限公司、天津市天职精密机械制造有限公司。

本标准主要起草人:张培军、张达鑫、张秋白、汤建军、周会权。

镁铝合金轮毂夹具通用技术规范

1 范围

本标准规定了镁铝合金轮毂夹具的型号和型式、技术要求、几何精度检验、装配质量、安全要求、检验、标志、包装及随行文件等。

本标准适用于机械加工镁铝合金轮毂的夹具。

2 规范性引用文件

下列文件对于本文件的应用是必不可少的。凡是注日期的引用文件，仅注日期的版本适用于本文件。凡是不注日期的引用文件，其最新版本(包括所有的修改单)适用于本文件。

GB/T 5900.1—2008 机床 主轴端部与卡盘连接尺寸 第1部分：圆锥连接

GB/T 5900.2—1997 机床 主轴端部与花盘 互换性尺寸 第2部分：凸轮锁紧型

GB/T 5900.3—1997 机床 主轴端部与花盘 互换性尺寸 第3部分：卡口型

GB/T 9239.1—2006 机械振动 恒态(刚性)转子平衡品质要求 第1部分：规范与平衡允差的检验

GB/T 17421.1—1998 机床检验通则 第1部分：在无负荷或精加工条件下机床的几何精度

GB/T 25376—2010 金属切削机床 机械加工件通用技术条件

JB/T 3207—2005 机床附件 产品包装通用技术条件

JB/T 9935—2011 机床附件 随机技术文件的编制

3 术语和定义

下列术语和定义适用于本文件。

3.1

轮毂夹具 wheel hub fixture

轮毂机械加工过程中所用的夹具。

3.2

卡盘式轮毂夹具 chuck-type wheel hub fixture

以轴向和径向定位的轮毂夹具。

3.3

中心定位式轮毂夹具 center-type wheel hub fixture

采用芯轴或涨套定位的轮毂夹具。

3.4

翻板式轮毂夹具 turn-type wheel hub fixture

采用芯轴或涨套定位，能够翻转的轮毂夹具。

3.5

压爪 pressure jaw

轮毂夹具的夹紧元件。

3.6

定位块　locating block

轮毂夹具的定位元件。

注：有端面定位块、轴向定位块、芯轴和涨套等。

3.7

夹具体　fixture body

安装组成轮毂夹具所需的各种元件的基础元件。

4　型号和型式

4.1　型号

4.1.1　型号组成

轮毂夹具的型号由类代号、型式代号、夹持轮毂范围、特性代号和与配套机床连接代号组成。

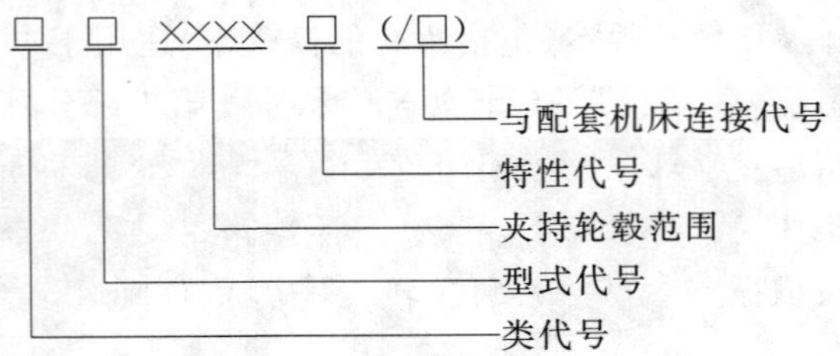

注 1：带“( )”的代号，若无内容则删去，有内容时则去掉括号；

注 2：“/”为间隔符号，必要时“/”可变通为“—”。

4.1.2　类代号

轮毂夹具的类代号用 L 表示。

4.1.3　型式代号

轮毂夹具的型式代号用大写汉语拼音字母表示，位于类代号之后，见表 1。

表 1

型式	卡盘式	中心定位式	翻板式
代号	K	Z	F

4.1.4　夹持轮毂范围

夹持轮毂范围为被加工轮毂的最小直径和轮毂最大直径，用英寸制，位于型式代号之后。

4.1.5　特性代号

特性代号为夹紧点垫块的种类，位于夹持轮毂范围之后，当无垫块时可缺省，特征代号见表 2。

表 2

垫块种类	尼龙	紫铜
代号	A	B

4.1.6 与配套机床连接代号

当需要表示与配套机床主轴连接代号时，可按 GB/T 5900.1—2008、GB/T 5900.2—1997、GB/T 5900.3—1997 的规定，位于特性代号之后，并用间隔号"/ "与其前面部分分隔开。

4.2 型式

4.2.1 卡盘式轮毂夹具

卡盘式轮毂夹具型式见图 1。

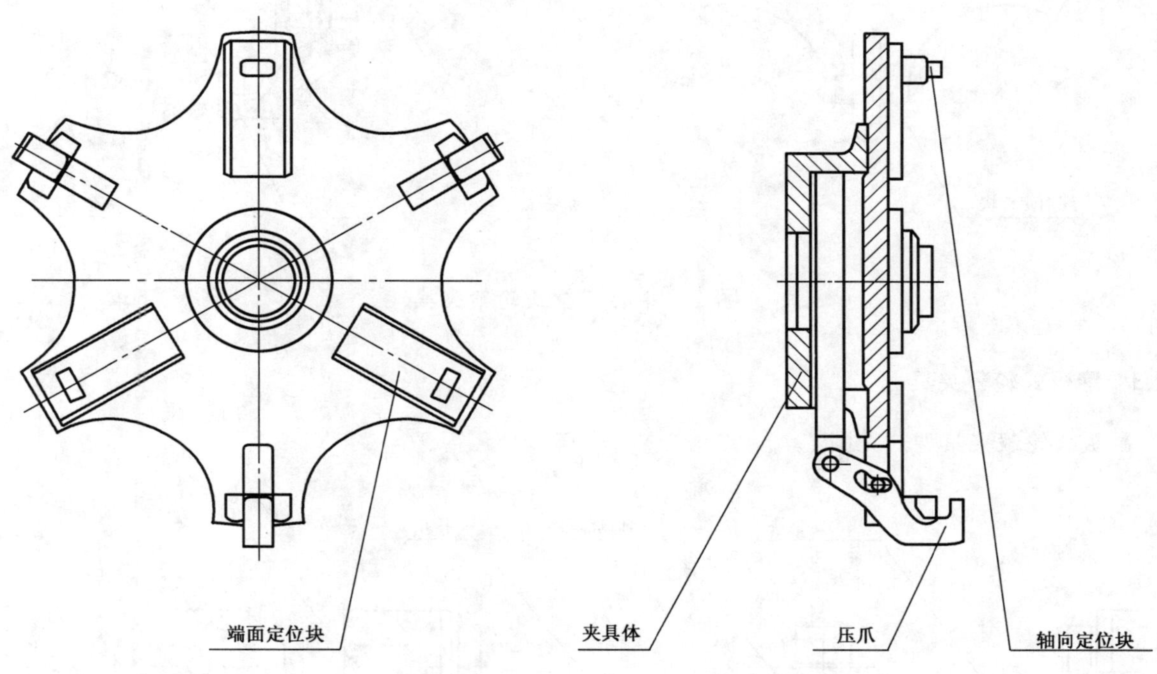

图 1 卡盘式轮毂夹具

4.2.2 中心定位式轮毂夹具

中心定位式轮毂夹具型式见图 2。

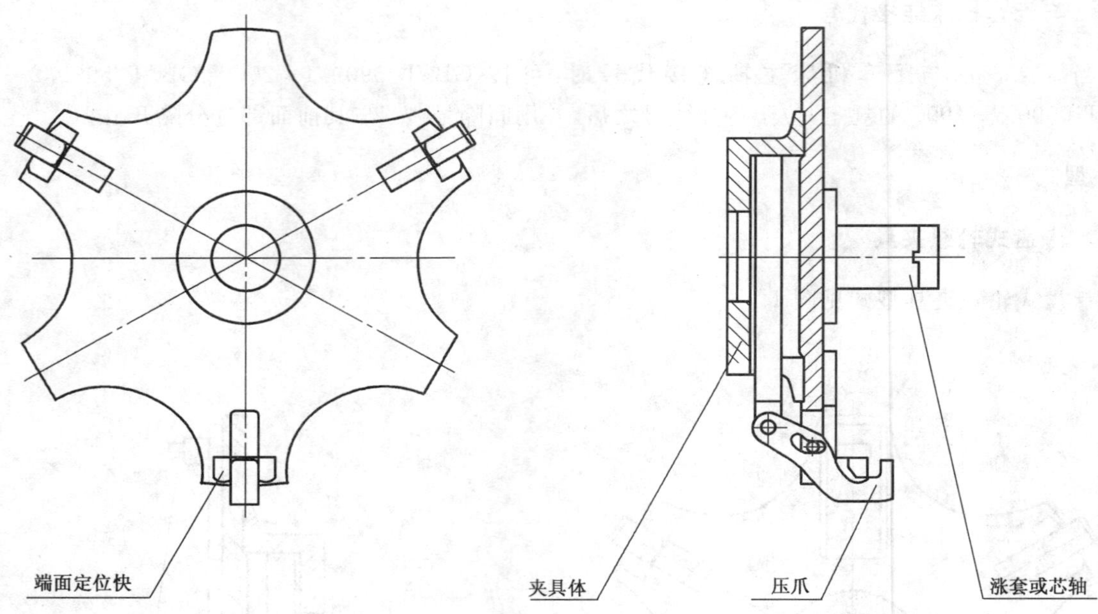

图 2 中心定位式轮毂夹具

4.2.3 翻板式轮毂夹具

翻板式轮毂夹具型式见图 3。

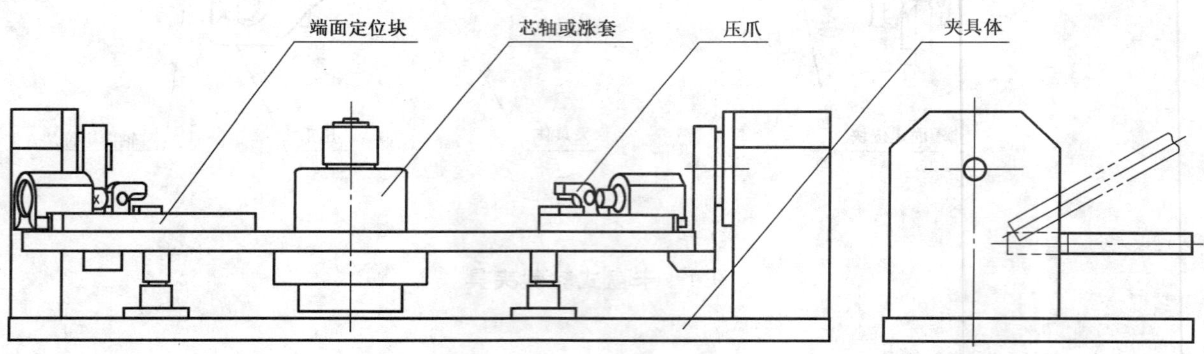

图 3 翻板式轮毂夹具

4.3 型号示例

4.3.1 卡盘式轮毂夹具

LK1320/$A_2$8 表示卡盘式轮毂夹具，被加工轮毂的最小直径为 13 in、最大直径为 20 in，夹紧点无垫块，与机床主轴连接型式代号为 $A_2$8。

注：1 in=25.4 mm。

4.3.2 中心定位式轮毂夹具

LZ1526B/$A_2$11 表示中心定位式轮毂夹具，被加工轮毂的最小直径为 15 in、最大直径为 26 in，夹紧点有紫铜垫块，与机床主轴连接型式代号为 $A_2$11。

4.3.3 翻板式轮毂夹具

LF1222A 表示翻板式轮毂夹具，被加工轮毂的最小直径为 12 in、最大直径为 22 in，夹紧点有尼龙垫块。

5 技术要求

5.1 外观质量

5.1.1 轮毂夹具外表面不得有裂纹、锈蚀、碰伤和毛刺等缺陷。

5.1.2 零件的保护层应完整，不应有褪色、脱落现象。

5.1.3 液压管路和气路排布应合理美观。

5.2 材质及热处理

夹具体、压爪、端面定位块、轴向定位块、芯轴、涨套应选用结构钢或合金结构钢，并经热处理，满足相应的功能需求。在满足性能要求时也可选用其他材质。

5.3 夹紧力

卡盘式轮毂夹具和中心定位式轮毂夹具最大静态夹紧力宜为 30 kN(所有压爪的合力)。

5.4 最高转速

卡盘式轮毂夹具和中心定位式轮毂夹具的最高转速应符合表 3 的规定。

表 3

轮毂直径 in	≤16	>16～20	>20～24	>24～28
最高转速 r/min	1 800	1 500	1 200	900

5.5 动平衡

卡盘式轮毂夹具和中心定位式轮毂夹具应进行动平衡，其平衡品质级别为 G2.5。

在试验机上测出剩余不平衡量，根据所测得的剩余不平衡量按 GB/T 9239.1—2006 中式(6)计算出该夹具的平衡品质级别。

6 几何精度检验

6.1 一般要求

6.1.1 需要回转检验的几何精度检验项目，夹具应直接安装到检验轴上，检验轴外圆径向圆跳动和轴向圆跳动应按 G01 项和 G02 项进行预先检验。

6.1.2 使用本标准时，精度检验方法和检验工具精度应按 GB/T 17421.1—1998 的规定。

6.1.3 本标准所列出的精度检验项目顺序，并不表示实际检验次序。检验时，一般可按装拆检验工具和检验方便，按任意次序进行检验。

6.1.4 可根据结构特点，按协议选择本标准中提出的部分项目进行检验，或协商确定检验项目。

6.1.5 精度检验中的线性尺寸和公差的单位为毫米(mm)，角度公差单位为分(′)。

6.2 检验内容

检验项目见表 4。

表 4

检验项目	G01	G02	G1	G2	G3	G4	G5	G6
卡盘式轮毂夹具	○	○	○	○	○	—	—	—
中心定位式轮毂夹具	○	○	○	○	—	○	—	—
翻板式轮毂夹具	—	—	—	—	—	—	○	○
注："○"表示需要检验项目；"—"表示不需要检验项目。								

6.3 精度检验

检验项目	G01
检验轴端部径向圆跳动	
简图 	
公差 *x* 0.005	
检验工具 指示器	
检验方法:按 GB/T 17421.1—1998 的 5.6.1.1.4 和 5.6.1.2.2 的规定 指示器测头应垂直于被测表面	

检验项目	G02
检验轴端部轴向圆跳动	

简图

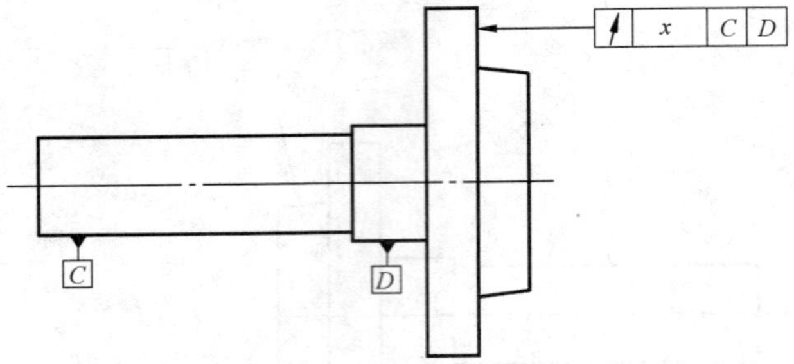

公差 x

0.005

检验工具

指示器

检验方法：按 GB/T 17421.1—1998 的 5.6.3 的规定

检验时检测位置应靠近尽可能大的直径上

检验项目 | **G1**

夹具体外圆的径向圆跳动

简图

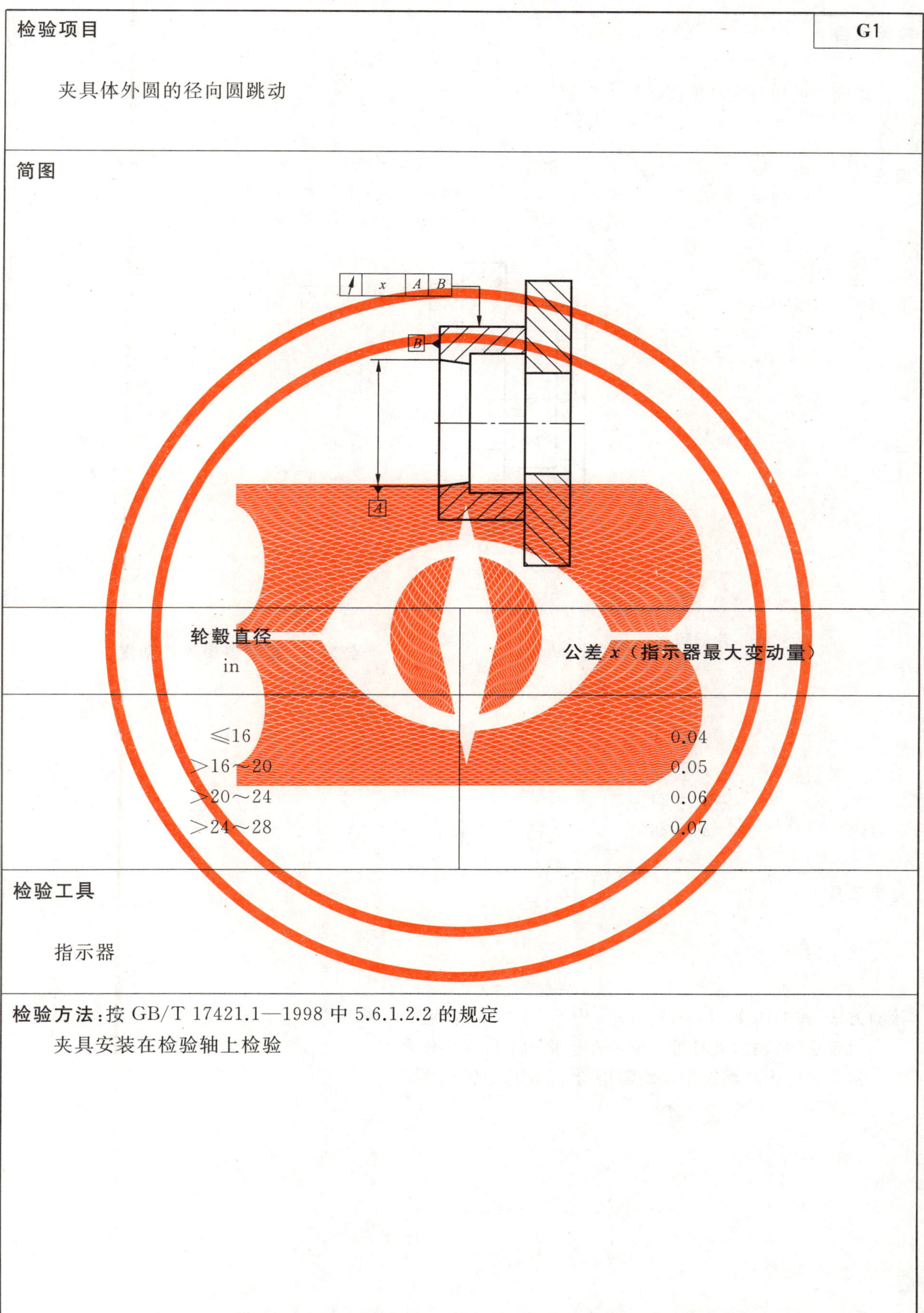

轮毂直径 in	公差 x（指示器最大变动量）
≤16	0.04
>16～20	0.05
>20～24	0.06
>24～28	0.07

检验工具

指示器

检验方法：按 GB/T 17421.1—1998 中 5.6.1.2.2 的规定

夹具安装在检验轴上检验

检验项目	G2

端面定位块与夹具体底面的平行度

简图

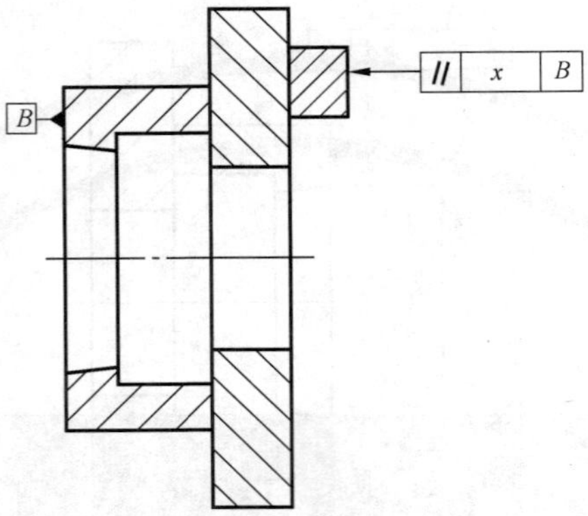

轮毂直径 in	公差 x（指示器最大变动量）
≤16	0.03
>16～20	0.03
>20～24	0.04
>24～28	0.04

检验工具

指示器

检验方法:按 GB/T 17421.1—1998 中 5.4.1.2.2 的规定

对于这项检验,夹具可以安装在检验轴上或在工作台上。

检验时每个端面定位块均需检验,每块均应符合要求

检验项目 **G3**

基准面板内孔的径向圆跳动

简图

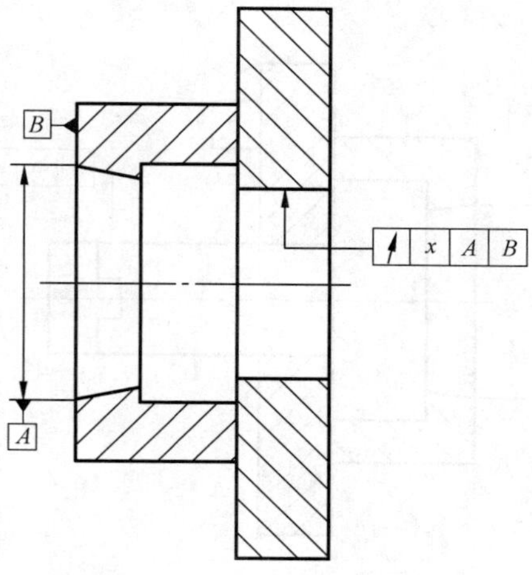

轮毂直径 in	公差 *x*（指示器最大变动量）
≤16	0.02
＞16～20	0.03
＞20～24	0.04
＞24～28	0.05

检验工具

指示器

检验方法：按 GB/T 17421.1—1998 中 5.6.1.2.3 的规定

夹具安装在检验轴上检验。

指示器应置于靠近端面

检验项目 **G4**

芯轴或涨套的径向圆跳动

简图

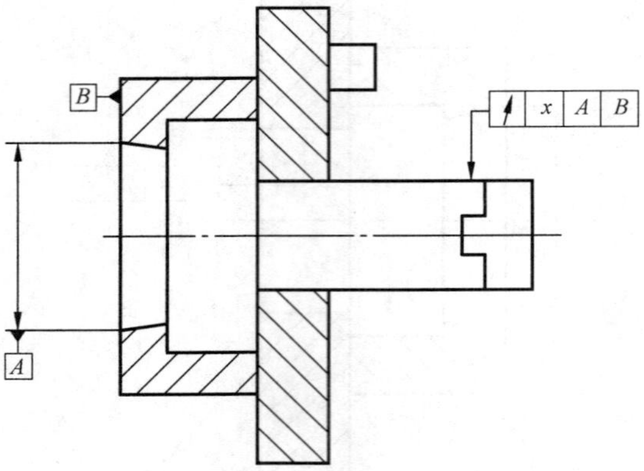

轮毂直径 in	公差 *x*（指示器最大变动量）
≤16	0.03
>16～20	0.04
>20～24	0.05
>24～28	0.06

检验工具

指示器

检验方法：按 GB/T 17421.1—1998 中 5.6.1.2.2 的规定

夹具安装在检验轴上检验。

检验时应将指示器测头置于芯轴或涨套的远端

检验项目	G5

端面定位块与夹具体底面的等距误差

简图

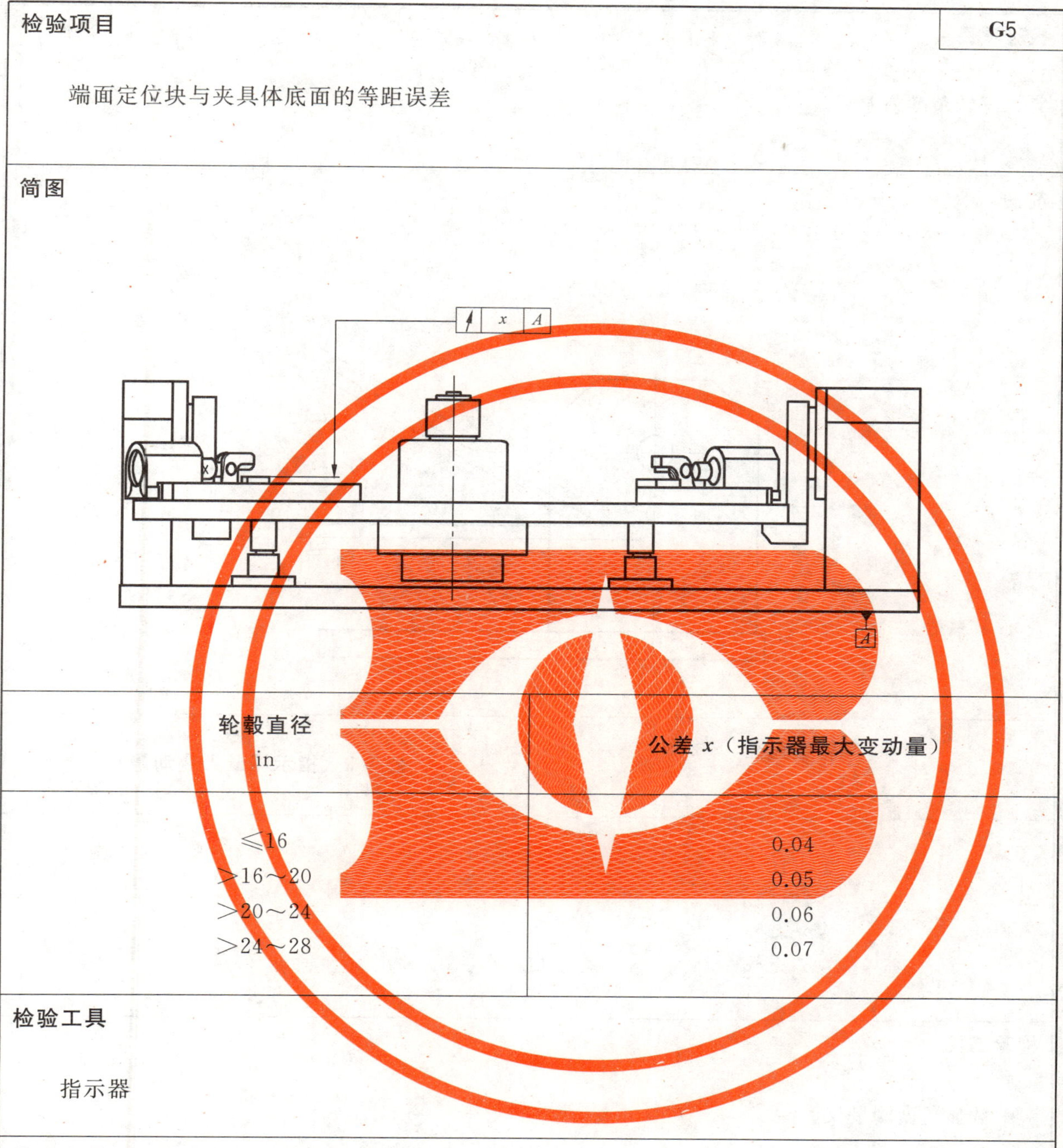

轮毂直径 in	公差 *x*（指示器最大变动量）
≤16	0.04
>16～20	0.05
>20～24	0.06
>24～28	0.07

检验工具

指示器

检验方法：按 GB/T 17421.1—1998 中 5.4.1.2.2 的规定

对于这项检验，端面定位块应处于水平位置。

检验时以夹具体底面为基准，检验所有端面定位块的端面跳动，等距误差为所测得的端面定位块最高点指示器读数的最大差值

检验项目	G6
翻转角度公差	

简图

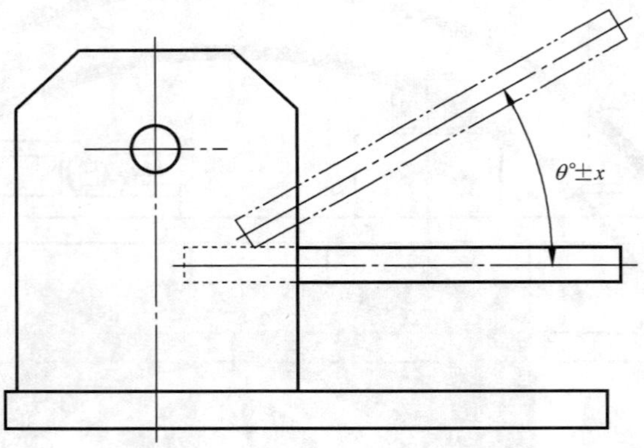

$\theta°\pm x$

轮毂直径 in	公差 x（指示器最大变动量）
≤16 >16～20 >20～24 >24～28	±30′

检验工具

数显角度测量仪

检验方法：按 GB/T 17421.1—1998 中 6.1.1.1 的规定

检验时应将夹具置于水平工作台上，工作台面从水平旋转到最大，记取夹具工作台面相对于水平面角度偏差

7 装配质量

7.1 机械加工件的质量应符合 GB/T 25376—2010 的规定。

7.2 轮毂夹具装配时的零部件应清理干净，用于装配的加工件不应磕碰、划伤和锈蚀，加工面不应有修锉和打磨等痕迹(制造工艺另有规定除外)。

7.3 轮毂夹具的移动、转动零部件装配后，运动应平稳、灵活轻便，无阻滞现象。

7.4 气动系统和液压系统各密封部位不应有漏气、漏油现象。

a) 轮毂夹具通气部位，接通规定压力的气，不应有任何可听到的气体泄漏声。

b) 轮毂夹具液压各部位不应有观测到的滴油现象。

8 安全卫生

8.1 轮毂夹具质量超过 16 kg 时应有起吊或便于搬运装置，该装置应保证搬运的安全平稳。

8.2 轮毂夹具表面不应有可能导致人身伤害的尖角、锐角、毛刺等。

8.3 使用说明书中应注明有关安全、操作及维护等注意事项。

9 检验

9.1 产品应经检验部门检验合格后方可出厂。

9.2 出厂检验项目包括外观、几何精度、动平衡、标志及包装。

10 标志、包装及随行文件

10.1 标志

轮毂夹具应有标记，标记内容应持久和清楚明显。

——制造者的名称或商标；

——型号或出厂编号；

——最高转速；

——压爪最大静态夹紧力。

10.2 包装

包装应符合 JB/T 3207—2005 的规定。

10.3 随行文件

随行技术文件应符合 JB/T 9935—2011 的规定。

ICS 17.040.30
J 42

中华人民共和国国家标准

GB/T 35095—2018

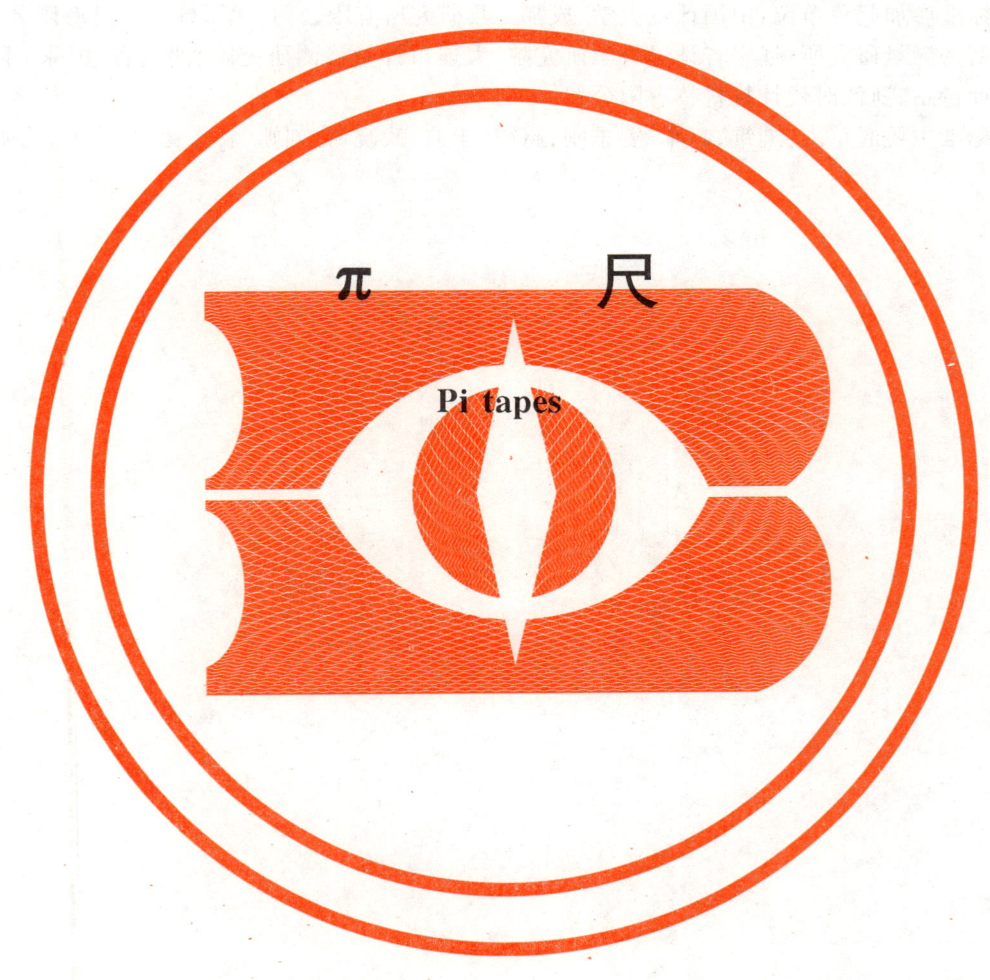

2018-05-14 发布 2018-12-01 实施

国家市场监督管理总局
中国国家标准化管理委员会 发布

前　言

本标准按照 GB/T 1.1—2009 给出的规则起草。

本标准由中国机械工业联合会提出。

本标准由全国量具量仪标准化技术委员会(SAC/TC 132)归口。

本标准负责起草单位:杭州长庚测量技术有限公司。

本标准参加起草单位:中国计量大学、成都工具研究所有限公司、沈阳佳宇工具有限公司、成都市精博直径精密测量研究所、辽宁省计量科学研究院、大连市计量检测研究院、四川省(国家)重大技术装备几何量计量站、浙江时代计量科技有限公司。

本标准主要起草人:刘维、赵军、姜志刚、赵霞、于波、武晓琦、刘娜、石作德、吴小丰、孔明。

π　　尺

1　范围

本标准规定了π尺的术语和定义、型式与基本参数、要求、检验条件、检验方法、标志与包装。

本标准适用于分度值为0.01 mm、0.02 mm和0.05 mm，直径测量范围为9 mm～5 000 mm的π尺。

2　规范性引用文件

下列文件对于本文件的应用是必不可少的。凡是注日期的引用文件，仅注日期的版本适用于本文件。凡是不注日期的引用文件，其最新版本(包括所有的修改单)适用于本文件。

GB/T 17163—2008　几何量测量器具术语　基本术语

3　术语和定义

GB/T 17163—2008界定的以及下列术语和定义适用于本文件。

3.1

π尺　pi tapes

具有一组(主标尺和副标尺)或多组有序的标尺标记及标尺标数所构成的带状的测量器具，用于测量圆形被测对象的直径。

3.2

重合度偏差　deviation of coincidence

当副标尺上的"零"标尺标记与主标尺某一标尺标记重合时，副标尺上的"尾"标尺标记与主标尺相应标尺标记未重合的差值。

4　型式与基本参数

4.1　型式

π尺的型式见图1～图3所示。图示仅供图解说明，不表示详细结构。

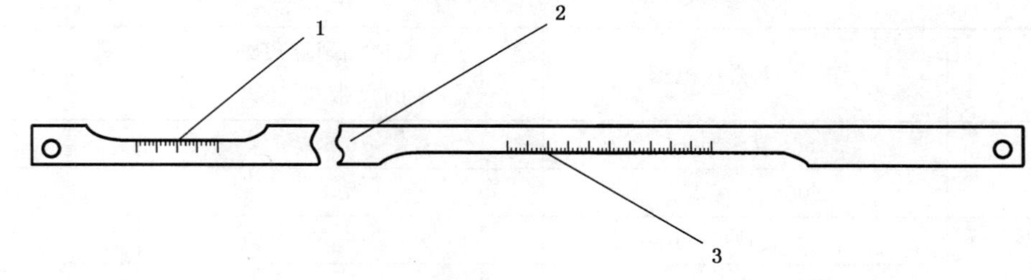

说明：

1——副标尺；

2——尺带；

3——主标尺。

图1　条式π尺结构示意图

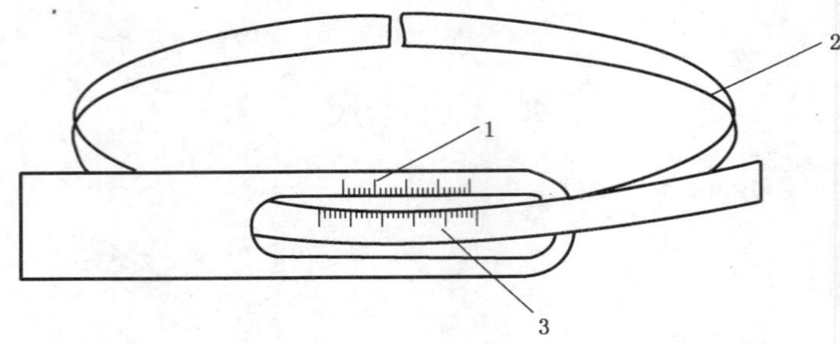

说明：

1——副标尺；

2——尺带；

3——主标尺。

图2 穿孔式π尺结构示意图

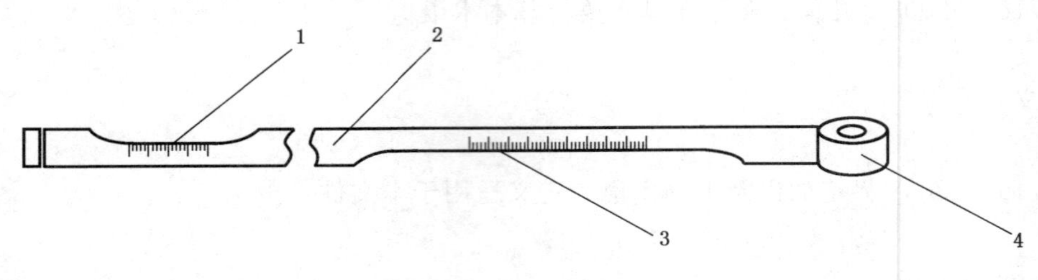

说明：

1——副标尺；

2——尺带；

3——主标尺；

4——尺盒。

图3 卷尺式π尺结构示意图

4.2 基本参数

π尺的基本参数见表1的规定。

表1 π尺的基本参数

单位为毫米

分度值	直径 D 测量范围	主标尺和副标尺处的尺带宽度	尺带宽度
0.01	$50 \leqslant D < 500$	6.5	12.5
	$500 \leqslant D \leqslant 900$	8.0	12.5
0.02	$300 \leqslant D < 500$	6.5	12.5
	$500 \leqslant D < 900$	8.0	12.5
	$900 \leqslant D < 1\ 500$	8.0	12.5
	$1\ 500 \leqslant D < 3\ 000$	9.5	12.5
	$3\ 000 \leqslant D < 5\ 000$	12.5	12.5
0.05	$9 \leqslant D \leqslant 115$	5.0	10.0

5 要求

5.1 外观

π尺上不应有影响使用性能的碰伤、划痕、折损、断线和涂层脱落等缺陷。

5.2 材料及硬度

π尺尺带应选择弹簧钢、不锈钢或其他类似性能的材料制造，其硬度应为450 HV～620 HV。

5.3 尺带宽度偏差

尺带宽度偏差应不超过±0.3 mm。

5.4 标尺标记的宽度及宽度差

主标尺和副标尺的标尺标记(刻线)应均匀清晰，垂直到边，标记宽度应在0.10 mm～0.20 mm，标记宽度差不应大于0.03 mm。

5.5 标尺标记间距

5.5.1 主副尺标尺标记间距的相邻误差不应大于0.02 mm。

5.5.2 主标尺的任意标尺标记间距的差值不应大于表2的规定；副标尺的任意标尺标记间距的差值不应大于0.03 mm。

表2 主标尺的任意标尺标记间距的差值

单位为毫米

分度值	直径 D 测量范围	任意标尺标记间距的差值
0.01	50≤D<200	0.12
	200≤D≤900	0.15
0.02	300≤D<900	0.15
	900≤D≤5 000	0.18
0.05	9≤D≤115	0.09

5.6 重合度偏差

副标尺上的“零”“尾”标尺标记与主标尺相应标尺标记应相互重合，其重合度偏差不应大于0.03 mm。

5.7 尺带侧边的直线度

π尺尺带侧边的直线度不应大于2 mm/m。

5.8 示值的最大允许误差

π尺示值的最大允许误差应符合表3的规定。

表 3 π 尺示值的最大允许误差

单位为毫米

分度值	直径 D 测量范围	最大允许误差
0.01	50≤D<500	±0.05
	500≤D≤900	±0.06
0.02	300≤D<900	±0.06
	900≤D<2 100	±0.08
	2 100≤D<3 000	±0.10
	3 000≤D<3 750	±0.15
	3 750≤D≤5 000	±0.20
0.05	9≤D≤115	±0.05

5.9 尺带厚度偏差和厚度差

尺带厚度偏差应不超过±0.01 mm。尺带厚度差不应大于 0.01 mm。

6 检验条件

π 尺检验时,室内温度应为 20 ℃±5 ℃;相对湿度不应大于 70%。

7 检验方法

7.1 外观

目力观察。

7.2 硬度

在维氏硬度计上检测。检测部位为 π 尺尺带全长上均匀分布的三点。

7.3 尺带宽度

采用卡尺检测尺带宽度。检测部位为 π 尺主标尺和副标尺上均匀分布的三处。

7.4 标尺标记的宽度和宽度差

采用工具显微镜或读数显微镜进行检验。主标尺和副标尺的标尺标记至少各抽检三条。

7.5 标尺标记间距

采用工具显微镜或读数显微镜进行检验。

主标尺和副标尺的相邻标尺标记间距至少各抽检三对,测得的最大差值为标尺标记间距的相邻误差。

主标尺和副标尺的任意标尺标记间距至少各抽检三个,测得的最大差值为任意标尺标记间距的差值。

7.6 重合度偏差

使副标尺的"零"标尺标记与主标尺某一标记对齐后，观察其"尾"标尺标记与主标尺的相应标记是否重合，其差值即为重合度偏差。

发生争议时，采用工具显微镜测量。测量副标尺上"零"标尺标记与"尾"标尺标记间的距离和主标尺上分别与副标尺的"零"标尺标记与"尾"标尺标记相对应的标尺标记间的距离，两者之差的绝对值即为重合度偏差。

7.7 尺带侧边的直线度

将被检 π 尺展开在 π 尺检定平台(参见附录 A)上，目测检测尺带侧边与基准边距离的最大差值，即尺带侧边的直线度。

7.8 示值误差

主标尺和副标尺的检点不应少于 3 点，主标尺的检点可参考表 4 的规定。

表 4 主标尺的检点

单位为毫米

直径 D 测量范围	主标尺的检点		
$9 \leqslant D \leqslant 50$	10	30	50
$50 \leqslant D \leqslant 100$	50	70	100
$100 \leqslant D \leqslant 200$	100	150	200
$200 \leqslant D \leqslant 350$	200	250	350
$350 \leqslant D \leqslant 500$	350	400	500
$500 \leqslant D \leqslant 700$	500	600	700
$700 \leqslant D \leqslant 900$	700	800	900
$900 \leqslant D \leqslant 1\ 100$	900	1 000	1 100
$1\ 100 \leqslant D \leqslant 1\ 300$	1 100	1 200	1 300
$1\ 300 \leqslant D \leqslant 1\ 500$	1 300	1 400	1 500
$1\ 500 \leqslant D \leqslant 1\ 700$	1 500	1 600	1 700
$1\ 700 \leqslant D \leqslant 1\ 900$	1 700	1 800	1 900
$1\ 900 \leqslant D \leqslant 2\ 100$	1 900	2 000	2 100
$2\ 100 \leqslant D \leqslant 2\ 300$	2 100	2 200	2 300
$2\ 300 \leqslant D \leqslant 2\ 500$	2 300	2 400	2 500
$2\ 500 \leqslant D \leqslant 2\ 750$	2 500	2 600	2 750
$2\ 750 \leqslant D \leqslant 3\ 000$	2 750	2 850	3 000
$3\ 000 \leqslant D \leqslant 3\ 250$	3 000	3 100	3 250
$3\ 250 \leqslant D \leqslant 3\ 500$	3 250	3 350	3 500
$3\ 500 \leqslant D \leqslant 3\ 750$	3 500	3 600	3 750
$3\ 750 \leqslant D \leqslant 4\ 000$	3 750	3 850	4 000
$4\ 000 \leqslant D \leqslant 4\ 250$	4 000	4 100	4 250
$4\ 250 \leqslant D \leqslant 4\ 500$	4 250	4 350	4 500
$4\ 500 \leqslant D \leqslant 4\ 750$	4 500	4 600	4 750
$4\ 750 \leqslant D \leqslant 5\ 000$	4 750	4 850	5 000

检测时，在π尺检定平台(参见附录A)上，将被检π尺与基准π尺[不确定度 $U=(5+5L)\mu m$，式中：L 为被测长度，单位为米(m)]展开在检测台上，分别在被检π尺与基准π尺的另一端施加拉力(拉力要求见表5)，使被检π尺的“零”标尺标记与基准π尺的“零”标尺标记重合对齐，用读数显微镜分别瞄准被检π尺与基准π尺上的相应标记进行读数，得到检点的长度实测值 L_i。

π尺直径实测值的计算见式(1)、式(2)：

$$D_{外}=L_i/\pi-h \qquad (1)$$

$$D_{内}=L_i/\pi+h \qquad (2)$$

式中：

$D_{外}$——外径实测值，单位为毫米(mm)；

$D_{内}$——内径实测值，单位为毫米(mm)；

h ——尺带的厚度值，单位为毫米(mm)；

L_i ——检点的长度实测值，单位为毫米(mm)；

π ——圆周率，取值3.141 592 7。

π尺检点的直径实测值与标称值之差即为被检π尺的示值误差。

也可采用符合不确定度要求的其他检验方法。

表5 π尺的拉力

直径 D 测量范围/mm	拉力[a]/N
$9\leqslant D\leqslant 900$	15.9±0.5
$900\leqslant D\leqslant 3\,000$	23.9±0.5
$3\,000\leqslant D\leqslant 5\,000$	31.9±0.5
[a] 拉力值以钢对钢的摩擦系数0.15为依据计算。	

7.9 尺带厚度偏差和厚度差

采用千分尺检测尺带厚度。检测部位为π尺尺带全长上均匀分布的三处。

8 标志与包装

8.1 π尺上应标志：

a) 制造厂厂名或注册商标；

b) 分度值、直径 D 测量范围、厚度；

c) 产品序号。

8.2 π尺包装盒上至少应标志：

a) 制造厂厂名或注册商标；

b) 产品名称；

c) 分度值、直径 D 测量范围、厚度。

8.3 π尺在包装前应经过防锈处理并妥善包装，不得因包装不善而在运输过程中损坏产品。

8.4 π尺经检定符合本标准要求的应附有产品合格证，产品合格证上应标有本标准的标准号、产品序号和出厂日期。

附 录 A
（资料性附录）
π尺检定平台

π尺检定平台的型式见图 A.1 所示。图示仅供图解说明，不表示详细结构。

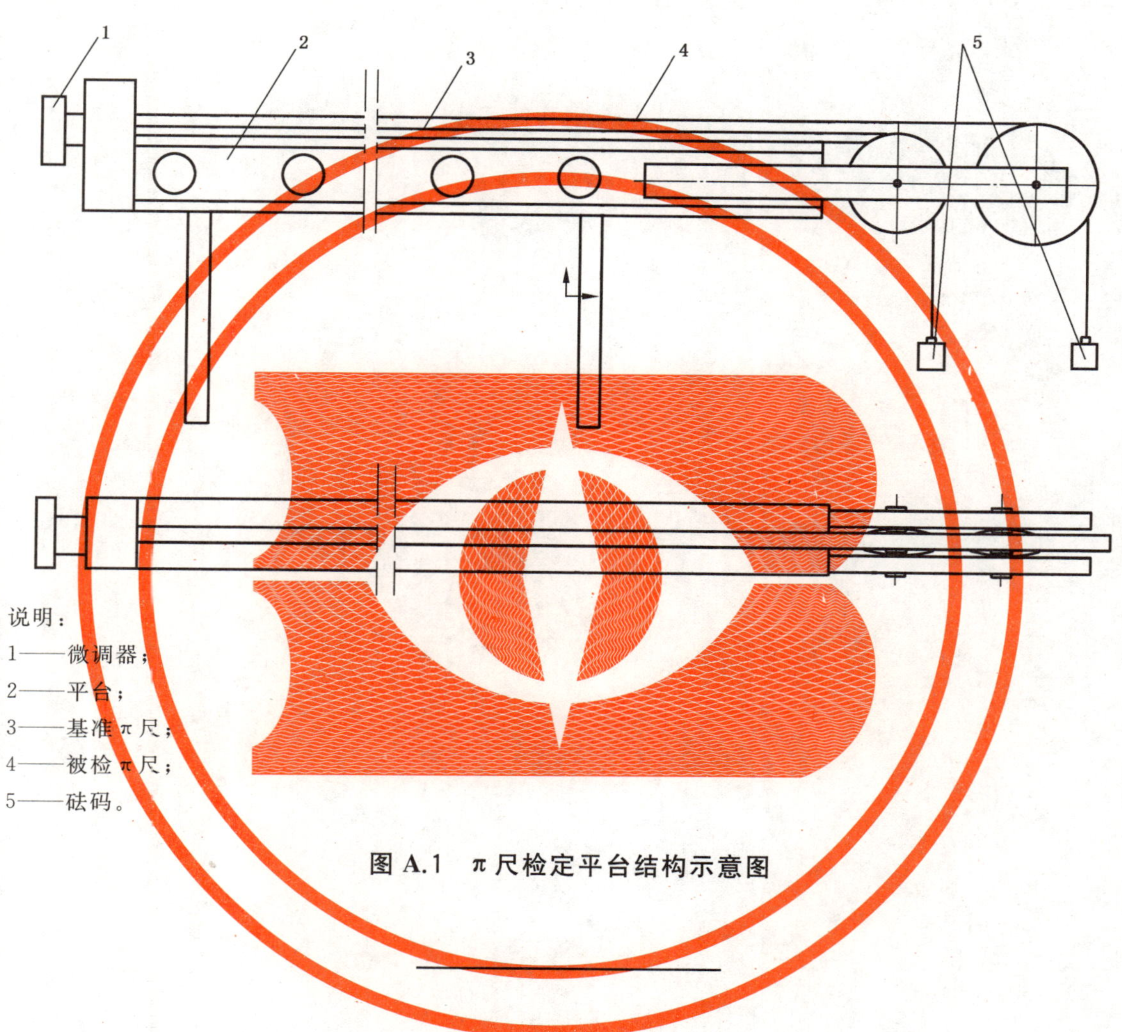

说明：

1——微调器；

2——平台；

3——基准π尺；

4——被检π尺；

5——砝码。

图 A.1 π尺检定平台结构示意图

ICS 77.150.10
H 61

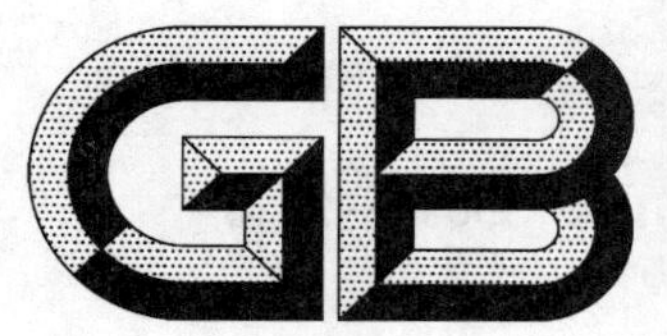

中华人民共和国国家标准

GB/T 35096—2018

SiC 颗粒增强铝基复合材料　锻材

SiC particulate reinforced aluminum matrix composites—Forgings

2018-05-14 发布　　2019-04-01 实施

国家市场监督管理总局
中国国家标准化管理委员会　发布

前 言

本标准按照 GB/T 1.1—2009 给出的规则起草。

本标准由全国工程材料标准化工作组(SAC/SWG 3)提出并归口。

本标准起草单位:上海交通大学、深圳市优越新材料有限公司、江苏省产品质量监督检验研究院、中国航天科技集团公司第八研究院、中国科学院上海技术物理研究所、上海宇航系统工程研究所。

本标准主要起草人:欧阳求保、张荻、张政、王燕、朱宇宏、李瑞祥、贾建军、崔琦峰、姚强、路通。

SiC 颗粒增强铝基复合材料　锻材

1　范围

本标准规定了 SiC 颗粒增强铝基复合材料锻材的术语和定义、分类与标识、技术要求、检验方法、检验规则及标志、包装、运输、贮存。

本标准适用于航天航空、汽车等领域使用的 SiC 颗粒增强铝基复合材料锻材。

2　规范性引用文件

下列文件对于本文件的应用是必不可少的。凡是注日期的引用文件，仅注日期的版本适用于本文件。凡是不注日期的引用文件，其最新版本(包括所有的修改单)适用于本文件。

GB/T 231.1　金属材料　布氏硬度试验　第 1 部分：试验方法

GB/T 4339　金属材料热膨胀特征参数的测定

GB/T 6519　变形铝、镁合金产品超声波检验方法

GB/T 8545　铝及铝合金模锻件的尺寸偏差及加工余量

GB/T 23909.3　无损检测　射线透视检测　第 3 部分：金属材料 X 和伽玛射线透视检测总则

GB/T 31831　LED 室内照明应用技术要求

GB/T 32496　金属基复合材料增强体体积含量试验方法　图像分析法

GB/T 32498　金属基复合材料　拉伸试验　室温试验方法

YS/T 479　一般工业用铝及铝合金锻材

3　术语和定义

下列术语和定义适用于本文件。

3.1

SiC 颗粒增强铝基复合材料锻材　SiC particulate reinforced aluminum matrix composites forgings

通过模锻或自由锻等锻造加工工艺，由 SiC 颗粒增强铝基复合材料热加工制成的各类锻材。其中 SiC 颗粒增强铝基复合材料采用熔铸复合方法制备，增强体为 SiC 颗粒，基体为 2A14、7A04、6A61 等铝合金，增强体体积分数低于 40%。

4　分类与标识

锻材产品按所选用的基体类型、增强体 SiC 颗粒的体积分数、热处理状态等进行分类。典型产品的牌号见示例。

示例：

SiC 颗粒的体积分数为 10%、基体为 2A14 铝合金、热处理状态为 T6 的 SiC 颗粒增强铝基复合材料，表示为：

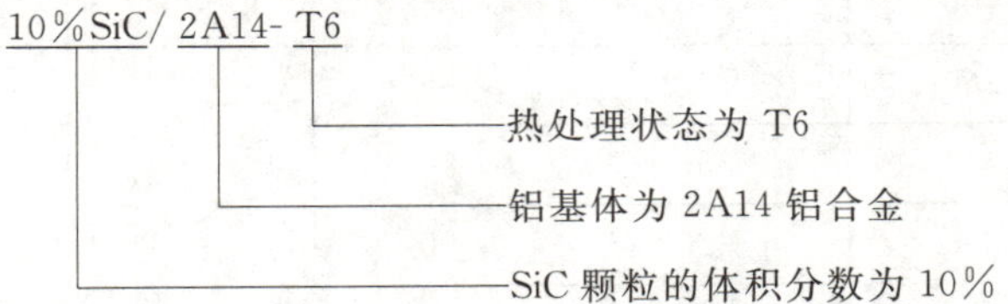

5 技术要求

5.1 表面质量

5.1.1 模锻材的表面质量

模锻材的表面质量要求应符合 YS/T 479 的规定。

5.1.2 自由锻材的表面质量

自由锻材表面的裂纹应予清除，其他缺陷的深度(包括清除裂纹处)应保证锻材留有三分之一的名义加工余量。如有特殊要求，按照客户要求进行控制。

5.2 尺寸及允许偏差

5.2.1 模锻材的尺寸及允许偏差应符合供需双方签订的图样或合同规定，图样中未规定偏差且可直接测量的尺寸，其尺寸偏差应符合 GB/T 8545 的规定。

5.2.2 自由锻材的尺寸及允许偏差应符合供需双方签订的图样或合同规定。

5.3 内部质量

5.3.1 内部缺陷

内部缺陷可按照 GB/T 6519 和 GB/T 23909.3 的规定分级进行检测，也可双方协商，并在图样或合同中注明超声波或 X 射线检验及检验的级别。超声波检测级别按照 GB/T 6519 的规定可分为 AAA 级、AA 级、A 级、B 级、C 级五个等级，达到 A 级以上视为合格。X 射线的检测按照 GB/T 23909.3 的规定进行。当超声波检测和 X 射线检测结果出现分歧时，以 X 射线检测结果为准。

5.3.2 显微组织

SiC 颗粒体积含量的测定应按照 GB/T 32496 规定的方法进行，试样中 SiC 颗粒应无明显团聚的现象，组织中不应存在气孔、非金属夹杂等缺陷。

5.4 性能

SiC 颗粒增强铝基复合材料锻材的拉伸性能、布氏硬度和线膨胀系数应符合表 1 的规定。

表 1 SiC 颗粒增强铝基复合材料锻材的性能

牌号	拉伸性能				布氏硬度 (HBW 10/1 500)	线膨胀系数 ($\times 10^{-6}$/℃) (室温至 300 ℃)
	抗拉强度 R_m/MPa	规定非比例延伸强度 $R_{p0.2}$/MPa	弹性模量 E/GPa	断后伸长率/%		
	不小于				不小于	不大于
10%SiC/2A14-T6	400	350	85	2	150	20
10%SiC/2A14-T7	360	300	85	2	120	20
15%SiC/2A14-T6	400	350	90	—	150	18
15%SiC/2A14-T7	360	320	90	—	120	18

表 1（续）

牌号	拉伸性能				布氏硬度 （HBW 10/1 500）	线膨胀系数 （$\times10^{-6}$/℃） （室温至 300 ℃）
	抗拉强度 R_m/MPa	规定非比例 延伸强度 $R_{p0.2}$/MPa	弹性模量 E/GPa	断后伸 长率/%		
	不小于				不小于	不大于
20%SiC/2A14-T6	400	350	98	—	150	17
20%SiC/2A14-T7	360	320	98	—	120	17
25%SiC/2A14-T6	400	350	105	—	150	15
25%SiC/2A14-T7	360	320	105	—	120	15
10%SiC/7A04-T6	500	450	85	1	150	20
10%SiC/7A04-T7	450	400	85	1	120	20
15%SiC/7A04-T6	500	450	90	—	150	18
15%SiC/7A04-T7	450	400	90	—	120	18
20%SiC/7A04-T6	500	450	98	—	150	17
20%SiC/7A04-T7	450	400	98	—	120	17
25%SiC/7A04-T6	500	450	105	—	150	15
25%SiC/7A04-T7	450	400	105	—	120	15
15%SiC/6A61-T6	350	300	90	2	130	18
15%SiC/6A61-T7	330	280	90	2	115	18
20%SiC/6A61-T6	400	350	98	—	130	17
20%SiC/6A61-T7	350	300	98	—	115	17

6 检验方法

6.1 表面质量检测

在自然条件下进行，如在灯光下进行检验，可采用 2 支 40 W 加罩日光灯做光源，光源具体要求按照 GB/T 31831 的规定，光源距检验台面 150 cm～180 cm，光源之间距离 10 cm，目视检验表面质量。表面缺陷尺寸采用目视以及相应精度的量具或专用工具进行测量。

6.2 尺寸及允许偏差检测

锻材的尺寸及外形采用相应精度的量具或专用工具进行测量，按照 GB/T 8545 的规定进行。

6.3 内部质量检测

6.3.1 内部缺陷检测

锻材的超声波检测按照 GB/T 6519 的规定进行，X 射线检测按照 GB/T 23909.3 的规定进行。

6.3.2 显微组织检测

在光学显微镜下对复合材料中增强颗粒在基体上的分布及组织进行观察。其中,试样制备、试样研磨、显微组织检验、显微照相及试验记录等按照 GB/T 32496 的规定进行。

6.4 性能检测

6.4.1 拉伸性能

按照 GB/T 32498 的规定制备成圆形截面拉伸试样,进行室温拉伸试验。拉伸弹性模量按 GB/T 32498 中规定的方法获得。

6.4.2 布氏硬度

按 GB/T 231.1 的规定进行。

6.4.3 线膨胀系数

按 GB/T 4339 的规定进行。

7 检验规则

7.1 检验分类

按检验类型分为出厂检验和型式检验。

7.2 出厂检验

出厂检验项目为锻材的表面质量、尺寸及允许偏差和拉伸性能。

7.3 型式检验

7.3.1 型式检验的检验项目包括锻材的表面质量、尺寸及允许偏差、内部质量检测、拉伸性能、布氏硬度和线膨胀系数。

7.3.2 一般情况下,每一年进行一次,若有以下情况,应进行型式检验:

a) 新产品或老产品转厂生产的试制定型鉴定;
b) 正式生产后,若原料、配方、工艺有重大改变,可能影响产品性能时;
c) 因任何原因停产半年以上恢复生产时;
d) 出厂检验结果与上次型式检验结果有较大差异时;
e) 质量监督机构提出进行型式检验时。

7.4 抽样方案

7.4.1 按照炉次抽取试样进行检验。

7.4.2 对于表面质量,逐件检测;对于尺寸及允许偏差和内部质量检测,按照检验批次抽取 3 件。

7.4.3 对于拉伸性能、布氏硬度和线膨胀系数检测试样,按照检验批次随机抽取锻材 1 件,在锻材上各取三个试样进行测试。

7.5 判定规则

若试验结果符合检验项目的技术要求,判断该批产品合格。若存在不合格项目,需要对该批次进行加倍取样，对不合格的项目进行复检，若全部合格则判断该批产品合格，若复检仍不合格，判定该批产品不合格。

8 标志、包装、运输、贮存

8.1 标志

产品或其包装上应包括：

a） 产品标识；

b） 商标或生产厂家标志；

c） 生产日期。

8.2 包装

产品可按供需双方商定的形式包装。

8.3 运输

运输时，不同标记产品应分别堆放，防止日晒、雨淋及碰撞。

8.4 贮存

贮存时应防止日晒、雨淋，避免接触腐蚀性物质。

ICS 71.040.40
G 04

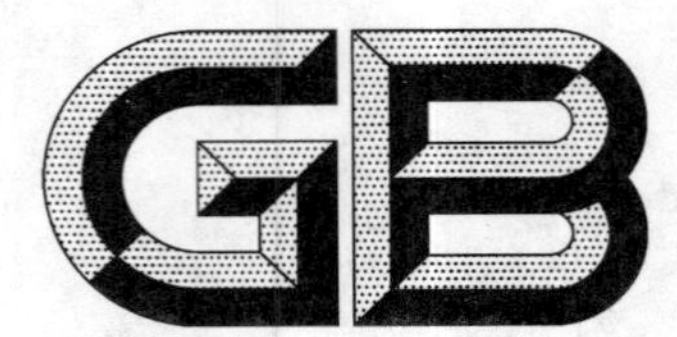

中华人民共和国国家标准

GB/T 35097—2018

微束分析　扫描电镜-能谱法 环境空气中石棉等无机纤维状颗粒计数浓度的测定

Microbeam analysis—Scanning electron microscopy with energy dispersive X-ray spectrometry—Determination of numberical concentration of inorganic fibrous particles in ambient air

(ISO 14966:2002,Ambient air—Determination of numberical concentration of inorganic fibrous particles—Scanning electron microscoyp method,MOD)

2018-05-14 发布　　　　2019-04-01 实施

国家市场监督管理总局
中国国家标准化管理委员会　发布

前　言

本标准按照 GB/T 1.1—2009 给出的规则起草。

本标准使用重新起草法修改采用 ISO 14966:2002《环境空气　无机纤维状颗粒计数浓度的测定　扫描电镜法》。

本标准与 ISO 14966:2002《环境空气　无机纤维状颗粒计数浓度的测定　扫描电镜法》(英文版)的主要技术性差异及其原因如下:

——根据中文表达习惯,为突出本标准主要目标分析物,在原标题“无机纤维”前,增加了“石棉等”三个字;

——原标准在多处解释方法检出限。中文版将这部分内容和原“方法性能”一章中相关内容精简合并纳入到第 1 章“范围”,并在第 1 章增加了浓度测定范围等内容;

——删去了参考文献,增加了“规范性引用文件”一章;

——删去了“术语和定义中”的若干与检测方法关联不太紧密的词条,并将词条重新排序;

——根据实际操作经验,在标准正文中简化了样品采集和采样膜预处理步骤,删去了核孔膜先行镀金和等离子灰化相关内容;

——删去了原附录 A 和附录 C 内容,将采样记录表示例和检测报告示例从标准正文中移到附录,对附录重新进行了排序;

——将原“方法性能”一章中测量不确定度内容单独设为第 9 章“测量不确定度”。为便于读者理解,增加了具体计算方法和解释性内容。

本标准由全国微束标准化技术委员会(SAC/TC 38)提出并归口。

本标准起草单位:国家环境分析测试中心。

本标准主要起草人:董树屏、李玉武、殷惠民、任立军、杜祯宇。

引　言

石棉纤维及其他无机纤维以其特有的优良化学物理特性被广泛应用于建筑、绝缘、保温、密封、摩擦材料等领域。目前在某些地区和某些领域，对石棉纤维材料的使用进行了限制。但它仍然广泛存在于人们的生活、生产活动中。研究结果表明，进入人体内的石棉纤维致癌性几率极大。

石棉等无机纤维进入人体有多种途径，其中通过呼吸进入是最主要的方式。生物学研究结果表明，石棉纤维致癌性与纤维的长度、直径以及纤维在生物体环境中抗分解的能力相关。一般认为，长度小于5 μm的纤维的潜在致癌性非常低，直径大于3 μm的纤维难以被吸入人体。本标准中将可计数测纤维定义为纤维的长度要超过5 μm，宽度范围从观察极限到3 μm，且长宽比大于3∶1。因此，本方法需要记录所有被测纤维的长度和直径。

根据目前的科学观点，硫酸钙不会对人体造成损害，所以应将这类纤维与其他无机纤维区别开，不包括在最后的结果中。但需要测量硫酸钙纤维计数浓度，因为高浓度的这类纤维使可能存在的石棉纤维结果有负偏差。有些情况下，这些样品甚至应放弃。

对环境空气中石棉等无机纤维浓度进行规范性检测，对于环境空气质量和人们生活环境的评估十分重要。石棉在环境空气中含量很低，只占其中悬浮颗粒物总量的数万分之几至数千分之几，目前一般采用电子显微镜-能谱仪法测定。对于宽度小于0.2 μm的纤维，此方法检测和鉴别结果具有很大的不确定性。可根据采样现场周边已知源或疑似源(如块状建筑材料、保温材料等)的分析结果进行确认，以降低鉴别结果的不确定性。除了纤维区分非常困难的情况，用本方法测得的结果与ISO 10312:1995附录E中利用透射电镜测量纤维的方法测得结果基本一致。

如果采用普通扫描电镜，对于宽度小于0.2 μm的纤维的测定和区分具有局限性。如果采得的样品中宽度小于0.2 μm的纤维占主导地位，建议使用场发射枪扫描电子显微镜或透射电镜方法(按照ISO 10312的要求)进行测量。

微束分析 扫描电镜-能谱法 环境空气中石棉等无机纤维状颗粒计数浓度的测定

1 范围

本标准规定了利用扫描电镜测量环境空气中石棉等无机纤维状颗粒计数浓度的方法。此方法同时利用X射线能谱分析技术(EDX)分析纤维状颗粒的元素组成，并根据此数据区分石棉纤维、硫酸钙纤维和其他无机纤维。

本标准适用于环境空气中石棉等无机纤维状颗粒计数浓度的测定，也适用于建筑物内空气中石棉等无机纤维状颗粒计数浓度的检测。例如含石棉建筑材料拆除更换后，空气中残留石棉纤维状颗粒浓度的测定。

如果检测时未发现纤维(纤维根数为0)，此时其95%置信区间上限为2.99根。如果每平方厘米样品膜上通过1.0 m^3 空气，用扫描电镜分析这张膜上1.0 mm^2 面积，即通过被分析面积膜的空气体积为0.010 m^3 时，检出限大约是300根/m^3 纤维。

滤膜试样上的纤维状颗粒浓度检测范围大约在3根/cm^2～200根/cm^2。空气中的浓度值(纤维根数/m^3)取决于采样体积，可计算得出。

注1：在检出限计算过程中，不用考虑滤膜上纤维本底值。经验证明，与上述检出限相比，未使用过的滤膜本底值可以忽略不计。

注2：环境空气中测得的石棉纤维(长度大于5 μm)浓度一般小于1 000根/m^3，绝大多数情况下小于100根/m^3。因此，单次测量的石棉纤维的数量通常很少，所以应根据石棉纤维和其他无机纤维的总量来表示检出限和测量不确定度(见第9章)。

2 规范性引用文件

下列文件对于本文件的应用是必不可少的。凡是注日期的引用文件，仅注日期的版本适用于本文件。凡是不注日期的引用文件，其最新版本(包括所有的修改单)适用于本文件。

GB/T 27025 检测和校准实验室能力的通用要求(GB/T 27025—2008，ISO/IEC 17025:2005，IDT)

HJ/T 194 环境空气质量手工监测技术规范

HJ 618 环境空气 $PM_{2.5}$ 和 PM_{10} 的测定重量法

3 术语和定义

下列术语和定义适用于本文件。

3.1

石棉 asbestos

一类硅酸盐矿物，属于蛇纹石或闪石类，具有石棉状的晶型和特性，经碾碎加工，非常容易制成长、细、可弯曲且结实的纤维状物质。

注：主要石棉类型的美国化学文摘资料来源索引号如下：温石棉(12001-29-5)，青石棉(12001-28-4)，铁石棉(12172-73-5)，直闪石(77536-67-5)，透闪石(77536-68-6)，阳起石(77536-66-4)。

3.2

石棉结构 asbestos structure

单根石棉纤维,或很多纤维聚在一起组成的纤维簇,可能有其他颗粒混在其中。

3.3

温石棉 chrysotile

蛇纹石类矿物纤维,通常的化学组成为:$Mg_3Si_2O_5(OH)_4$。

注:大部分天然温石棉与上述的组成略有差异。在一些温石棉中,一小部分硅可能被 Al^{3+} 替代。一小部分镁可能被 Al^{3+},Fe^{2+},Fe^{3+},Ni^{2+},Mn^{2+} 和 Co^{2+} 替代。温石棉是最普遍的一种石棉。

3.4

角闪石 amphibole

一族双链硅酸盐造岩矿物,具有相似的晶体结构和组成,化学通式为:

$A_{0\text{-}1}B_2C_5T_8O_{22}(OH,F,Cl)_2$

其中,A = K, Na; B = Fe^{2+}, Mn, Mg, Ca, Na; C = Al, Cr, Ti, Fe^{3+}, Mg, Fe^{2+}; T = Si, Al, Cr, Fe^{3+}, Ti。

注:在一些角闪石类矿物中,上述元素可能部分的被 Li,Pb 或者 Zn 替代。角闪石类的特征是硅和氧的比为 4∶11 横向双链结构的 Si-O 四面体结构,呈柱状或纤维状晶体,发育两组解理,解理面夹角为 56°和 124°。

3.5

角闪石类石棉 amphibole asbestos

具有石棉特征形状的角闪石。

3.6

可计数纤维 countable fibre

长度大于 5 μm,宽度小于 3 μm,长宽比大于 3∶1 的纤维。

3.7

纤维束 fibre bundle

自然平行集合在一起的纤维结构。

注:一个纤维束的两端可能有分岔现象。长度按纤维束中最长部分算,宽度按纤维束最宽部分(不包括两端分岔)算。

3.8

元纤维 fibril

不能沿纵向再分成更细且保持了石棉纤维特性和形貌的单根石棉纤维。

3.9

簇 cluster

随机地结合在一起的两根或多根乃至一束纤维。

3.10

基体 matrix

一根或多根纤维,或者纤维束同单个或非纤维状颗粒物团粘结或部分隐藏在其中的一种纤维结构。

3.11

核孔膜 capillary-pore polycarbonate aerosol filters

采用核径迹蚀刻制备的气溶胶采集专用聚碳酸酯膜。

3.12

现场空白 field blank

将装在滤膜盒中的核孔膜带到采样点现场,打开滤膜盒,然后再盖好,带回实验室用于测量采样过程中纤维本底值计数。

3.13

能谱法 X 射线分析 energy-dispersive X-ray analysis

利用能谱仪测量 X 射线能量和强度,分析被测物质的元素组成。

3.14

图像视场　image field

显示器显示的试样区域。

3.15

放大倍数　magnification

扫描显示的线性尺度与试样上扫描范围的实际长度之比(显示器显示的物体大小与真实物体大小的比例)。

注：放大倍数值一般已在显示器上显示。

3.16

分析灵敏度　analytical sensitivity

假设样品检测结果有1根纤维的计数时，纤维计数浓度的计算值。

注1：分析灵敏度以每立方米空气中的纤维根数来表示。

注2：本方法没有一个确定的分析灵敏度。分析灵敏度取决于测量需要和样品采集及制备的条件。

3.17

检出限　limit of detection

纤维计数为零时，在95%置信度条件下，由泊松分布预测的空气中纤维浓度置信区间的上限为2.99根纤维时所对应纤维计数浓度值。

注：检出限用每立方米含纤维根数来表示。

4　分析原理

用机械泵抽吸已知体积的空气，使其通过孔径为0.4 μm的核孔滤膜以采集环境空气颗粒物样品。用扫描电镜能谱法进行测量。在放大倍数为2 000时，对随机选择的视场中可计数纤维进行观测计数。如发现纤维，需要在高放大倍数(大约10 000倍)测量其尺寸大小，并用X射线能谱仪分析纤维中元素组成，按照其分析结果进行分类。

5　仪器和材料

5.1　样品采集装置

采样装置应符合HJ 618中关于小流量采样器的要求。

5.2　采样滤膜

核孔膜，滤膜直径：47 mm，滤膜孔径：0.2 μm或者0.4 μm。

5.3　带盖样品盒

样品盒盒内直径47 mm，所用材质及样品盒结构应保证不对样品膜造成污染。

5.4　镀膜仪

用于样品表面导电层的喷镀，以消除测定过程中样品膜表面出现过量电荷积累。真空蒸镀仪和离子溅射仪均可以满足在核滤膜上喷镀导电层的需要。

5.5　碳质双面胶带

导电胶带，用于在样品台上固定试样。

5.6 扫描电镜

用于纤维的计数和识别，加速电压至少是 20 kV。

5.7 能谱仪

与扫描电镜联用，Mn Kα 峰的半高峰宽分辨率优于 130 eV。

5.8 调整分辨率用样品

用含有宽度小于 0.2 μm 温石棉纤维的镀金核孔膜调节扫描电镜的工作条件。

5.9 校准放大倍数用样品

用市售标样对扫描电镜的放大倍数进行校准。

6 样品采集和保存

6.1 采样方案

按照 HJ/T 194 制定采样方案，根据测量目的确定采样点及采样时段、频次。

在采样之前先明确测量的目的，任何有关于排放源、气象条件及地理位置的信息都需要考虑，以求从测量中获得尽可能多的信息。在采集样品之前，特别需要明确石棉等无机纤维平均浓度测定结果准确度的要求。因为在确定采集样品数量时需要考虑单次测量的误差(见第 9 章)。这直接涉及选取最合适的采样时间和必要的检测面积范围。

为适应扫描电镜分析，样品膜上颗粒物样品负载量不宜过大，环境空气中颗粒物浓度越高则样品采集时间应相应缩短。

6.2 样品采集装置

采样装置可使用小流量空气颗粒物采样器。核孔膜的阻力较大，采样装置标注的最大流量应大于实际工作流量(该值在采样过程中波动范围在±10%)，以保证装上核孔膜后能够达到采样时工作流量要求。

6.3 样品采集方法

样品采集应符合 HJ 618 中的相关要求。采样装置距采样器放置平面 1.5 m 左右，周围无明显遮挡物影响。

将核孔膜放入采样头中并密封。肉眼观察核孔膜有两面光亮和一面光亮之分，一面光亮的膜需要让光亮面对着空气(颗粒物)流动方向，两面光亮的任何一面均可。采样头与小流量采样器联接，通过采样器的泵抽吸空气，使得环境空气通过采样膜，其中颗粒物过滤到核孔膜上。采样时可参考下列参数：采样头直径 47 mm；采样流量 5 L/min ～20 L/min(流量可调)。

膜上颗粒物负载量控制标准如下：颗粒物应呈稀疏、分散分布，大部分颗粒物之间应有空隙，无互相覆盖、叠加。

注：环境空气中颗粒物浓度特别高时，膜上的颗粒物负载量增加很快，使得滤膜两侧的压力差增大，流量迅速下降，不可能采集到代表正常采样周期的满意样品。为了获得适合分析的样品，可缩短每张滤膜的采样时间，连续进行几次采样。通过在短时间内连续采样数次，可得到数个样品测试结果平均值。其计算步骤参见附录 A。

6.4 样品保存

采样结束后，用镊子将采集到样品的核孔膜从采样头中取出，将附着有颗粒物的一面向上，放入防尘密封盒(5.3)内，保证在储存、移动过程中颗粒物不被触碰、脱落。按要求做好采样记录(采样记录表格式参见附录 B)。应记录采样器放置的位置草图,如有可能,在采样现场照张相片。样品应在干燥、洁净、室温环境下保存于硅胶干燥器中。

7 样品分析

7.1 样品制备

制备用于扫描电镜分析的试样前,检查沉积在滤膜上颗粒物的均匀性。采样膜未裸露的边缘发现颗粒物沉积,则说明滤膜周围漏气,则此样品不可用于后续检测分析。

将表面颗粒物负载均匀的样品制备成扫描电镜测量试样。具体步骤如下:

a) 用乙醇将扫描电镜专用样品台擦净,在样品台侧面编号;
b) 剪取 1 cm^2 左右的颗粒物滤膜,用碳质双面胶带将其固定在电镜样品台上;
c) 将已固定好待测试样的样品台放入镀膜仪(5.4)中喷镀导电膜。如果所喷镀导电层是金属元素,则应选择一般环境空气颗粒物中不常见的元素(如 Au、Pd 等元素),以减少对能谱分析结果的影响。具体操作按照喷镀设备操作说明进行。

7.2 扫描电镜分析

7.2.1 基本要求

按照附录 C 调整扫描电镜和 X 射线能谱仪的工作参数,在 20 kV 的加速电压下分析试样,观察视场放大倍数为 2 000~2 500。

分析过程中,每个选定视场中的纤维长度和宽度范围应符合 7.2.2 规定。

根据 7.2.3 规定,利用能谱分析结果,根据其元素组成对这些纤维分类。视场编号、纤维长度、宽度,元素组成以及纤维分类均应记录在纤维计数表中(参见附录 D)。

对每个样品应采集三张形貌像附在纤维计数表后以记录样品表观特征及颗粒物负载量。

7.2.2 纤维计数规则

7.2.2.1 观测视场选择

至少观测 50 个视场以减少滤膜负载密度的波动对计数结果的影响。选择视场的方法是考虑样品整体,所选视场彼此不要重叠。按照 7.2.2.2~7.2.2.9 所列举的规则进行计数,如图 1、图 2 所示。

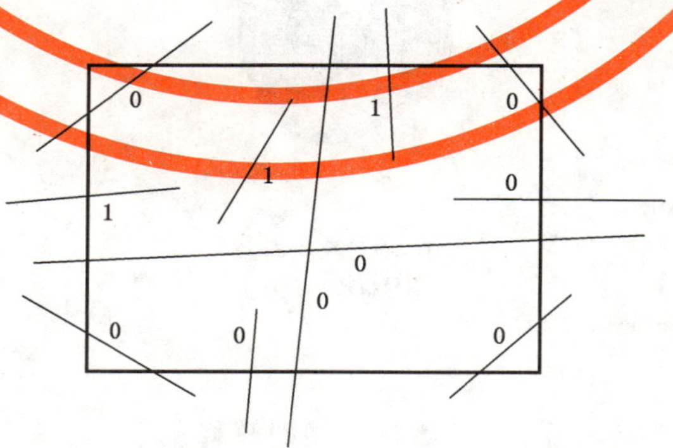

说明:
0——不计数;
1——计数。

图 1 超出视场范围的纤维计数示例

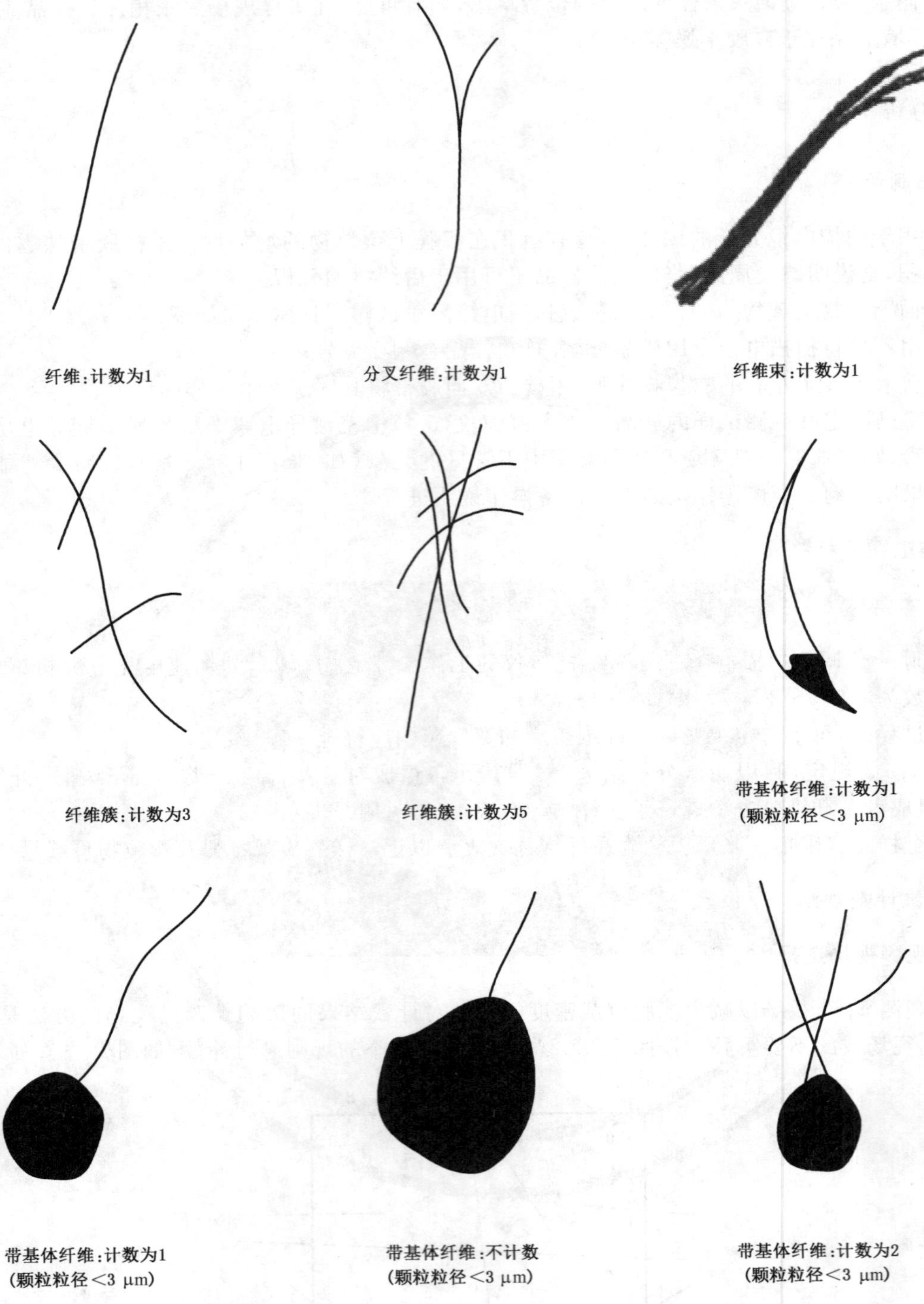

图 2　纤维计数规则解释及示例

7.2.2.2　可计数纤维

根据 3.6 中定义,可计数纤维为长度大于 5 μm,最大宽度小于 3 μm,且长宽比至少大于 3∶1 的纤维。

7.2.2.3 纤维束

如果一根纤维束或分岔纤维符合3.6的定义，计作一根纤维。将未分岔部分的最大宽度视为纤维束或分岔纤维的直径。

7.2.2.4 纤维簇

如纤维簇中可计数纤维、纤维束或分岔纤维两端均可被分开且其长宽可分别测量，则簇中各类纤维单独计数。如纤维簇中看不见单独可计数纤维，纤维簇的所有尺寸都符合3.6定义，则将其视为一根纤维来计数。

7.2.2.5 带基体纤维

基体内可计数纤维、纤维束或分岔纤维两端均可被分开且其长宽可分别测量，则该基体中各类纤维单独计数。基体内看不见单独可计数纤维，且纤维基体的所有尺寸都符合3.6定义，则将其视为一根纤维来计数。

7.2.2.6 超出视场的纤维

可计数纤维不包括从视场右边界和底边界穿出的纤维以及在该视场中没有端点的纤维(见图1)。

7.2.2.7 超负载视场放弃标准

视场中八分之一以上出现纤维或颗粒物富集情形，则放弃该视场。在纤维计数表中记录所放弃的每个视场。如果按照这一标准有10%以上的视场不合格，则该样品因颗粒物超负载而应放弃。

7.2.2.8 记录不符合定义的纤维

在纤维计数表中应记录不符合以上定义的纤维，如附着有颗粒物的纤维，宽度大于3 μm的纤维束或纤维簇。

7.2.2.9 纤维计数停止标准

对纤维进行计数直至100根无机纤维(不包括硫酸钙纤维)。如果样品中纤维少，则需分析完足够大的样品面积以达到期望的分析灵敏度。建议至少要检测面积为1 mm^2 样品滤膜。

7.2.3 纤维分类

7.2.3.1 纤维类别

在元素能谱半定量分析中，依据各类纤维的X射线谱图，可将纤维分为4种纤维类别：

1) 与温石棉化学组成一致的纤维；
2) 与闪石棉化学组成一致的纤维；
3) 硫酸钙纤维；
4) 其他无机纤维。

注：从一根纤维中获得能谱谱图时，电子束散射可能导致与被分析纤维相附着或极其靠近的微粒发出X射线，获得的能谱图中就会含有这些微粒的贡献。在这种情况下，可尝试从几个不同位置获得能谱谱图，尽可能远离附着有微粒或离被测纤维较近的纤维。

基于能谱图分类规则见7.2.3.2～7.2.3.8。

7.2.3.2 温石棉

温石棉纤维应满足以下条件：

1） 镁峰和硅峰清晰，满足$\frac{P+B}{B}>2$；

2） 铁峰、锰峰及铝峰很小，满足$\frac{P}{B}<1$。

注 1：根据附着微粒或临近微粒的化学组成，可能看见钙峰或氯峰。

注 2：直闪石和云母也会产生含 Mg 和 Si 元素能谱图，但是这两种矿物中镁和硅的峰高比小于温石棉中镁硅的峰高比。为了避免误将直闪石和云母归为温石棉，仔细比较镁硅峰高比，同时用已知温石棉和云母标准样品校准能谱仪非常重要。

7.2.3.3 铁石棉

铁石棉纤维应满足以下条件：

1） 硅峰、铁峰清晰，满足$\frac{P+B}{B}>2$；

2） 钠峰、镁峰及锰峰很小。

注：根据附着微粒或临近微粒的化学组成，可能看见钙峰或氯峰。

7.2.3.4 青石棉

青石棉纤维应满足以下条件：

1） 钠峰、硅峰及铁峰清晰，满足$\frac{P+B}{B}>2$；

2） 镁峰很小，镁峰满足$\frac{P}{B}<1$。

注：根据附着微粒或临近微粒的化学组成，可能看见钙峰或氯峰。

7.2.3.5 透闪石或阳起石

透闪石或阳起石纤维应满足以下条件：

1） 钠峰、硅峰及钙峰清晰，满足$\frac{P+B}{B}>2$；

2） 可以出现一个铁峰，但钠峰一定极小，满足$\frac{P}{B}<1$。

注：根据附着微粒或临近微粒，可能看见钙峰或氯峰。

7.2.3.6 直闪石或云母

直闪石或云母纤维应满足以下条件：

1） 镁峰、硅峰清晰，满足$\frac{P+B}{B}>2$；

2） 镁/硅峰高（或峰面积）比与直闪石或云母纤维参比样的镁/硅峰高（峰面积）比一致，且钙峰、铁峰很小。

注：该分析方法一般不能区分铁含量低的直闪石和含铁量高的云母。纤维形态学有助于将其二者区分开来。片状纤维一般可能是云母，而直棒状纤维可能是直闪石。如果观察到含有这种化学组成的纤维，建议使用透射电镜分析样品。

7.2.3.7 硫酸钙

硫酸钙纤维应满足以下条件：钙峰、硫峰清晰，满足$\frac{P+B}{B}>2$。

注1：根据附着微粒或临近微粒的化学组成，可能看见钙峰或氯峰。

注2：高浓度的硫酸钙纤维使可能存在的石棉纤维结果有负偏差，在有些情况下，这些样品可考虑放弃。

7.2.3.8 其他无机纤维

无法归类到7.2.3.2～7.2.3.7的无机纤维，则将其归为其他无机纤维。

注1：根据以上规则，某些硅酸盐纤维和其他无机纤维，可能由于其呈现的X射线谱图与温石棉或闪石棉具有相似性而被认为是石棉纤维，从而过高估算石棉纤维含量。

注2：上述标准中，铁石棉和青石棉被分为两类。但有些X射线探测器对检测青石棉中的钠峰不够灵敏。使用这种探测器一般不能区分铁石棉和青石棉。在这种情况下，铁石棉和青石棉就被归为一类。

7.2.3.9 不呈现明确X射线峰的纤维

如果某些纤维在能谱分析中不呈现明晰的X射线峰（薄窗探测器可有明显O、C等元素的峰），则可能属于有机纤维。宽度小于0.2 μm的极细无机纤维通常没有明显的X射线峰。

7.2.3.10 石棉纤维标样能谱图

对于任何一种特定纤维，能谱分析中相对峰高根据能谱仪性能各有不同。特别是对于超薄窗探测器，低原子序数的元素X射线峰检测效率高于标准铍窗探测器。所以对每台能谱仪来说都有必要用石棉标准样品测得其参考谱图。图3所示为用超薄窗探测器检测到的一组谱图，可用于不同类别纤维的比较。

由于X射线探测器的性能会随时间改变，因此应适时测定新的参考谱图，特别是对探测器进行了维护以后。

注1：获取能谱图过程中，为确保电子束稳定，应确保其入射点落在纤维上且在分析过程中不会偏离该纤维。同时要尽可能远离纤维上附着的其他微粒和邻近的纤维，尽量减少来自被测纤维以外的干扰。

注2：有时很难将纤维明确分类。这可能是因为其他粒子或纤维的干扰，也可能是因为峰相对于背底不够明显。此时，应在纤维计数表中将这些纤维的数据用星号（*）标注并注明原因。

7.2.3.11 实际环境空气样品能谱图

图4为从实际空气样品中检测到的温石棉、铁石棉和青石棉X射线能谱图。测量时试样表面进行了喷镀金元素处理，故谱图中总会看到金元素的峰。金元素峰的强度随纤维的尺寸变化，且和电子束与金镀层相互作用相关。

谱图中出现的其他峰及其强度变化则可能来自被测纤维上附着的其他微粒或邻近的纤维。

7.2.4 纤维尺寸的度量

测量纤维尺寸时（特别是宽度），建议将放大倍数增加到10 000倍或者更高。同样也建议在这个放大倍数下获得X射线能谱图。

在移动样品台调高放大倍数之前，应注意记录视场中特征结构位置，以确保在分析完特定纤维后样品台能重新正确归位。

7.2.5 纤维计数数据记录

在测量数据记录表中（参见附录D）对每个归为“石棉”或“其他无机纤维”的纤维都要记录其图像视场编号、纤维计数、纤维长度和宽度、元素组成及纤维分类。石棉类纤维应进一步分为温石棉或闪石棉。如果可能，建议将闪石棉按不同化学组成再进一步分类。

对硫酸钙纤维进行计数，但不用测量其尺寸。将硫酸钙纤维的计数填入数据记录表中相应的空格。

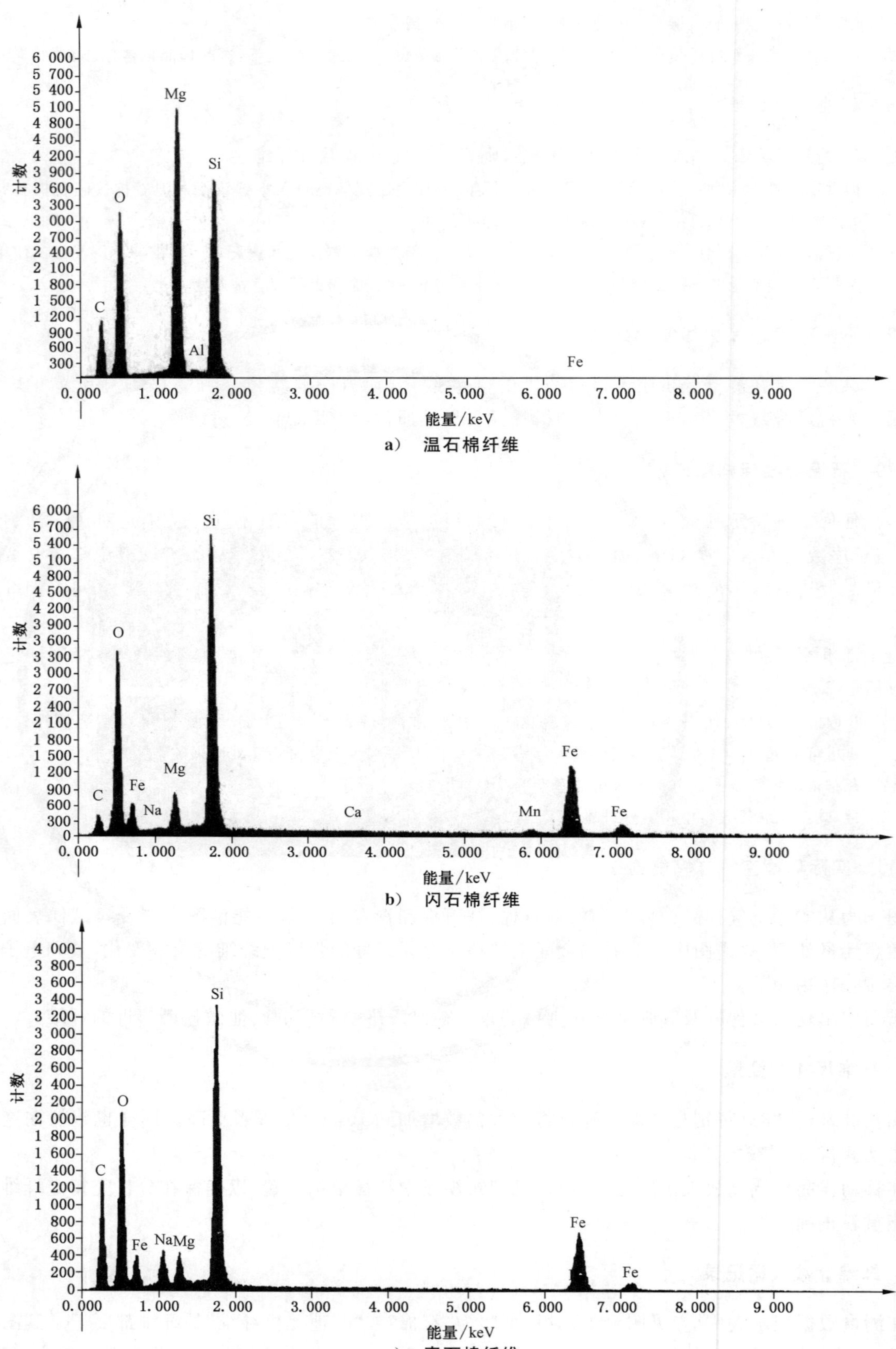

a) 温石棉纤维

b) 闪石棉纤维

c) 青石棉纤维

图 3 表面未镀金试样上的石棉纤维 X 射线能谱示例

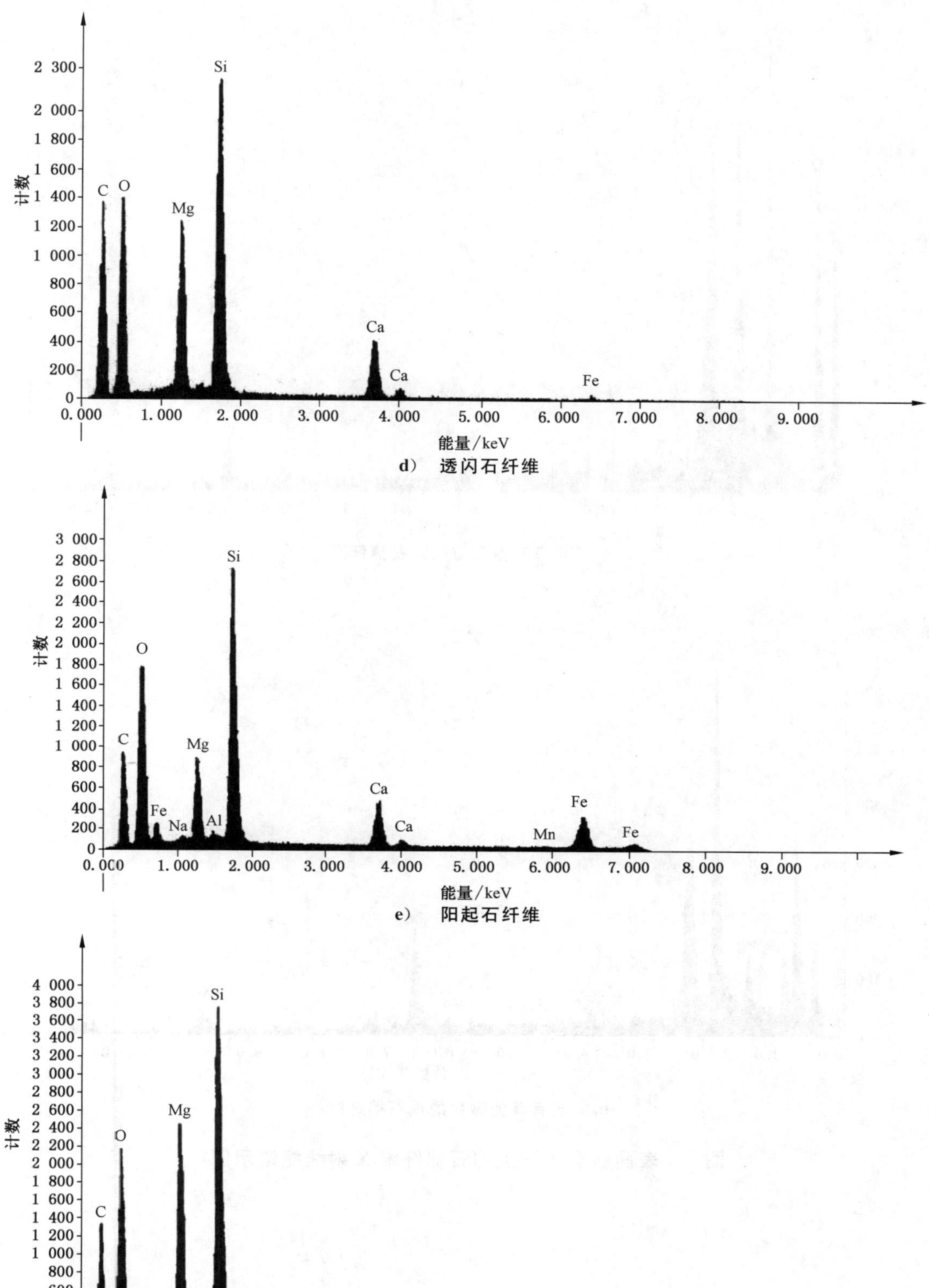

d） 透闪石纤维

e） 阳起石纤维

f） 直闪石纤维

图 3（续）

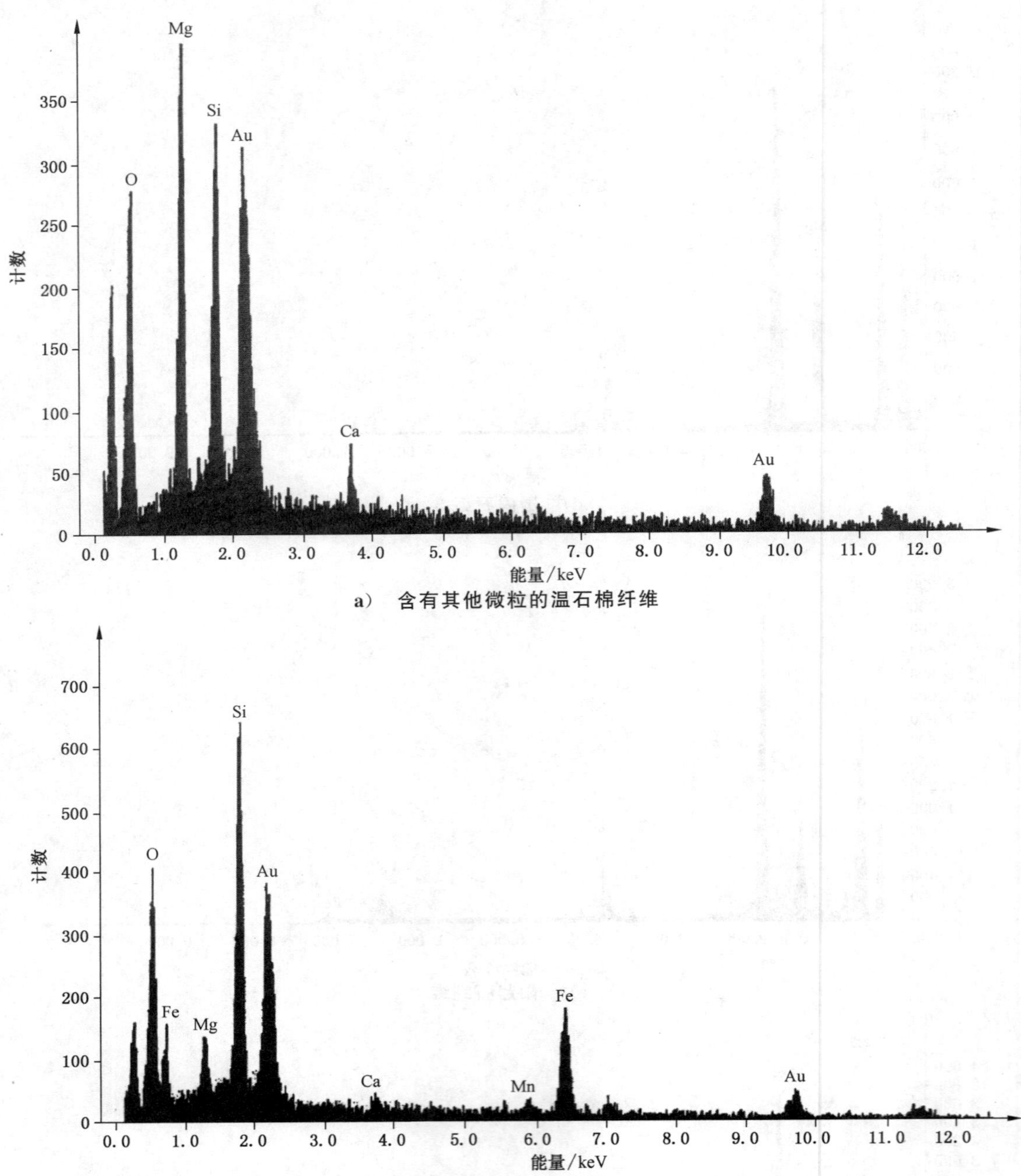

a) 含有其他微粒的温石棉纤维

b) 含有其他微粒的铁石棉纤维

图 4 表面镀金试样上的石棉纤维 X 射线能谱示例

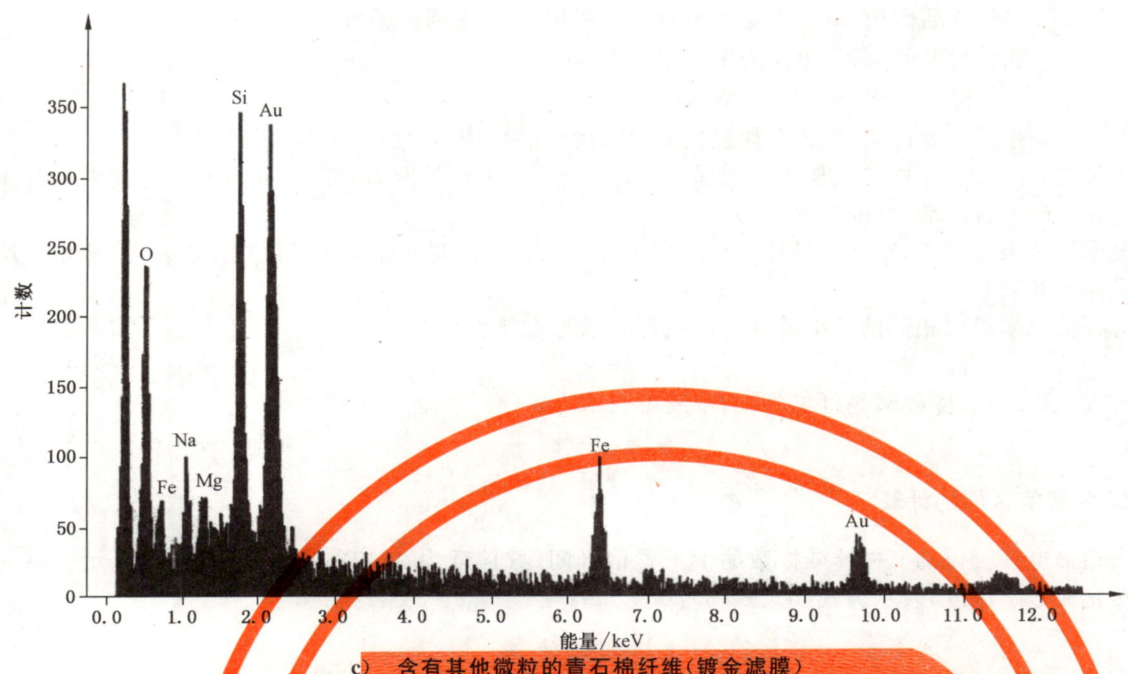

c) 含有其他微粒的青石棉纤维(镀金滤膜)

图 4(续)

注：谱图来自实际空气样品中检测到的纤维。

8 结果计算

8.1 平均纤维浓度的计算

根据第 7 章规定的分析步骤，测定结果用长度大于 5 μm、最大宽度小于 3 μm 且最小长宽比为3∶1 的石棉等无机纤维的计数浓度 c_i(每立方米纤维种类 i 的根数)表示。基于能谱分析结果可将纤维分为以下几类(见表 1)：

表 1 无机纤维分类

类别编号	纤维分类	计数浓度 c_i
1	与温石棉化学组成相同的纤维	c_1
2	与闪石棉化学组成相同的纤维	c_2
3	其他无机纤维	c_3
4	硫酸钙	c_4

纤维类别 $i(i=1,2,3,4)$ 的数字浓度计算见式(1)、式(2)：

$$c_i = \frac{n_i}{N \cdot V_B} \quad \cdots\cdots(1)$$

$$V_B = \frac{4 \cdot F_B \cdot V}{\pi \cdot d_{eff}^2} \quad \cdots\cdots(2)$$

式中：

c_i ——第 i 类纤维的数字浓度，单位为根每三次方米(根/m^3)；

n_i ——第 i 类纤维的根数；

N ——观测的图像视场个数；

V_B ——空气样品体积,单位为立方米每观测现场(m^3/观测视场);

F_B ——观测视场的面积,单位为平方毫米(mm^2);

V ——空气样品体积,单位为立方米(m^3);

d_{eff} ——滤膜有效直径(负载有颗粒物滤膜圆面积的直径),单位为毫米(mm)。

记录在纤维计数表内的数据可用于确定长宽比大于 3∶1、长度为 5 μm～100 μm、宽度为0.2 μm～3 μm 的纤维(不含硫酸钙)的尺寸分布。

根据所选采样设备,空气样品体积可以用采样开始和结束时气体体积表读数差表示,或者用平均流速和采样时间表示。

与石棉化学组成相同的纤维的计数浓度可表示为式(3):

$$c_i = c_1 + c_2 \qquad \cdots\cdots (3)$$

所有无机纤维(除硫酸钙纤维外)的浓度可表示为式(4):

$$c_T = c_1 + c_2 + c_3 \qquad \cdots\cdots (4)$$

8.2 95%置信区间的计算

用扫描电镜测得的 i 种纤维根数的上下置信区间(置信度为 95%),分别用 λ_L 和 λ_U 表示。将这个数值转化成数字浓度,表示为式(5)、式(6):

$$c_i^L = \frac{\lambda_L}{N \cdot V_B} \qquad \cdots\cdots (5)$$

$$c_i^U = \frac{\lambda_U}{N \cdot V_B} \qquad \cdots\cdots (6)$$

如果测得第 i 种纤维的根数为 n_i,则说明其计数浓度有 95%的概率落在这一区间内(参见附录 E 中表 E.1)。

9 测量结果不确定度

9.1 测量不确定度来源

纤维计数浓度测量过程中测量不确定度可能来源包括:

1) 采样(测定流速时产生的随机误差);

2) 用于扫描电镜分析样品的制备(操作过程及等离子灰化过程中纤维损失);

3) 样品分析(扫描电镜的调节,纤维计数、测量及识别)。

主要来源与扫描电镜检测过程有关,包括:

1) 宽度小于或接近校准能见度(0.2 μm)的细小纤维的检测和分析;

2) 纤维计数过程中,将与纤维相近的粒子合计到一起的主观判断;

3) 用于纤维分类的能谱图的分析过程,特别是对受相邻粒子或镀层干扰谱图的分析。

9.2 测量不确定度评估

9.2.1 概述

纤维数量极少时,检测结果的随机方差服从泊松变量分布。石棉纤维长度大于 5 μm 的纤维计数常常较低,其纤维计数的变动性可以用泊松分布来估算(参见附录 E)。

对测量过程准确度有特别要求时,制定采样计划过程中以及评价测量结果时都应考虑基于统计学的测量结果不确定度。

环境空气中纤维浓度受某些因素影响波动较大,如气象影响。在这种情况下,制定采样计划时应选择适当的采样时间及样品数量以降低这些因素对结果的影响。

扩展不确定度用相对标准偏差的两倍来表示,大约是 95%的置信区间。所有这些不确定数据只与长度在 5 μm～100 μm 范围内的纤维测量相关。

9.2.2 采样引起的不确定度

采样不确定度是指使用并行采样系统，测量结果的分散性。根据比对测量结果，其相对标准偏差可表示为：$\sigma_P < 7.5\%$。

9.2.3 与扫描电镜检测相关的不确定度

与扫描电镜检测相关的不确定度，基于石棉和其他无机矿物纤维（除去硫酸钙纤维）的计数总和，分别从 4 组测定结果，每组由 5 个协作实验室测定数据中计算而得。实验室间再现性相对标准偏差为：$\sigma_{SR} \leqslant 17.5\%$。

根据比对实验测量结果，同一实验室内对同一样品的测定，由于操作者的主观因素导致的重复性相对标准偏差为：$\sigma_{Sr} = 7.5\%$。

上述数据清楚地表明，仪器设备、主观因素、样品采集及预处理过程是决定总测量不确定度的主要因素。

9.2.4 总测量不确定度

假设各种来源的不确定度不相关，则涵盖全部测定过程的标准偏差可表示为式(7)：

$$\sigma_T = \sqrt{\sigma_P^2 + \sigma_{SR}^2 + \sigma_S^2} \qquad \cdots\cdots (7)$$

式中：

σ_T ——整体测定标准偏差；

σ_P ——泊松变异性标准偏差；

σ_{SR}——实验室分析过程再现性标准偏差；

σ_S ——采样过程标准偏差。

由采样及分析步骤合成的标准偏差由式(8)计算得出：

$$\sigma_V = \sqrt{\sigma_{SR}^2 + \sigma_S^2} = \sqrt{0.175^2 + 0.075^2} = 0.19 \qquad \cdots\cdots (8)$$

上述合成后的相对标准偏差（19%）乘以纤维根数 n 后的结果表示采样和分析过程的标准偏差。对单个样品而言，泊松变量的标准偏差（σ_P）应与上述结果合成后得到总的测量不确定度。根据纤维计数（根）可以查表得到泊松分布范围。其估计方法参见附录 E。

如果纤维计数较低，泊松变量的标准偏差（σ_P）构成不确定度的主要分量，直接由表 E.1 查得测量结果的 95%置信区间。

如果纤维计数较高，此时泊松变量具有正态分布特征，可由置信区间（表 E.1）求得标准偏差（σ_P）。此时再按式(9)进行合成：

$$\sigma_T = \sqrt{\sigma_P^2 + \sigma_V^2} = \sqrt{\left(\frac{\text{置信区间上限} - \text{置信区间下限}}{2}\right)^2 + (0.19 \times n)^2} \qquad \cdots\cdots (9)$$

式中 n 为测量结果（根）。测量结果的扩展不确定度 $U = 2\sigma_T$。其 95%置信区间可表示为：$n \pm U$。

低含量纤维测量结果置信区间报告示例参见附录 F。

10 分析结果发布

除了 GB/T 27025 应执行的要点外，分析结果检测报告中还应含下列内容：

a) 测试依据（需要引用本标准）；

b) 样品标识（唯一性编号）；

c) 采样日期、时间及地点，包括样品体积、采样时间、采样滤膜的有效面积在内的所有必要的采样数据；

d) 用于分析滤膜对应的采样体积；

e) 分析灵敏度；

f) 检测到的各类纤维数目及其计算出来的计数浓度。

建议在报告中列出石棉纤维和其他无机纤维检测结果的 95%置信区间。检测报告示例参见附录 F。

附 录 A
（资料性附录）
多样品分析结果的合并计算

有时为了减小测量结果的误差，一种理想的方式是通过计算几个样品测量结果的平均值。同一地点长时间内平均空气浓度也可以通过合并在要求的时间内连续收集若干大气样品的结果得到。

测定的纤维浓度由两个参数确定：扫描电镜检测到的纤维数量和分析者采样时用的空气体积。而检出限只能由分析者采用的空气体积决定。

第 i 种纤维的平均浓度$\overline{c_i}$［见式(A.1)］等于样品中纤维总数除以每个样品单次采样体积的总和。

$$\overline{c_i}=\frac{\sum n_i}{\sum V_{\mathrm{P}}} \qquad \text{(A.1)}$$

平均浓度的最佳估算值可表示为式(A.2)：

$$\langle\overline{c_i}\rangle=\frac{\sum n_i+1}{\sum V_{\mathrm{P}}} \qquad \text{(A.2)}$$

平均浓度的检出限 E 可表示为式(A.3)：

$$E=\frac{2.99}{\sum V_{\mathrm{P}}} \qquad \text{(A.3)}$$

对平均纤维浓度而言，通过 n_i 和 V_{P} 计算可得到由泊松变化引起的 95％置信区间。

附 录 B
（资料性附录）
空气采样数据记录表示例

项目名称：	
采样准备工作记录数据	
采样器型号及仪器编号：	
采样地点：	
采样日期：	
样品编号：	
采样开始（日期，时间）：	采样结束（日期，时间）：
持续时间（小时，分）：	
采样滤膜：	
孔径/μm：	直径/mm：
有效直径/mm：	有效滤膜面积/mm^2：
采样现场记录数据	
流量表读数：	
开始/m^3：	结束/m^3：
累计流量/m^3：	
流速：	
开始/(m^3/h)：	结束/(m^3/h)：
气象数据（必要时）：	
空气温度/℃：	相对湿度/%：
风速/(m/s)：	
天气特征：	
备注：	
采样人签名：	日期：

附 录 C
（规范性附录）
扫描电镜和能谱仪的调节与校准

C.1 扫描电镜的校准

在 20 kV 加速电压、放大倍数为 2 000～2 500 条件下，检测扫描电镜样品。用扫描电镜法识别纤维时，建议使用 20 kV 加速电压。

屏幕的放大倍数应根据市售有证实物放大标准进行校准。扫描电镜观测结果直接显示在观测屏幕上，因此放大倍数的校准应依据观测屏幕。

将扫描电镜放大倍数调节至为 2 000 时，能够看到宽为 0.2 μm、长在 5 μm～10 μm 之间的温石棉纤维。调节方法是：从制备好的试样中选择一根在放大 2 000 倍时刚好能够看到的纤维。然后放大 20 000 倍测定其宽度。分析开始以前，应至少在两个彼此分开的纤维上进行此操作。样品分析过程中，应重复几次这项操作。

注 1：在 30 cm 的显示器上，100 个图像视场放大 2 000 倍在样品上相当于 1 mm^2 的面积。

注 2：样品扫描线宽度（扫描电镜数码图像像素宽度）及电子束直径是扫描电镜分辨率的决定因素。如果扫描线或像素宽度不超过 0.2 μm，那么观察到的 0.2 μm 宽、长度大于 5 μm 的纤维的图像不会出现严重失真的现象。现有的 CRT 显示器尺寸及 500 条～700 条扫描线在放大 2 000 倍或 2 500 倍时通常都可以满足以上条件。

C.2 能谱议的调节

选择适当的扫描电镜及 X 射线能谱仪参数，使其能够在 100 s 时间内从 0.2 μm 宽的温石棉纤维试样中得到具有统计学意义的 X 射线能谱图。

对特征峰峰高 P 和背景值 B，具有统计学意义的标准见式（C.1）：

$$P > 3\sqrt{B} \qquad \text{(C.1)}$$

此处 P 是所对应的镁峰和硅峰的峰高最大值，应大于 30 个计数（每道 30 次脉冲）。对于镁峰和硅峰，且要求见式（C.2）：

$$\frac{P+B}{B} > 2 \qquad \text{(C.2)}$$

附 录 D
（资料性附录）
扫描电镜样品分析纤维计数记录格式示例

第 页 共 页

样品编号：				日期：	实验人：	
纤维编号	视场编号	长 μm	宽 μm	元素组成	纤维种类	照片编号
1						
2						
3						
4						
5						
6						
7						
8						
9						
10						
11						
12						
13						
14						
15						
16						
17						
18						
19						
20						
21						
22						
23						
24						
计数总计	温石棉纤维： 闪石类纤维数： 其他无机纤维： 硫酸钙：				不符合要求纤维数目： 束状： 簇状： 集合状： 无谱图纤维数目：	
总视场数： 无效视场数： 经校正的放大倍数：					备注	

附　录　E
（资料性附录）
试样滤膜上纤维密度函数的纤维计数泊松分布及变动性

假设滤膜上的纤维计数浓度很低，在 N 个图像视场中对给定纤维种类进行检测，测得 n 根纤维的概率 P 可用泊松分布表示为式(E.1)：

$$P(n,a)=\frac{a^{n}\cdot\exp(-a)}{n!} \qquad\qquad (\text{E.1})$$

变量 a 可看成在一个视场中发现一根（某纤维种类）纤维的概率 P 与所检测的视场个数 N 的乘积。它还与在 N 个图像视场所检测到的纤维根数 n 的期望值有关。依据泊松分布，通过表 E.1 可查得纤维计数浓度的 95%置信区间。

图 E.1 为 165 个视场中检测到 0 根，2 根，4 根纤维的概率密度（纵坐标）。假设每个视场中的空气样品采样体积为 0.01 m^3，则横坐标可表示为纤维浓度：根/m^3。

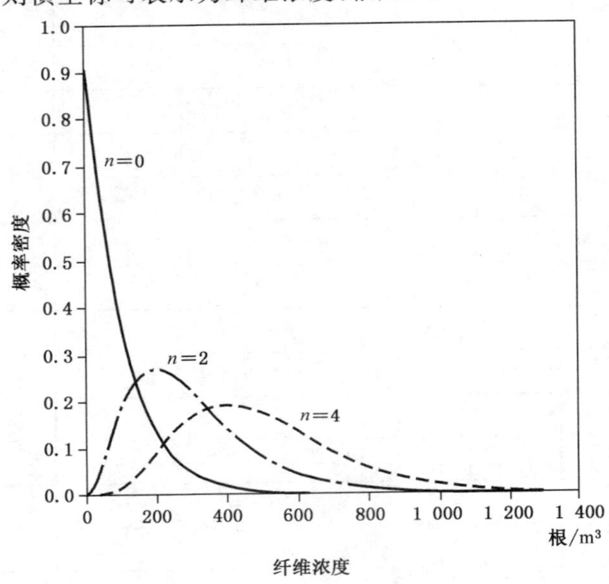

图 E.1　采样体积为 0.01 m^3 检测到 0 根，2 根，4 根纤维的概率密度分布

图 E.2 为采样滤膜和被分析部分滤膜上的纤维密度与纤维计数结果不可避免的统计波动之间的关系曲线。在制定采样方案时能够清楚地认识这一局限性非常重要。假设纤维在滤膜上呈泊松分布，则曲线图中纤维计数的标准偏差等于纤维计数的平方根。该变量可表示为两倍相对标准偏差(σ_S)。对于纤维计数平均值，特别是纤维数量很少时，泊松分布的 95%置信区间是不对称的。表 E.1 为 95%置信区间数据。

此曲线表明：在设计采样方案时需要考虑纤维计数的变化。例如，假如纤维在滤膜上呈泊松分布，对于纤维密度为 20 根/mm^2 的滤膜来说，检测 0.7 mm^2 滤膜，其纤维计数的变动性（用 $2\sigma_S$ 表示）大约是 50%。对纤维浓度较低的样品而言，为了能够得到大约 50%的变动性则需要在滤膜上检测更大的面积。同理，如果由于空气中纤维浓度较高或悬浮颗粒物足够少以致延长了采样时间，使滤膜上纤维密度较高。此时可缩小检测的面积而保持相同的、可接受的测量变动性。在某些情况下，两种途径均可作为改善测量精度的便利手段。

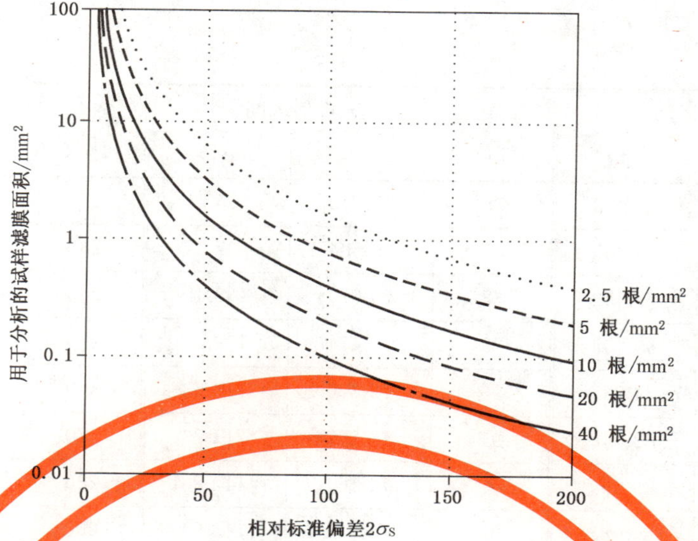

图 E.2 采样滤膜上不同纤维密度条件下，被分析部分滤膜上纤维计数(泊松)变动性

表 E.1 纤维计数浓度的置信区间(泊松分布，95%)

纤维计数	置信区间		纤维计数	置信区间		纤维计数	置信区间	
	下限	上限		下限	上限		下限	上限
0	0	3.689*	20	12.217	30.889	40	28.575	54.469
1	0.025	5.572	21	13.000	32.101	41	29.421	55.622
2	0.242	7.225	22	13.788	33.309	42	30.269	56.772
3	0.619	8.767	23	14.581	34.512	43	31.119	57.921
4	1.090	10.242	24	15.378	35.711	44	31.970	59.068
5	1.624	11.669	25	16.178	36.905	45	32.823	60.214
6	2.202	13.060	26	16.983	38.097	46	33.678	61.358
7	2.814	14.423	27	17.793	39.284	47	34.534	62.501
8	3.454	15.764	28	18.606	40.468	48	35.392	63.642
9	4.115	17.085	29	19.422	41.649	49	36.251	64.781
10	4.795	18.391	30	20.241	42.827	50	37.112	65.919
11	5.491	19.683	31	21.063	44.002	51	37.973	67.056
12	6.201	20.962	32	21.888	45.175	52	38.837	68.192
13	6.922	22.231	33	22.715	46.345	53	39.701	69.326
14	7.654	23.490	34	23.545	47.512	54	40.567	70.459
15	8.396	24.741	35	24.378	48.677	55	41.433	71.591
16	9.146	25.983	36	25.213	49.840	56	42.301	72.721
17	9.904	27.219	37	26.050	51.000	57	43.171	73.851
18	10.668	28.448	38	26.890	52.158	58	44.041	74.979
19	11.440	29.671	39	27.732	53.315	59	44.912	76.106

表 E.1（续）

纤维计数	置信区间		纤维计数	置信区间		纤维计数	置信区间	
	下限	上限		下限	上限		下限	上限
60	45.785	77.232	86	68.790	106.21	220	191.89	251.10
61	46.658	78.357	87	69.684	107.32	230	201.24	261.75
62	47.533	79.482	88	70.579	108.42	240	210.60	272.39
63	48.409	80.605	89	71.474	109.53	250	219.97	283.01
64	49.286	81.727	90	72.370	110.63	260	229.36	293.62
65	50.164	82.848	91	73.267	111.73	270	238.75	304.23
66	51.042	83.969	92	74.164	112.83	280	248.16	314.82
67	51.922	85.088	93	75.061	113.94	290	257.58	325.39
68	52.803	86.207	94	75.959	115.04	300	267.01	335.96
69	53.685	87.324	95	76.858	116.14	310	276.45	346.52
70	54.567	88.441	96	77.757	117.24	320	285.90	357.08
71	55.451	89.557	97	78.657	118.34	330	295.36	367.62
72	56.335	90.673	98	79.557	119.44	340	304.82	378.15
73	57.220	91.787	99	80.458	120.53	350	314.29	388.68
74	58.106	92.901	100	81.360	121.66	360	323.77	399.20
75	58.993	94.014	110	90.400	132.61	370	333.26	409.71
76	59.880	95.126	120	99.490	143.52	380	342.75	420.22
77	60.768	96.237	130	108.61	154.39	390	352.25	430.72
78	61.657	97.348	140	117.77	165.23	400	361.76	441.21
79	62.547	98.458	150	126.96	176.04	410	371.27	451.69
80	63.437	99.567	160	136.17	186.83	420	380.79	462.18
81	64.328	100.68	170	145.41	197.59	430	390.32	472.65
82	65.219	101.79	180	154.66	208.33	440	399.85	483.12
83	66.111	102.90	190	163.94	219.06	450	409.38	493.58
84	67.003	104.00	200	173.24	229.75	460	418.92	504.04
85	67.897	105.11	210	182.56	240.43	470	428.47	514.50

* 95%置信度条件下，纤维计数为 0 时，单边置信区间上限是 2.99。

附 录 F
（资料性附录）
检测报告示例

项目名：

<table>
<tr><td colspan="4">采样</td></tr>
<tr><td colspan="2">采样日期：</td><td colspan="2">样品采样体积：3.8 m³</td></tr>
<tr><td colspan="2">样品编号：</td><td colspan="2">累计采样时间：8 h</td></tr>
<tr><td colspan="2">采样仪器型号：</td><td colspan="2">有效滤膜面积：380 mm²</td></tr>
<tr><td colspan="4">检测类型：</td></tr>
<tr><td colspan="4">采样点：</td></tr>
<tr><td colspan="4">采样人：</td></tr>
<tr><td colspan="4">扫描电镜分析</td></tr>
<tr><td colspan="4">扫描电镜型号：</td></tr>
<tr><td colspan="2">能谱分析仪类型：</td><td colspan="2">放大倍数：2 000</td></tr>
<tr><td colspan="2">被分析滤膜面积：1 mm²</td><td colspan="2">观察视场数：100</td></tr>
<tr><td colspan="2">视场面积：0.01 mm²</td><td colspan="2">放弃视场数：5</td></tr>
<tr><td>放弃数：</td><td>纤维束：1</td><td>纤维簇：0</td><td>纤维基体：2</td></tr>
<tr><td colspan="2">无谱图纤维数：4</td><td colspan="2"></td></tr>
<tr><td colspan="4">分析结果</td></tr>
</table>

<table>
<tr><td rowspan="2">纤维分类</td><td rowspan="2">纤维计数</td><td colspan="2">纤维浓度（纤维根数/ m³）</td></tr>
<tr><td>平均值</td><td>置信区间（95%）</td></tr>
<tr><td>温石棉</td><td>6</td><td>600</td><td>220～1 310</td></tr>
<tr><td>闪石棉</td><td>3</td><td>300</td><td>60～880</td></tr>
<tr><td>石棉总数</td><td>9</td><td>900</td><td>410～1 710</td></tr>
<tr><td>其他无机纤维</td><td>15</td><td>1500</td><td>840～2 470</td></tr>
<tr><td>硫酸钙</td><td>8</td><td>800</td><td></td></tr>
</table>

ICS 71.040.40
G 04

中华人民共和国国家标准

GB/T 35098—2018

微束分析　透射电子显微术　植物病毒形态学的透射电子显微镜鉴定方法

Microbeam analysis—Transmission electron microscopy—Morphological identification method of plant viruses by transmission electron microscopy

2018-05-14 发布　　2019-04-01 实施

国家市场监督管理总局
中国国家标准化管理委员会　发布

前　言

本标准按照 GB/T 1.1—2009 给出的规则起草。

本标准由全国微束分析标准化技术委员会(SAC/TC 38)提出并归口。

本标准起草单位:浙江大学、云南省农业科学院、浙江省农业科学院。

本标准主要起草人:洪健、张仲凯、谢礼、吴建祥、钱亚娟、周雪平。

引　言

植物病毒是一类侵染被子植物、裸子植物和蕨类植物的重要病原生物，在全世界范围内引起农作物、果树、花卉、牧草、药用植物的病害，造成产量和品质下降，严重影响人类的生产生活。2016 年国际病毒分类委员会(International Committee for Taxonomy of Viruses，ICTV)公布的植物病毒涉及 4 个目、26 个科、5 个亚科、118 个属，共有 1 323 种。病毒形态学是病毒鉴定和分类的重要依据，根据病毒粒子的形状、大小、有无包膜、衣壳的对称性、病毒在寄主体内的细胞病理学等特征，同时结合基因组序列等分子生物学证据可以诊断鉴定病毒到科、属、种。由于植物病毒个体小至数十纳米，可借助透射电子显微镜方能观察到其形态。为了规范植物病毒形态学检测的技术方法，正确指导植物病毒病原的诊断和鉴定工作，有必要制定植物病毒透射电子显微镜形态学鉴定方法的国家标准。

微束分析　透射电子显微术　植物病毒形态学的透射电子显微镜鉴定方法

1　范围

本标准规定了使用透射电子显微镜对植物病毒进行形态学观察和鉴定的步骤、质量要求及鉴定报告的发布。

本标准适用于各种类型透射电镜对植物病毒形态的观察和鉴定。

2　规范性引用文件

下列文件对于本文件的应用是必不可少的。凡是注日期的引用文件，仅注日期的版本适用于本文件。凡是不注日期的引用文件，其最新版本(包括所有的修改单)适用于本文件。

SN/T 2122　进出境植物及植物产品检疫抽样方法

SN/T 2964　植物病毒检测规范

3　术语和定义

下列术语和定义适用于本文件。

3.1

病毒　virus

由核酸和蛋白质外壳组成且具有侵染活性并能够在细胞内自我复制的病原生物。

3.2

病毒粒子　virion

成熟的或结构完整、有感染性的病毒个体。

3.3

衣壳　capsid

由集合的蛋白质亚单位组成并包围核酸基因组的对称蛋白质外壳。

3.4

核衣壳　nucleocapsid

由包围病毒核酸的蛋白质衣壳与核酸形成的组合体。

3.5

内含体　inclusion body

病毒侵染后在寄主细胞中产生的由病毒或者细胞组分共同构成的异常结构。

注：在光学显微镜或透射电镜下内含体显示不同的形态特征。

3.6

抗原　antigen

能刺激动物机体产生抗体和致敏淋巴细胞并能与之发生特异性免疫结合反应的物质。

3.7

抗体　antibody

动物机体受到抗原刺激而产生的、能与相应抗原发生特异性免疫结合反应的免疫球蛋白。

3.8

负染色　negative stain

采用高密度的重金属盐染色液提高试样颗粒背景电子密度的染色方法。

3.9

免疫电子显微术　immunoelectron microscopy

利用抗原与抗体特异性结合的原理在超微结构水平上定位、定性及半定量显示抗原的技术方法。

3.10

超薄切片　ultrathin section

采用超薄切片机切成的厚度为 50 nm～100 nm 的生物试样薄片。

4　基本原理

4.1　负染色技术原理：采用高密度的重金属盐染色液（如磷钨酸、醋酸铀等）包围低密度的试样颗粒，使试样周围的电子密度得到增强，在透射电镜下显示暗背景衬托的浅色试样形态及微细结构，图像呈现负反差。该方法直接对病毒悬液试样进行负染色，操作简便，分辨率高，可用于病毒快速诊断。

4.2　免疫电子显微术原理：免疫电子显微术分为免疫复合物电镜技术和免疫标记技术两大类。免疫复合物电镜技术是对电镜载网上形成的抗原抗体免疫反应复合物进行负染色后直接电镜观察，其中免疫吸附法具有富集病毒的作用，免疫修饰法具有血清学相关性识别的作用，适用于病毒快速诊断。免疫标记技术是以抗体连接标记物（如胶体金）作为探针，对细胞表面或细胞内部的相应抗原进行定位、定性及半定量测定。

4.3　超薄切片技术原理：将经过固定的生物试样包埋在树脂介质中，采用超薄切片机将固化的试样包埋块切成厚度为 50 nm～100 nm 的薄片，供透射电镜观察用。

5　仪器设备、试剂和材料、环境条件

5.1　仪器设备

5.1.1　透射电子显微镜。

5.1.2　超薄切片机。

5.1.3　玻璃制刀机。

5.1.4　超薄切片钻石刀或玻璃刀。

5.1.5　高速离心机。

5.1.6　正置光学显微镜。

5.1.7　研钵。

5.1.8　微型研磨器。

5.1.9　涡旋振荡仪。

5.1.10　辉光放电仪。

5.1.11　移液器（20 μL，200 μL）。

5.2　试剂和材料

5.2.1　磷酸二氢钠（分析纯）。

5.2.2 磷酸氢二钠(分析纯)。
5.2.3 戊二醛(分析纯)。
5.2.4 四氧化锇(结晶体)。
5.2.5 丙酮(分析纯)。
5.2.6 乙醇(分析纯)。
5.2.7 环氧树脂包埋剂。
5.2.8 醋酸双氧铀(分析纯)。
5.2.9 柠檬酸铅(分析纯)。
5.2.10 磷钨酸(分析纯)。
5.2.11 钼酸铵(分析纯)。
5.2.12 亚甲基蓝。
5.2.13 病毒多克隆抗体。
5.2.14 PCR 检测离心管(0.5 mL,1.5 mL)。
5.2.15 封口膜。
5.2.16 包埋管。
5.2.17 硅胶包埋板。
5.2.18 覆 Formvar 膜的电镜载网。

5.3 环境条件

超薄切片机、透射电镜应安装在独立的房间内,工作环境应符合以下要求:

a) 超薄切片机:相对湿度小于 60%,温度(20±5)℃,电源电压(220±22)V,电源频率(50±1)Hz,满足防震要求。
b) 透射电镜:相对湿度小于 60%,温度(20±5)℃,电源电压(220±22)V,电源频率(50±1)Hz,具备仪器专用地线,接地电阻值参照仪器说明书的要求。

6 试样

6.1 试样来源

6.1.1 分离提纯的植物病毒悬浮液。
6.1.2 人工接种病毒的鉴别寄主和繁殖寄主植物。
6.1.3 田间受植物病毒侵染的叶、茎、花、根等新鲜材料。
6.1.4 植物种子、球茎、苗木等繁殖材料。
6.1.5 植物组织培养苗。

6.2 取样要求

6.2.1 田间作物和人工接种植物的取样及试样处理按照 SN/T 2964 的规定执行。
6.2.2 进出境植物检疫的取样按照 SN/T 2122 的规定执行。

6.3 试样预处理

6.3.1 组织粗汁液试样:将呈现明显感病症状或者隐症的植物组织以 1 g 加 2 mL 的比例加入 0.05 mol/L磷酸缓冲液(pH 值 7.0),在研钵中研磨,过滤或离心后获得粗汁液。小片组织可用微型研磨器研磨,或者用手挤出组织汁液,或者压破叶表皮获得组织汁液。种子剥皮去仁后,将种皮于液氮中研磨制备组织粗汁液,也可以在适当温度和光照条件下使其发芽后再制备获取组织粗汁液。磷酸缓冲液的配制参见附录A。

6.3.2 提纯病毒试样:将分离提纯的病毒用双蒸馏水或0.01 mol/L的磷酸缓冲液(pH值7.0)稀释至适合电镜观察的浓度。

6.3.3 超薄切片试样:采集呈现明显褪绿花叶症状的感病植物叶片,取病叶的退绿黄化边缘部位供超薄切片前处理之用,不建议采用枯斑部位作为电镜试样。

6.4 电镜试样制备

6.4.1 负染色试样制备

6.4.1.1 负染色液的选择:根据植物病毒试样不同可采用2%(20 g/L)磷钨酸(pH值6.7)或1%(10 g/L)醋酸铀(pH值4.2),实验中需要同时具备这两种负染色液。对于具有囊膜的病毒样品,还可以选用2%(20 g/L)钼酸铵(pH值7.0)。负染色液的配制参见附录A。常用负染色液有:

a) 2%(20 g/L)磷钨酸水溶液(pH值6.7):适用于大多数植物病毒,但对一些不稳定的病毒具有破坏作用,需先用1%~2%戊二醛或多聚甲醛进行固定,然后再进行负染色。

b) 1%(10 g/L)醋酸铀水溶液(pH值4.2):对植物病毒的破坏作用较小,图像分辨率更好,但容易与样品中的盐类及其他成分反应产生沉淀物,不适宜对高盐的提纯试样和新鲜病组织汁液负染色。

c) 2%(20 g/L)钼酸铵水溶液(pH值7.0):性能稳定,反差较弱,对病毒破坏作用小,尤其适合于具有囊膜的病毒负染色。

6.4.1.2 载网的预处理:采用辉光放电法对覆Formvar膜的电镜载网进行亲水化处理,使支持膜亲水化,便于病毒粒子的均匀附着。

6.4.1.3 负染色操作方法有悬滴法和漂浮法,如下:

a) 悬滴法:用镊子夹持载网,用移液器吸取一滴病毒试样悬液(或组织粗汁液)滴在亲水化处理过的电镜载网上,然后用小滤纸片从载网边缘吸去多余液体,待液体将要完全干燥之前,滴上负染色液,染色1 min ~2 min,用滤纸吸去多余负染色液,自然晾干后供透射电镜观察。

b) 漂浮法:在培养皿内或载玻片上铺上封口膜,用移液器吸取一滴病毒试样悬液(或组织粗汁液)滴在封口膜上,同时也将负染色液滴在封口膜上,将亲水化处理过的电镜载网倒扣在病毒悬液滴上静置1 min ~2 min,然后夹起载网,用小滤纸片从载网边缘部吸去多余液体,待液体将要完全干燥之前,将载网倒扣在负染液滴上,静置1 min ~2 min,夹起载网,用小滤纸片吸去多余负染色液,自然晾干后供透射电镜观察。

6.4.2 免疫复合物电镜试样制备

6.4.2.1 免疫吸附法:

a) 在培养皿内铺上封口膜,用移液器吸取一滴1∶10~1∶100倍稀释的病毒多克隆抗体并滴在封口膜上;将电镜载网膜面朝下放置于抗体液滴上,室温下在培养皿中保湿15 min。

b) 用20滴0.05 mol/L的磷酸缓冲液(pH值7.0)连续滴洗载网,洗除多余抗体。

c) 用小滤纸片吸掉余液后,将载网膜面朝下放置于病毒试样悬液(或组织粗汁液)液滴上,室温下在培养皿中保湿反应30 min(如果病毒含量低,反应时间可延长至数小时或过夜)。

d) 反应结束后用20滴0.05 mol/L的磷酸缓冲液、30滴双蒸馏水先后连续滴洗试样载网。

e) 用小滤纸片吸除余液后,以2%(20 g/L)磷钨酸(pH值6.7)进行负染色1 min ~2 min,用小滤纸片吸去多余负染色液,自然晾干后供透射电镜观察。

6.4.2.2 免疫修饰法:

a) 在培养皿内铺上封口膜,用移液器吸取一滴1∶10~1∶100倍稀释的病毒抗体滴在封口膜上。

b) 用电镜载网蘸取病毒试样悬液(或组织粗汁液),用数滴 0.05 mol/L 的磷酸缓冲液(pH 值 7.0)滴洗载网,用小滤纸片吸掉余液后将电镜载网膜面朝下放置于抗体液滴上,盖上培养皿盖,室温下保湿 15 min~30 min。
c) 反应结束后用 20 滴 0.05 mol/L 的磷酸缓冲液、30 滴双蒸馏水先后连续滴洗试样载网。
d) 用小滤纸片吸除余液后,以 2%(20 g/L)磷钨酸(pH 值 6.7)进行负染色 1 min ~2 min,用小滤纸片吸去多余负染色液,自然晾干后供透射电镜观察。

6.4.2.3 免疫吸附-修饰法:

a) 先按照 6.4.2.1 的步骤 a)、b)、c)进行免疫吸附反应。
b) 反应结束后用 20 滴 0.05 mol/L 的磷酸缓冲液连续滴洗试样载网。
c) 用小滤纸片吸除余液后将载网膜面朝下放置于抗体液滴上,在培养皿中保湿 15 min~30 min。
d) 按照 6.4.2.2 的步骤 c)、d)进行滴洗和负染色,自然晾干后供透射电镜观察。

6.4.3 超薄切片试样制备

6.4.3.1 前固定:将感染病毒的植物组织切成 1 mm×1 mm×3 mm 的小块,置于 0.1 mol/L 磷酸缓冲液(pH 值 7.0~7.2)配制的 2%~3%(体积分数)戊二醛固定液进行前固定,在 4 ℃下固定 2 h。戊二醛固定液的配制参见附录 A。

6.4.3.2 漂洗:用 0.1 mol/L 磷酸缓冲液(pH 值 7.0~7.2)充分漂洗 3 次,每次 10 min~15 min。

6.4.3.3 后固定:经过漂洗后的试样置于 0.1 mol/L 磷酸缓冲液(pH 值 7.0~7.2)配制的 1%(10 g/L)四氧化锇固定液中,在 4 ℃下固定 1 h~2 h;再用相同缓冲液充分漂洗 3 次,每次 10 min~15 min。四氧化锇固定液的配制参见附录 A。

6.4.3.4 脱水:采用 50%、70%、80%、90%、95%、100%(体积分数)的乙醇进行梯度脱水,各级浓度乙醇脱水时间为 10 min~15 min。然后用纯丙酮脱水 2 次,每次 30 min。

6.4.3.5 浸透与包埋:试样在室温下脱水后放置于丙酮:包埋剂(1:1,体积分数)渗透液中浸透 1 h,然后在丙酮:包埋剂(1:3,体积分数)渗透液中浸透 3 h,之后在纯包埋剂中浸透 12 h 以上。用包埋管、胶囊或硅胶包埋板进行试样包埋。推荐采用 Spurr'低黏度包埋剂、Epon 812 或其他包埋剂。Spurr'低黏度包埋剂和 Epon 812 包埋剂的配制参见附录 A。

6.4.3.6 聚合:包埋后的试样在包埋聚合器或恒温烘箱内进行加温聚合。

6.4.3.7 修块:聚合后的包埋块修成易于超薄切片的形状。

6.4.3.8 定位:包埋块在超薄切片机上用玻璃刀进行半薄切片,切片厚度为 0.5 μm~1 μm,经 1%(10 g/L)亚甲基蓝染色后在正置光学显微镜下进行病变细胞定位。

6.4.3.9 超薄切片:经修块和定位后的包埋块在超薄切片机上用玻璃刀或钻石刀切成超薄切片,切片厚度 50 nm~100 nm,用电镜专用载网捞取超薄切片。

6.4.3.10 染色:采用 2%(20 g/L)醋酸铀乙醇溶液和柠檬酸铅在室温下对超薄切片进行双重染色,醋酸铀染色时间 15 min~30 min,柠檬酸铅染色时间 5 min~10 min,干燥后待检。超薄切片染色液的配制参见附录 A。

7 透射电子显微镜鉴定步骤

7.1 按照透射电镜操作程序开机,抽真空至正常工作状态,调整仪器至最佳工作状态。

7.2 推荐加速电压范围:60 kV~80 kV。

7.3 推荐放大倍率范围:4 000 倍~100 000 倍。

7.4 病毒负染色试样的透射电镜观察:先在低倍率(4 000 倍左右)下选择负染色剂着色的电子密度较大斑点或斑块,观察样品全貌。逐步提高放大倍率,寻找具有典型形态特征的病毒粒子,图像精细聚焦后用CCD相机记录并储存(或者用电子底片进行照相)。植物病毒各科、属的病毒形态学特征参见附录B及相关文献。

7.5 感病试样超薄切片的透射电镜观察:先在低倍率模式(50倍~1 000倍)寻找切片,切换到正常放大模式观察病变的细胞。逐步提高放大倍率,仔细观察病毒粒子在细胞内的分布状况,是否产生特殊的内含体,细胞超微结构以及各种细胞器是否异常。细胞图像精确聚焦后用CCD相机记录并储存(或者用电子底片进行照相)。植物病毒各科、属的细胞病理学特征参见附录B及相关文献。

8 植物病毒形态学鉴定结果的质量要求

8.1 负染色的电镜图片要求反差适中,病毒粒子分布均匀,形态清晰,表面细节可辨认。超薄切片的电镜图片要求反差适中,层次分明,细胞超微结构清晰,细胞膜结构和病毒粒子清晰可辨。

8.2 植物病毒形态鉴定电镜图片应包括:

a) 磷钨酸和醋酸铀两种染色液负染色的病毒粒子形态;
b) 寄主细胞内病毒粒子的分布状态;
c) 内含体的形态结构;
d) 细胞和细胞器的超微结构变化;
e) 图片应具有标尺,用于测量病毒粒子的直径或/和长度。

9 鉴定报告发布

9.1 鉴定报告应包括以下信息,亦可参照GB/T 27025—2008:

a) 报告的唯一编号;
b) 试样名称;
c) 送样人姓名、单位和地址;
d) 试样的接收日期;
e) 鉴定仪器及其工作条件;
f) 鉴定结果和必要的说明;
g) 鉴定人签字;
h) 鉴定报告负责人的签字;
i) 鉴定报告的页码;
j) 发布鉴定报告的实验室名称和地址;
k) 鉴定报告的日期。

9.2 原始记录应包括试样来源、试样接收日期、编号、电镜观察条件、图片或底片的编号、标尺或准确的放大倍数。

10 除害处理

对于列入《中华人民共和国进境植物检疫性有害生物名录》的植物病毒,在检测过程中使用的有关材料和用具,当使用完毕后应进行消毒和除害处理。种子试样应保存在4 ℃冰箱内,叶片和果实试样应保存在-20 ℃以下冰箱或冻干保存3个月备查,保存期满后进行灭活处理,以防病毒扩散。

附 录 A
（资料性附录）
常用试剂的配方

A.1 磷酸缓冲液配方

A.1.1 0.2 mol/L 磷酸缓冲液贮存液

A 液 0.2 mol/L 磷酸二氢钠水溶液：

$NaH_2PO_4 \cdot H_2O$ 27.60 g

或 $NaH_2PO_4 \cdot 2H_2O$ 31.21 g

加双蒸馏水至 1 000 mL，混匀。

B 液 0.2 mol/L 磷酸氢二钠水溶液：

$Na_2HPO_4 \cdot 2H_2O$ 35.61 g

或 $Na_2HPO_4 \cdot 12H_2O$ 71.64 g

加双蒸馏水至 1 000 mL，混匀。

A.1.2 0.1 mol/L 磷酸缓冲液

按表 A.1 所列数量取 A 液和 B 液混合，配制 0.2 mol/L 磷酸缓冲液贮存液后，加 1 倍双蒸馏水即为 0.1 mol/L 磷酸缓冲液。按不同比例稀释可配制成不同浓度的磷酸缓冲液。

表 A.1 不同 pH 值磷酸缓冲液贮存液配制表

pH 值	6.4	6.6	6.8	7.0	7.2	7.4	7.6	7.8
A 液	73.5	62.5	51.0	39.0	28.0	19.0	13.0	8.50
B 液	26.5	37.5	49.0	61.0	72.0	81.0	87.0	91.5

A.2 固定液配方

A.2.1 戊二醛固定液

见表 A.2。

表 A.2 0.1 mol/L 磷酸缓冲液配制的戊二醛固定液配制表

0.2 mol/L 磷酸缓冲液/mL	50	50	50	50	50	50	50
25%戊二醛水溶液/mL	4	6	8	10	12	16	20
加双蒸馏水至/mL	100	100	100	100	100	100	100
戊二醛最终浓度	1.0%（体积分数）	1.5%（体积分数）	2.0%（体积分数）	2.5%（体积分数）	3.0%（体积分数）	4.0%（体积分数）	5.0%（体积分数）

A.2.2 四氧化锇固定液

先配置 2%（20 g/L）四氧化锇贮存液，再配置 1%（10 g/L）四氧化锇固定液，如下：

a) 2%(20 g/L)四氧化锇贮存液

将装有四氧化锇的安瓿(共 0.5 g)清洗干净,用玻璃划割器在上面刻痕,再用双蒸馏水冲洗几次,放入洁净棕色广口玻璃瓶内,加上 25 mL 双蒸馏水,用洁净玻璃棒捣破安瓿。然后用石蜡将广口玻璃瓶严密封口,贴上标签,置于干燥器中,4 ℃下避光保存。

b) 0.1 mol/L 磷酸缓冲液配制的 1%(10 g/L)四氧化锇固定液

取等量的 0.2 mol/L 磷酸缓冲液(pH 值 7.2)与 2%(20 g/L)四氧化锇贮存液混合,现配现用。

A.3 包埋剂配方

A.3.1 环氧树脂 Spurr'低黏度包埋剂

环氧树脂 Spurr'低黏度包埋剂配制表见表 A.3。

表 A.3 环氧树脂 Spurr'低黏度包埋剂配制表

配方	标准	偏硬性	硬性	软性	快速聚合	缓慢聚合
ERL-4206 (ERL-4221)	10.0 g	10.0 g	10.0 g	10.0 g	10.0 g	10.0 g
DER-736	6.0 g	5.0 g	4.0 g	7.0 g	6.0 g	6.0 g
NSA	26.0 g	26.0 g	26.0 g	26.0 g	26.0 g	26.0 g
DMAE	0.4 mL	0.4 mL	0.4 mL	0.4 mL	1.0 mL	0.2 mL
聚合时间 70 ℃/h	8	8	8	8	3	16
混合时间/d	3~4	3~4	3~4	3~4	2	7

注 1:按上述比例将前 3 种成分混合均匀,再加 DMAE 催化剂搅拌。配好的包埋剂在低温和防潮状态下可保存数月。此包埋剂需用包埋管包埋,聚合时需加盖,以免包埋块发脆。在 70 ℃温度下聚合 8 h 即可完全聚合。此包埋剂不易受潮。

注 2:ERL-4206(Vinyl cyclohexene dioxide),黏度低,聚合块硬度大。目前 ERL-4206 停产后由 ERL-4221 替代,它的黏度稍大于 ERL-4206。使用 ERL-4221 时,适当增加 DER-736 的比例可以得到硬度适中的包埋块。

DER-736(Diglycidyl ether of polypropylene glycol),属于脂肪族,有低黏度性质,可调节包埋块的硬度。

NSA(Nonenyl succinic anhydride),硬化剂,避免暴露在潮湿的大气中。

DMAE(2-Dimethylaminoethanol),催化剂,增加催化剂的比例,可以缩短聚合时间。

A.3.2 环氧树脂 Epon812 包埋剂

环氧树脂 Epon812 包埋剂配制表见表 A.4。

表 A.4 环氧树脂 Epon812 包埋剂配制表

总量	10 mL	20 mL	30 mL	40 mL	50 mL
Epon812	5 g	10 g	15 g	20 g	25 g
DDSA	1.1 g	2.2 g	3.3 g	4.4 g	5.5 g
MNA	3.9 g	7.8 g	11.7 g	15.6 g	19.5 g
DMP-30	0.15 mL	0.30 mL	0.45 mL	0.60 mL	0.75 mL

注 1:按上述比例配好各成分,充分搅拌 30 min,驱除气泡。包埋样品分别在 37 ℃、45 ℃、60 ℃下聚合 12 h、12 h、24 h 或直接在 60 ℃温度下聚合 48 h。此包埋剂易受潮,可以在干燥器中保存聚合后的样品包埋块。

注 2：Epon812 是环氧树脂单体。

DDSA(Dodecenylsuccinic anhydride)十二烷基琥珀酸酐，一种可得到软性包埋块的长链脂肪族分子。

MNA(Methyl nadic anhydride)甲基内次甲基二甲酸酐，又称六甲酸酐，有两个链环，能获得较硬的包埋块。

DMP-30[2,4,6-Tri(dimethylaminomethyl)phenol]2,4,6-三(二甲基氨基甲基)苯酚，能加速固化过程。

A.4 超薄切片染色液配方

A.4.1 醋酸铀染色液：称取 1.0 g 醋酸铀，用 50 mL 50%(体积分数)的乙醇配制成 2%(20 g/L)醋酸铀乙醇溶液，呈淡黄色，室温下避光保存。

A.4.2 柠檬酸铅染色液：称取硝酸铅 1.33 g、柠檬酸三钠 1.76 g，放入 50 mL 容量瓶中，加入预先煮沸过的双蒸馏水 30 mL，混合后摇荡 30 min，混悬液呈乳白色，加 1 mol/L NaOH 溶液 8 mL 后混悬液逐渐变澄清，pH 值为 12，再加双蒸馏水定容至 50 mL，封闭瓶口。

A.5 负染色液配方

A.5.1 2%(20 g/L)磷钨酸负染色液

称取 1.0 g 磷钨酸，用 50 mL 双蒸馏水配制成 2%(20 g/L)的水溶液，用 1 mol/L NaOH 调 pH 值至 6.7～6.8，过滤后 4 ℃下保存备用。

A.5.2 1%(10 g/L)醋酸铀负染色液

低盐的病毒提纯试样也可用 1%(10 g/L)醋酸铀水溶液进行负染色，具有更高的图像分辨率。称取 0.5 g 醋酸铀，用 50 mL 双蒸馏水配制成醋酸铀负染色液，呈淡黄色，pH 值 4.2，室温下避光保存备用。

A.5.3 2%(20 g/L)钼酸铵负染色液

称取 1.0 g 钼酸铵，用 50 mL 双蒸馏水配制成 2%(20 g/L)的水溶液，用乙酸铵调 pH 值至 7.0～7.2，过滤后 4 ℃下保存备用。

附 录 B
（资料性附录）
植物病毒各科、属的形态学和细胞病理学特征

根据国际病毒分类委员会 2016 年发布的病毒分类第十次报告，植物病毒涉及 4 个目、26 个科、5 个亚科、118 个属，共有 1 323 种。不同病毒具有各自特定的粒子形态和细胞病理学特征，可以作为病毒检测鉴定的形态学依据（见表 B.1）。

表 B.1 植物病毒各科、属的形态学和细胞病理学特征

目	科或未归类属	包膜	病毒形态	粒子大小	基因组片段	基因组大小（kbp 或 kb）	细胞病理学特征
ssDNA 病毒							
—	双生病毒科 *Geminiviridae*	—	双联二十面体	22 nm×38 nm	1 个或 2 个环状片段	2.5/每片段～3/每片段	病毒在韧皮部组织的细胞核中积累
—	无移动蛋白类双生病毒科 *Genomoviridae*	—	二十面体	20 nm	1 个环状片段	2.17	不详
—	矮缩病毒科 *Nanoviridae*	—	二十面体	18 nm～20 nm	6 个或 8 个环状片段	0.98/每片段～1.1/每片段	病毒粒子散布在感病叶片的细胞质中
dsDNA-RT 病毒							
—	花椰菜花叶病毒科 *Caulimoviridae*	—	二十面体、杆菌状	二十面体 50 nm～52 nm 杆菌状 30 nm×130 nm 最长至 900 nm	非共价的闭环状基因	7.2～9.2	感病细胞内产生具小空胞的病毒基质，病毒粒子处在基质中或散布于细胞质；杆状 DNA 病毒属粒子单个或成群分布在细胞质；水稻东格鲁病毒存在于维管束组织中
ssRNA-RT(+)病毒							
—	转座病毒科 *Metaviridae*	+/—	病毒样颗粒或具包膜的胞外病毒粒子	50 nm 病毒样颗粒 100 nm 具包膜粒子	1 个线状片段	4～10	细胞内病毒样颗粒聚集状或单个分布，呈不规则球形

表 B.1（续）

目	科或未归类属	包膜	病毒形态	粒子大小	基因组片段	基因组大小（kbp 或 kb）	细胞病理学特征
—	伪病毒科 *Pseudoviridae*	—	球状、二十面体	30 nm～40 nm	1 个线状片段	5～9	病毒样颗粒有的位于细胞质中，有的在细胞核内，形态卵圆形到球形
dsRNA 病毒							
—	呼肠孤病毒科 *Reoviridae*	—	突起或光滑的二十面体外壳	60 nm～85 nm	10 个～12 个线状片段	总基因组 19～32	病毒积累于薄壁组织或韧皮部组织的细胞质中，产生大块病毒基质，未成熟颗粒处在病毒基质中，细胞质中还形成包含病毒粒子的豆荚状结构
—	双分病毒科 *Partitiviridae*	—	二十面体	35 nm～40 nm	2 个线状片段	1.4/每片段～2.4/每片段	病毒存在于感病组织薄壁细胞的细胞质中，含量很低
—	混合病毒科 *Amalgaviridae*	—	未知	未知	1 个片段	由 3.5 kbp 的单双顺反子 dsRNA 组成	感病组织中观察不到病毒粒子，只有蓝莓潜隐病毒能用原核表达的 ORF1 产物抗体检测到疑似 CP
—	内源 RNA 病毒科 *Endornaviridae*	N/A	含病毒 RNA 的多形性小泡	无病毒粒子，病毒 RNA 在细胞质小泡中	1 个线状片段	14～18	感病细胞内不产生形态可见的病毒粒子，只以 dsRNA 形式存在于细胞质小泡中
ssRNA(—)病毒							
布尼亚病毒目 *Bunyavirales*	番茄斑萎病毒科 *Tospoviridae*	+	球状	80 nm～120 nm	3 个线状片段	6.4～12.3，3.9～5.4，0.96～3.0	具包膜的病毒粒子呈簇分布在内质网池中，细胞质中电子致密的无定形病毒基质
	无花果花叶病毒科 *Fimoviridae*	+	球状	80 nm～100 nm	4 个线状片段	7，2.3，1.6，1.4	具包膜的病毒粒子存在于细胞质小泡及内质网池中
	白蛉热纤细病毒科 *Phenuiviridae*	+/—	球状 细线状	80 nm～120 nm 3 nm～10 nm×>100 nm	3 个线状片段或 4 个～5 个线状片段	总基因组 17～23	纤细病毒属植物病毒为细线状，在细胞质中形成电子致密的长条体和呈砂粒样结构的无定形体

表 B.1(续)

目	科或未归类属	包膜	病毒形态	粒子大小	基因组片段	基因组大小(kbp 或 kb)	细胞病理学特征
单分子负链 RNA 病毒目 *Mononegavirales*	弹状病毒科 *Rhabdoviridae*	+	弹状、杆菌状、杆状	45 nm～100 nm×100 nm～430 nm 18 nm×320 nm～360 nm	1 个线状片段 巨脉病毒属 2 个线状片段	1 个片段 11～15 2 个片段 6.8，6.1	质型弹状病毒属积累于细胞质，在内质网池中形成聚集体；核型弹状病毒属积累于细胞核周腔，核内结构紊乱，形成病毒基质；双分弹状病毒属在细胞核中形成病毒基质；巨脉病毒属杆状粒子分布在叶肉组织和维管束薄壁组织的细胞质中
—	蛇形病毒科 *Ophiovirus*	—	线状裸核衣壳形成扭结的圈	3 nm～4 nm×≥760 nm	3 个或 4 个线状片段	7.6～8.2，1.6～1.8，1.5，1.4	病毒存在于感病植物的叶片组织中
ssRNA(+)病毒							
小 RNA 病毒目 *Picornavirales*	伴生豇豆病毒科 *Secoviridae*	—	二十面体	25 nm～30 nm	1 个或 2 个线状片段	单分体 9.8～12.5 双分体 5.8～8.4，3.3～7.3	病毒分布在感病组织细胞质中，常呈单列排在小管结构及胞间连丝中，细胞质膜结构增生区有众多含纤维状物质的囊泡，蚕豆病毒属粒子聚集成圆管或方管状结构
芜菁黄花叶病毒目 *Tymovirales*	甲型线状病毒科 *Alphaflexiviridae*	—	线状	12 nm～13 nm×470 nm～800 nm	1 个线状片段	6～9	病毒分布于感病组织的细胞质中，马铃薯 X 病毒属形成细胞质带状内含体，由成排的病毒粒子组成，葱 X 病毒属产生颗粒状内含体和病毒粒子小束
	乙型线状病毒科 *Betaflexiviridae*	—	线状	12 nm～13 nm×600 nm～1 000 nm	1 个线状片段	6～9	病毒存在于韧皮部和薄壁细胞，分散或聚集在细胞质中，液泡膜边缘产生含纤维状物质的小泡
	芜菁黄花叶病毒科 *Tymoviridae*	—	二十面体	30 nm	1 个线状片段	6～7.5	病毒积累在细胞质中，聚集的叶绿体周边产生含纤维状物的复制小泡

表 B.1（续）

目	科或未归类属	包膜	病毒形态	粒子大小	基因组片段	基因组大小（kbp 或 kb）	细胞病理学特征
—	雀麦花叶病毒科 *Bromoviridae*	—	二十面体、杆菌状	二十面体 26 nm～35 nm 杆菌状 18 nm～26 nm×30 nm～85 nm	3 个线状片段	3.4,2.8,2.3	病毒在感病组织的细胞质中积累，也在液泡中分散或聚集状态存在，有的呈结晶状排列，细胞质中产生电子致密的无定形物质和小泡结构，在液泡边缘产生膜质小泡
—	马铃薯 Y 病毒科 *Potyviridae*	—	线状	11 nm～15 nm×650 nm～900 nm， 11 nm～15 nm×250 nm～300 nm,500 nm～600 nm	1 个或 2 个线状片段	单分体 9.3～10.8 双分体 7.3～7.6,3.5～3.7	病毒散布或聚集在细胞质中，产生典型的细胞质柱状内含体；大麦黄花叶病毒属产生网格状膜状体
—	长线病毒科 *Closteroviridae*	—	长线状	10 nm～13 nm×650 nm～2 200 nm	1～3 个线状片段	单分体 13～19， 双分体 7.8～9.1,7.9～8.5 三分体 8,5.3,3.9	病毒存在于韧皮部筛管和薄壁细胞，成束或聚集成纤维状团块，产生典型的 BYV 型囊泡结构
—	黄症病毒科 *Luteoviridae*	—	二十面体	25 nm～30 nm	1 个线状片段	5～6	病毒局限于韧皮部组织，细胞质中产生小囊泡结构；耳突花叶病毒属粒子积累在细胞核及细胞质中，分散或呈结晶状
—	番茄丛矮病毒科 *Tombusviridae*	— N/A	二十面体 细胞内 RNP 复合体	28 nm～34 nm	1 或 2 个线状片段	单分体 3.7～4.8 双分体 3.8，1.4	病毒积累在感病组织的细胞质中，分散或聚集，一些病毒属的过氧化物酶体、线粒体或内质网病变形成多泡体结构，多泡体小泡为病毒复制场所；幽影病毒属仅在寄主细胞液泡中产生直径 52 nm 圆形有膜结构
—	甜菜坏死黄脉病毒科 *Benyviridae*	—	杆状	20 nm×65 nm～390 nm	4 或 5 个线状片段	6.7，4.6，1.8，1.4，1.3	病毒散布在细胞质内，有平行排列或角层状排列的病毒聚集体，细胞膜结构增生

表 B.1（续）

目	科或未归类属	包膜	病毒形态	粒子大小	基因组片段	基因组大小（kbp 或 kb）	细胞病理学特征
—	植物杆状病毒科 *Virgaviridae*	—	杆状	18 nm～25 nm×50 nm～310 nm	1 个～3 个线状片段	单分体 6.3～6.6 双分体 6～7，1.8～4.5 三分体 3.7～6，3～3.6，2.5～3.2	病毒粒子大量分布在细胞质及液泡中，产生病毒结晶体和特殊的 X-体；烟草脆裂病毒属长形粒子放射状排列于线粒体表面；大麦病毒属在叶绿体周边产生复制小泡
—	蓝莓坏死环斑病毒属 *Blunervirus*	—	不详	不详	4 个线状片段	5.9，3.9，2.6，1.7	不详
—	柑橘粗糙病毒属 *Cilevirus*	—	杆菌状	50 nm×150 nm	2 个线状片段	8.7，5.0	感病组织中含病毒样颗粒的小泡
—	木槿绿斑病毒属 *Higrevirus*	—	杆菌状	30 nm×50 nm	3 个线状片段	8.4，3.2，3.1	感病组织中含病毒样颗粒的小泡
—	悬钩子病毒属 *Idaeovirus*	—	二十面体	33 nm	2 个线状片段	5.5，2.2	病毒存在于所有感病组织中，黄化的病叶细胞叶绿体膨大，产生小囊泡结构
—	欧尔密病毒属 *Ourmiavirus*	—	杆菌状	18 nm×30 nm～62 nm	3 个线状片段	2.8，1.1，0.97	病毒存在于感病组织细胞质中，一种未知功能的非结构蛋白大量积累在细胞质中，形成纤维或管状结构
—	一品红潜隐病毒属 *Polemovirus*	—	二十面体	34 nm	1 个线状片段	4.6	不详
—	南方菜豆花叶病毒属 *Sobemovirus*	—	二十面体	25 nm～30 nm	1 个线状片段	4～5	病毒存在于感病组织细胞质和细胞核中，有的形成结晶体，细胞质有囊泡结构

注："—"表示无；"+"表示有；"N/A"表示不适用。

参 考 文 献

[1] GB/T 27025—2008 检测和校准实验室能力的通用要求(ISO/IEC 17025:2005,IDT)

[2] SN/T 1840—2006 植物病毒免疫电镜检测方法

[3] 中华人民共和国农业部,国家质量监督检验检疫总局. 中华人民共和国进境植物检疫性有害生物名录. 2007

[4] 洪健,李德葆,周雪平. 植物病毒分类图谱. 北京,科学出版社. 2001, 1-275

[5] 张仲凯,李毅. 云南植物病毒. 北京,科学出版社. 2001, 1-148

[6] 张景强,李鲲鹏,朱平,洪健等. 病毒的电子显微学研究. 北京,科学出版社. 2011, 1-134

[7] 洪健, 周雪平. ICTV 第九次报告以来的植物病毒分类系统. 植物病理学报. 2014. 44(6):566-572

[8] 洪健, 周雪平. ICTV 第八次报告中的植物病毒最新分类系统. 植物病理学报. 2005,(6)(ZK):1-9

[9] King AMQ, Adams MJ,Carstens EB, et al. Virus Taxonomy: Ninth Report of the International Committee on Taxonomy of Viruses. San Diego, Elsevier Academic Press. 2012, 1-1327

[10] Adams MJ, King AMQ, Carstens EB. Ratification vote on taxonomic proposals to the International Committee on Taxonomy of Viruses . Arch Virol. 2013, 158: 2023-2030

[11] Adams MJ, Lefkowitz EJ, King AMQ, et al. Ratification vote on taxonomic proposals to the International Committee on Taxonomy of Viruses. Arch Virol. 2014, 159: 2831-2841

[12] Adams MJ, Lefkowitz EJ, King AMQ, et al. Ratification vote on taxonomic proposals to the International Committee on Taxonomy of Viruses. Arch Virol. 2015, 160: 1837-1850

[13] Adams MJ, Lefkowitz EJ, King AM, et al. Ratification vote on taxonomic proposals to the International Committee on Taxonomy of Viruses. Arch Virol, 2016, 161: 2921-2949

ICS 71.040.40
G 04

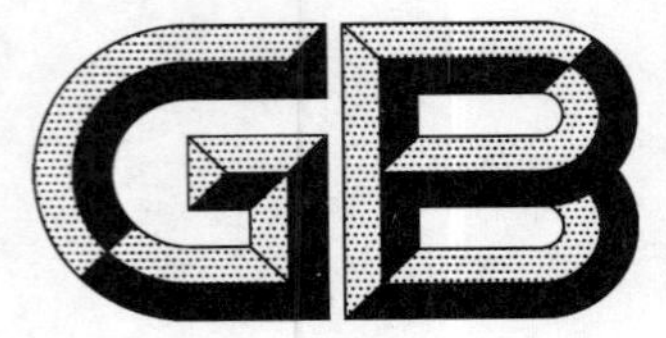

中华人民共和国国家标准

GB/T 35099—2018

微束分析　扫描电镜-能谱法 大气细粒子单颗粒形貌与元素分析

Microbeam analysis—Scanning electron microscopy with energy dispersive X-ray spectrometry—Morphology and element analysis of single fine particles in ambient air

2018-05-14 发布　　　　2019-04-01 实施

国家市场监督管理总局
中国国家标准化管理委员会　发布

前　言

本标准按照 GB/T 1.1—2009 给出的规则起草。

本标准由全国微束标准化技术委员会(SAC/TC 38)提出并归口。

本标准起草单位:国家环境分析测试中心、北京化工大学。

本标准主要起草人:董树屏、殷惠民、李玉武、陈航宇、任立军、杜祯宇、徐仲均。

引　言

近年来，环境空气中细粒子(PM2.5)污染防控已成为我国社会广泛关注的环境问题。准确识别细粒子来源类型，为有针对性地治理颗粒物污染、改善环境空气质量提供技术支持是我国科技工作者面临的一项艰巨任务。对不同粒径颗粒物来源进行定性识别和定量解析是大气颗粒物研究的主要内容之一，是环境政策制定和污染防治的重要依据。

目前，环境空气细粒子来源解析的主要方法是以环境样品采集与全样品化学分析结果为基础的受体模型法。对环境空气细粒子的研究已经从早期的全样品化学分析逐步拓展到了单颗粒分析。因为单颗粒分析所需采样时间短，很少量的样品就可以进行分析，这使得对环境空气细粒子短期组分变化的测量更精确。此外，单颗粒分析的数据可以用来作为自然源或人为源的“指纹”。单颗粒分析已经成为国内外表征环境空气细粒子特征的重要技术手段。

扫描电子显微镜与能谱仪联用(SEM-EDS)是简便快捷的单颗粒表征技术之一。该技术可直观识别区分颗粒物种类，对其来源类型作出直观和清晰的判断，并且根据颗粒物数目的计数统计给出源贡献率，得到不同粒径范围的颗粒物污染特征。该技术和原有的全样品分析手段相结合，使源解析工作更全面、更准确，特别是针对特定污染源的识别有其特有的优势，可望在雾霾污染防治工作中发挥重要作用。

微束分析 扫描电镜-能谱法 大气细粒子单颗粒形貌与元素分析

1 范围

本标准规定了利用扫描电子显微镜(SEM)及能谱仪(EDS)观测环境空气中细粒子单颗粒形貌、定性分析元素,对环境空气颗粒物进行分类的方法。扫描电镜用于颗粒物的形貌观察和粒径测量,X射线能谱仪用于颗粒物主要元素定性分析。

本标准适用于在电子束轰击下稳定的颗粒物分析,不适用于硝酸盐、铵盐等热不稳定的颗粒物分析。

2 规范性引用文件

下列文件对于本文件的应用是必不可少的。凡是注日期的引用文件,仅注日期的版本适用于本文件。凡是不注日期的引用文件,其最新版本(包括所有的修改单)适用于本文件。

GB/T 27025 检测和校准实验室能力的通用要求

HJ 618 环境空气 PM10 和 PM2.5 的测定 重量法

3 术语和定义

下列术语和定义适用于本文件。

3.1

单颗粒 single particle

环境空气中粒径尺寸范围在 0.5 μm～10 μm 的单个颗粒物。

3.2

核孔膜 capillary-pore polycarbonate aerosol filters

采用核径迹蚀刻制备的专用聚碳酸酯膜。

4 分析原理

扫描电镜(SEM)工作原理:经高压加速后的聚集电子束轰击放在样品室内的样品并产生二次电子,由探测器探测二次电子信号并转成电信号,经放大器放大后在显示器上显示出样品的表面形貌及粒径大小。

X射线能谱仪(EDS)工作原理:聚焦电子束轰击样品表面,激发出样品组成元素的特征X射线。根据特征X射线的能量确定元素种类,根据谱线强度进行定性分析。

综合分析单颗粒的形貌特点、粒径及主要元素组成等信息,与不同污染源颗粒物典型形貌及特征谱图进行比较,可识别单颗粒可能来源。基于一定数量(如 300 个～1 000 个)单个颗粒物的分析数据,可得到不同粒径范围内各类颗粒物的数目百分数。

5 仪器和材料

5.1 环境空气颗粒物样品采集装置

采样装置应符合 HJ 618 中关于小流量采样器的要求。

5.2 采样滤膜

核孔膜，滤膜直径：47 mm，滤膜孔径：0.2 μm 或者 0.4 μm（扫描电镜形貌参见附录 A 中图 A.1）。

5.3 样品盒

样品盒盒内直径 47 mm，带盖，所用材质及样品盒结构应保证不对样品膜造成污染。

5.4 镀膜仪

用于样品表面导电层的喷镀。

5.5 碳质双面胶带

导电胶带，用于在样品台上固定试样。

5.6 扫描电子显微镜(SEM)

5.6.1 电子源：钨灯丝或场发射源。

5.6.2 加速电压：能满足单颗粒分析需要(15 kV～20 kV)。

5.6.3 图像分辨率：优于 30 nm。

5.6.4 放大倍数：满足单颗粒分析要求(500 倍～30 000 倍)。

5.7 X 射线能谱仪(EDS)

5.7.1 能谱仪能量分辨率：优于 137 eV。

5.7.2 检测元素范围：^{5}B—^{92}U。使用前，能谱分析系统用标样校正。

6 样品采集与保存

6.1 采样方案

按照 HJ 618 设置采样点并制定采样时段计划。

6.2 样品采集

6.2.1 样品采集装置

采样装置可使用小流量空气颗粒物采样器。核孔膜的阻力较大，采样装置标注的最大流量应大于实际工作流量，以保证装上核孔膜后能够达到采样时工作流量要求。

6.2.2 样品采集方法

样品采集应符合 HJ 618 中的相关要求。采样装置距采样器放置平面 1.5 m 左右，周围无明显遮挡物影响。

将核孔膜放入采样头中并密封。肉眼观察核孔膜有两面光亮和一面光亮之分，一面光亮的膜需要让光亮面对着空气(颗粒物)流动方向,两面光亮的任何一面均可。采样头与小流量采样器联接,通过采样器的泵抽吸空气,使得环境空气通过采样膜,其中颗粒物过滤到核孔膜上。采样时可参考下列参数:采样头直径 47 mm;采样流量 5 L/min～20 L/min(流量可调)。

6.2.3 颗粒物负载量

膜上颗粒物负载量控制标准如下:颗粒物应呈稀疏、分散分布,大部分颗粒物之间应有空隙,无互相覆盖、叠加(参见图 A.2)。

核孔膜上的颗粒物负载量主要由采样流量、采样时间和采样时的环境空气中颗粒物浓度等因素决定:

a) 采样流量:主要由所用采样装置确定。比如有些型号采样器在采集 PM10 或 PM2.5 样品时,工作流量是固定的。不同型号的工作流量取决于切割器。

b) 采样时间:在环境空气颗粒物污染状况相同或相似情况下,采集时间与采样器流量有关。流量大则所需时间短,流量小则需要适当延长采样时间。

c) 环境空气颗粒物浓度:在流量相同的情况下,采样时间与环境空气颗粒物浓度有关。颗粒物浓度高时,采样所需时间少。环境空气颗粒物浓度通常可用空气质量指数判断。

为控制滤膜上颗粒物负载量,表 1 给出的是在采样头直径为 47 mm、流量为 5 L/min,在不同空气质量指数条件(颗粒物为首要污染物时)下对应的采样时间参考值。

表 1 不同空气质量指数对应的采样时间参考值

空气质量指数	0～50	50～100	100～200	200～300	300～400	>400
采样时长/min	240	180	90～120	60	30	20

6.3 样品保存

采样结束后,用镊子将滤膜取出,放入干燥洁净、已编号的样品盒中(5.3)。按要求做好采样记录(采样记录表参考格式参见附录 B)。样品应在干燥、洁净、室温环境下保存于硅胶干燥器中。

7 试样分析

7.1 试样制备

取负载有颗粒物的核孔膜样品,裁取部分滤膜固定在扫描电镜专用样品台上。具体步骤如下:

a) 用乙醇将样品台擦净,在扫描电镜专用样品台侧面分别编号;

b) 剪取 1 cm^2 左右的颗粒物滤膜,用碳质双面胶带(5.5)将其固定在电镜样品台上;

c) 将已固定好待测试样的样品台放入镀膜仪(5.4)中喷镀导电膜,以便能够利用扫描电镜进行观察分析。所喷镀的金属元素应是一般环境空气颗粒物中不常见元素(如 Au,Pd 等元素),以减少对能谱分析结果的影响。具体操作按照喷镀设备操作说明进行。

7.2 试样测量

7.2.1 扫描电镜及能谱仪工作参数

测量时工作参数如下:

a) 加速电压:15 kV～20 kV;

b) 放大倍数:1 000 倍～20 000 倍(观察颗粒物细节或者超细颗粒物时可采用更高倍数);

c) 选择适当的扫描电镜及能谱仪参数，以期能够在 20 s～40 s 测量时间内从单颗粒试样中采集到具有统计意义的 X 射线计数。对于特征 X 射线计数 P 和背底计数 B，具有统计意义的标准是：$P>3\sqrt{B}$。

注：信号采集时间可根据电镜所配置的能谱仪本身性能确定，建议不宜过长，否则会使所测量的颗粒及其周边区域不太稳定的物质如 $(NH_4)_2SO_4$ 分解。

7.2.2 单颗粒测量要求

对试样进行单颗粒测量时，应符合下列要求：

a) 选定待测量的颗粒物，观测其形貌特点，采集二次电子图像。测量粒径大小并记录相关信息，存储原始图像。

b) 用 X 射线能谱仪对选定的单颗粒进行元素分析。采用点分析模式。采集颗粒物的特征 X 射线能谱图，存储原始谱图。

c) 对试样中典型颗粒物的图像和能谱图应在实验记录上做好标记，以便用于后续工作。

7.2.3 样品分析步骤

对试样上的单颗粒逐个进行测量，并记录下形貌、粒径及主要化学组成等信息（记录格式参见附录 B）。基本操作步骤如下：

a) 在试样上选定一合适区域，应避开膜的边缘区域。

b) 选定观测视场放大倍数，具体倍数视样品具体情况（如颗粒物负载量、粒径分布情况及分析目的等）而定。在该放大倍数下视场内有一定数目（如 10 个～30 个）的颗粒物、大部分颗粒物图像清晰且适合能谱分析。在放大倍数为 10 000 倍～20 000 倍条件下采集单颗粒能谱信号。

c) 分析测量视场内所有尺寸在 0.5 μm～10 μm 范围内的颗粒物，记录颗粒尺寸、形貌特征、主要组成元素；保存原始形貌图和能谱图。

d) 分析完一个视场内的颗粒物后，移动至下一个测量视场（视场间有一定间隙，如相隔一个视场），继续分析，直至达到预先设定的颗粒物数目，一般大于 300 个。

注 1：单颗粒能谱分析中，样品表面喷镀的导电金属元素和采样用聚碳酸酯膜会产生特征 X 射线，从而对颗粒物目标元素的能谱信号产生影响。喷镀的导电金属元素如果是 Au 元素，其 Au-M_α 线与 Nb-L_α 线，Au-M_β 线与 Hg-M_α、Nb-L_β 等谱线不易分开，测量时需仔细区分。实际环境空气颗粒物中 Nb、Hg 元素含量很低，对实际单颗粒分析结果影响较小。

注 2：聚碳酸酯薄膜主要由 C、O、H 等元素构成，在能谱分析中，聚碳酸酯膜中的 C、O 元素产生的特征 X 射线对颗粒物中 C、O 元素的测量产生干扰影响，特别是对细小颗粒（如小于 1 μm 的颗粒）影响较大，所以，本标准中有关定性分析颗粒物中的 C、O 元素，可以结合颗粒物形貌观测进行。

8 数据处理和结果计算

8.1 单颗粒种类识别与分析

根据单颗粒形貌、元素分析结果，参照不同类别颗粒物典型形貌图及能谱图（参见附录 C）可将已分析试样中单颗粒进行分类。常见的颗粒物种类按来源有：土壤扬尘、燃煤飞灰、机动车尾气颗粒、工业源排放、建筑工地扬尘、二次颗粒、自然排放（如海盐颗粒、植物排放颗粒）等；按成分可归为硅铝酸盐颗粒、富钙颗粒、富硫颗粒、碳质颗粒、富钾颗粒、富铁颗粒、富锌颗粒、富钛颗粒等。

8.2 同类颗粒物数目百分含量计算

通过对同一试样中一定数目单颗粒的分析测量结果进行统计计算并进行归类，可得出各类颗粒物数目百分比，其计算式见式(1)：

$$\omega_{ij}=\frac{c_{ij}}{\sum_{i=1}^{n}c_{ij}}\times 100\% \qquad \cdots\cdots(1)$$

式中：

i ——颗粒物种类，如硅铝酸盐颗粒、碳质颗粒、硫钙颗粒等；

n ——第 j 个粒径范围内被检出颗粒物种类总数；

j ——粒径范围，如<0.5 μm；0.5 μm～1 μm；1 μm～2.5 μm；2.5 μm～10 μm 等；

c_{ij} ——第 i 类颗粒物在第 j 个粒径范围内被检出的数目；

ω_{ij} ——第 i 类颗粒物在第 j 个粒径范围内被检出的数目占所分析总颗粒物数目的百分比。

9 分析结果发布

除了 GB/T 27025 应执行的要点外，分析结果检测报告中还应含下列内容：

a） 仪器型号；

b） 试样中颗粒物分析总数；

c） 典型类别颗粒物图像及能谱图，以及获取这些信息时的工作条件（如加速电压、放大倍数）；

d） 以颗粒物种类展开的颗粒物数目百分数结果；

e） 粒径分布；

f） 对上述分析结果必要的说明。

附　录　A
（资料性附录）
核孔膜及核孔膜上颗粒物扫描电镜形貌

核孔膜及核孔膜上颗粒物扫描电镜形貌分别参见图 A.1 和图 A.2。

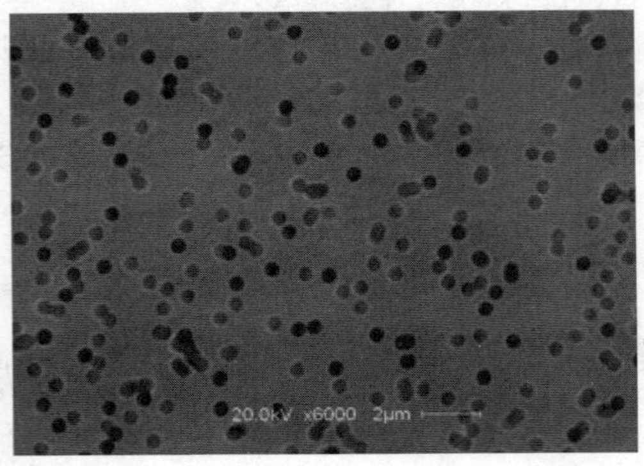

图 A.1　核孔膜的扫描电镜形貌（放大 6 000 倍时的二次电子图像，黑色圆孔的孔径为 0.4 μm）

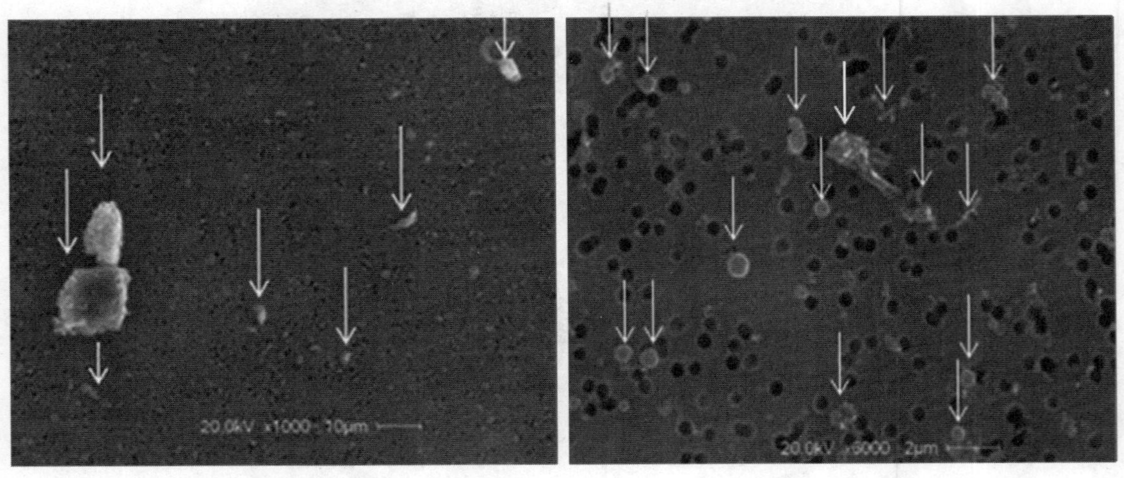

图 A.2　核孔膜上单颗粒示意图（图中箭头指示为粒径＞0.5 μm 的颗粒物）

附 录 B
（资料性附录）
扫描电镜单颗粒分析记录表格参考格式

单颗粒分析形貌与粒径分析记录见表 B.1。

表 B.1 单颗粒分析形貌与粒径分析记录

仪器型号：__________ 工作条件：__________

形貌及化学组成特征		颗粒物粒径尺寸范围/μm					备注
		0.5～1.0	1.0～1.5	1.5～2.5	2.5～5.0	5.0～10	
矿物颗粒	硅铝酸盐（不规则）						
	富钙颗粒（不规则）						
	海盐颗粒（规则结晶）						
	其他矿物颗粒						
碳质颗粒	球形						
	集合体						
	其他[a]						
	片状（较大）						
	特殊规则形貌						
含硫颗粒	$CaSO_4$ 不规则						
	$CaSO_4$（结晶）						
	含硫颗粒						
富钾颗粒							
燃煤飞灰							

[a] 测量中如发现其他特殊形貌或组成的颗粒可在下方空白格中记录。

测试人员：__________ 测试日期：__________

附 录 C
(资料性附录)
环境空气中颗粒物主要种类、单颗粒典型形貌及能谱特征

基于单颗粒形貌和能谱特征(元素组成特点),表 C.1 提供了环境空气中常见的几种颗粒物种类信息,以及可能的来源。根据单个颗粒的形貌特征和化学组成进行分类,并可给出各类颗粒物的粒径分布特点及数目百分比。

表 C.1 环境空气颗粒物主要种类、单颗粒形貌、能谱特征及可能来源

颗粒物种类	形貌特征	能谱特征	可能来源
矿物颗粒	不规则形态(无定形)	硅铝酸盐,石英,高钙、高铁、高锌	天然源:土壤扬尘,矿物颗粒等
燃煤飞灰	主要为球形	硅铝酸盐	煤燃烧产生
有机颗粒	不规则形态	C、H、O、N 元素为主	植物排放;人为排放
碳质颗粒	球形、集合体和不规则形态	C 元素为主	人为排放:燃料燃烧产生、机动车尾气;自然排放
硫-钙颗粒	不规则,也有规则的结晶颗粒	主要含硫和钙元素	自然排放;云中过程产生的二次粒子
含硫颗粒	不规则,球形	含有硫元素	燃烧排放;二次粒子
海盐颗粒	规则结晶体	主要含氯和钠元素	自然排放
其他			

图 C.1～图 C.16 和图 C.17～图 C.24 分别是基于钨灯丝和场发射扫描电镜得到的不同来源颗粒物典型形貌及能谱图。

环境空气中典型颗粒物种类有土壤扬尘(图 C.1)、建筑扬尘(图 C.2)、海盐颗粒(图 C.3)、复合矿物颗粒(图 C.4);燃煤飞灰颗粒(图 C.5),金属冶炼源颗粒(图 C.6)。从化学成分上看,颗粒物图 C.1 和图 C.5 均以硅、铝为主要组成元素,不易区分。但从形貌上却可以明确区分这两类颗粒物的不同来源。

碳质颗粒是城市颗粒物污染中主要种类,主要来源于各种燃烧过程及生物质排放。其中图 C.7、图 C.8、图 C.18、图 C.21 为球形碳质颗粒(其中图 C.7、图 C.18 颗粒含硫),图 C.9、图 C.10、图 C.19、图 C.20 属于典型机动车排放的集合体碳质颗粒。图 C.11、图 C.22 是不规则的碳质颗粒。图 C.12、图 C.24 来源于生物质燃烧;图 C.13、图 C.14、图 C.23 是硫-钙颗粒;图 C.15、图 C.16 为来源于植物排放的碳质颗粒形貌。图 C.17 是含硫(铵)的碳质颗粒。

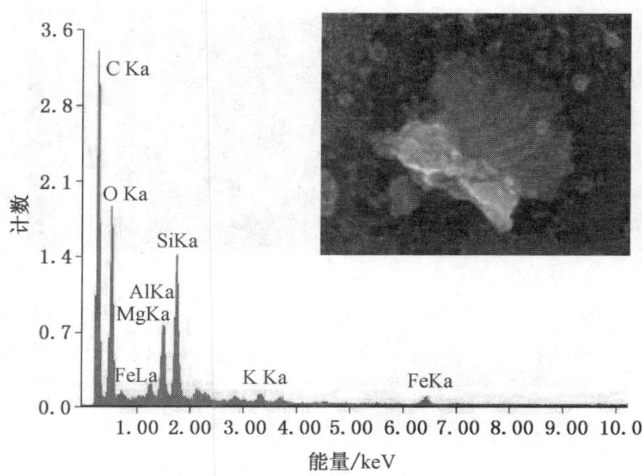

图 C.1 土壤扬尘(硅铝酸盐)颗粒

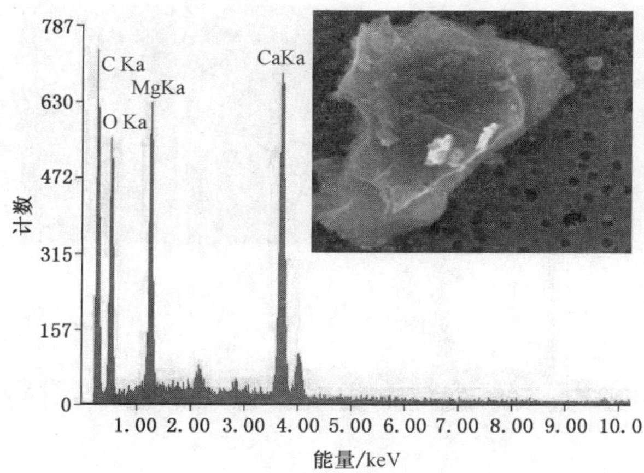

图 C.2 碳酸钙(镁)颗粒

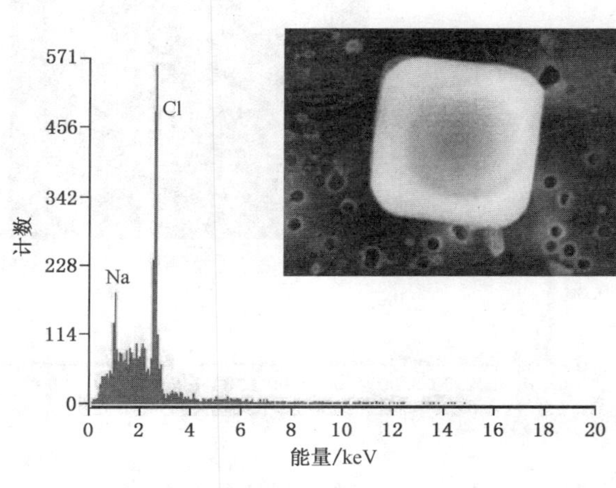

图 C.3 海盐颗粒

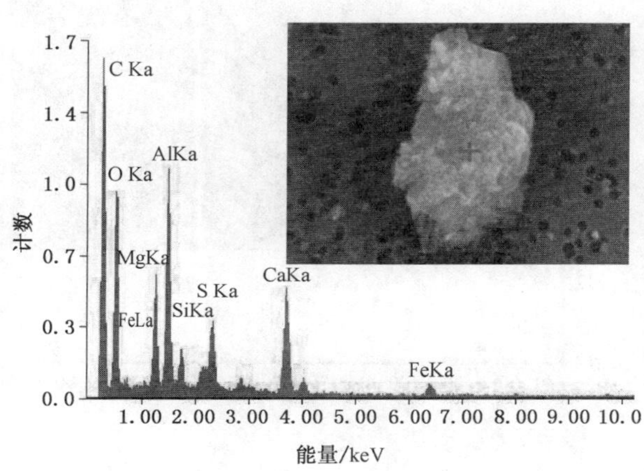

图 C.4 复合矿物颗粒

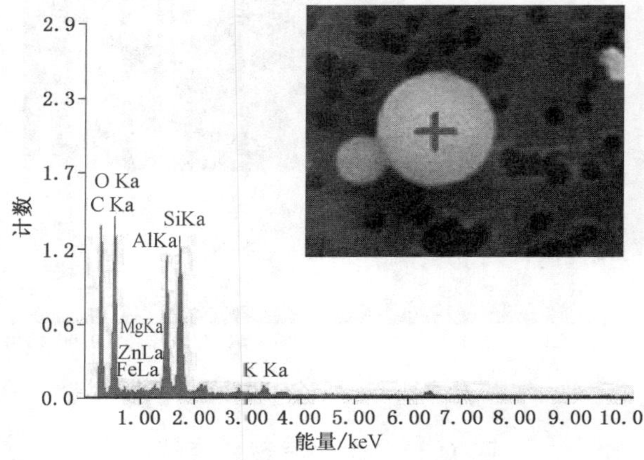

图 C.5 燃煤飞灰颗粒

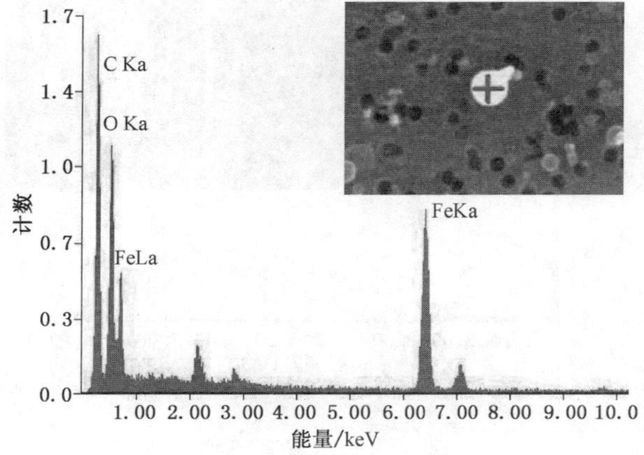

图 C.6 铁氧化物颗粒

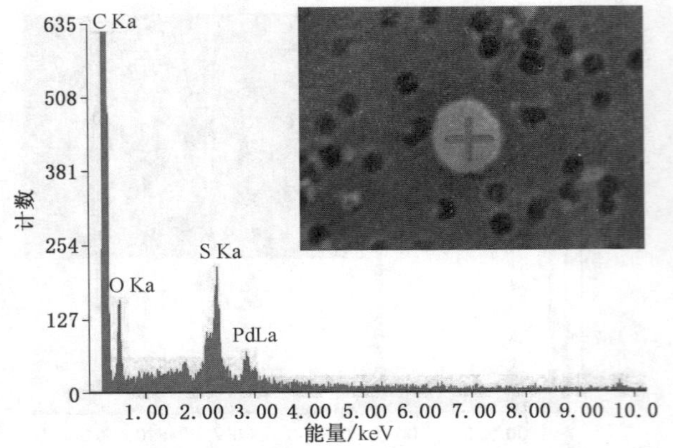

图 C.7　含硫碳质颗粒

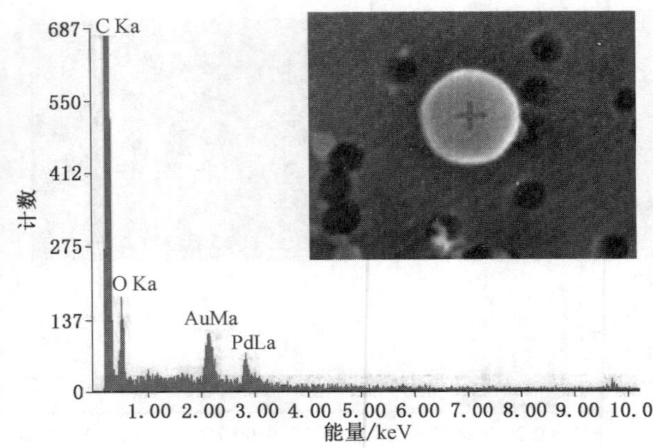

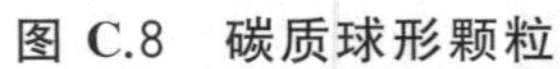

图 C.8　碳质球形颗粒

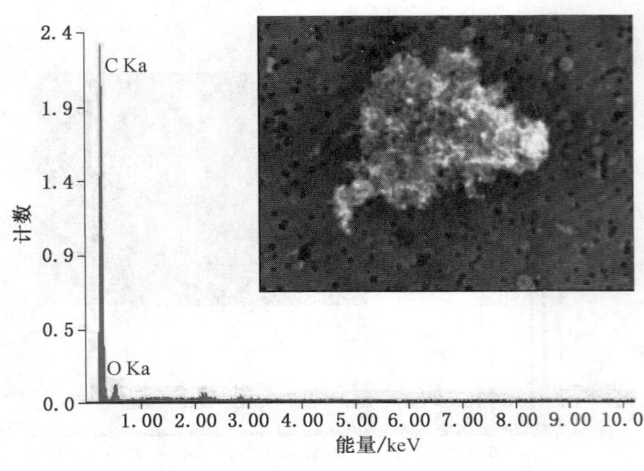

图 C.9　碳质集合体颗粒

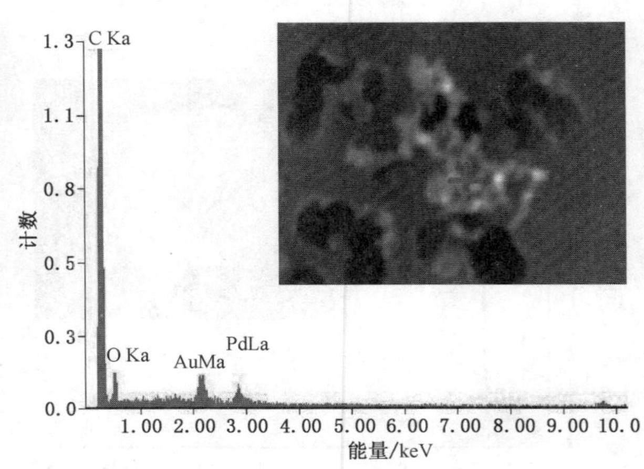

图 C.10　碳质集合体颗粒

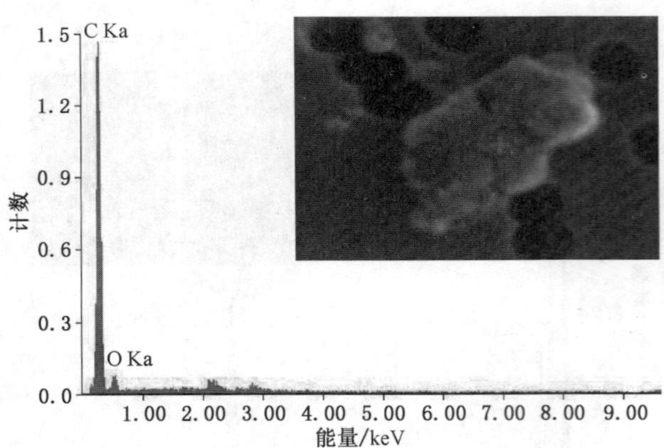

图 C.11　碳质颗粒

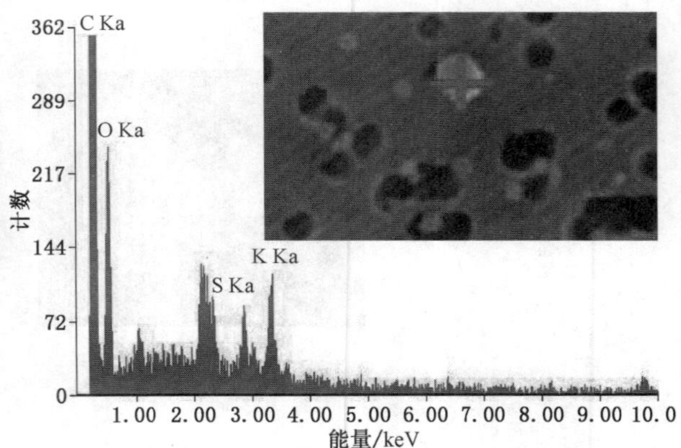

图 C.12　生物质燃烧颗粒

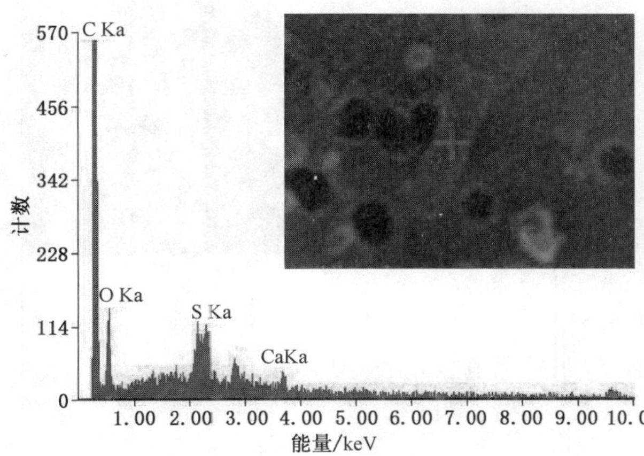

图 C.13 硫-钙颗粒

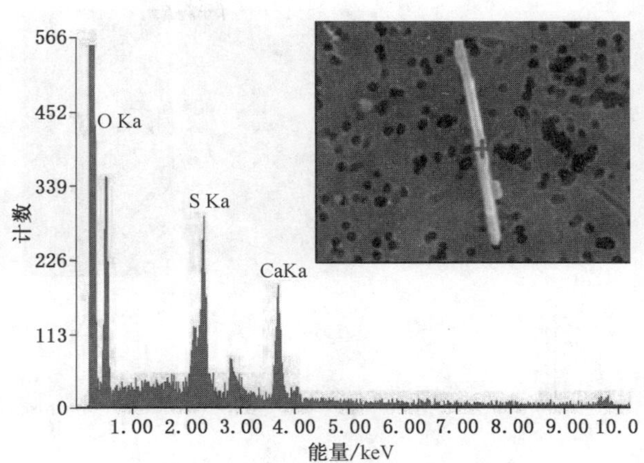

图 C.14 硫-钙颗粒

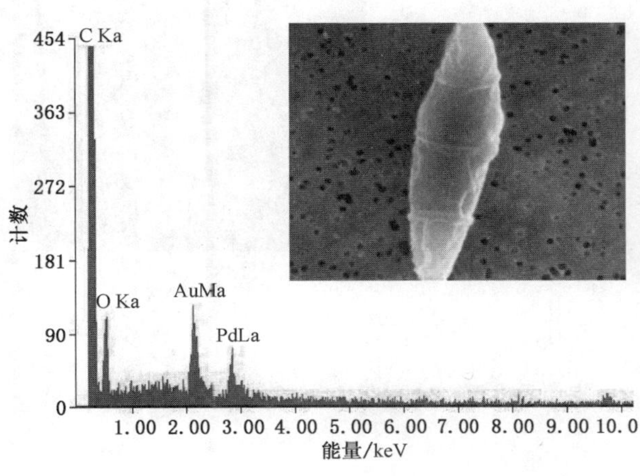

图 C.15 植物排放颗粒

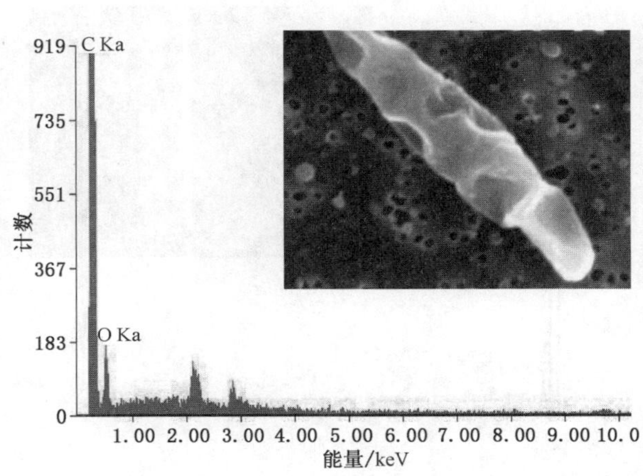

图 C.16 植物排放颗粒

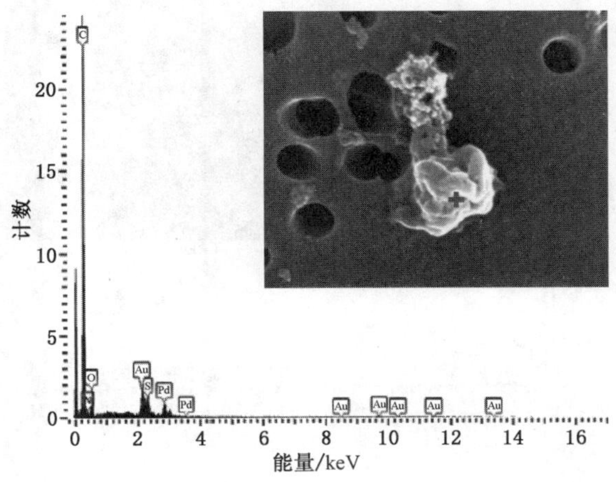

图 C.17 含硫(铵)碳质颗粒

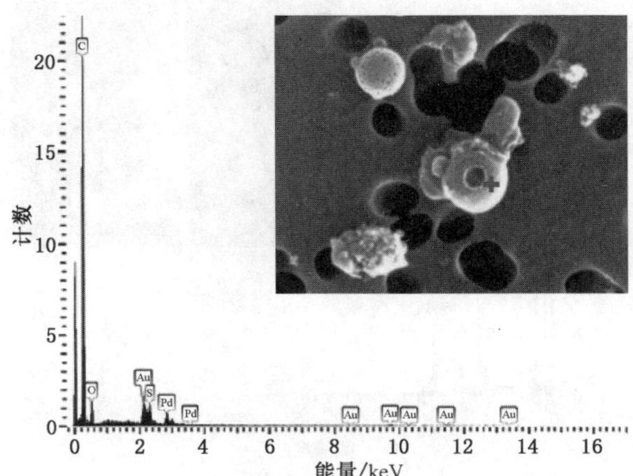

图 C.18 含硫碳质颗粒

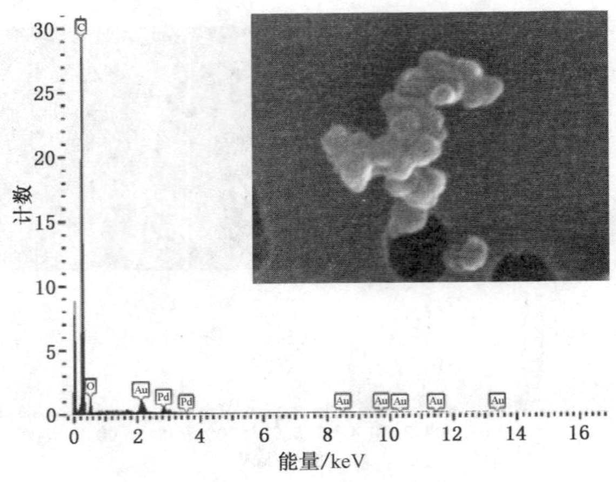

图 C.19　碳质集合体颗粒

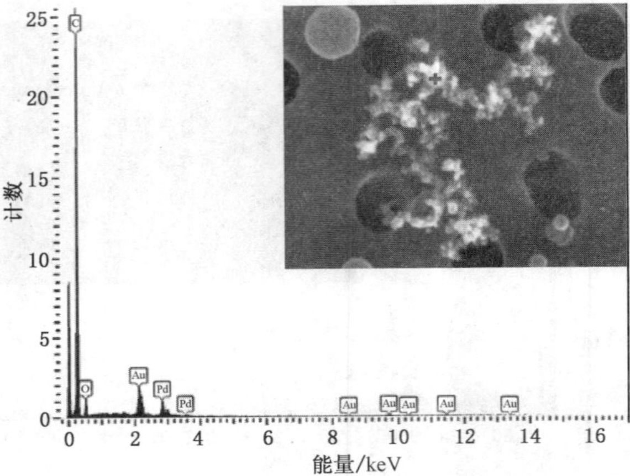

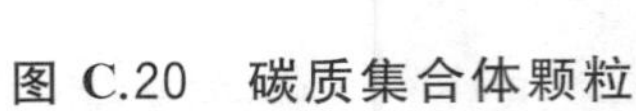

图 C.20　碳质集合体颗粒

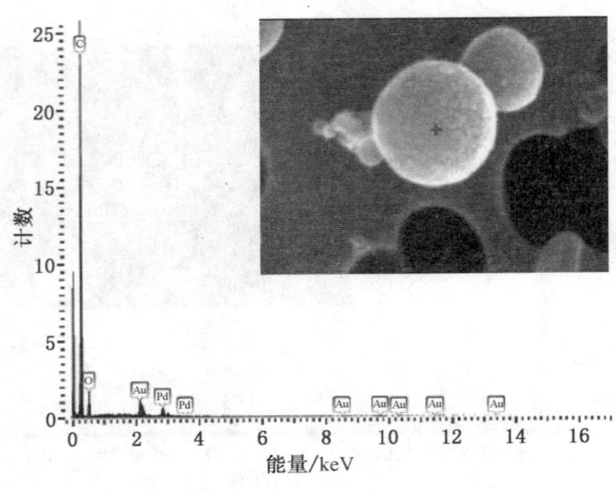

图 C.21　碳质球形颗粒

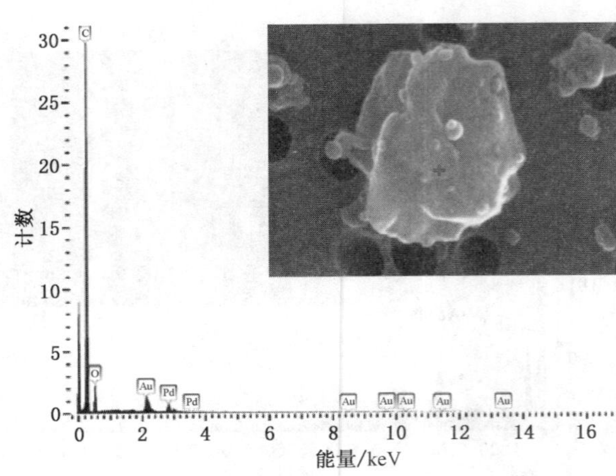

图 C.22　碳质颗粒

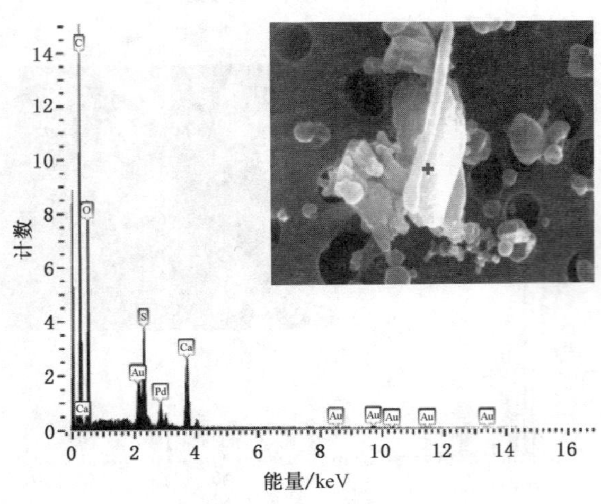

图 C.23　硫酸钙颗粒

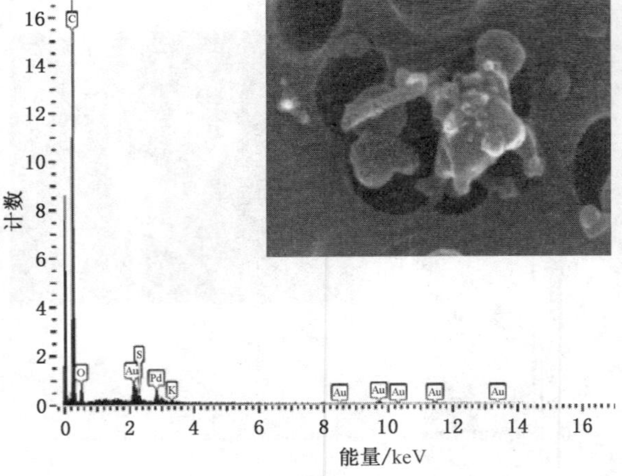

图 C.24　生物质燃烧颗粒

ICS 77.040.10
H 22

中华人民共和国国家标准

GB/T 35100—2018

纤维金属层板 短梁法测定层间剪切强度

Fiber metal laminates—Determination of interlaminar shear strength by short-beam method

2018-05-14 发布 2019-04-01 实施

国家市场监督管理总局
中国国家标准化管理委员会 发布

前　言

本标准按照 GB/T 1.1—2009 给出的规则起草。

本标准由全国工程材料标准化工作组(SAC/SWG 3)提出并归口。

本标准起草单位:南京航空航天大学、江苏省产品质量监督检验研究院、南京工程学院、南京玻璃纤维研究设计院有限公司。

本标准主要起草人:陶杰、李华冠、朱宇宏、王燕、刘成、路通、靳凯、王琼、郭训忠、徐翌伟、潘蕾、王章忠、赵谦、匡宁。

纤维金属层板　短梁法测定层间剪切强度

1　范围

本标准规定了采用短梁法测定纤维金属层板层间剪切强度的术语和定义、试验原理、试验设备、试样、状态调节、试验过程、计算及结果表示、试验报告。附录A给出了双梁法以供参考。

本标准适用于能发生层间剪切失效的热固性或热塑性连续纤维增强金属层板。

本标准不适用于确定设计参数，但可用于筛选材料或作为质量控制的试验。

2　规范性引用文件

下列文件对于本文件的应用是必不可少的。凡是注日期的引用文件，仅注日期的版本适用于本文件。凡是不注日期的引用文件，其最新版本(包括所有的修改单)适用于本文件。

GB/T 1446　纤维增强塑料性能试验方法总则

GB/T 2918　塑料试样状态调节和试验的标准环境

GB/T 17200　橡胶塑料拉力、压力和弯曲试验机(恒速驱动)　技术规范

ISO 2602　数据的统计处理和解释　均值的估计和置信区间(Statistical interpretation of test results—Estimation of the mean—Confidence interval)

3　术语和定义

下列术语和定义适用于本文件。

3.1

短梁法　short-beam shear test method;SBS

以矩形截面的杆作为简支梁，将杆放置在两个支座上，在试样中心施加弯曲载荷，使其发生层间剪切破坏。

3.2

双梁法　double short-beam shear test method;DBS

以矩形截面的杆作为简支梁，将杆放置在三个支座上，分别在两组支座中心施加载荷，使其发生层间剪切破坏。

3.3

纤维金属层板　fiber metal laminates;FMLs

由金属薄板(铝合金、钛合金等)和纤维(玻璃纤维、碳纤维、芳纶纤维等连续纤维)复合材料交替铺设后，在一定温度和压力下固化而成的一种层间混杂复合材料。

3.4

层间剪切应力　interlaminar shear stress

τ

作用于试样层间的剪切应力。

3.5

层间剪切强度 interlaminar shear strength

τ_M

当试样失效或载荷达到最大数值时的层间剪切应力。

3.6

试样坐标轴 specimen coordinate axes

与金属薄板轧制方向平行的方向定义为0°方向,与其垂直的方向定义为90°方向。

4 试验原理

以矩形截面的杆作为简支梁,将杆放置在两个支座上,试样中心至两支座的距离相等,在试样中心施加弯曲载荷,选择合适的跨厚比,使其发生层间剪切破坏。

5 试验设备

5.1 试验机

试验机应满足GB/T 17200的要求,其测力系统准确度应为1级或优于1级。

5.2 测量仪器

采用精度为0.01 mm或更优的测量仪器,用于测量试样的宽度 b 及厚度 h。

5.3 加载压头及支座

加载压头的圆角半径 r_1 为3 mm,支座的圆角半径 r_2 为2 mm(见图1),表面硬度均不低于65 HRC,表面粗糙度均不超过75 μm,其他要求应符合GB/T 1446的规定。

加载压头和支座的宽度应大于试样的宽度,加载压头应将压力作用于两支座中心,跨距应可调,以适应不同结构的纤维金属层板。

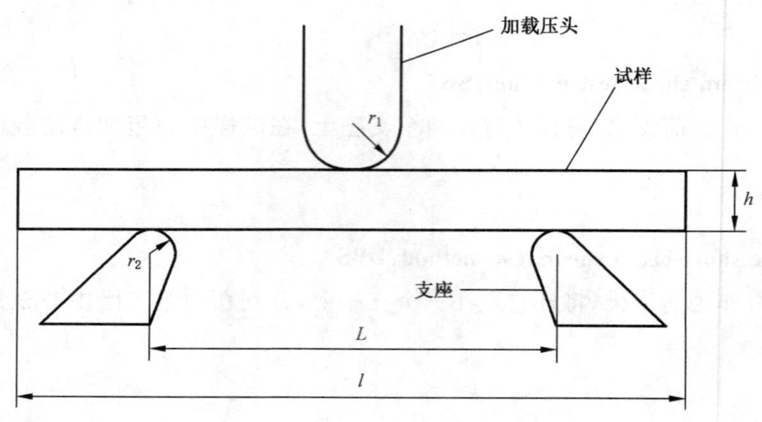

说明:

L ——跨距;

l ——试样长度;

h ——试样厚度;

r_1——加载压头的圆角半径;

r_2——支座的圆角半径。

图1 短梁法加载装置

6 试样

6.1 形状与尺寸

标准 3/2 结构纤维金属层板试样见图 2，长度 $l=20$ mm，宽度 $b=10$ mm。

注：标准 3/2 结构纤维金属层板即 3 层金属层，2 层纤维复合材料层，金属层与纤维复合材料层交替排列。

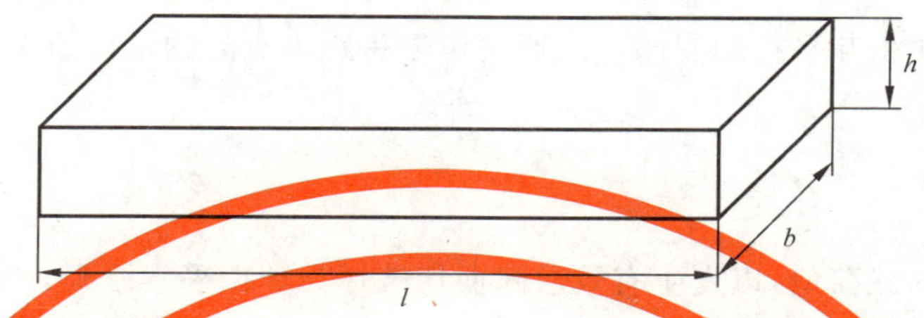

说明：

试样的形状与尺寸取决于要被试验的纤维金属层板的厚度。其他结构纤维金属层板试样尺寸建议满足如下关系：

a) 试样的长度与厚度之比取 10∶1；

b) 试样的宽度与厚度之比取 4∶1。

图 2 试样

6.2 试样的制备及检查

试样由制备好的纤维金属层板经机械加工制得，试样应平整无扭曲，无分层，表面清洁，边缘光滑。在每个试样的中心及两边，取 3 个点测量试样的宽度，精确至 0.02 mm；按照同样的方法测量试样的厚度，精确至 0.02 mm。长度方向厚度均匀，厚度偏差为平均厚度的±5%。每个试样的宽度偏差应在±0.2 mm 之内。

6.3 试样数量

每组有效试样数量不小于 5 个，有效试样的判断原则为发生有效剪切失效。

7 状态调节

如被测材料的状态调节在材料规范中有规定，则按规定对试样进行状态调节。如没有规定，应按照 GB/T 2918 对试样进行状态调节。

8 试验过程

8.1 试验环境

除测试的特殊需要（在环境控制箱中一定的环境条件下进行试验），试验应在与状态调节相同的环境中进行。

8.2 跨距

标准 3/2 结构纤维金属层板，跨距取 $8h$，其中 h 是试样的厚度。

其他结构纤维金属层板，跨距可取为 $6h$～$8h$(mm)，以试样发生有效层间剪切失效为选取跨距原则。

注：根据材料的不同(包括结构、铺层和基体材料的不同)，或在建议的跨距条件下不能发生有效层间剪切失效时，可调整跨距以获得有效层间剪切失效，但跨距不宜大于 $10h$。

8.3 压头位移速度

移动压头的位移速度为 1 mm/min，试验过程中应保持恒定。

8.4 试验

将试样对称地放置在相互平行的支座上。通过位于跨距中点处的加载压头在试样宽度上均匀地施加载荷。

8.5 数据采集

记录整个试验过程的载荷值，以发生有效层间剪切破坏为数据采集原则，或根据双方协议决定数据采集停止点。

8.6 失效模式

纤维金属层板在短梁法法测试下，将会发生如下一种或多种失效模式，如图 3 所示。其中，仅当失效模式为图 3a)中的剪切失效时，试验结果方可作为有效结果。

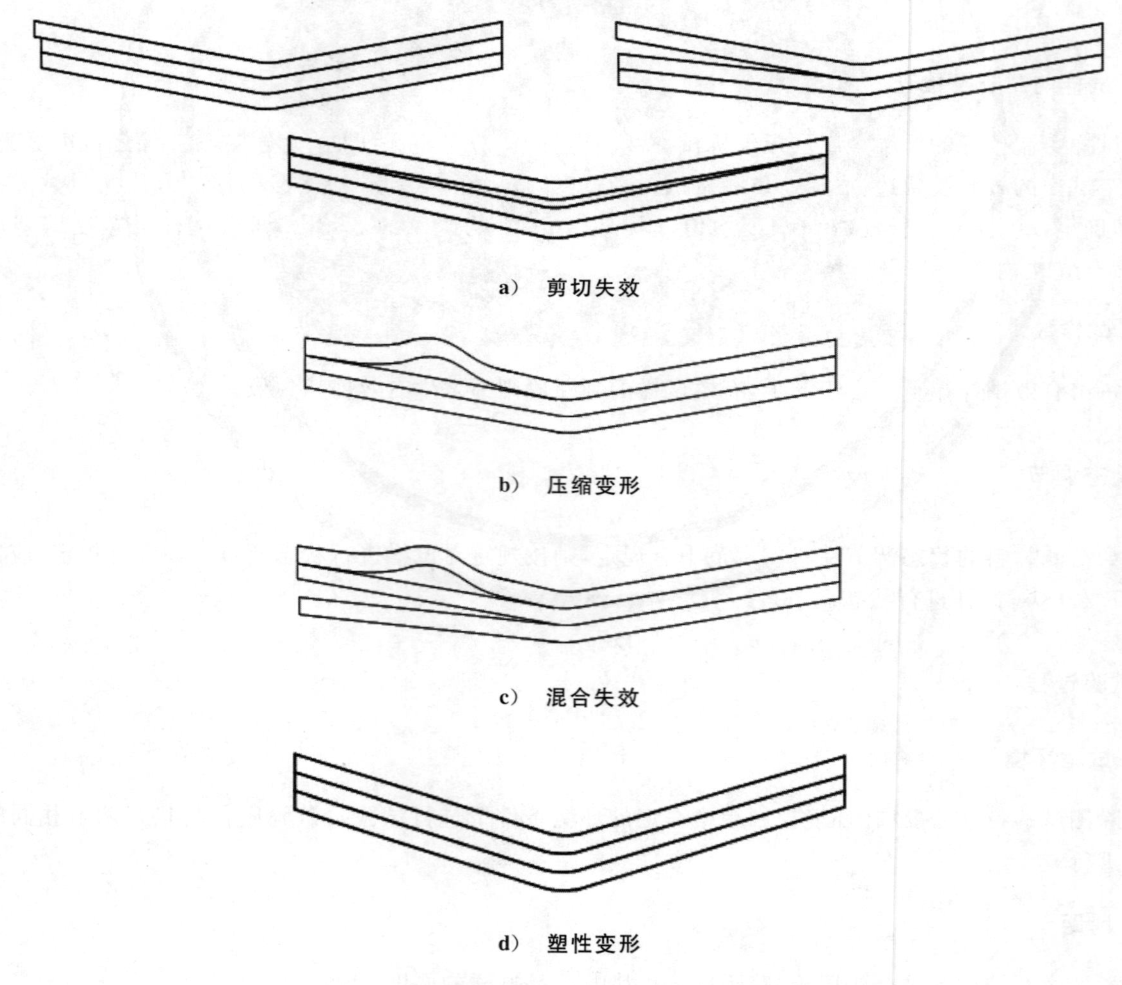

a) 剪切失效

b) 压缩变形

c) 混合失效

d) 塑性变形

图 3 纤维金属层板的失效模式

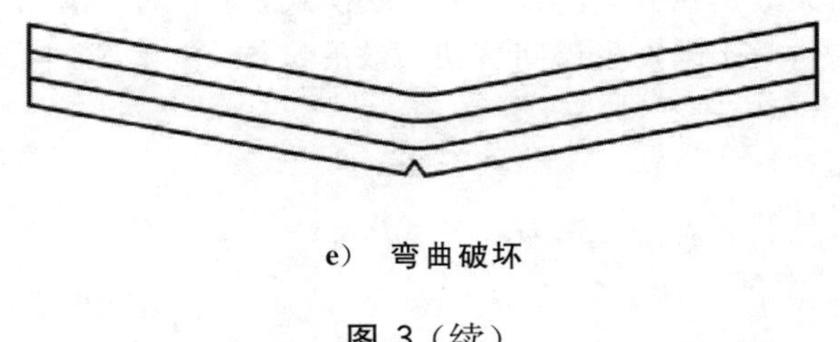

e） 弯曲破坏

图 3（续）

9 计算及结果表示

9.1 层间剪切强度按式(1)计算：

$$\tau_M = \frac{3}{4} \times \frac{F}{b \times h} \quad \cdots\cdots(1)$$

式中：

τ_M ——层间剪切强度，单位为兆帕(MPa)；

F ——最大载荷或破坏载荷，单位为牛顿(N)；

b ——试样宽度，单位为毫米(mm)；

h ——试样厚度，单位为毫米(mm)。

9.2 标准差按式(2)计算，保留两位有效数字：

$$S = \sqrt{\frac{\sum_{i=1}^{n}(X_i - \overline{X})^2}{n-1}} \quad \cdots\cdots(2)$$

式中：

S ——标准差；

$\overline{X}$ ——试样层间剪切强度的算术平均值；

X_i ——试样的层间剪切强度；

n ——试样数。

9.3 层间剪切强度的计算应符合下列规定：

a） 每组试件的层间剪切强度算术平均值作为试件的层间剪切强度。所有测值均不超差时，可按 ISO 2602 计算标准差。

b） 层间剪切强度的测试结果保留三位有效数字。

10 试验报告

试验报告应至少包括以下信息，除非双方另有协议：

a） 试样的材料类别信息，包括试样铺层和具体结构；

b） 试验条件信息；

c） 所采用的标准号；

d） 使用仪器的型号及编号；

e） 加载压头及支座的圆角半径；

f） 试样制备的所有信息；

g） 跨距；

h) 对于发生层间剪切失效的试样，给出具体失效模式，每个试样的层间剪切强度值及算术平均值，也可给出标准差；对于未发生层间剪切失效的试样，给出失效模式，每个试样的计算值及算术平均值，也可给出标准差；
i) 报告日期及报告编号；
j) 检测人员与审核人员签字。

附　录　A
（资料性附录）
双　梁　法

A.1　试验设备

A.1.1　试验机

试验机应满足 GB/T 17200 的要求，其测力系统准确度应不低于 1 级。

A.1.2　测量仪器

采用精度为 0.01 mm 或更优的测量仪器，用于测量试样的宽度 b 及厚度 h。

A.1.3　加载压头及支座

加载压头及支座的圆角半径 r 为 3 mm(见图 A.1)。

加载压头和支座的宽度应大于试样的宽度，两个加载压头应分别将压力作用于两组两支座中心，跨距应可调，以适应不同结构的纤维金属层板。

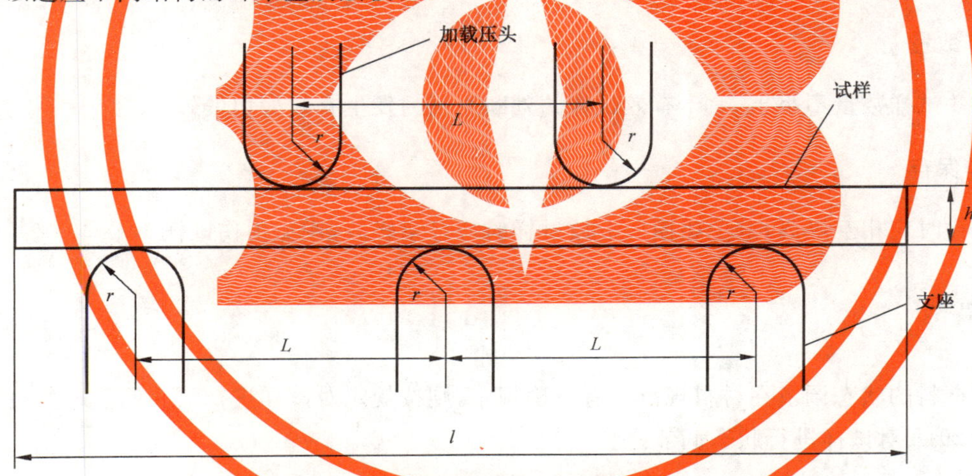

说明：

L ——跨距；

l ——试样长度；

h ——试样厚度；

r ——加载压头的圆角半径，支座圆角半径。

图 A.1　双梁法加载装置

A.2　试样

A.2.1　形状与尺寸

标准 3/2 结构纤维金属层板，长度 l=40 mm，宽度 b=10 mm(见图 A.2)。

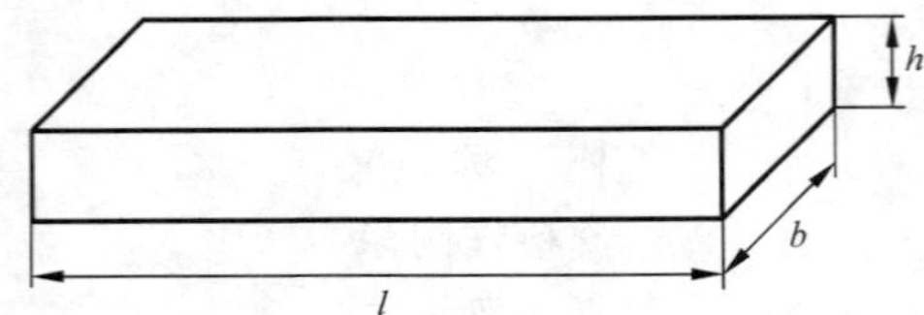

说明：

试样的形状与尺寸取决于要被试验的纤维金属层板的厚度。其他结构纤维金属层板试样尺寸建议满足如下关系：

a) 试样的长度与厚度之比取 20∶1；

b) 试样的宽度与厚度之比取 4∶1。

图 A.2 试样

A.2.2 试样的制备

试样由制备好的纤维金属层板经机械加工制得，机械加工应符合 ISO 2818:1994 的规定。

A.2.3 试样检查

试样应平整无扭曲，无分层，表面清洁，边缘光滑。在每个试样的中心及两边，取 3 个点测量试样的宽度，精确至 0.02 mm；按照同样的方法测量试样的厚度，精确至 0.02 mm。长度方向厚度均匀，厚度偏差为平均厚度的±5%。每个试样的宽度偏差应在±0.2 mm 之内。

A.2.4 试样数量

每组有效试样数量不小于 5 个，有效试样的判断原则为发生有效剪切失效。

A.2.5 试样保存

试样保存时应相互隔离，避免碰撞。取放试样时应轻拿轻放，避免损伤试样。

A.3 状态调节

如被测材料的状态调节在材料规范中有明确规定，则按规定对试样进行状态调节。如没有规定，应按照 GB/T 2918 对试样进行状态调节。

A.4 试验过程

A.4.1 试验环境

除测试的特殊需要(在环境控制箱中一定的环境条件下进行试验)，试验应在与状态调节相同的环境中进行。

A.4.2 跨距

标准 3/2 结构纤维金属层板，跨距取 $8h$，其中 h 是试样的厚度。

其他结构纤维金属层板，跨距可取为 $6h \sim 8h$(mm)，以试样发生有效层间剪切失效为选取跨距原则。

注：根据材料的不同(包括结构、铺层和基体材料的不同)，或在建议的跨距条件下不能发生有效层间剪切失效时，可调整跨距以获得有效层间剪切失效，但跨距不宜大于 $10h$。

A.4.3 压头位移速度

移动压头的位移速度为 1 mm/min，试验过程中应保持恒定。

A.4.4 试验

将试样对称地放置在相互平行的支座上。通过位于跨距中点处的加载压头在试样宽度上均匀地施加载荷。

A.4.5 数据采集

记录整个试验过程的载荷值，以发生有效层间剪切破坏为数据采集原则，或根据双方协议决定数据采集停止点。

A.4.6 失效模式

纤维金属层板在双梁法测试下，将会发生如下失效模式，如图 A.3 所示。

图 A.3 失效模式

A.5 计算及结果表示

A.5.1 按式(A.1)计算双梁法层间剪切强度：

$$\tau_M = \frac{33}{64} \times \frac{F}{b \times h} \qquad \cdots\cdots(\text{A.1})$$

式中：

τ_M ——层间剪切强度，单位为兆帕(MPa)；

F ——最大载荷或破坏载荷，单位为牛顿(N)；

b ——试样宽度，单位为毫米(mm)；

h ——试样厚度，单位为毫米(mm)。

A.5.2 层间剪切强度的计算应符合下列规定：

a) 每组试件的层间剪切强度算术平均值作为试件的层间剪切强度。所有测值均不超差时，可按 ISO 2602 计算标准差。

b) 层间剪切强度的测试结果保留三位有效数字。

ICS 47.020.20
U 47

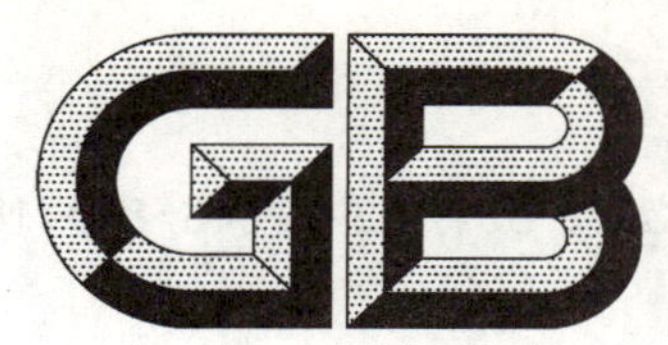

中华人民共和国国家标准

GB/T 35176.3—2018/ISO 18611-3:2014

船舶与海上技术 船舶氮氧化物还原剂 AUS 40 第 3 部分:处理、运输和储存

Ships and marine technology—Marine NO_x reduction agent AUS 40—Part 3:Handling,transportation and storage

(ISO 18611-3:2014,IDT)

2018-06-07 发布　　2019-01-01 实施

国家市场监督管理总局
中国国家标准化管理委员会　发布

前　言

GB/T 35176《船舶与海上技术　船舶氮氧化物还原剂 AUS 40》分为三个部分：

——第 1 部分：质量要求；

——第 2 部分：测试方法；

——第 3 部分：处理、运输和储存。

本部分为 GB/T 35176 的第 3 部分。

本部分按照 GB/T 1.1—2009 给出的规则起草。

本部分使用翻译法等同采用 ISO 18611-3:2014《船舶与海上技术　船舶氮氧化物还原剂 AUS 40　第 3 部分：处理、运输和储存》。

与本部分中规范性引用的国际文件有一致性对应关系的我国文件如下：

——GB/T 35176.1—2017　船舶与海上技术　船舶氮氧化物还原剂 AUS 40　第 1 部分：质量要求(ISO 18611-1:2014,IDT)

——GB/T 35176.2—2017　船舶与海上技术　船舶氮氧化物还原剂 AUS 40　第 2 部分：测试方法(ISO 18611-2:2014,IDT)

本部分由全国船用机械标准化技术委员会(SAC/TC 137)提出并归口。

本部分起草单位：中国船舶工业综合技术经济研究院、哈尔滨工程大学、上海熔圣船舶海洋工程技术有限公司、沪东重机有限公司、潍柴重机股份有限公司。

本标准主要起草人：孙猛、肖友洪、宋恩哲、胡朝霞、李培新、赵伟、周长江。

船舶与海上技术 船舶氮氧化物还原剂 AUS 40 第3部分:处理、运输和储存

1 范围

GB/T 35176 的本部分规定了 GB/T 35176.1 中规定的船舶氮氧化物还原剂——浓度为 40%尿素水溶液(以下简称 AUS 40)的处理、运输和储存等的最佳实用性建议和要求。这些建议和要求对于保证供应链所有环节的 AUS 40 都满足质量要求,进而保证选择催化还原系统(SCR)转化器系统的正常功能是必要的。

本部分适用于船舶发动机和锅炉废气处理使用的选择性催化还原系统(SCR)。

2 规范性引用文件

下列文件对于本文件的应用是必不可少的。凡是注日期的引用文件,仅注日期的版本适用于本文件。凡是不注日期的引用文件,其最新版本(包括所有的修改单)适用于本文件。

ISO 18611-1 船舶与海上技术 船舶氮氧化物还原剂 AUS 40 第 1 部分:质量要求(Ships and marine technology—Marine NO_x reduction agent AUS 40—Part 1:Quality requirements)

ISO 18611-2 船舶与海上技术 船舶氮氧化物还原剂 AUS 40 第 2 部分:测试方法(Ships and marine technology—Marine NO_x reduction agent AUS 40—Part 2:Test methods)

3 术语和定义

下列术语和定义适用于本文件。

3.1

散装 bulk operation

在大型容器里处理 AUS 40。

注:大型容器包括通过公路、铁路以及水运方式的储罐和固定储存罐。

3.2

小包装 packaged shipment

在小型容器里处理 AUS 40。

注:小型容器包括桶、罐、瓶、中型散装容器。

3.3

AUS 40 批量生产 production batch of AUS 40

为了达到 ISO 18611-1 规定的物理或化学质量要求,对同一地点和时刻配制的 AUS 40 溶液进行调整。

注:只要混合前所有的 AUS 40 溶液都满足 ISO 18611-1 的要求,不同容量 AUS 40 之间的相互混合不会造成物理或化学改变。

3.4

保质期　shelf life

在 AUS 40 溶液批量配置完成后，按照规定的储存环境储存，质量特性符合 ISO 18611-1 表 1 要求的时间。

4　总体要求和建议

4.1　AUS 40 兼容性材料要求

4.1.1　一般要求

为避免 AUS 40 被污染和对容器、管道、阀门、管路附件、垫片、软管等的腐蚀，在处理、运输、储存和采样的各个环节应保证 AUS 40 与直接接触的材料兼容。

应确保使用正确的材料。表 1 和表 2 所列出的材料仅具有指导性，直到有更确定性的要求。

材料兼容性未确定时在使用前应对材料进行测试。测试条件应反映目标温度范围和接触时间，以评价对 AUS 40 各项质量指标的影响。另外，该测试要保证和 AUS 40 接触的材料的兼容性是持续的。可适当采取较高温度的加速测试。

处理、运输和储存中发现 AUS 40 被污染，应确定污染的原因并采取适当的补救措施。

注：船上 AUS 40 的储存容器和分配管路材料的选择符合船级社和认证机构的要求。

4.1.2　推荐材料

可用于 AUS 40 的推荐材料示例见表 1。

表 1　推荐材料示例

推荐材料
奥氏体高合金镍铬钢、铬镍钼钢、不锈钢(304、304L、316、316L)
钛
镍钼铬锰铜硅铁合金，例如哈氏合金 c/c-276
聚乙烯，无添加剂
聚丙烯，无添加剂
聚异丁烯，无添加剂
全氟烷氧基树脂(PFA)，无添加剂
悬浮性树脂(PFE)，无添加剂
聚四氟乙烯(PTFE)，无添加剂
偏氟乙烯和六氟丙烯共聚物，无添加剂
玻璃纤维加树脂
注 1：顺序不分先后。 注 2：对于塑料中的添加剂要特别注意，因为这些添加剂可能会溶解在 AUS 40 中。所以，对于与 AUS 40 直接接触的塑料，仔细检测添加剂对 AUS 40 的污染。

4.1.3　不能使用的材料

不能用于 AUS 40 的材料示例见表 2。

表 2 不能使用的材料示例

碳钢、镀锌碳钢、软铁(这些材料会和 AUS 40 中微量的氨反应生成可能影响 SCR 系统正常工作的化合物)
非铁金属和合金:铜、铜合金、锌、铅
含铅、银、锌或铜的焊料
铝、铝合金
镁、镁合金
镀镍塑料或镀镍金属

4.2 运输和储存的物理条件

4.2.1 一般性建议

为避免 AUS 40 的质量在运输和储存中受到任何影响,应考虑到下列因素:

——为避免尿素分解和非密封容器中水的挥发,应避免长时间在高于 25 ℃的条件下运输或储存。

注 1:可要求具有绝热功能,尤其是世界高温地区。

注 2:在高温地区长时间储存时温度存在超温风险,推荐使用 AUS 40 温度监控设备。

注 3:长时间在高于 25 ℃条件下储存或缩短 AUS 40 的保质期(见表 3),但短时间暴露在稍高温度的环境中一般不会影响 AUS 40 的质量。

——为避免 AUS 40 凝固,应避免在 1 ℃以下的环境中储存。

注 4:可要求具有绝热或加热 AUS 40 的功能。

注 5:结成晶体的 AUS 40 会比结晶前 AUS 40 液体体积增加,可能会导致 AUS 40 溢出容器,或容器胀裂。如果使用 AUS 40 前发现已经结晶,可在温度不高于 30 ℃的情况下小心加热至固体物质消失,这种情况不会影响 AUS 40 的质量。

——为避免温度升高,AUS 40 应避光。

——为防止空气中的杂物污染 AUS 40,应使用密封的容器或在通风口安装过滤器。

4.2.2 保质期

在整个供应链中,AUS 40 的保质期与储存的溶液温度关系见表 3。如果溶液温度未知且避光储存,可以以周围环境温度平均值为准。

任何条件下,AUS 40 的溶液温度都不应超过 40 ℃,否则 AUS 40 的保质期会很快下降。

表 3 保质期与温度的关系

保持恒定储存溶液温度/℃	保质期/月 不少于
0～25	18
<30	12
<35	6
>35	保质期明显缩短,每次使用前都应检测
注:影响本表中保质期长短的主要因素是储存温度和 AUS 40 的初始碱度。另一个因素是通风和密封储存容器对挥发性的影响。	

4.3 AUS 40 接触表面的洁净度要求

所有与 AUS 40 直接接触的表面上都不应有其他物质，包括燃油、机油、润滑脂、洗涤剂、灰尘或其他任何物质。

为避免 AUS 40 被微量元素、灰尘和杂质污染，非专用设备的表面应用蒸馏水或去离子水清洗，并在处理 AUS 40 之前用 AUS 40 做最后的冲洗。

由于自来水中含有高浓度的碱和碱土金属离子，因此尤其要避免使用自来水。但是，如果没有蒸馏水或去离子水，可以先用自来水清洗，不过要保证在用该设备处理 AUS 40 之前最后使用 AUS 40 冲洗。

无论是否在清洗过程中使用了清洁剂，应保证最后冲洗过的 AUS 40 按照 ISO 18611-2 中规定的试验方法检测满足 ISO 18611-1 表 1 规定的痕量元素要求。

要判断储存和运输设备是否达到理想的漂洗效果，可以用 ISO 18611-2 规定的试验方法分析最后一次冲洗的 AUS 40 来验证。

4.4 其他特性建议

关于 AUS 40 其他特性的信息应列在材料安全数据表(MSDS)中，包括危险等级、操作规定以及处理产品时为保护人员及环境所需采取的措施。

5 质量保证

5.1 一般要求

供应到市场上的每个容器中的 AUS 40 都应通过唯一的批号可追溯到生产的批次。建议批号中包括生产时间或最后认证时间。

供应链中任何一个点的 AUS 40 质量都应满足规定的技术要求，5.2～5.5 给出了与散装产品(3.1)或小包装产品(3.2)的采样、测试/检验和监测相关的建议，以及中间操作(即中转罐存储，加注或二次加注)时的二次测试和/或二次检验的程序。

5.2 取样

除 ISO 18611-2 附录 A 规定的取样规程外，下列规定适用于所有取样程序：

——应有书面记录的操作流程。

——具体的取样操作流程取决于取样的目的。

示例 1：如果要检测散装容器中 AUS 40 的质量，需从出口处流出 2 L～3 L 溶液后才开始取样。

示例 2：如果要测试与 AUS 40 直接接触的材料的兼容性，出口处最初流出的 2 L～3 L 溶液需保留。

示例 3：如果检测从加注设备喷嘴流出的 AUS 40 的质量，需从最初流出的 3 L 溶液中取样。

——当散装的 AUS 40 从生产厂装进不论何种运输工具的容器后，应该从运输工具的容器中取样。应严格遵守操作规程以保证样品的代表性。如果使用的是非 AUS 40 专用的运输工具，应在开始交付以前完成样品分析。

5.3 质量认证

在装载运输之前应确保 AUS 40 的质量符合标准要求。

质保程序由厂家提供。质量检验主要通过化学分析测试程序进行，可采用本部分中规定的方法，也可采用比本部分规定方法更好的检验方法。统计过程控制(SPC)可作为质量检验中的一个重要工具。

根据需要生产商确定检验频次，检验频次主要依据生产过程的稳定性(若生产过程稳定、无变化，则检测频次较低)。测试频次可通过统计数据确定,确保样品符合性的确定度高于95%。

如有争议,则采用本部分规定的标准曲线方法,并选择合格的第三方实验室进行仲裁试验。

认证合格的实验室包括:

——建立了本部分规定的标准曲线并保证有效的实验室;

——符合质量管理体系的实验室,如通过ISO 9001认证;

——国家权威部门认证的实验室。

5.4 产品出厂检验程序和对不合格产品的处理

当某一批次AUS 40按5.3规定的质量认证程序检测的结果完全符合标准的要求,该批次产品可以出厂。如果检测结果中有任何项目不符合标准规定,或怀疑产品可能存在质量问题(如容器上无标签、产品变色或出现浑浊、散发不明气味,或储存时间超过了保质期等),则应扣留该容器内的产品,加注标签后单独储存,以备进一步调查。

对于重新进入供应系统的AUS 40,应再次检测,以保证其品质满足标准要求。

如果某一批次的AUS 40被反复检测出存在同一缺陷,该批次产品应作召回处理。

为了将不确定污染的风险降至最小,被召回的产品若证明不符合标准规定,应降级并不再被作为符合标准的AUS 40溶液。

注:对于密闭容器储存的超过保质期的AUS 40,只需要检测其碱度是否达标以判断是否能够继续使用。

5.5 质量监控

5.5.1 文档

每一批次的AUS 40在制造和销售时,生产商都按照相应程序和文档要求提供质量合格证。按第三方检测机构要求,质量文件材料如合格证书或鉴定证书应能充分证明产品质量符合要求(需要验证特性参数时)。

AUS 40的整个供应系统,包括生产、配送、装卸、储存、取样、测试、产品出厂、操作和核查的流程和记录应存档,例如按照ISO 9001规定进行。

5.5.2 核查

供应系统中的所有相关方都有责任核查他们所处环节上的AUS 40质量是否达标。

一旦发现问题,相关责任方应立即采取措施解决。

5.5.3 文件材料

质量档案至少保留5年。

6 容器和设备的操作程序

6.1 一般要求

容器和设备的一般性操作程序规定如下:

——所有用于处理AUS 40的设备,无论是小包装还是散装,应是专用的并彻底清洗以及证明是干净的。每个设备都应经过相应鉴定。

——为了避免产品受到污染,应使用专用的、经过彻底清洗的并证明是干净的容器。

——罐装设备使用后应清空、清洗干净并密封,以防止AUS 40受到周围环境的污染。特别是软管,应该专用,每次用完后应盖上盖,存放在专用的地点。

——IMO《危险化学品运输规则》(IBC)第17章列出了船舶散装运输AUS 40的相关规定。因此，容器应遵守IBC规则中的有关要求。

6.2 专用设备散装的操作

如果所有的阀、盖子和软管都在密闭条件下正确操作而没有受到污染，专门用于AUS 40运输、储存的散装操作设备在操作AUS 40前不需要额外清洗。可通过视觉检查和相应的文件来确定这些情况。

所有的产品装卸操作应按操作说明书操作，应有装卸清单来规范装卸程序。该清单应由负责产品装卸的负责人和负责运输的人签字，并交由装卸负责人保存。

在装卸AUS 40之前，应进行至少以下几个方面的检查，并有书面记录：

——前次完成装卸后各种阀门和开关是否关闭合适；

——检查清洁确认证书(只针对第一次使用的AUS 40专用散装容器)；

——散装运输和储存设备、装卸设备、附属设备和清洁系统的视觉检查；

——按照交货清单核对装卸的产品。

如果在装卸过程中发生异常情况，装卸应立即停止。应从已灌满容器中采样分析，查明问题，根据获得的分析结果采取进一步的措施。

6.3 非专用设备的散装操作

非专用的散装运输和储存设备用于AUS 40前应彻底清洗干净。清洗过程应考虑到该设备曾运输或储存过的最后三种产品的化学性质。应在清洁确认证书上记录清洗过程和洁净度。这个文件应在装货点罐装前出示。另外，运输和储存设备的出口、入口和连接处应目视检查。如果发现某容器不符合洁净度要求，则不对该容器进行罐装，而应进行清洗或更换。

非专用的罐装容器用于AUS 40前应彻底清洗干净。清洗过程应考虑到该设备曾装载过的最后三种产品的化学性质。从罐装的第一个容器中取AUS 40样品分析，确认各项指标符合标准的要求。该罐装设备曾装载过的产品和产品更换后的分析结果应存档。

购买方未收到配送商提供的文件前不能将AUS 40装载到船上。

由于尿素与酸、碱、氧化剂、亚硝酸盐、硝酸盐和次氯酸盐混合时会发生强烈化学反应，因此对于以前装载过这些物质的容器在装载AUS 40前应确定容器已经被清理干净。对于非专用的容器在装载AUS 40前，查找已转运过的化学品安全说明书，以确认其与尿素的兼容性。关于清洁度的要求，可以看6.3以前的要求。

所有与AUS 40直接接触的表面上都不能有其他物质，包括燃油、机油、润滑脂、洗涤剂、灰尘或其他任何物质。

对于储存和运输装备，清洁的效果可通过采用恰当方法计算最后一次清洗用AUS 40溶液的污染物含量进行确认。

如果使用非专用设备来散装运输AUS 40，运输前应进行抽样分析。

ICS 35.040
A 24

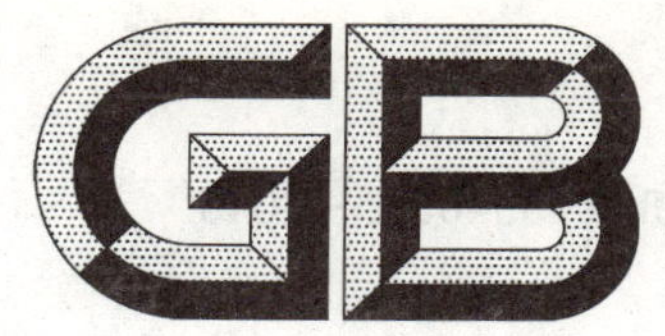

中华人民共和国国家标准

GB/T 35403.2—2018

国家物品编码与基础信息通用规范 第2部分：消费品

National articles numbering and basic information specification—Part 2: Consumer product

2018-09-17 发布　　2019-04-01 实施

国家市场监督管理总局
中国国家标准化管理委员会　发布

前　言

GB/T 35403《国家物品编码与基础信息通用规范》分为以下4个部分：

——第1部分：总体框架；

——第2部分：消费品；

——第3部分：生产资料；

——第4部分：医药产品。

本部分为GB/T 35403的第2部分。

本部分按照GB/T 1.1—2009给出的规则起草。

本部分由全国物品编码标准化技术委员会(SAC/TC 287)提出并归口。

本部分起草单位：清华大学、中国物品编码中心、烟台大学、烟台市技术监督信息研究所、银座云生活电子商务有限公司、北京众签科技有限公司、海普制盖股份有限公司。

本部分主要起草人：柴跃廷、李素彩、孙宏波、韩树文、廖逸、孙大鹏、尹若海、朱雪玲、王佩、陈磊、杨秀梅、张旸、孙瑞远、杜景荣、杨莹曦、田鑫、祖岩岩。

国家物品编码与基础信息通用规范 第2部分:消费品

1 范围

GB/T 35403 的本部分规定了消费品编码系统的组成、消费品分类、基准名称、属性编码的原则、方法、结构、应用和维护,以及消费品基础信息的组成与应用。

本部分适用于商务活动过程中消费品信息的处理和交换,消费品信息管理系统的建立和信息交换可参照使用。

2 规范性引用文件

下列文件对于本文件的应用是必不可少的。凡是注日期的引用文件,仅注日期的版本适用于本文件。凡是不注日期的引用文件,其最新版本(包括所有的修改单)适用于本文件。

GB/T 35403.1—2017 国家物品编码与基础信息通用规范 第1部分:总体框架

3 术语和定义

下列术语和定义适用于本文件。

3.1

消费品 consumer product

为了但不限于个人使用而设计、生产的产品,包括产品的组件、零部件、配件、包装和使用说明。

[GB/T 35248—2017,定义 2.2]

4 消费品编码的组成

消费品编码由消费品分类编码、消费品基准名称编码和消费品属性编码三部分组成。

5 消费品分类编码

5.1 消费品分类编码的原则

消费品分类编码应具有唯一性、可扩充性、简明性、规范性,见 GB/T 35403.1—2017 中 5.2。

5.2 消费品分类编码的方法与结构

消费品分类编码采用线分类法,且宜采用国际通用的分类编码系统,如联合国标准产品与服务分类代码(United Nations Standard Products and Services Code,UNSPSC)。新增消费品可按照第9章要求进行更新。消费品分类编码共分成3层,分别代表消费品的大类、中类、小类,每层采用2位数,共用6位数字表示。可根据实际需求细化形成4层分类结构。

6 消费品基准名称编码

6.1 消费品基准名称的确定

消费品基准名称应选取符合国际标准、国家标准、行业标准规定的标准名称。国际标准、国家标准、行业标准没有规定的，应使用行业领域内共同认可的规范名称。在一个特定的物品编码系统中，一个物品应当具有唯一的一个基准名称。新增消费品基准名称按照第9章要求进行更新。

6.2 消费品基准名称编码的原则

消费品基准名称编码应具有唯一性。

6.3 消费品基准名称编码的方法与结构

消费品基准名称编码由一个编码分段构成，采用8位全数字无含义的序列编码，由国家物品编码管理机构或授权单位统一编制，结构如图1所示。

图1 消费品基准名称编码结构示意图

7 消费品属性编码

7.1 消费品属性编码的原则

消费品属性编码应具有唯一性，即在一个编码系统中，一个确定的属性有且只应有一个属性编码与之对应，一个属性编码只表示一个确定的属性。

7.2 消费品属性编码的方法与结构

消费品属性编码宜采用国际通用的属性编码方法，如全球产品分类(Global Product Classification，GPC)中对于产品属性的编码方法。

示例：电视的属性包含模拟/数字、颜色格式、是否具有3D功能、是否用遥控器、屏幕尺寸(英尺)、调谐器、类型等属性，如表1所示。

表1 电视属性名称编码表

物品基准名称	电视						
属性名称	模拟/数字	颜色格式	是否具有3D功能	是否使用遥控器	屏幕尺寸(英尺)	调谐器	类型
属性名称编码	20001145	20001149	20002614	20000651	20001148	20001146	20001144

电视模拟/数字类型编码表见表2。

表 2　电视模拟/数字类型编码表

模拟/数字类型编码	类型
2000114530007712	模拟
2000114530005480	数字
2000114530002518	未确定

电视颜色格式编码表见表 3。

表 3　电视颜色格式编码表

颜色格式编码	类型
2000114930007879	黑色/白色
2000114930007880	彩色
2000114930002515	未分类
2000114930002518	未确定

电视是否具有 3D 功能编码表见表 4。

表 4　电视是否具有 3D 功能编码表

是否具有 3D 功能编码	类型
2000261430002654	是
2000261430002960	不是
2000261430002518	未确定

电视是否用遥控器编码表见表 5。

表 5　电视是否用遥控器编码表

是否用遥控器编码	类型
2000065130002654	是
2000065130002960	不是
2000065130002518	未确定

电视屏幕尺寸(英尺)编码表见表 6。

表 6　电视屏幕尺寸(英尺)编码表

屏幕尺寸(英尺)编码	类型
2000114830013192	＜17
2000114830013198	＞60
2000114830013193	17－21

表 6（续）

屏幕尺寸（英尺）编码	类型
2000114830013194	22—23
2000114830013195	24—27
2000114830013196	28—32
2000114830013197	33—37
2000114830013299	38—42
2000114830013300	43—60
2000114830002515	未分类
2000114830002518	未确定

电视调谐器编码表见表 7。

表 7 电视调谐器编码表

调谐器编码	类型
2000114630007871	电缆/地面调谐器
2000114630014419	卫星调谐器
2000114630002515	未分类
2000114630002518	未确定

电视类型编码表见表 8。

表 8 电视类型编码表

是否用遥控器编码	类型
2000114430007716	阴极射线管（阴极射线管）
2000114430014438	前投影
2000114430007717	液晶显示器（LCD）
2000114430007718	有机发光二极管（OLED）
2000114430007719	等离子体
2000114430007870	背面投影
2000114430002515	未分类
2000114430002518	未确定

8 消费品编码的应用

8.1 消费品编码使用

消费品分类编码和消费品基准名称编码可以单独使用，也可以组合使用。消费品属性编码不应单独使用,可根据需要与消费品基准名称编码组合使用。

8.2 消费品编码应用

消费品编码应用示例参见附录A。

9 消费品编码的管理与维护

消费品编码的管理与维护按照GB/T 35403.1—2017的第9章规定执行。

对于新增消费品分类编码,用户根据实际需求情况填写《消费品分类编码注册表》,见附录B表B.1,向国家物品编码管理机构或授权单位提出申请。

对于新增消费品基准名称编码,用户根据实际需求情况填写《消费品基准名称编码注册表》,见表B.2,向国家物品编码管理机构或授权单位提出申请。

10 消费品基础信息

10.1 消费品基础信息组成

消费品基础信息是描述消费品特征的一组基本数据项,是消费品固有的特征、或被赋予的属性,是在流通中进行信息交换所必需属性的一个最小集合,包括消费品分类信息、消费品基准名称信息、消费品属性信息、法律责任主体信息、商品条码、商品名称信息、商品型号、执行标准等部分。

10.2 消费品基础信息的应用

消费品基础信息可应用于电子商务平台、消费品生产企业、消费品经营企业、供应商、第三方信息服务机构、消费者等相关责任主体在商务活动过程中消费品有关的各类信息并进行信息的交换和传输。

消费品基础信息的表示应符合商务活动流程通用要求,其数据元描述应准确、规范,示例参见附录C。

附　录　A
（资料性附录）
消费品编码示例

以编码为“43212110001158200026153000265420002236300117602000108030007740”的打印机为例，编码见表A.1。

表 A.1　打印机编码表

分类编码			名称编码	属性编码		
M_1M_2 大类	M_3M_4 中类	M_5M_6 小类	$N_1N_2N_3N_4N_5N_6N_7N_8$ 名称	是否可 打印照片	打印颜色	打印机类型
43	21	21	10001158	20002615 30002654	20002236 30011760	20001080 30007740
信息技术、 广播和通讯	计算机设 备和附件	计算机 打印机	打印机	是	彩色	喷墨式

说明：

第一部分：“432121”为分类编码，表示其属于信息技术、广播和通讯大类(43)，计算机设备和附件中类(21)下的计算机打印机小类（21）。第二部分：“10001158”为名称编码。第三部分：“200026153000265420002236300117602000108030007740”为属性编码，其中：“2000261530002654”表示其可以打印照片；“2000223630011760”表示其打印颜色为彩色；“2000108030007740”表示其属于喷墨式打印机。

附　录　B
（规范性附录）
消费品编码注册表

用户根据实际需求情况填写《消费品分类编码注册表》，向国家物品编码管理机构或授权单位提出申请，消费品分类编码注册表见表 B.1。

表 B.1　消费品分类编码注册表

☐　新增　　　　☐　变更　　　　☐　删除

<table>
<tr><td rowspan="2">消费品分类名称</td><td>中文</td><td colspan="5"></td></tr>
<tr><td>英文</td><td colspan="5"></td></tr>
<tr><td rowspan="6">申请单位</td><td>单位名称</td><td colspan="5"></td></tr>
<tr><td>单位地址</td><td colspan="5"></td></tr>
<tr><td>单位类别</td><td colspan="5">☐企业　☐事业单位　☐机关　☐社会团体　☐其他________</td></tr>
<tr><td>主管部门</td><td colspan="5"></td></tr>
<tr><td rowspan="2">联系人</td><td rowspan="2"></td><td>办公电话</td><td></td><td>移动电话</td><td></td></tr>
<tr><td>传真</td><td></td><td>电子邮箱</td><td></td></tr>
<tr><td>注册消费品分类的文字说明</td><td colspan="6"></td></tr>
<tr><td>消费品分类编码</td><td colspan="6">☐☐☐☐☐☐</td></tr>
<tr><td>备注</td><td colspan="6"></td></tr>
<tr><td rowspan="2">审议结果</td><td colspan="3">国家物品编码管理机构授权单位意见</td><td colspan="3">国家物品编码管理机构意见</td></tr>
<tr><td colspan="3">单位章
经办人：
日期：</td><td colspan="3">单位章
经办人：
日期：</td></tr>
</table>

填表说明：

1. 主管部门：企业、事业单位和机关等填写上一级行政主管部门的名称，社会团体等填写业务归口或业务主管部门的名称。
2. 新增消费品分类的文字说明：申请单位需详消费品基准名称编码注册表。

用户根据实际需求情况填写《消费品基准名称编码注册表》，向国家物品编码管理机构或授权单位提出申请，消费品基准名称编码注册表见表 B.2。

表 B.2 消费品基准名称编码注册表

□ 新增　　□ 变更　　□ 删除

<table>
<tr><td rowspan="2">消费品基准名称</td><td>中文</td><td colspan="5"></td></tr>
<tr><td>英文</td><td colspan="5"></td></tr>
<tr><td rowspan="6">申请单位</td><td>单位名称</td><td colspan="5"></td></tr>
<tr><td>单位地址</td><td colspan="5"></td></tr>
<tr><td>单位类别</td><td colspan="5">□企业　□事业单位　□机关　□社会团体　□其他________</td></tr>
<tr><td>主管部门</td><td colspan="5"></td></tr>
<tr><td rowspan="2">联系人</td><td rowspan="2"></td><td>办公电话</td><td></td><td>移动电话</td><td></td></tr>
<tr><td>传真</td><td></td><td>电子邮箱</td><td></td></tr>
<tr><td>注册消费品基准名称的文字说明</td><td colspan="6"></td></tr>
<tr><td>消费品基准名称编码</td><td colspan="6">□□□□□□□□</td></tr>
<tr><td>消费品属性及属性值</td><td colspan="6"></td></tr>
<tr><td>备注</td><td colspan="6"></td></tr>
<tr><td rowspan="2">审议结果</td><td colspan="3">国家物品编码管理机构授权单位意见</td><td colspan="3">国家物品编码管理机构意见</td></tr>
<tr><td colspan="3">单位章
经办人：
日期：</td><td colspan="3">单位章
经办人：
日期：</td></tr>
</table>

填表说明：

1. 主管部门：企业、事业单位和机关等填写上一级行政主管部门的名称，社会团体等填写业务归口或业务主管部门的名称。
2. 新增消费品名称的文字说明：申请单位需详细说明增加此消费品基准名称的理由和此消费品名称的特点。

附 录 C
（资料性附录）
家用电器数据元描述方法

C.1 分类

英文名称:Category
缩写名:category
定义:家用电器的所属类别
数据类型:字符型
值域:自由文本
约束条件:M
出现次数:1
备注:无

C.2 基准名称

英文名称:Basic Name
缩写名:basicName
定义:家用电器规范化称谓
数据类型:字符型
值域:自由文本
约束条件:M
出现次数:1
备注:无

C.3 电压

英文名称:Voltage
缩写名:voltage
定义:家用电器的适用电压
数据类型:字符型
值域: 自由文本
约束条件:M
出现次数:1
备注:无

C.4 功率

英文名称:Power
缩写名:power

定义:家用电器正常工作时的最大功率
数据类型:字符型
值域:自由文本
约束条件:M
出现次数:1
备注:无

C.5 用途

英文名称:Applications
缩写名:applications
定义:家用电器的适用范围
数据类型:字符型
值域:自由文本
约束条件:M
出现次数:1
备注:无

C.6 使用方法

英文名称:Instructions
缩写名:instructions
定义:家用电器的使用方法
数据类型:字符型
值域:自由文本
约束条件:M
出现次数:1
备注:无

C.7 法律责任主体

英文名称:Subject of Legal Responsibility
缩写名:subjectOfLegalResponsibility
定义:法律责任主体是指承担法律后果和责任的机构或自然人
数据类型:字符型
值域:自由文本
约束条件:M
出现次数:1
备注:无

C.8 商品条码

英文名称:GTIN

缩写名:gtin

定义:商品条码是由一组规则排列的条、空及其对应编码组成,表示商品编码的条码符号,包括零售商品、储运包装商品、物流单元、参与方位置等的编码与条码标识

数据类型:字符型

值域:自由文本

约束条件:M

出现次数:1

C.9 商品名称

英文名称:Name

缩写名:name

定义:家用电器厂商自己确定

数据类型:字符型

值域:自由文本

约束条件:M

出现次数:1

备注:无

C.10 包装规格

英文名称:Package Specification

缩写名:packageSpecification

定义:单位包装上含有家用电器的数量

数据类型:字符型

值域:

约束条件:M

出现次数:1

备注:无

C.11 品牌

英文名称:Brand

缩写名:brand

定义:家用电器的品牌名称

数据类型:字符型

值域:自由文本

约束条件:O

出现次数:1

备注:无

C.12 规格

英文名称:Specification
缩写名:specification
定义:家用电器的品质、性能的指标
数据类型:字符型
值域:自由文本
约束条件:M
出现次数:1
备注:无

C.13 尺寸

英文名称:Size
缩写名:size
定义:家用电器的外形尺寸
数据类型:字符型
值域:自由文本
约束条件:O
出现次数:1
备注:无

C.14 重量

英文名称:Weight
缩写名:weight
定义:家用电器的重量
数据类型:字符型
值域:自由文本
约束条件:O
出现次数:1
备注:无

C.15 售后服务说明

英文名称:Support And Service
缩写名:supportAndService
定义:企业把家用电器销售给消费者之后,为消费者提供的一系列服务
数据类型:字符型
值域:自由文本
约束条件:O
出现次数:1

备注:无

C.16　质量

英文名称:Quality
缩写名:quality
定义:家用电器的优劣程度描述
数据类型:字符型
值域:自由文本
约束条件:O
出现次数:1
备注:无

C.17　执行标准

英文名称:Stardard
缩写名:stardard
定义:执行标准
数据类型:字符型
值域:家用电器的执行标准
约束条件:M
出现次数:1
备注:无

C.18　图片

英文名称:Picture
缩写名:picture
定义:展示家用电器的图片
数据类型:二进制流
值域:二进制文件,可取GIF、JPEG、PNG格式
约束条件:M
出现次数:N
备注:无

C.19　生产企业

英文名称:Manufacturer
缩写名:manufacturer
定义:家用电器生产企业名称
数据类型:字符型
值域:自由文本
约束条件:M

出现次数:1
备注:使用生产企业的全称

C.20　生产企业地址

英文名称:Manufacturer Address
缩写名:manufacturerAddress
定义:家用电器生产企业法定地址
数据类型:字符型
值域:自由文本
约束条件:M
出现次数:1
备注:填写详细地址

C.21　使用说明书

英文名称:User Guide
缩写名:userGuide
定义:家用电器的使用说明书
数据类型:字符型
值域:自由文本
约束条件:M
出现次数:1
备注:无

C.22　备注

英文名称:Notes
缩写名:notes
定义:家用电器其他需要说明的事项
数据类型:字符型
值域:自由文本
约束条件:O
出现次数:1
备注:不应出现无事实依据的虚假陈述

C.23　注意事项

英文名称:Precautions
缩写名:precautions
定义:家用电器使用过程中需要的注意的事项
数据类型:字符型
值域:自由文本

约束条件:O
出现次数:1
备注:无

C.24 英文名称

英文名称:English Name
缩写名:englishName
定义:家用电器的英文名称
数据类型:字符型
值域:文本型
约束条件:O
出现次数:1
备注:无

C.25 分包装企业

英文名称:Packaging Company
缩写名:packagingCompany
定义:家用电器分包装企业名称
数据类型:字符型
值域:自由文本
约束条件:C
出现次数:1
备注:使用分包装企业的全称

C.26 分包装企业地址

英文名称:Packaging Company Address
缩写名:packagingCompanyAddress
定义:家用电器分包装企业地址
数据类型:字符型
值域:自由文本
约束条件:C
出现次数:1
备注:填写详细地址

C.27 进口企业

英文名称:Importer
缩写名:importer
定义:家用电器进口企业
数据类型:字符型

值域:自由文本
约束条件:C
出现次数:1
备注:使用进口企业的全称

C.28 进口企业地址

英文名称:Importer Address
缩写名:importerAddress
定义:家用电器进口企业法定地址
数据类型:字符型
值域:自由文本
约束条件:C
出现次数:1
备注:填写详细地址

参 考 文 献

[1] GB/T 35248—2017 消费品安全 供应商指南

[2] GB 12904 商品条码 零售商品编码与条码表示

[3] 联合国开发计划署(UNDP,United Nations Development Programme).联合国标准产品与服务分类(United Nations Standard Products and Services Code,UNSPSC)[EB/OL](2016-05-01),http://www.unspsc.org/codeset-downloads.html.

[4] 国际物品编码协会(GS1)全球产品分类(Global Product Classification,GPC)[EB/OL](2016-12-01)https://www.gs1.org/gpc/combined-published-schema/december—2016.html

ICS 35.040
A 24

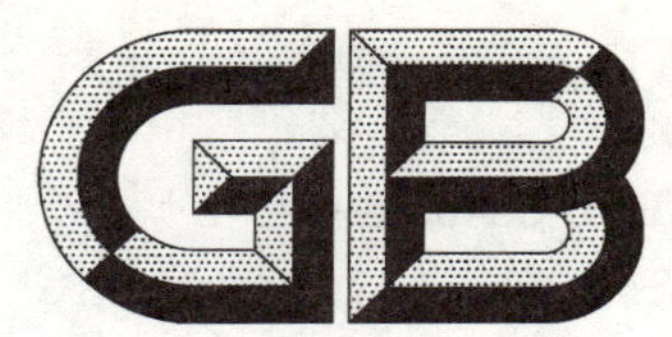

中华人民共和国国家标准

GB/T 35403.3—2018

国家物品编码与基础信息通用规范 第3部分:生产资料

National articles numbering and basic information specification—
Part 3:Means of production

2018-03-15 发布　　2018-10-01 实施

中华人民共和国国家质量监督检验检疫总局
中国国家标准化管理委员会　发布

前 言

GB/T 35403《国家物品编码与基础信息通用规范》分为4个部分：

——第1部分：总体框架；

——第2部分：消费品；

——第3部分：生产资料；

——第4部分：医药产品。

本部分为GB/T 35403的第3部分。

本部分按照GB/T 1.1—2009给出的规则起草。

本部分由全国物品编码标准化技术委员会(SAC/TC 287)提出并归口。

本部分起草单位：中国物品编码中心、清华大学、烟台大学、复旦大学、烟台市技术监督信息研究所、镇江亚夫在线实业有限公司、北京众签科技有限公司、上海找钢网信息科技股份有限公司。

本部分主要起草人：韩树文、柴跃廷、王佩、孙宏波、李银胜、廖逸、朱雪玲、陈磊、杨秀梅、李坚、甘卫、杨莹曦、祖岩岩、田鑫。

国家物品编码与基础信息通用规范 第3部分:生产资料

1 范围

GB/T 35403 的本部分规定了生产资料编码的组成,生产资料分类、基准名称、属性编码的原则、方法、结构、应用、管理和维护,以及生产资料基础信息组成与应用。

本部分适用于商务活动过程中生产资料信息的处理和交换,生产资料信息管理系统的建立和信息交换可参照使用。

2 规范性引用文件

下列文件对于本文件的应用是必不可少的。凡是注日期的引用文件,仅注日期的版本适用于本文件。凡是不注日期的引用文件,其最新版本(包括所有的修改单)适用于本文件。

GB/T 35403.1—2017 国家物品编码与基础信息通用规范 第1部分:总体框架

3 术语和定义

下列术语和定义适用于本文件。

3.1

生产资料 means of production

生产时需要使用的物质资源。

4 生产资料编码的组成

生产资料编码由生产资料分类编码、生产资料基准名称编码和生产资料属性编码三部分组成。

5 生产资料分类编码

5.1 生产资料分类编码的原则

生产资料分类编码应具有唯一性、可扩充性、简明性、规范性,见 GB/T 35403.1—2017 的 5.2。

5.2 生产资料分类编码的方法与结构

生产资料分类编码采用线分类法,且宜采用国际通用的分类编码系统,如联合国标准产品与服务分类代码(United Nations Standard Products and Services Code,UNSPSC)。新增生产资料可按照第9章要求进行更新。生产资料分类编码共分成3层,分别代表生产资料的大类、中类、小类,每层采用2位数,共用6位数字表示。

示例:

生产资料中蔬菜种子和秧苗的分类编码,共分为3层:第一层使用2位的系列顺序码10,表示为大类:植物、动物及相关用品;第二层使用2位的系列顺序码15,表示为中类:种子、鳞茎、秧苗和剪枝;第三层进一步的细化,使用2位的系列顺序码15,表示为小类:蔬菜种子和秧苗,编码结构如图1所示:

图 1 蔬菜种子和秧苗分类编码结构示意图

6 生产资料基准名称编码

6.1 生产资料基准名称的选取

物品基准名称的选取应符合国际标准、国家标准、行业标准的规定。国际标准、国家标准、行业标准没有规定的，应使用行业领域内共同认可的规范名称。在每一个物品编码系统中，每一个物品应当具有唯一的基准名称。新增生产资料基准名称按照第 9 章要求进行更新。

6.2 生产资料基准名称编码的原则

生产资料基准名称编码应具有唯一性。

6.3 生产资料基准名称编码的方法与结构

生产资料基准名称编码由一个编码分段构成，采用 8 位全数字无含义的序列编码，由国家物品编码管理机构或授权单位统一选取或编制，结构如图 2 所示。

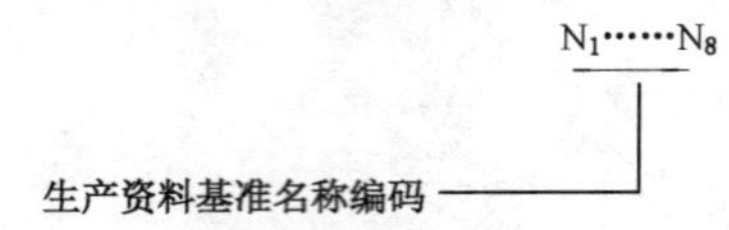

图 2 生产资料基准名称编码结构示意图

7 生产资料属性编码

7.1 生产资料属性编码的原则

生产资料属性编码应具有唯一性。

7.2 生产资料属性编码的方法

对于生产资料，可选择一组按照特征显著度顺序排列的生产资料属性值进行编码。生产资料属性值编码根据实际情况确定每个生产资料的编码位数，每个属性值编码的排列位置和编码的位数固定，使用纯数字序列编码表示。编码方法如下：

a) 从有效数字 1 开始赋予，一位数字表示的属性值，编码从 1 开始，升序排列，最多编至 9；二位数字表示的属性值，编码从 01 开始，升序排列，最多编至 99，依此类推；
b) 当某一属性无需表述时，此属性值编码可空缺，并根据此编码的位数，用相应位数的“0”补位；
c) 相邻两个属性值编码中间加“-”。

7.3 生产资料属性编码的结构

生产资料属性编码结构由若干个“生产资料属性值编码”并列构成。

示例 1：

种子的属性包含纯度、净度、发芽率、水分、种植方式、适宜土壤 pH 值、适宜土壤温度等，种子属性编码结构见图 3，属性值编码参见附录 A。

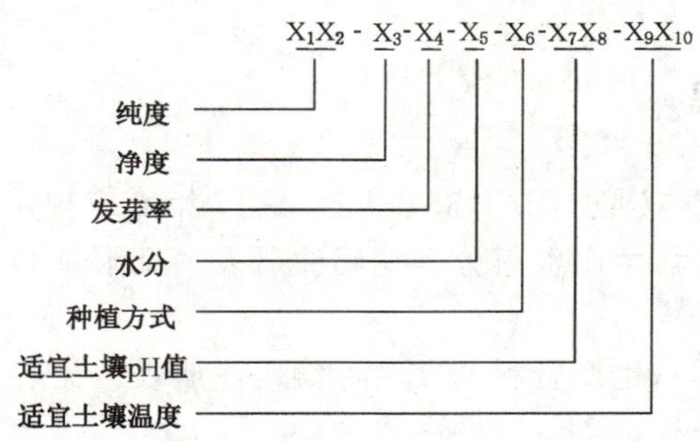

图 3 种子属性编码结构示意图

种子属性值编码：

X_1X_2——纯度：种子纯度属性值编码表参见表 A.1；X_3——净度：种子净度属性值编码表参见表 A.2；X_4——发芽率：种子发芽率属性值编码表参见表 A.3；X_5——水分：种子水分属性值编码表参见表 A.4；X_6——种植方式：种子种植方式属性值编码表参见表 A.5；X_7X_8——适宜土壤 pH 值：种子适宜土壤 pH 值属性值编码表见参表 A.6；X_9X_{10}——适宜土壤温度：种子适宜土壤温度属性值编码表参见表 A.7。

示例 2：

水泥的属性包含代号、强度、级别、包装方式等，则水泥属性编码结构见图 4，属性值编码参见附录 A。

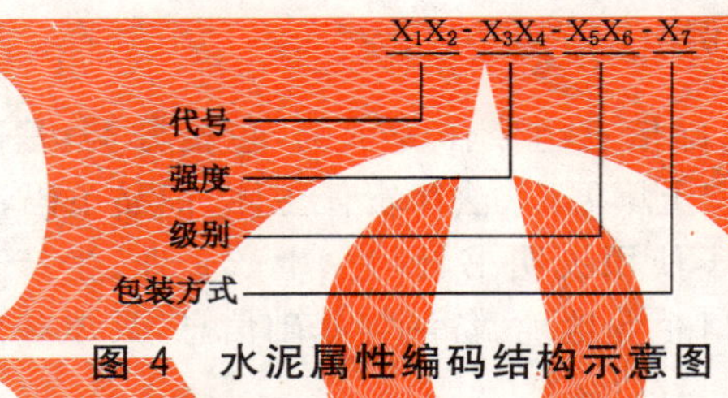

图 4 水泥属性编码结构示意图

水泥属性值编码：

X_1X_2——代号：水泥代号属性值编码表参见表 A.8；X_3X_4——强度：水泥强度属性值编码表参见表 A.9；X_5X_6——级别：水泥级别属性值编码表参见表 A.10；X_7——包装方式：水泥包装方式属性值编码表参见表 A.11。

示例 3：

燃料的属性包含牌号、品种、质量等级、粘度等级等，则燃料属性编码结构见图 5，属性值编码参见附录 A。

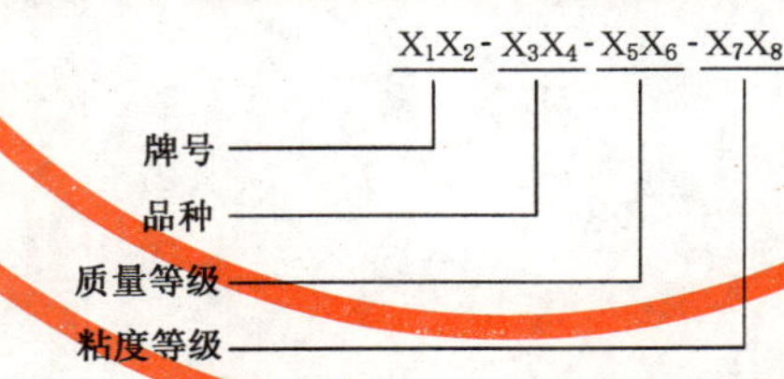

图 5 燃料属性编码结构

燃料属性值编码：

X_1X_2——牌号：燃料牌号属性值编码表参见表 A.12；X_3X_4——品种：燃料品种属性值编码表参见表 A.13；X_5X_6——质量等级：燃料质量等级属性值编码表参见表 A.14；X_7X_8——粘度等级：燃料粘度等级属性值编码表参见表 A.15。

8 生产资料编码的应用

生产资料分类编码和基准名称编码可以结合使用，也可以分别单独使用，生产资料属性编码应与生产资料基准名称编码组合使用，示例参见附录 B。

9 生产资料编码的管理与维护

生产资料编码的管理与维护按照GB/T 35403.1—2017第9章规定执行。

用户根据实际需求情况填写《生产资料分类编码注册表》,见附录C的表C.1,向国家物品编码管理机构或授权单位提出申请。

用户根据实际需求情况填写《生产资料基准名称编码注册表》,见表C.2,向国家物品编码管理机构或授权单位提出申请。

10 生产资料基础信息

10.1 生产资料基础信息组成

生产资料基础信息是描述生产资料特征的一组基本数据,是物品固有的特征、或被赋予的属性,是在流通中进行信息交换所必需属性的一个最小集合。一般地包括生产资料分类信息、生产资料基准名称信息、生产资料属性信息、法律责任主体信息、商品条码、商品名称信息、商品型号、执行标准等部分。

10.2 生产资料基础信息的应用示例

生产资料基础信息用种子的基础信息组成作为示例,包括分类、基准名称、纯度、净度、发芽率、水分、种植方式、适宜土壤pH值、适宜土壤温度、法律责任主体、商品条码、商品名称、包装规格、检疫证明编号、生产许可证号、执行标准、种子使用说明书、图片、生产企业、生产企业地址、英文名称、分包装企业、分包装企业地址、进口企业、进口企业地址、备注等基础信息,具体参见附录D。

附　录　A
（资料性附录）
生产资料属性编码表

A.1　种子纯度属性值编码表

种子纯度属性值编码见表A.1。

表A.1　种子纯度属性值编码表

纯度属性值编码	值（不低于）
01	90%
02	95%
03	96%
04	97%
05	98%
06	99%
07	99.6%
08	99.7%
09	99.8%
10	99.9%

A.2　种子净度属性值编码表

种子净度属性值编码见表A.2。

表A.2　种子净度属性值码表

净度属性值编码	值（不低于）
1	98%
2	99%

A.3　种子发芽率属性值编码表

种子发芽率属性值编码见表A.3。

表A.3　种子发芽率属性值编码表

发芽率属性值编码	值（不低于）
1	75%
2	85%
3	90%

A.4　种子水分属性值编码表

种子水分属性值编码见表A.4。

表 A.4 种子水分属性值编码表

水分属性值编码	值(不高于)
1	8%
2	12%
3	13%
4	13.5%
5	14%
6	14.5%

A.5 种子种植方式属性值编码表

种子种植方式属性值编码见表 A.5。

表 A.5 种子种植方式属性值编码表

种植方式属性值编码	类型
1	直播
2	育苗移栽

A.6 种子适宜土壤 pH 值属性值编码表

种子适宜土壤 pH 值属性值编码见表 A.6。

表 A.6 种子适宜土壤 pH 值属性值编码表

土壤 pH 值属性值编码	类型
01	<4.5
02	4.5～5.5
03	5.5～6.0
04	6.0～6.5
05	6.5～7.0
06	7.0～7.5
07	7.5～8.5
08	8.5～9.5
09	>9.5

A.7 种子适宜土壤温度属性值编码表

种子适宜土壤温度属性值编码见表 A.7。

表 A.7 种子适宜土壤温度属性值编码表

土壤温度属性值编码	类型
01	0 ℃～5 ℃
02	5 ℃～10 ℃
03	10 ℃～15 ℃
04	15 ℃～20 ℃
05	20 ℃～25 ℃
06	25 ℃～30 ℃
07	30 ℃～35 ℃
08	35 ℃～40 ℃
09	40 ℃～45 ℃

A.8 水泥代号属性值编码表

水泥代号属性值编码见表 A.8。

表 A.8 水泥代号属性值编码表

代号属性值编码	类型
01	P・O
02	P・C
03	P・S・A
04	P・S・B
05	P・Ⅰ
06	P・Ⅱ
07	P・F
08	P・P
09	P・R
10	P・W
11	P・MH
12	PPS
13	P・SS
14	P・MSR
15	P・HSR
16	P・LH
17	P・SLH
18	P・L
19	CA-50
20	CA-60
21	CA-70
22	CA-80
23	R・SAC
24	L・SAC
25	S・SAC
26	LHEC
27	SLHEC
28	PLHEC

A.9 水泥强度属性值编码表

水泥强度属性值编码见表 A.9。

表 A.9 水泥强度属性值编码表

强度属性值编码	类型
01	27.5
02	27.5R
03	32.5
04	32.5R
05	42.5
06	42.5R
07	52.5
08	52.5R
09	62.5
10	62.5R
11	72.5
12	72.5R

A.10 水泥级别属性值编码表

水泥级别属性值编码见表 A.10。

表 A.10 水泥级别属性值编码表

级别属性值编码	类型
01	A
02	B
03	C
04	D
05	E
06	F
07	H
08	3.0
09	3.5
10	4.0
11	4.5
12	12.5
13	22.5

A.11 水泥包装方式属性值编码表

水泥包装方式属性值编码见表 A.11。

表 A.11 水泥包装方式属性值编码表

包装方式属性值编码	类型
1	散装
2	袋装

A.12 燃料牌号属性值编码表

燃料牌号属性值编码见表 A.12。

表 A.12 燃料牌号属性值编码表

牌号属性值编码	类型
01	30
02	20
03	10
04	5
05	0
06	−10
07	−20
08	−35
09	−50
10	1
11	2
12	4 轻
13	4
14	5 轻
15	5 重
16	6
17	7
18	32
19	46
20	68
21	75
22	89
23	90
24	92
25	93
26	95
27	97
28	98
29	100
30	150
31	220
32	320
33	460
34	680
35	1 000
36	1 500
37	5 010

表 A.12（续）

牌号属性值编码	类型
38	5 040
39	5 060
40	5 070

A.13 燃料品种编码表

燃料品种编码见表 A.13。

表 A.13 燃料品种属性值编码表

品种属性值编码	类型
01	L-CKB
02	L-CKC
03	L-CKD
04	L-DAA
05	L-DAB
06	L-DAC
07	L-FC
08	L-HM
09	L-DAA
10	L-DAC
11	L-FC
12	L-HL
13	L-HM
14	L-HR
15	L-HG
16	L-HV
17	L-HS
18	L-QB
19	L-QC
20	L-QD

A.14 燃料质量等级属性值编码表

燃料质量等级属性值编码见表 A.14。

表 A.14 燃料质量等级属性值编码表

质量等级属性值编码	类型
01	SF
02	SH
03	GF-1
04	SE

表 A.14（续）

质量等级属性值编码	类型
05	SJ
06	GF-2
07	GF-3
08	CC
09	CD
10	CF
11	CF-4
12	CH-4
13	CI-4
14	一级品
15	合格品
16	优等品

A.15　燃料粘度等级属性值编码表

燃料粘度等级属性值编码见表 A.15。

表 A.15　燃料粘度等级属性值编码表

粘度等级属性值编码	类型
01	0W-20
02	0W-30
03	5W-20
04	5W-30
05	5W-40
06	5W-50
07	10W-40
08	10W-50
09	15W-30
10	15W-40
11	15W-50
12	20W-40
13	20W-50
14	30
15	40
16	50
17	60
18	80W/90
19	85W/90
20	85W/140
21	90
22	140
23	32
24	46
25	68
26	100

附 录 B
(资料性附录)
生产资料编码示例

以编码为"1015151015151606-2-2-2-1-05-07"的黄豆种子为例，编码表如表 B.1 所示。

表 B.1 黄豆种子编码表

分类编码			名称编码	属性编码						
M_1M_2 大类	M_3M_4 中类	M_5M_6 小类	$N_1N_2N_3N_4N_5N_6N_7N_8$ 名称	X_1X_2 纯度	X_3 净度	X_4 发芽率	X_5 水分	X_6 种植方式	X_7X_8 适宜土壤 pH 值	X_9X_{10} 适宜土壤 温度
10	15	15	10151516	06	2	2	2	1	05	07
植物、动物及其相关用品	种子、鳞茎、秧苗和剪枝	蔬菜种子和秧苗	黄豆种子	99%	99%	85%	12%	直播	6.5～7.0	30 ℃～35 ℃

说明：第一部分："101515"为分类编码，表示其属于植物、动物材料大类(10)，种子、鳞茎、秧苗和剪枝中类(1015)下的蔬菜种子和秧苗小类(101015)。第二部分："10151516"为名称编码，表示此种子的名称为"黄豆种子"。第三部分："06-2-2-2-1-05-07"为属性编码，其中："06"表示其纯度为不低于"99%"；"2"表示其净度为不低于"99%"；"2"表示其发芽率不低于"85%"；"2"表示其水分为不高于"12%" "1"表示其种植方式这"直播"；"05"表示其适宜土壤 pH 值为"6.5～7.0"；"07"表示其适宜土壤温度为"30 ℃～35 ℃"。

附　录　C
（规范性附录）
生产资料编码注册表

UNSPSC 中未涵盖的生产资料分类，用户根据实际需求情况填写《生产资料分类编码注册表》，向国家物品编码管理机构或授权单位提出申请，如表 C.1 所示。

表 C.1　生产资料分类编码注册表

☐ 新增　　☐ 变更　　☐ 删除

<table>
<tr><td rowspan="2">生产资料分类名称</td><td>中文</td><td colspan="4"></td></tr>
<tr><td>英文</td><td colspan="4"></td></tr>
<tr><td rowspan="6">申请单位</td><td>单位名称</td><td colspan="4"></td></tr>
<tr><td>单位地址</td><td colspan="4"></td></tr>
<tr><td>单位类别</td><td colspan="4">☐企业　☐事业单位　☐机关　☐社会团体　☐其他________</td></tr>
<tr><td>主管部门</td><td colspan="4"></td></tr>
<tr><td rowspan="2">联系人</td><td rowspan="2"></td><td>办公电话</td><td></td><td>移动电话</td></tr>
<tr><td>传真</td><td></td><td>电子邮箱</td></tr>
<tr><td>注册生产资料分类的文字说明</td><td colspan="5"></td></tr>
<tr><td>生产资料分类编码</td><td colspan="5">☐☐☐☐☐☐</td></tr>
<tr><td>备注</td><td colspan="5"></td></tr>
<tr><td rowspan="2">审议结果</td><td colspan="3">国家物品编码管理机构授权单位意见</td><td colspan="2">国家物品编码管理机构意见</td></tr>
<tr><td colspan="3">单位章
经办人：
日期：</td><td colspan="2">单位章
经办人：
日期：</td></tr>
</table>

填表说明：

1. 主管部门：企业、事业单位和机关等填写上一级行政主管部门的名称，社会团体等填写业务归口或业务主管部门的名称。

2. 新增生产资料分类的文字说明：申请单位需详生产资料基准名称编码注册表。

用户根据实际需求情况填写《生产资料基准名称编码注册表》，向国家物品编码管理机构或授权单位提出申请，如表 C.2 所示。

表 C.2 生产资料基准名称编码注册表

□ 新增　　□ 变更　　□ 删除

<table>
<tr><td rowspan="2">生产资料基准名称</td><td>中文</td><td colspan="5"></td></tr>
<tr><td>英文</td><td colspan="5"></td></tr>
<tr><td rowspan="6">申请单位</td><td>单位名称</td><td colspan="5"></td></tr>
<tr><td>单位地址</td><td colspan="5"></td></tr>
<tr><td>单位类别</td><td colspan="5">□企业　□事业单位　□机关　□社会团体　□其他________</td></tr>
<tr><td>主管部门</td><td colspan="5"></td></tr>
<tr><td rowspan="2">联系人</td><td rowspan="2"></td><td>办公电话</td><td></td><td>移动电话</td><td></td></tr>
<tr><td>传真</td><td></td><td>电子邮箱</td><td></td></tr>
<tr><td>注册生产资料基准名称的文字说明</td><td colspan="6"></td></tr>
<tr><td>生产资料基准名称编码</td><td colspan="6">□□□□□□□□</td></tr>
<tr><td>生产资料属性及属性值</td><td colspan="6"></td></tr>
<tr><td>备注</td><td colspan="6"></td></tr>
<tr><td rowspan="2">审议结果</td><td colspan="3">国家物品编码管理机构授权单位意见</td><td colspan="3">国家物品编码管理机构意见</td></tr>
<tr><td colspan="3">单位章
经办人：
日期：</td><td colspan="3">单位章
经办人：
日期：</td></tr>
</table>

填表说明：

1. 主管部门：企业、事业单位和机关等填写上一级行政主管部门的名称，社会团体等填写业务归口或业务主管部门的名称。

2. 新增生产资料名称的文字说明：申请单位需详细说明增加此生产资料基准名称的理由和此生产资料名称的特点。

附 录 D
（资料性附录）
生产资料基础信息应用示例

种子基础信息应用

D.1 描述方法

D.1.1 中文名称

简要说明信息元素或信息实体语义的中文称谓。信息实体名称在本部分中是唯一的，信息元素名称在信息实体中是唯一的，通过信息实体名称和信息元素名称的组合，使信息元素名称在整个标准中唯一。

D.1.2 英文名称

信息元素或信息实体的英文名称，英文名称使用标准英文词典中的英语拼写，一般用英文全称。

D.1.3 约束条件

这是一个描述符，说明一个信息实体或信息元素是否应当总是在信息中选用或有时选用(即有值)。该描述符分别为：

M：必选，表明该信息实体或信息元素必须选择。

C：一定条件下必选，当满足约束条件中所定义的条件时必须选择，条件必选用于以下三种可能性之一：

——当在多个选项中进行选择时，至少一个选项必选，且必须使用；

——当另一个信息元素已经使用时，选用一个信息实体或信息元素；

——当另一个信息元素已经选择了一个特定值时，选用一个信息元素。

O：可选，根据实际应用可以选择也可以不选的信息实体或信息元素。已经定义的可选信息实体和可选信息元素，可指导部门信息标准制定人员充分说明其信息。

如果一个可选信息实体未被使用，则该实体所包含的元素(包括必选元素)也不选用。可选信息实体可以有必选元素，但只当可选实体被选用时才成为必选。

D.1.4 缩写名

信息元素或信息实体的英文缩写名称。缩写规则如下：

——缩写名在本部分范围内必须唯一；

——缩写名不应包括任何空格、破折号、下划线或分隔符等；

——缩写名不应使用复数形式的英文单词，除非该单词本身就是复数形式，如“Goods”；

——信息实体缩写名每个英文单词的首字母均大写；信息元素缩写名除第一个英文单词外，每个单词的首字母大写，并把这些单词组合起来；

——对存在国际或行业领域惯用英文名称缩写的，采用惯用缩写。

D.1.5 定义

对信息元素或信息实体含义的解释，以使之与其他信息元素或信息实体在概念上相区别。

D.1.6 数据类型

信息元素的有效值域和允许对该值域内的值进行有效操作的规定，例如数值型、字符型、日期型、二进制流、布尔型等。

本部分中信息实体为复合型。

D.1.7 值域

信息元素所允许的值的集合。

D.1.8 出现次数

指定信息实体或元素在实际使用时，可能重复出现的最大次数。只出现一次的表示为"1"，重复出现的表示为"N"。

D.2 种子信息描述

D.2.1 分类

英文名称：Category
缩写名：category
定义：种子的所属类别
数据类型：字符型
值域：使用国家物品编码管理机构授权单位批复的种子分类
约束条件：M
出现次数：1
备注：无

D.2.2 基准名称

英文名称：Basic Name
缩写名：basicName
定义：种子的规范化称谓
数据类型：字符型
值域：使用国家物品编码管理机构授权单位批复的种子基准名称
约束条件：M
出现次数：1
备注：无

D.2.3 纯度

英文名称：Rate of Purity
缩写名：rateofPurity
定义：种子纯度
数据类型：字符型
值域：参见表 A.1
约束条件：M
出现次数：1

备注:无

D.2.4 净度

英文名称:Clarity
缩写名:clarity
定义:种子净度
数据类型:字符型
值域:参见表 A.2
约束条件:M
出现次数:1
备注:无

D.2.5 发芽率

英文名称:Germination Percentage
缩写名:germinationPercentage
定义:种子发芽率
数据类型:字符型
值域:参见表 A.3
约束条件:M
出现次数:1
备注:无

D.2.6 水分

英文名称:Moisture Content
缩写名:moistureContent
定义:种子含水量
数据类型:字符型
值域:参见表 A.4
约束条件:M
出现次数:1
备注:无

D.2.7 种植方式

英文名称:Plantting Pattern
缩写名:planttingPattern
定义:种子种植方式
数据类型:字符型
值域:参见表 A.5
约束条件:M
出现次数:1
备注:无

D.2.8 适宜土壤 pH 值

英文名称:Soil pH Value

缩写名:soilpHvalue

定义:适宜种子生长的土壤 pH 值

数据类型:字符型

值域:参见表 A.6

约束条件:M

出现次数:1

备注:无

D.2.9 适宜土壤温度

英文名称:Soil Temperature

缩写名:soilTemperature

定义:适宜种子生长的土壤温度

数据类型:字符型

值域:参见表 A.7

约束条件:M

出现次数:1

备注:无

D.2.10 法律责任主体

英文名称:Subject of Legal Responsibility

缩写名:subjectOfLegalResponsibility

定义:法律责任主体是指承担法律后果和责任的机构或自然人

数据类型:字符型

值域:自由文本

约束条件:M

出现次数:1

备注:无

D.2.11 商品条码

英文名称:GTIN

缩写名:gtin

定义:商品条码是由一组规则排列的条、空及其对应编码组成,表示商品编码的条码符号,包括零售商品、储运包装商品、物流单元、参与方位置等的编码与条码标识

数据类型:字符型

值域:自由文本

约束条件:O

出现次数:1

D.2.12 商品名称

英文名称:Proprietary Name

缩写名:proprietaryName

定义:种子生产厂商自己确定,经农业部门核准的产品名称

数据类型:字符型

值域:自由文本

约束条件:M

出现次数:1

备注:应与农业部门批准的商品名称相符

D.2.13 包装规格

英文名称:Package Specification

缩写名:packageSpecification

定义:单位包装上含有种子的数量或重量

数据类型:字符型

值域:参见农业部对种子规格的相关规定

约束条件:M

出现次数:1

备注:无

D.2.14 检疫证明编号

英文名称:Plant Quarantine Certificate Code

缩写名:plantQuarantineCertificateCode

定义:种子检疫证明编号

数据类型:字符型

值域:经农业部检验检疫后具有的种子检疫证明编号

约束条件:M

出现次数:1

备注:参见农业部检验检疫部门的相关规定

D.2.15 生产许可证号

英文名称:Production Certificate Code

缩写名:productionCertificaterCode

定义:经农业部门批准的种子生产许可证的编号

数据类型:字符型

值域:种子生产许可证号

约束条件:M

出现次数:1

备注:参见农业部门对种子生产许可证号的相关规定

D.2.16 执行标准

英文名称:Stardard

缩写名:stardard

定义:种子生产的执行标准

数据类型:字符型

值域:自由文本

约束条件:M

出现次数:1

备注:无

D.2.17 种子使用说明书

英文名称:Manual
缩写名:manual
定义:种子使用说明书
数据类型:字符型
值域:自由文本
约束条件:M
出现次数:1
备注:无

D.2.18 图片

英文名称:Picture
缩写名:picture
定义:展示种子或其包装的图片
数据类型:二进制流
值域:二进制文件,可取 GIF、JPEG、PNG 格式
约束条件:M
出现次数:N
备注:无

D.2.19 生产企业

英文名称:Manufacturer
缩写名:manufacturer
定义:种子生产企业名称
数据类型:字符型
值域:自由文本
约束条件:M
出现次数:1
备注:使用生产企业的全称

D.2.20 生产企业地址

英文名称:Manufacturer Address
缩写名:manufacturerAddress
定义:种子生产企业法定地址
数据类型:字符型
值域:自由文本
约束条件:M
出现次数:1
备注:填写详细地址

D.2.21 英文名称

英文名称:English Name

缩写名:englishName
定义:种子的英文名称
数据类型:字符型
值域:自由文本
约束条件:O
出现次数:1
备注:无

D.2.22 分包装企业

英文名称:Packaging Company
缩写名:packagingCompany
定义:种子分包装企业名称
数据类型:字符型
值域:自由文本
约束条件:C
出现次数:1
备注:使用分包装企业的全称

D.2.23 分包装企业地址

英文名称:Packaging Company Address
缩写名:packagingCompanyAddress
定义:种子分包装企业地址
数据类型:字符型
值域:自由文本
约束条件:C
出现次数:1
备注:填写详细地址

D.2.24 进口企业

英文名称:Importer
缩写名:importer
定义:种子进口企业
数据类型:字符型
值域:自由文本
约束条件:C
出现次数:1
备注:使用进口企业的全称

D.2.25 进口企业地址

英文名称:Importer Address
缩写名:importerAddress
定义:种子进口企业法定地址
数据类型:字符型

值域：自由文本

约束条件：C

出现次数：1

备注：填写详细地址

D.2.26 备注

英文名称：Notes

缩写名：notes

定义：种子其他需要说明的事项

数据类型：字符型

值域：自由文本

约束条件：O

出现次数：1

备注：不应出现无事实依据的虚假陈述

参 考 文 献

[1] GB 4404.2 粮食作物种子 第2部分:豆类

[2] 联合国开发计划署(UNDP,united nations development programme).联合国标准产品与服务分类(United Nations Standard Products and Services Code,UNSPSC)[EB/OL](2016-05-01),http://www.unspsc.org/codeset-downloads.html.

ICS 83.140.30
G 33

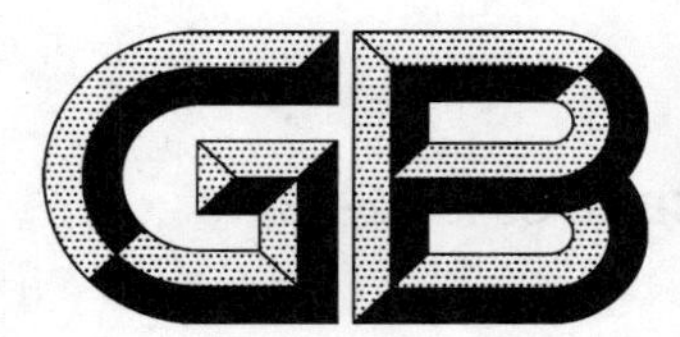

中华人民共和国国家标准

GB/T 35451.2—2018

埋地排水排污用聚丙烯(PP)结构壁管道系统　第2部分:聚丙烯缠绕结构壁管材

Polypropylene(PP) structure-wall piping systems for underground drainage and sewerage—Part 2:Polypropylene spirally enwound structure-wall pipes

2018-12-28 发布　　2019-07-01 实施

国家市场监督管理总局
中国国家标准化管理委员会 发布

前　言

GB/T 35451《埋地排水排污用聚丙烯(PP)结构壁管道系统》分为2个部分：

——第1部分：聚丙烯双壁波纹管材；

——第2部分：聚丙烯缠绕结构壁管材。

本部分为GB/T 35451的第2部分。

本部分按照GB/T 1.1—2009给出的规则起草。

请注意本文件的某些内容可能涉及专利。本文件的发布机构不承担识别这些专利的责任。

本部分由中国轻工业联合会提出。

本部分由全国塑料制品标准化技术委员会(SAC/TC 48)归口。

本部分起草单位：亚大集团公司、福建纳川管业科技有限责任公司、永高股份有限公司、杭州联通管业有限公司、河北有容管业有限公司、广东保库智能管网系统有限公司、顾地科技股份有限公司、江苏河马井股份有限公司、宏升塑胶(杭州)有限公司。

本部分主要起草人：李瑜、魏作友、黄剑、陈毅明、牛建英、司元、李贤梅、周敏伟、陈晓林、郁世超。

埋地排水排污用聚丙烯(PP)结构壁管道系统　第2部分:聚丙烯缠绕结构壁管材

1　范围

GB/T 35451 的本部分规定了埋地排水排污用聚丙烯(PP)缠绕结构壁管材(以下简称"管材")的术语和定义、符号和缩略语、材料、管材分类、结构型式和连接方式、要求、试验方法、检验规则和标志、运输和贮存。

本部分适用于以聚丙烯(PP)树脂为主要原料,以聚合物材料(一般为聚丙烯)作为辅助支撑结构,采用缠绕成型,经加工制成的结构壁管材、管件(或实壁管件)。

本部分适用于长期使用温度不超过 45 ℃的无压埋地排水排污用聚丙烯缠绕结构壁管道系统。考虑到材料的耐化学性和耐温性后亦可用于无压埋地工业排水排污管道。

2　规范性引用文件

下列文件对于本文件的应用是必不可少的。凡是注日期的引用文件,仅注日期的版本适用于本文件。凡是不注日期的引用文件,其最新版本(包括所有的修改单)适用于本文件。

GB/T 1033.1—2008　塑料　非泡沫塑料密度的测定　第1部分:浸渍法、液体比重瓶法和滴定法

GB/T 1040.2—2006　塑料　拉伸性能的测定　第2部分:模塑和挤塑塑料的试验条件

GB/T 2828.1—2012　计数抽样检验程序　第1部分:按接收质量限(AQL)检索的逐批检验抽样计划

GB/T 2918—1998　塑料试样状态调节和试验的标准环境

GB/T 3682—2018(所有部分)　塑料　热塑性塑料熔体质量流动速率(MFR)和熔体体积流动速率(MVR)的测定

GB/T 6111—2018　流体输送用热塑性塑料管道系统　耐内压性能的测定

GB/T 6671—2001　热塑性塑料管材　纵向回缩率的测定

GB/T 8804.3—2003　热塑性塑料管材　拉伸性能测定　第3部分:聚烯烃管材

GB/T 8806—2008　塑料管道系统　塑料部件　尺寸的测定

GB/T 9341—2008　塑料　弯曲性能的测定

GB/T 9345.1—2008　塑料　灰分的测定　第1部分:通用方法

GB/T 9647—2015　热塑性塑料管材　环刚度的测定

GB/T 14152—2001　热塑性塑料管材耐外冲击性能试验方法　时针旋转法

GB/T 18042—2000　热塑性塑料管材蠕变比率的试验方法

GB/T 19278—2018　热塑性塑料管材、管件及阀门　通用术语及其定义

GB/T 19466.6—2009　塑料　差示扫描量热法(DSC)　第6部分:氧化诱导时间(等温 OIT)和氧化诱导温度(动态 OIT)的测定

GB/T 21873—2008　橡胶密封件　给、排水管及污水管道用接口密封圈　材料规范

3　术语和定义、符号和缩略语

3.1　术语和定义

GB/T 19278—2018 界定的以及下列术语和定义适用于本文件。

3.1.1

缠绕结构壁管材　spirally enwound structured-wall pipes

采用缠绕工艺制成的结构壁管材。

注：不同缠绕工艺制得的管壁结构各异。例如：A 型结构壁管(图 2 所示)、B 型结构壁管(图 3 所示)通常在预热的整体式芯模上缠绕而成，内壁较光滑。

3.1.2

管件　fitting

用热成型部件和(或)几个管材段(可用实壁管)经二次加工制成的制品。

3.1.3

公称尺寸 DN/ID　nominal size DN/ID

DN/ID

与内径相关的公称尺寸。

3.1.4

任一点外径　outside diameter(at any point)

d_e

通过管材任一点横断面测量的外径。

注：对于结构壁管材，横断面的外轮廓可能不是圆形(例如螺旋缠绕管)、或者不是等同大小的圆形(例如双壁波纹管或带有环肋的结构壁管)，此时管材的外径理论上定义为能够容纳管体(不包括承插口)的最小圆柱面的直径。为便于使用，也可以从技术上定义为内径与两倍结构高度之和。

3.1.5

任一点内径　inside diameter(at any point)

d_i

在管道部件垂直于轴向的横截面上，过圆心的直线与截面内表面的两个交点之间的距离。

3.1.6

平均内径　mean inside diameter

d_{im}

同一截面上相互垂直的两个或多个内径测量值的算术平均值。

3.1.7

任一点壁厚　wall thickness(at any point)

e

管材或管件上任一点处内外壁间的距离。

注：对于多层管或结构壁管，各层或不同部位的壁厚可能具有不同的设计值，可增加限定词以便明确测量的位置，如总体壁厚、内层壁厚、外层壁厚、芯层壁厚、增强层壁厚等。

3.1.8

结构高度　construction height

e_c

管壁内外表面之间(A 型结构壁管)，或管壁内表面到肋顶端之间(B 型结构壁管)的径向距离。

3.1.9

内层壁厚　wall thickness of the inside layer

e_4

B 型管材的管壁环肋之间任一点壁厚。

3.1.10

空腔部分下内层壁厚　wall thickness of the inside layer under a hollow section

e_5

A 型管材任一处的空腔部位下方内壁与内表面之间的壁厚。

3.1.11

公称环刚度　nominal ring stiffness

SN

环刚度的名义值,通常是一个便于使用的圆整数,表示环刚度的最小规定值。

[GB/T 19278—2018,定义 2.4.3]

3.2 符号

下列符号适用于本文件。

A　接合长度,或保持密封状态下的最大拉拔长度

D_i　承口内径

$D_{im,min}$　承口最小平均内径

d_e　外径

d_{em}　平均外径

d_i　内径

d_{im}　平均内径

e　管材壁厚(不包含结构高度)

e_c　结构高度

e_1　插口壁厚

e_2　承口壁厚

e_3　承口密封环槽处的壁厚

e_4　内层壁厚

e_5　空控部分下内层壁厚

F　插口末端与有效焊接点之间的距离

L　管材有效长度

$L_{1,min}$　电熔连接的最小熔接长度

Z_1　管件的设计长度

Z_2　管件的设计长度

Z_3　管件的设计长度

ρ　密度

3.3 缩略语

下列缩略语适用于本文件。

MFR　熔体质量流动速率(melt mass-flow rate)

OIT　氧化诱导时间(oxidation induction time)

PP　聚丙烯(polypropylene)

SN　公称环刚度(nominal ring stiffness)

TIR　真实冲击率(true impact rate)

4 材料

4.1 原料

原料以共聚聚丙烯(PP-B)基础树脂为主,其中仅可添加为提高其性能所必需的添加剂。聚丙烯树脂含量(质量分数)应在95%以上。

4.2 原料性能

原料应符合表1的要求，其他要求参见附录A。

表1 原料性能

序号	项目	要求		试验参数		试验方法
		基础树脂	材料			
1	密度 ρ/(kg/m³)	895≤ρ≤915	895≤ρ≤920	试验温度	23 ℃	GB/T 1033.1—2008，A法
2	灰分/%	≤1.0	≤3.0	试验温度	(850±50) ℃	GB/T 9345.1—2008
3	弯曲模量/MPa	≥1 500	≥1 500	试验温度	23 ℃	GB/T 9341—2008
4	拉伸强度/MPa	≥25	≥25	—	—	GB/T 1040.2—2006
5	静液压强度[a] (80 ℃、140 h)	无破坏、无渗漏		试验温度环应力试验时间	80 ℃ 4.2 MPa 140 h	GB/T 6111—2018 采用A型密封接头
6	静液压强度[a] (95 ℃、1 000 h)	无破坏、无渗漏		试验温度环应力试验时间	95 ℃ 2.5 MPa 1 000 h	GB/T 6111—2018 采用A型密封接头
7	熔体质量流动速率/(g/10 min)	≤1.5	≤1.5	试验温度 负荷质量	230 ℃ 2.16 kg	GB/T 3682—2018 (所有部分)
8	氧化诱导时间/min	≥20	≥20	试验温度	200 ℃	GB/T 19466.6—2009
注：根据不同材质与环刚度，弯曲模量一般在1 500 MPa～1 900 MPa之间。						
[a] 应以相同材料制成的实壁管进行测试。						

4.3 熔体质量流动速率分级

用于电熔焊接或挤出焊连接的管材材料熔体质量流动速率分级如下：

——A级：MFR≤0.3 g/10 min；

——B级：0.3 g/10 min<MFR≤0.6 g/10 min；

——C级：0.6 g/10 min<MFR≤0.9 g/10 min；

——D级：0.9 g/10 min<MFR≤1.5 g/10 min。

仅当原料熔体质量流动速率(MFR)级别相同或相邻时，所制造的管材可进行电熔焊接或挤出焊连接。

4.4 回用料

仅允许使用来自本厂符合本部分规定的管材、管件所产生的清洁回用料。回用料添加量(质量分数)不应超过5%。

不应使用外部回用料、回收料。

4.5 弹性密封圈

弹性密封圈应符合GB/T 21873—2008的要求。

注：若需密封圈固定组件，其组件可由聚烯烃材料制成。

5 管材分类

管材按公称环刚度可分为 6 个等级，见表 2。

表 2 公称环刚度等级

等级	SN2[a]	SN4	SN6.3	SN8	SN12.5	SN16
公称环刚度/(kN/m²)	2	4	6.3	8	12.5	16
[a] 仅适用于 DN/ID≥500 mm 管材。						

6 结构型式和连接方式

6.1 管材的结构型式

6.1.1 A 型结构壁管

具有平整的内外表面，内、外壁间为连续的螺纹肋分隔成的螺旋空腔结构(典型示意图见图 1)；或内、外壁间埋设螺旋中空管状结构(典型示意图见图 2)。典型的 A 型结构壁管如图 1、图 2 所示。

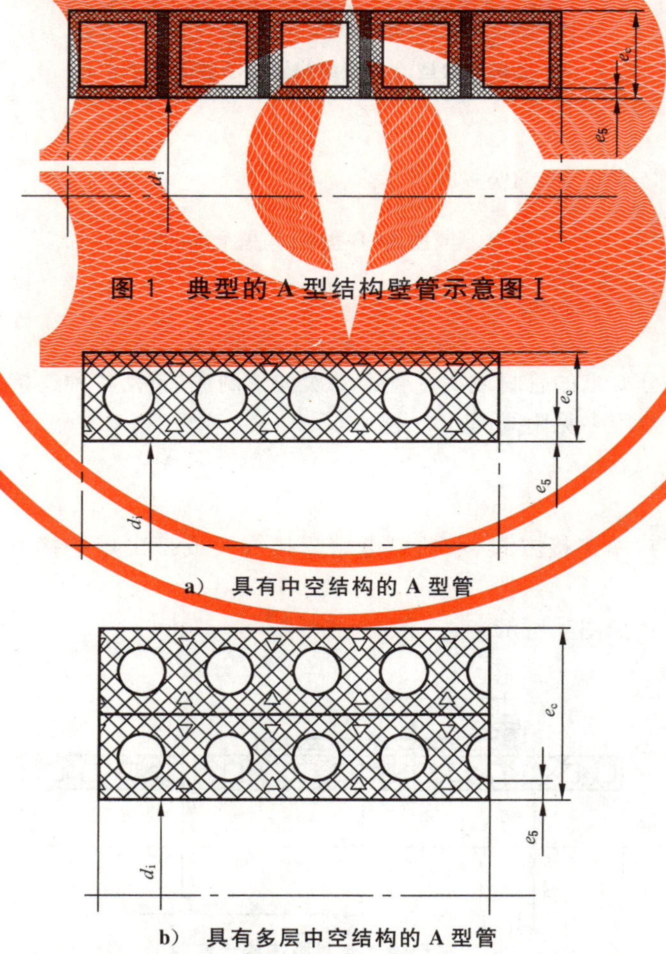

图 1 典型的 A 型结构壁管示意图Ⅰ

a) 具有中空结构的 A 型管

b) 具有多层中空结构的 A 型管

注：A 型结构壁管的中空管可为多层。

图 2 典型的 A 型结构壁管示意图Ⅱ

6.1.2 B 型结构壁管

内表面光滑，外表面为螺旋中空形肋的管材，管材的承插口宜一次缠绕成型。典型的 B 型结构壁管如图 3 所示。

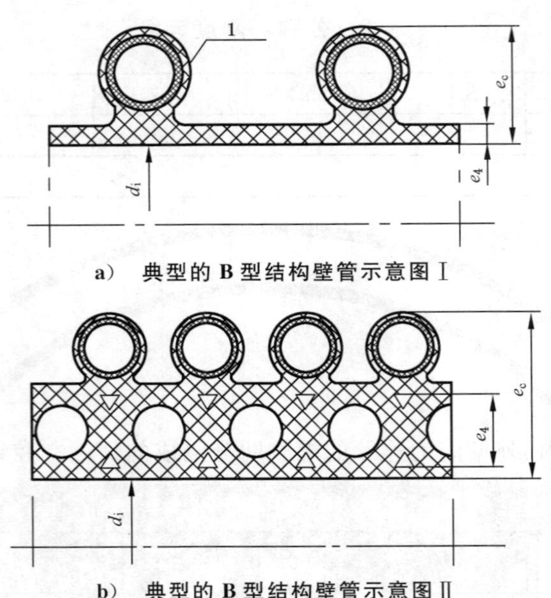

a） 典型的 B 型结构壁管示意图 Ⅰ

b） 典型的 B 型结构壁管示意图 Ⅱ

说明：

1——支撑结构。

注： B 型结构壁管 e_4 部分的中空管可为多层。

图 3 典型的 B 型结构壁管示意图

6.2 管件

管件采用符合本部分要求的管材或实壁管经二次加工制成，包括各种连接方式的弯头、三通和管堵等。典型管件性能及示意图参见附录 B。

6.3 典型连接方式

管材可采用弹性密封圈连接方式、承插口电熔焊接方式或挤出焊连接方式。也可采用其他连接方式。

弹性密封圈连接方式如图 4 所示。

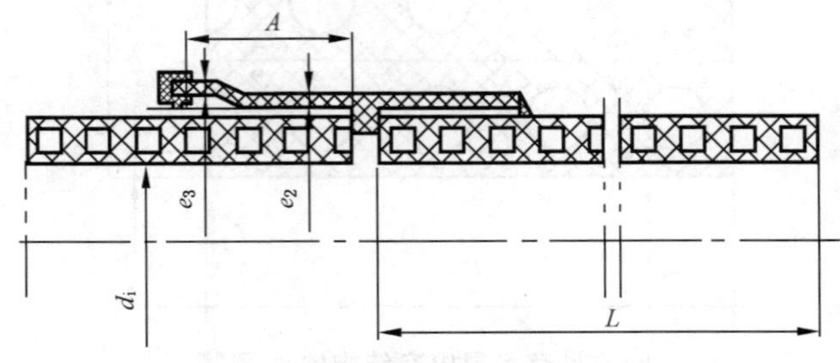

a） 典型弹性密封圈连接示意图 Ⅰ

图 4 典型弹性密封圈连接示意图

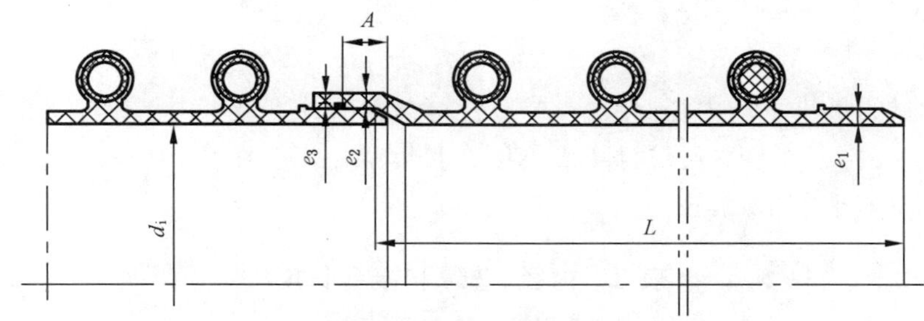

b) 典型弹性密封圈连接示意图Ⅱ

图 4（续）

承插口电熔焊接连接方式如图 5 所示。

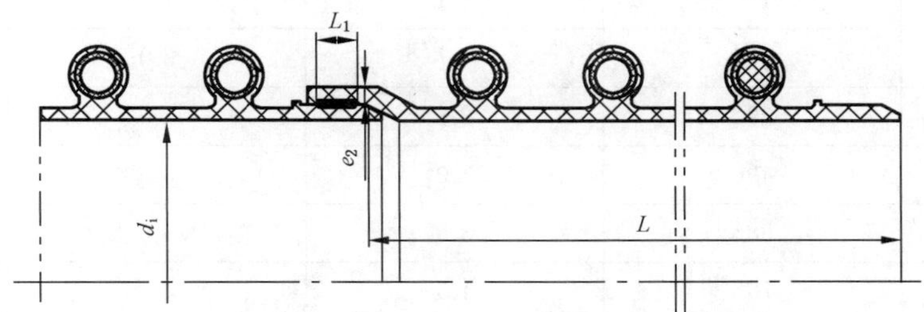

图 5 典型承插口电熔焊接连接示意图

挤出焊连接方式如图 6 所示。

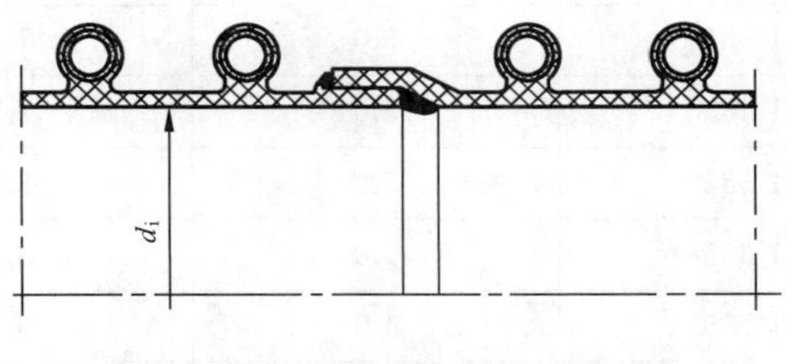

图 6 典型挤出焊连接示意图

7 要求

7.1 颜色

管材颜色一般为灰色，其他颜色由供需双方商定。

管材表面颜色应均匀一致。

7.2 外观

A 型结构壁管材内外表面应平整，B 型结构壁管材内表面应光滑，不应凹凸不平。管材外表面或外部肋应规整。内外壁应无气泡和可见杂质、熔接处无脱开。

管材切割后的端面应修整，无毛刺。

7.3 几何尺寸

7.3.1 长度

管材的有效长度（L）一般为 6 m，其他长度由供需双方商定。长度不允许有负偏差。

7.3.2 内径和壁厚

A 型和 B 型管材的最小平均内径 $d_{im,min}$、A 型管材空腔部分下最小内层壁厚 $e_{5,min}$(见图 1、图 2)、B 型管材最小内层壁厚 $e_{4,min}$(见图 3)、密封圈最小接合长度 A_{min}(见图 4)均应符合表 3 的要求。电熔连接的熔接长度(L_1)应不小于 45 mm。

表 3 内径、壁厚和接合长度

单位为毫米

公称尺寸 DN/ID	最小平均内径 $d_{im,min}$	壁厚		最小接合长度[a] A_{min}
		A 型 $e_{5,min}$	B 型 $e_{4,min}$	
200	195	1.1	1.5	54
300	294	1.7	2.0	64
400	392	2.3	2.5	74
500	490	3.0	3.0	85
600	588	3.5	3.5	96
800	785	4.5	4.5	118
1 000	985	5.0	5.0	140
1 200	1 185	5.0	5.0	162
1 300	1 285	5.0	6.5	—
1 400	1 385	5.0	7.0	—
1 500	1 485	5.0	7.5	—
1 600	1 585	5.0	8.0	—
1 700	1 685	5.0	8.5	—
1 800	1 785	5.0	9.0	—
1 900	1 885	5.0	9.5	—
2 000	1 985	5.0	10.0	—
2 100	2 085	5.0	10.0	—
2 200	2 185	5.0	10.0	—
2 300	2 285	5.0	10.0	—
2 400	2 385	5.0	10.0	—
2 500	2 485	5.0	10.0	—
2 600	2 585	5.0	10.0	—
2 700	2 685	5.0	10.0	—
2 800	2 785	5.0	10.0	—
2 900	2 885	5.0	10.0	—
3 000	2 985	5.0	10.0	—
3 100	2 085	5.0	10.0	—
3 200	3 185	5.0	10.0	—

表 3（续） 单位为毫米

公称尺寸 DN/ID	最小平均内径 $d_{im,min}$	壁厚		最小接合长度[a] A_{min}
		A 型 $e_{5,min}$	B 型 $e_{4,min}$	
3 300	3 285	5.0	10.0	—
3 400	3 385	5.0	10.0	—
3 500	3 485	5.0	10.0	—
3 600	3 585	5.0	10.0	—
[a] 当 DN/ID≥600 时，最小接合长度可小于表 3 中要求，但最低不应小于 85 mm，并在管材上标识“短承口”。				

7.3.3 承口和插口壁厚

管材在实壁插口和(或)承口的情况下，壁厚 $e_{1,min}$、$e_{2,min}$ 和 $e_{3,min}$ 应符合表 4 的要求。

表 4 实壁承口和插口的最小壁厚 单位为毫米

公称尺寸 DN/ID	最小插口壁厚 $e_{1,min}$	最小承口壁厚 $e_{2,min}$	密封件部位最小壁厚 $e_{3,min}$
DN/ID≤500	d_e/41，且≥3.4	(d_e/41)×0.9	(d_e/41)×0.75
DN/ID>500	12.2	10.4	9.2

7.4 物理性能

管材的物理性能应符合表 5 的要求。

表 5 管材的物理性能

序号	项目	要求	试验参数		试验方法
1	密度 ρ/(kg/m²)	895≤ρ≤920	试验温度	23 ℃	见 8.4
2	灰分/%	≤3	试验温度	(850±50)℃	见 8.5
3	氧化诱导时间/min	≥20	试验温度	200 ℃	见 8.6
4	纵向回缩率[a]/%	≤2，无分层、无开裂	试验温度	(150±2)℃	见 8.7
5	烘箱试验[b]	熔接处无分层、无开裂	试验温度	(150±2)℃	见 8.8
[a] 仅用于 A 型管材。 [b] 仅用于 B 型管材。					

7.5 力学性能

管材的力学性能应符合表 6 的要求。

表 6 管材的力学性能

<table>
<tr><th>序号</th><th colspan="2">项目</th><th colspan="2">要求</th><th colspan="2">试验参数</th><th>试验方法</th></tr>
<tr><td>1</td><td>环刚度/
(kN/m^2)</td><td>SN2
SN4
SN6.3
SN8
SN12.5
SN16</td><td colspan="2">≥2
≥4
≥6.3
≥8
≥12.5
≥16</td><td colspan="2">—</td><td>见 8.9</td></tr>
<tr><td>2</td><td colspan="2">冲击性能/%</td><td colspan="2">TIR≤10</td><td colspan="2">—</td><td>见 8.10</td></tr>
<tr><td>3</td><td colspan="2">环柔性</td><td colspan="2">试样无分层、无反向弯曲、无破裂,试样沿肋切割处开始的撕裂长度应小于 0.075DN/ID 或 75 mm(取较小值)</td><td>变形量</td><td>30 %</td><td>见 8.11</td></tr>
<tr><td>4</td><td colspan="2">蠕变比率/%</td><td colspan="2">≤4</td><td>—</td><td>—</td><td>见 8.12</td></tr>
<tr><td>5</td><td colspan="2">熔接处的拉伸力/N</td><td>
DN/ID<400 mm
400 mm≤DN/ID<600 mm
600 mm≤DN/ID<800 mm
800 mm≤DN/ID<2 000 mm
2 000 mm≤DN/ID<2 500 mm
DN/ID>2 500 mm</td><td>最小拉伸力:
380
510
760
1 020
1 428
2 040</td><td>拉伸速率</td><td>15 mm/min</td><td>见 8.13</td></tr>
</table>

7.6 系统适用性

管材与管材或管件连接后按表 7 进行系统适用性试验。

表 7 系统适用性要求

<table>
<tr><th>序号</th><th>项目</th><th colspan="2">试验参数</th><th>要求</th><th>试验方法</th></tr>
<tr><td rowspan="6">1</td><td rowspan="6">弹性密封圈
连接的密封性</td><td rowspan="3">条件 B
连接密封处变形:5%
管材形变:10%
温度:(23±2)℃</td><td>较低的内部静液压 5×10^{-3} MPa</td><td>无泄漏</td><td rowspan="6">见 8.14.1</td></tr>
<tr><td>较高的内部静液压 5×10^{-2} MPa</td><td>无泄漏</td></tr>
<tr><td>内部负压 -3×10^{-2} MPa</td><td>≤-2.7×10^{-2} MPa</td></tr>
<tr><td rowspan="3">条件 C
DN/ID≤300 mm,2°
400 mm≤DN/ID≤
600 mm,1.5°
DN/ID>600 mm,1°</td><td>较低的内部静液压 5×10^{-3} MPa</td><td>无泄漏</td></tr>
<tr><td>较高的内部静液压 5×10^{-2} MPa</td><td>无泄漏</td></tr>
<tr><td>内部负压 -3×10^{-2} MPa</td><td>≤-2.7×10^{-2} MPa</td></tr>
<tr><td>2</td><td>焊接或熔接
接头拉伸力[a]</td><td>拉伸速率</td><td>15 mm/min</td><td>最小拉伸力应符合
表 6 中序号 5 的要求</td><td>见 8.14.2</td></tr>
<tr><td colspan="6">[a] 适用于所有通过电熔焊接或挤出焊连接的管材。</td></tr>
</table>

8 试验方法

8.1 状态调节和试验环境

除另有规定外，试样应按 GB/T 2918—1998 的规定，在(23±2)℃环境中进行状态调节和试验，状态调节时间应不少于 24 h；当管材 DN/ID>500 mm 时，其状态调节时间应不小于 48 h。

8.2 颜色和外观

目测，内部可用光源照射。

8.3 尺寸

8.3.1 长度

按 GB/T 8806—2008 测定。

8.3.2 平均内径

按 GB/T 8806—2008 测定，在管材的同一横截面上，用精度不低于 1 mm 的量具测量管材的内径，每转动 45°测量一次，取至少 4 次测量结果的算术平均值，结果保留一位小数。

8.3.3 壁厚

按 GB/T 8806—2008 测定，沿管材圆周选择至少 4 个均布的点，用精度不低于 0.02 mm 的量具测量壁厚。

8.3.4 接合长度和熔接长度

按 GB/T 8806—2008 测定。

8.4 密度

按 GB/T 1033.1—2008 中方法 A 进行。取样位置为管材内、外壁或承插口端任一处(不包括辅助支撑结构)。

8.5 灰分

按 GB/T 9345.1—2008 中方法 A 的规定进行。

8.6 氧化诱导时间

按 GB/T 19466.6—2009 试验，应从管材内壁取样。

8.7 纵向回缩率

8.7.1 试样

按 GB/T 6671—2001 规定的方法 B 进行试验。从一根管材上不同部位切取三段试样，试样长度为(200±20)mm。管材 DN/ID<400 mm 时，可沿轴向切成两块大小相同的试块；管材 DN/ID≥400 mm 时，可沿轴向切成四块(或多块)大小相同的试块。

8.7.2 试验

将烘箱温度升至150 ℃时放入试样，试样放置时不得相互接触且不与烘箱壁接触。待烘箱温度回升到150 ℃时开始计时，维持烘箱温度(150±2)℃，试样在烘箱内加热时间如下：

——$e_c \leqslant 8$ mm时，30 min；

——$e_c > 8$ mm时，60 min。

8.8 烘箱试验

8.8.1 试样

从一根管材上不同部位切取三段试样，试样长度为(300±20)mm。管材DN/ID＜400 mm时，可沿轴向切成两个大小相同的试样；管材DN/ID≥400 mm时，可沿轴向切成四块(或多块)大小相同的试块。

8.8.2 试验步骤

将烘箱温度升至150 ℃时放入试样，试样放置时不得相互接触且不与烘箱壁接触。待烘箱温度回升到150 ℃时开始计时，维持烘箱温度(150±2)℃，试样在烘箱内加热时间如下：

——$e_4 \leqslant 8$ mm时，30 min；

——$e_4 > 8$ mm时，60 min。

注1：试样水平放置时，可在试样下铺垫一层滑石粉、细沙或小玻璃球。

注2：放入试样后，烘箱温度在15 min内重新回到试验温度范围，即(150±2)℃。

加热到规定时间后，从烘箱内将试样取出，冷却至室温，检查试样有无开裂和分层及其他缺陷。

注3：允许试样在空气中冷却，直至可用手触摸为宜。

注4：试验方法参见GB/T 8803—2001。

8.9 环刚度

按GB/T 9647—2015规定进行试验。当管材DN/ID＞500 mm时，从管材上截取一个试样，旋转120°试验一次，取三次试验结果的算术平均值。

8.10 冲击性能

对于管材DN/ID≤500 mm的试样，按GB/T 14152—2001试验。管材DN/ID＞500 mm时，可切块进行试验。试块尺寸为：长度(200±10)mm，内弦长(300±10)mm，B型管材至少保持一个完整的肋。试验时试验样块应外表面圆弧向上，两端水平放置在底板上，B型管材保证冲击点为肋的顶端。

按GB/T 14152—2001的规定进行，试验温度(0±1)℃，落锤型号d 90，冲锤的质量和冲击高度见表8。(若管材安装敷设温度在－10 ℃以下时，落锤质量和冲击高度见表9，该管材应标记一个冰晶[*]符号)。

表8 冲锤质量和冲击高度

公称尺寸DN/ID DN/ID	冲锤质量 kg	冲击高度 mm
150 mm＜DN/ID≤200 mm	2.0	2 000
200 mm＜DN/ID≤250 mm	2.5	2 000
250 mm＜DN/ID≤1 200 mm	3.2	2 000
DN/ID＞1 200 mm	4.0	2 000

表 9 寒冷条件下冲锤质量和冲击高度

公称尺寸 DN/ID DN/ID	冲锤质量 kg	冲击高度 mm
150 mm<DN/ID≤200 mm	10.0	500
200 mm<DN/ID≤1 200 mm	12.5	500
DN/ID>1 200 mm	16.0	500

观察管材试样，经冲击后产生裂纹，裂缝或试样破裂判为试样破坏，根据试样破坏数对照 GB/T 14152—2001 中图 2 和表 5 判定 TIR 值。

8.11 环柔性

按 GB/T 9647—2015 规定进行试验。

8.12 蠕变比率

按 GB/T 18042—2000 规定进行。试验温度(23±2)℃，根据试验结果，用计算法外推至两年的蠕变比率。

8.13 熔接处的拉伸力

按附录 C 中图 C.1 制备试样，按 GB/T 8804.3—2003 规定试验，拉伸速率为 15 mm/min。

8.14 系统适用性

8.14.1 弹性密封圈连接的密封性

按附录 D 规定进行。试验参数见表 7。

8.14.2 焊接或熔接接头拉伸力

按附录 C 中 C.2 制备试样，试样应在熔接处纵向切取，试样应包括连接处，在试样两端有足够的长度可以保证在拉伸试验时能夹持住。按 GB/T 8804.3—2003 规定进行试验，拉伸速率 15 mm/min。

9 检验规则

9.1 组批

同一原料、配方和工艺情况下生产的同一规格管材为一批，管材 DN/ID≤500 mm 时，每批数量不超过 60 t。如生产 7 天仍不足 60 t，则以 7 天产量为一批；管材 DN/ID>500 mm 时，每批数量不超过 300 t。如生产 30 天仍不足 300 t，则以 30 天产量为一批。

9.2 尺寸分组

按公称尺寸分组，表 10 给出了三个尺寸分组的规定。

表 10　尺寸分组

单位为毫米

尺寸组号	公称尺寸 DN/ID
1	DN/ID<1 200
2	1 200 ≤DN/ID≤2 000
3	DN/ID>2 000

9.3　出厂检验

9.3.1　出厂检验项目为 7.1～7.4 中规定的项目和 7.5 中环刚度、环柔性和熔接处的拉伸力试验。

9.3.2　7.1～7.3 的项目检验按 GB/T 2828.1—2012 规定采用正常检验一次抽样方案，取一般检验水平Ⅰ，接收质量限(AQL)4.0。抽样方案见表 11。

表 11　抽样方案

单位为根

批量范围 N	样本大小 n	合格判定数 Ac	不合格判定数 Re
≤15	2	0	1
16～25	3	0	1
26～90	5	0	1
91～150	8	1	2
151～280	13	1	2
281～500	20	2	3
501～1 200	32	3	4
1 201～3 200	50	5	6
3 201～10 000	80	7	8

9.3.3　在按 9.3.2 规定检验合格的管材中，随机抽取一根样品，进行 7.4 中密度、灰分、氧化诱导时间、纵向回缩率(A 型管材)或烘箱试验(B 型管材)、7.5 环刚度、环柔性和熔接处的拉伸力试验。

9.4　型式检验

型式检验项目为第 7 章规定的全部技术要求项目。

按 9.2 规定的尺寸分组中各选取任一规格管材，按 9.3.2 规定对 7.1～7.3 项目进行检验，在检验合格的管材中，随机抽取足够数量的样品，进行 7.4～7.6 中各项试验。一般每三年进行一次型式检验。若有以下情况之一，应进行型式检验：

a）新产品或老产品转厂生产的试制定型鉴定；

b）结构、材料、工艺有较大变动可能影响产品性能时；

c）产品停产一年以上恢复生产时；

d）出厂检验结果与上次型式检验结果有较大差异时。

9.5 判定规则

7.1、7.2、7.3 中，任一项不符合表 11 规定时，判该批为不合格。其他项目有一项达不到指标时，按 9.3.2 抽取的合格样品中再随机抽取双倍样品进行该项的复验，如仍不合格，判该批为不合格。

10 标志、运输和贮存

10.1 标志

产品上应有永久性标志，标志应至少包括表 12 所列内容，并清晰可见。

表 12 最少的标志内容

内容	标志或符号
制造商或商标	名称或符号
材料名称	如：PP
公称尺寸	如：DN/ID 800
环刚度等级	如：SN2
结构型式	如：B
MFR 分级[a]	如：MFR A
低温安装[b]	(冰晶)
生产日期	
本标准编号	GB/T 35451.2
短承口[c]	短承口

[a] 仅适用于熔接或挤出焊连接时。

[b] 适用于安装敷设温度在－10 ℃以下时。

[c] 本标志仅适用当 DN/ID≥600 mm，用于密封件连接的 A_{min} 长度小于表 3 规定的长度要求时。

10.2 运输

10.2.1 管材在装卸运输过程中，不应受剧烈撞击、摔碰和重压。

10.2.2 管径较小且质量轻的管材，可由人工装卸。管径较大的管材，需用机械装卸。当采用机械装卸管材时，管材上两吊点应在距离管两端约 1/4 管长处。

10.2.3 车、船底部与管材接触处应尽量平坦，并应有防止滚动和互相碰撞的措施，不应接触尖锐锋利物体，以免划伤管材。

10.3 贮存

管材存放场地应平整，堆放应整齐，堆放高度不超 4 m，远离热源，不宜曝晒。长时间在户外存放时，应增加相应防护措施。

附 录 A
（资料性附录）
聚丙烯（PP）材料特性

A.1 聚丙烯材料特性

本附录给出了PP材料的一般特性，见表A.1。

注：表A.1中给出了满足一般设计需求的参考值。实际中，若需要更精准的参考值，由管材制造商提供相关参考资料。

表 A.1 管材和管件材料一般性能

性能	试验方法	典型值	单位
线性热膨胀系数	ISO 11359-2	1.4×10^{-4}	$mm\cdot mm^{-1}\cdot K^{-1}$
热传导性	GB/T 10295—2008	0.2	$W\cdot K^{-1}\cdot m^{-1}$
比热容	GB/T 19466.4—2016	2 000	$J\cdot kg^{-1}\cdot K^{-1}$
表面电阻	GB/T 1410—2006	$>10^{12}$	Ω
泊松比	GB/T 1040.2—2006	0.4	—
熔点区间	GB/T 19466.3—2004	160～170	℃

A.2 耐化学性能

PP材料的耐化学性能参见ISO/TR 10358。

附　录　B
（资料性附录）
管件性能与典型结构

B.1　物理力学性能

符合本部分管件一般具有表 B.1 性能。

表 B.1　管件物理力学性能

序号	项目	要求	试验参数	试验方法
1	环刚度	管件应不低于与其配合使用的管材环刚度等级	—	见 8.9
2	烘箱试验	加工管件所用管材应符合表 5 要求	—	见 8.8
注：用管材二次加工制成的管件视为与使用管材具有相同的环刚度等级。				

B.2　系统适用性

符合本部分的管件一般具有表 B.2 性能。

表 B.2　系统适用性要求

序号	项目	要求	试验参数		试验方法
1	密封性[a]	无渗漏	持续水压 试验时间	0.05 MPa ≥1 min	EN 1053
[a] 仅适用于多部件形成的组件。密封圈固定组件不作为试样。					

B.3　管件典型示意图

B.3.1　弯头

典型的弯头如图 B.1 所示。

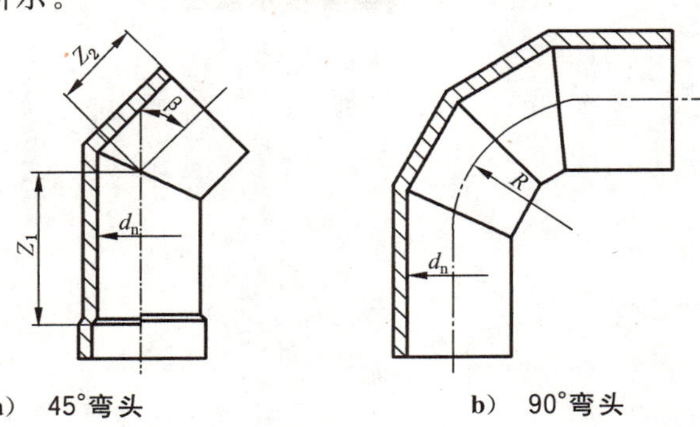

a）45°弯头　　b）90°弯头

图 B.1　典型的弯头示意图

B.3.2 三通

典型的三通如图 B.2 所示。

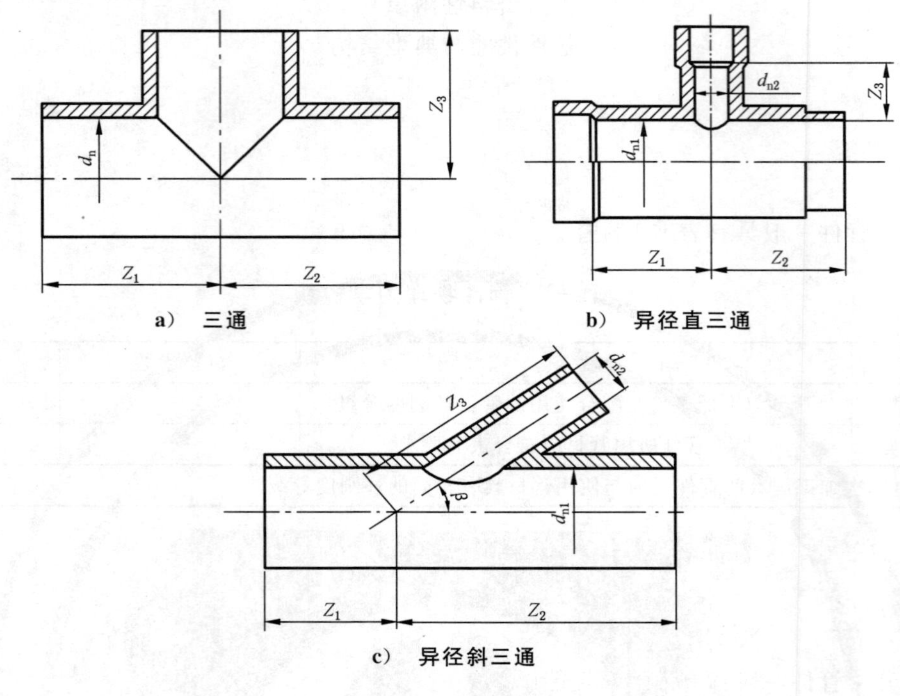

图 B.2 典型三通示意图

B.3.3 管堵

典型的管堵如图 B.3 所示。

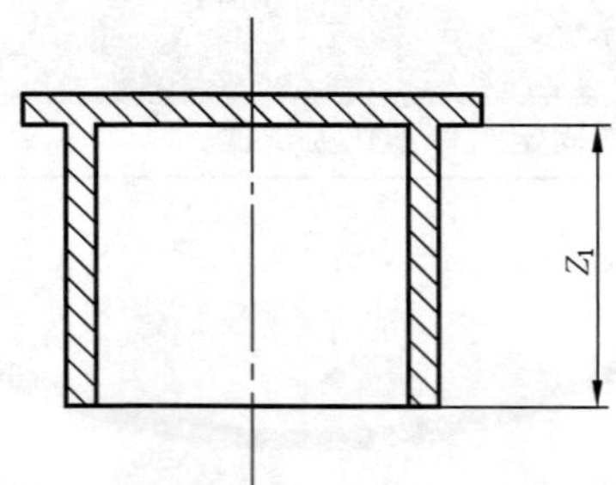

图 B.3 典型管堵示意图

附　录　C
（规范性附录）
熔接处的拉伸力和焊接或熔接连接接头的拉伸力试验样品的制备方法

C.1　试样的形状和尺寸

熔接处的拉伸力试样的形状和尺寸如图 C.1 所示，焊接或熔接连接的拉伸应力试样的形状和尺寸如图 C.2 所示，试样应包括整个管材壁厚(结构壁高度)。

单位为毫米

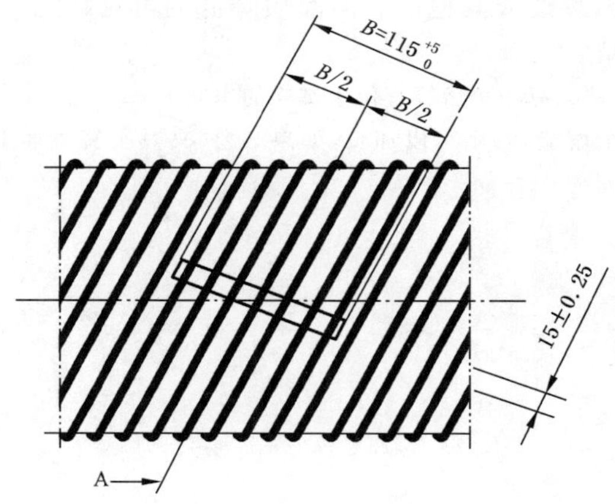

说明：

A ——熔缝；

B ——样条长度。

图 C.1　熔接处的拉伸力制备试样的尺寸和取样位置

单位为毫米

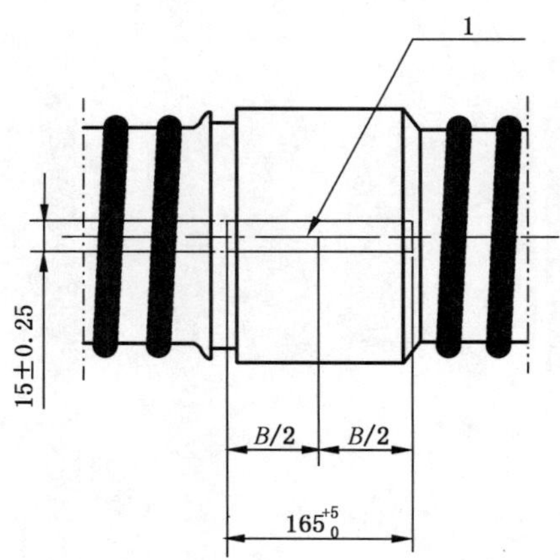

说明：

1 ——熔接区；

B——样条长度。

图 C.2　焊接或熔接连接的拉伸力制备试样的尺寸和取样位置

C.2 试样制备

C.2.1 取样

管材生产至少 15 h 后方可取样，将管材圆周五等分，在每等分上切取一个矩形样条，加工至试样要求尺寸。试样不应因加工造成熔融或遭受冲击损伤。

C.2.2 试样尺寸的修整

如果切割下的试样的尺寸与图 C.1 不符，试样的尺寸可进行修整，修整中应注意：

a) 避免试样熔融或过度发热；

b) 试样表面不应有损伤，裂痕或其他使表面品质降低的可见缺陷。

注 1：任何偏差都会影响拉伸结果。

注 2：如果试样上有许多熔缝，那么有一个熔缝宜位于试样的中间。

注 3：在拉伸范围内至少有一个熔缝，否则可以加长，如果必要，夹具夹持表面上的熔缝可以去掉，或用专用夹具夹持。

附 录 D
(规范性附录)
弹性密封圈接头的密封试验方法

D.1 概述

本试验方法规定了3种基本试验方法和试验条件,用以评定埋地用热塑性塑料管道系统弹性密封接头的密封性能。

D.2 试验方法分类

D.2.1 总则

试验方法分为以下三类:

——方法1:用较低的内部静液压评定密封性能;

——方法2:用较高的内部静液压评定密封性能;

——方法3:内部负压(局部真空)。

D.2.2 内部静液压试验

D.2.2.1 原理

将管材和(或)管件组装起来的试样,对试样施加较低的内部静液压 P_1(方法1)来评定其密封性能。需要时,在完成上述试验后,接着再施加较高的内部静液压 P_2(方法2)来评定其密封性能(见D.2.2.4.4)。

试验加压要维持一个规定时间,在此时间应检查接头是否泄漏(见D.2.2.4.5)。

D.2.2.2 设备

D.2.2.2.1 端密封装置

具备合适的结构与尺寸,能可靠密封组合试样的非连接端。

D.2.2.2.2 静液压源

连接到一端的密封装置上,并能够施加和维持规定的压力(见D.2.2.4.5)。

D.2.2.2.3 排气阀

能够排放组装试样中的气体。

D.2.2.2.4 压力测量装置

能够检查试样压力是否符合规定的要求(见D.2.2.4)。

注:为减少用水总量,可在试样内放置一根密封管或芯棒。

D.2.2.3 试样

试样由一节或几段管材和(或)一个或几个管件组装成,至少含一个弹性密封圈接头。被试验的接头应按照制造厂家的要求进行装配。

D.2.2.4 试验

D.2.2.4.1 水温

试验水温为(23±2)℃。

D.2.2.4.2 安装

将试样安装在试验设备上。

D.2.2.4.3 试验记录

根据D.2.2.4.4和D.2.2.4.5进行试验时，观察试样是否泄漏。并在试验过程中和结束时记下任何泄漏或不泄漏的情况。

D.2.2.4.4 试验压力

按以下方法选择试验压力：

——方法1：较低的内部静液压试验压力 P_1 为 $0.005\times(1\pm10\%)$ MPa；

——方法2：较高的内部静液压试验压力 P_2 为 $0.05\times(1^{+10\%}_{0})$ MPa。

D.2.2.4.5 试验方法

在组装试样中装满水，并排放掉空气，为保证温度均匀，直径 d_e 小于400 mm的管应将其放置至少5 min，更大口径的管放置至少15 min。在不小于5 min的期间逐渐将静液压力增加到规定试验压力 P_1 或 P_2，并保持压力至少15 min，或者到因泄漏而提前中止。

D.2.2.4.6 后处理

在完成了所要求的承压时间后，减压并排放掉试样中的水。

D.2.3 内部负压试验(局部真空)

D.2.3.1 原理

使几段管材和(或)几个管件组装成的试样承受规定的内部负压(局部真空)经过一段规定的时间，在此时间内通过检测压力的变化来评定接头的密封性能。

D.2.3.2 设备

设备(见图D.1)应至少符合D.2.2.2.1和D.2.2.2.4中规定的设备要求，并包含一个负气压源和可以对规定的内部负压测定的压力测量装置(见D.2.3.4.3和D.2.3.4.6)。

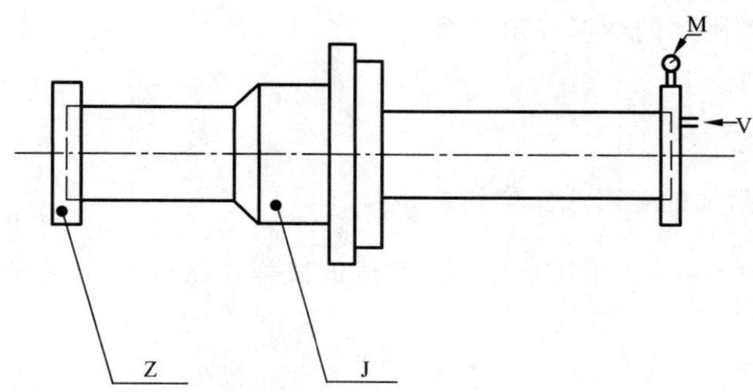

说明：

J ——试验状态下的接头；

M——压力表；

V ——负气压；

Z ——端密封装置。

图 D.1 内部负压试验的典型示意图

D.2.3.3 试样

试样由一段或几段管材和(或)一个或几个管件组装成，至少含一个弹性密封圈接头。被试验的接头应按照制造厂家的要求进行装配。

D.2.3.4 步骤

D.2.3.4.1 水温

下列步骤在环境温度为(23±5)℃的范围内进行，在按照 D.2.3.4.5 试验时温度的变化不可超过 2 ℃。

D.2.3.4.2 安装

将试样安装在试验设备上。

D.2.3.4.3 试验压力

试验压力采用方法 3：内部负压(局部真空)试验压力 P_3 为−0.03×(1±5%)MPa。

D.2.3.4.4 初始气压

按照 D.2.3.4.3 的规定使试样承受一个初始负压 P_3。

D.2.3.4.5 试验方法

将负气源与试样隔离。测量内部负压，15 min 后确定并记下局部真空的损失。

D.2.3.4.6 试验记录

记录局部真空的损失是否超出内部负压 P_3 的规定要求。

D.3 试验条件

D.3.1 条件分类

试验条件分类如下：

——条件 A:没有任何附加的变形或角度偏差;
——条件 B:存在径向变形;
——条件 C:存在角度偏差。

D.3.2 条件 A:没有任何附加的变形或角度偏差

由一段或几段管材和(或)一个或几个管件组装成的试样在试验时,不存在由于变形或偏角分别作用到接头上的任何应力。

D.3.3 条件 B:径向变形

D.3.3.1 原理

在进行所要求的压力试验前,管材和(或)管件组装成的试样已受到规定的径向变形。

D.3.3.2 设备

设备应能够同时在管材上和另外在连接密封处产生一个恒定的径向变形,并增加内部静液压(见图 D.2)。设备应符合 D.2.2.2 和 D.2.3.2。具体如下:

a) 机械式或液压式装置,作用于沿垂直于管材轴线的垂直面自由移动的压块,能够使管材产生必需的径向变形(见 D.3.3.3),对于直径大于或等于 400 mm 管材,每一对压块应是椭圆形的,以适合管材变形到所要求的值时预期的形状,或者配备能够适合变形管材形状的柔性带或橡胶垫。

压块宽度 b_1,根据管材外径,规定如下:
——$d_e \leqslant 710$ mm 时,$b_1 = 100$ mm;
——710 mm$< d_e \leqslant$1 000 mm 时,$b_1 = 150$ mm;
——$d_e >$1 000 mm 时,$b_1 = 200$ mm。
承口端与压块之间的距离为 $0.5d_e$ 或者 100 mm,取其中的较大值。
对于有外部肋的结构壁管材,压块应至少覆盖两条肋。

b) 机械式或液压式装置,作用于沿垂直于管材轴线的垂直面自由移动的压块。能够使连接密封处产生必需的径向变形(见 D.3.3.3)。

压块宽度 b_2,根据管材外径,规定如下:
——$d_e \leqslant 110$ mm 时,$b_2 = 30$ mm;
——110 mm$< d_e \leqslant 315$ mm 时,$b_2 = 40$ mm;
——$d_e > 315$ mm 时,$b_2 = 60$ mm。

c) 夹具,必要时,试验设备可用夹具固定端密封装置,抵抗内部试验压力产生的端部推力。在其他情况下,设备不可支撑接头抵抗内部的测试压力。

图 D.2 所示为允许有角度偏差(D.3.4)的典型设置。

对于密封圈(一个或几个)放置在管材端部的接头,连接密封处径向变形装置的压块位置应使得压块轴线与密封圈(一个或几个)的中线对齐,除非密封圈位置使装置的压块边缘与承口端部不足25 mm,在这种情况下,压块的边缘应放置到使 L_1 至少为 25 mm,如果可能(例如,承口长于 80 mm),L_2 至少也为 25 mm(见图 D.3)。

D.3.3.3 步骤

使用机械式或液压式装置,对管材和连接密封处施加必需的压缩力 F_1 和 F_2(见图 D.2),从而形成管材变形(10±1)%、连接密封处变形(5±0.5)%,造成最小相差是管材公称外径的 5%的变形。

D.3.4 条件 C:角度偏差

D.3.4.1 原理

在进行所要求的压力试验前,由管材和(或)管件组装成的试样已受到规定的角度的偏差。

D.3.4.2 设备

设备应符合 D.2.2.2 和 D.2.3.2 的要求。另外它还应能够使组装成的接头达到规定的角度偏差(见 D.3.4.3),图 D.2 所示为典型示意图。

D.3.4.3 步骤

角度偏角 α 如下:

——$d_e \leqslant 315$ mm 时,$\alpha = 2°$;

——315 mm$< d_e \leqslant 630$ mm 时,$\alpha = 1.5°$;

——$d_e > 630$ mm 时,$\alpha = 1°$。

如果设计连接允许有角度偏差 β,则试验角度偏转是设计允许角度偏差 β 和角度偏差 α 的总和。

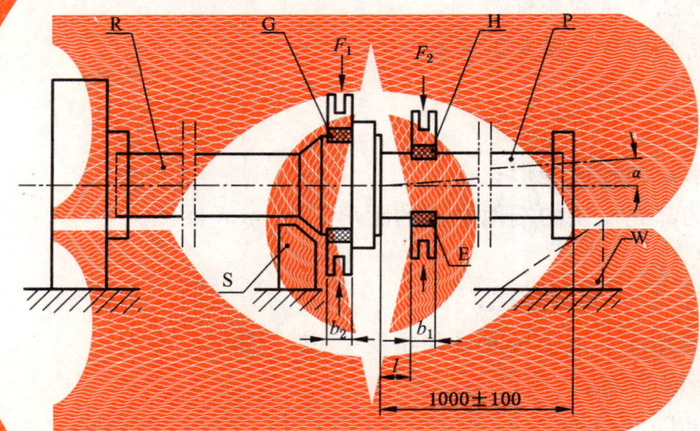

说明:

E ——柔性带或椭圆形压块;
G ——连接密封处变形的测量点;
H ——管材变形的测量点;
P ——管材;
R ——管材或管件;
S ——承口支撑;
W ——可调支撑;
α ——角度偏差;
F_1,F_2——压缩力;
b_1,b_2 ——夹块宽度。

图 D.2 产生径向变形和角度偏差的典型示意图

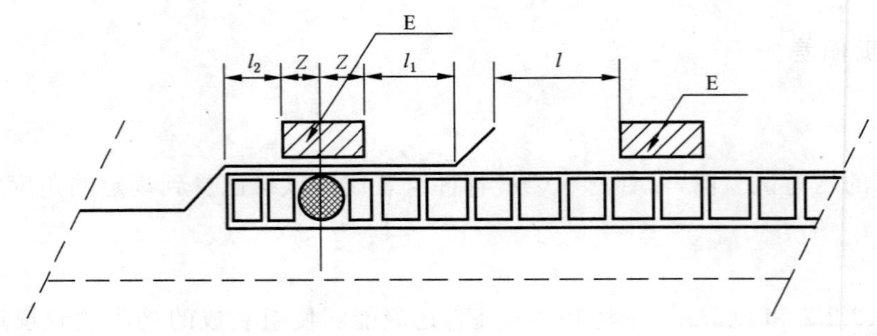

说明：

E——柔性带或椭圆形压块。

图 D.3 在连接密封处压块的定位

D.4 试验报告

试验报告应包括下列内容：

a) GB/T 35451.2—2018 的本附录。

b) 选择的试验方法及试验条件。

c) 管件、管材、密封圈以及接头的名称。

d) 以摄氏度标注的室温 T。

e) 在试验条件 B 下：

——管材和承口的径向变形；

——从承口端部到压块的端面之间的距离 l，以 mm 标注。

f) 在测试条件 C 下：

——受压的时间，以 min 标注；

——设计连接允许有角度偏差 β 和角度 α，以(°)标注。

g) 试验压力，以 MPa 标注。

h) 受压的时间，以 min 标注。

i) 如有泄漏，报告泄漏的情况以及泄漏发生时的压力值；或者是接头没有出现泄漏的报告。

j) 可能会影响测试结果的任何因素，比如本附录中未规定的意外或任意操作细节。

k) 试验日期。

参 考 文 献

[1] GB/T 1410 固体绝缘材料体积电阻率和表面电阻率试验方法

[2] GB/T 8803—2001 注射成型硬质聚氯乙烯(PVC-U)、氯化聚氯乙烯(PVC-C)、丙烯腈-丁二烯-苯乙烯三元共聚物(ABS)和丙烯腈-苯乙烯-丙烯酸盐三元共聚物(ASA)管件 热烘箱试验方法

[3] GB/T 10295—2008 绝热材料稳态热阻及有关特性的测定 热流计法

[4] GB/T 19466.3—2004 塑料 差示扫描量热法(DSC) 第3部分:熔融和结晶温度及热焓的测定(ISO 11357-3:1999,IDT)

[5] GB/T 19466.4—2016 塑料 差示扫描量热法(DSC) 第4部分:比热容的测定

[6] ISO/TR 10359 Plastics pipes and fittings—Combined chemical-resistance classification table

[7] ISO 11359-2 Plastics—Thermomechanical analysis(TMA)—Part 2:Determination of coefficient of linear thermal expansion and glass transition temperature

[8] EN 1053 Plastics piping systems—Thermoplastics piping systems for non-pressure applications—Test method for watertightness

ICS 27.180
F 11

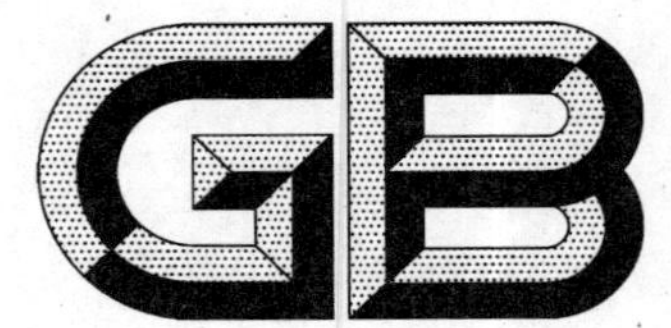

中华人民共和国国家标准

GB/T 35792—2018/IEC 61400-22:2010

风力发电机组　合格测试及认证

Wind turbines—Conformity testing and certification

(IEC 61400-22:2010, Wind turbines—
Part 22: Conformity testing and certification, IDT)

2018-02-06 发布　　　　2018-09-01 实施

中华人民共和国国家质量监督检验检疫总局
中国国家标准化管理委员会　发布

前　言

本标准按照 GB/T 1.1—2009 给出的规则起草。

本标准使用翻译法等同采用 IEC 61400-22:2010《风力发电机组　第 22 部分:合格测试及认证》。

与本标准中规范性引用的国际文件有一致性对应关系的我国文件如下:

——GB/T 2900.53—2001　电工术语　风力发电机组(idt IEC 60050-415:1999);

——GB/T 17646—2017　小型风力发电机组(IEC 61400-2:2013,IDT);

——GB/T 18346—2001　各类检查机构能力的通用要求(idt ISO/IEC 17020:1998);

——GB/T 18451.1—2012　风力发电机组　设计要求(IEC 61400-1:2005,IDT);

——GB/T 18451.2—2012　风力发电机组　功率特性测试(IEC 61400-12-1:2005,IDT);

——GB/T 20320—2013　风力发电机组　电能质量测量和评估方法(IEC 61400-21:2008,IDT);

——GB/T 22516—2015　风力发电机组　噪声测量方法(IEC 61400-11:2012,IDT);

——GB/T 25384—2010　风力发电机组　风轮叶片全尺寸结构试验(IEC 61400-23:2001,MOD);

——GB/T 27021—2007　合格评定　管理体系审核认证机构的要求(ISO/IEC 17021:2006,IDT);

——GB/T 27025—2008　检测和校准实验室能力的通用要求(ISO/IEC 17025:2005,IDT);

——GB/T 27065—2004　产品认证机构通用要求(ISO/IEC Guide 65:1996,IDT)

本标准做了下列编辑性修改:

——修改了标准名称。

本标准由中国机械工业联合会提出。

本标准由全国风力机械标准化技术委员会(SAC/TC 50)归口。

本标准起草单位:北京鉴衡认证中心有限公司、中国农业机械化科学研究院呼和浩特分院、国华能源投资有限公司、新疆金风科技股份有限公司、国电联合动力技术有限公司、上海电气风电设备有限公司、浙江运达风电股份有限公司、华锐风电科技(集团)股份有限公司、歌美飒风电(天津)有限公司、中国农业机械工业协会、美泽风电设备制造(内蒙古)有限公司、中国船级社、中国质量认证中心、中国电力科学研究院、上海天祥质量技术服务有限公司。

本标准主要起草人:杨洪源、王建平、高辉、唐浩、冯健、刘琦、王青、马文勇、王文玥、庄岳兴、田野、李跃进、康巍、秦世耀、刘磊、周新亮。

引　言

本标准规定了满足风力发电机组和风电场标准和技术要求的风力发电机组合格测试及认证的规则和程序。目的是促进测试结果的参与者和发布证书的参与者的相互认可，以获得国家级和符合风力发电机组 IEC 61400 系列标准和技术要求的认证证书。

本标准的认证程序形成了一个关于风力发电机组型号、主要部件型号和在特定场址的一台或多台风力发电机组的完整第三方符合性评估。

本标准除了设计验证和测试，还通过检查供应商质量体系和质量计划，审查样品测试，对供应商的质量体系的资质和日常监督进行识别和评估。本标准相对于其他标准有利于让认证申请人用更少的步骤获得认证证书或国家批准。

风力发电机组　合格测试及认证

1　范围

本标准定义了风力发电机组认证体系的规则和程序,包括型式认证和安装于陆上或海上的风力发电项目认证。该认证体系制定了风力发电机组和风电场合格评估程序和管理的规则,合格评估依据有关标准和相关技术要求进行,涉及风力发电机组安全性、可靠性、特性、测试以及与电网的相容性。

本标准提供:

——风力发电机组认证过程要素的定义;

——风力发电机组认证体系合格评估的程序;

——合格监督的程序;

——合格评估需申请人提交文档的原则;

——认证、检查机构以及检测实验室的要求。

本规则和程序对风力发电机组的尺寸和类型不做限定,小型风力发电机组还需适用特定的规则和程序。某些认证要素是强制的,其他专项要素是可选的。对于型式认证,本标准描述的程序涉及合格测试、设计、制造,以及运输、吊装、安装和维护计划。认证程序包含载荷和安全性评估、测试、特性测量和制造监督。对于项目认证,本标准描述的程序涉及项目中特定风力发电机组和支撑结构/基础设计是否合适,以及运输、安装、调试、运行和维护的评估。认证程序依据文档中所有模块进行评估,例如场址条件,特定场址部件设计,制造、运输、安装和运行的监督。

本标准的目的是提供一个风力发电机组和风力发电项目认证的通用基础,包括执行机构(认证机构、检查机构和检测实验室)的认可基础和认证证书的相互认可。

本标准宜结合第2章中提到的IEC/ISO标准及相应的国家标准使用。

2　规范性引用文件

下列文件对于本文件的应用是必不可少的。凡是注日期的引用文件,仅注日期的版本适用于本文件。凡是不注日期的引用文件,其最新版本(包括所有修改单)适用于本文件。

注:任何早期或被撤销的规范性文件与本标准一起使用时,都在认证协议(见6.2)、符合性声明和证书中作出说明。

GB/T 19001—2008　质量管理体系要求(ISO 9001:2008,IDT)

GB/T 31517—2015　海上风力发电机组　设计要求(IEC 61400-3:2009,IDT)

IEC 60034(所有部分)　电机(Rotating electrical machines)

IEC 60050-415　电工术语　第415部分:风力发电机组(International electrotechnical vocabulary—Part 415: Wind turbine generator systems)

IEC 61400(所有部分)　风力发电机组(Wind turbines)

IEC 61400-1　风力发电机组　设计要求(Wind turbines—Part 1:Design requirements)

IEC 61400-2　风力发电机组　第2部分:小型风力发电机组　设计要求(Wind turbines—Part2: Design requirements for small wind turbines)

IEC 61400-11　风力发电机组　第11部分:噪声测量方法(Wind turbine generator system—Part 11:Acoustic noise measurement techniques)

IEC 61400-12-1　风力发电机组　第12-1部分:功率特性测试(Wind turbines—Part 12-1:Power performance measurements of electricity producing wind turbines)

IEC 61400-13 风力发电系统 第 13 部分:机械载荷测量(Wind turbine generator systems—Part 13: Measurement of mechanical loads)

IEC 61400-21 风力发电机组 第 21 部分:电能质量测量和评估方法(Wind turbines—Part 21: Measurement and assessment of power quality characteristics of grid connected wind turbines)

IEC 61400-23 风力发电机组 第 23 部分:风轮叶片全尺寸结构试验(Wind turbine generator systems—Part 23:Full-scale structural testing of rotor blades)

IEC 61400-24 风力发电机组 第 24 部分:雷电保护(Wind turbines—Part 24: Lightning protection)

ISO/IEC 17020 各类检查机构能力的通用要求(General criteria for the operation of various types of bodies performing inspection)

ISO/IEC 17021 合格评定 管理体系审核认证机构的要求(Conformity assessment—Requirements for bodies provding audit and certification of management systems)

ISO/IEC 17025 检测和校准实验室能力的通用要求(General requirements for the competence of testing and calibration laboratories)

ISO/IEC Guide 2:标准化及其规范活动 通用词汇(Stadardization and related activities—General vocabulary)

ISO/IEC Guide 65 实施产品认证制度的机构的基本要求(General requirements for bodies operating product certification systems)

ISO 81400-4:2005[1)] 风力发电机组 第 4 部分:齿轮箱的设计和规范(Wind turbines—Part 4: Design and specification of gearboxs)

3 术语和定义

ISO/IEC Guide 2 和 IEC 60050-415 界定的以及下列术语和定义适用于本文件。

3.1

认可 accreditation

权威组织正式承认某机构能公正地且技术上有能力完成指定任务,如认证、检测以及特定型式的试验。

注:认可的获得需通过能力评估,并接受适当的监督。

3.2

申请人 applicant

申请认证的实体。

3.3

证书持有人 certificate holder

证书签发后,持有认证证书的实体。

注:该实体可能不是原始申请人,尽管如此持有人应对保持证书的有效性负责。

3.4

认证 certification

第三方对其产品、过程或服务符合指定要求而出具书面证明的程序,属于合格评估的一种。

1) 此标准已被 IEC 61400-4 替代。

3.5

认证机构　certification body

实施合格认证的机构。

3.6

认证体系　certification system

具备认证的特定程序和管理规则的体系。

3.7

调试　commissioning

包含功能安全检查及风力发电机组并网投入运行的过程。

3.8

符合性声明　conformity statement

认证机构在完成认证模块评估的基础上发布的证书。

声明包括接受者标志、对象、主要参考标准、评估和测量参考报告、有效期和认证机构。

3.9

符合性评估　evaluation for conformity

对产品、过程或服务满足特定要求程度的系统审查。

3.10

最终评估报告　final evaluation report

包含型式认证相关的合格评估结论的报告，它是决定签发型式认证证书的基础。

3.11

检查　inspection

通过测量、观测、测试或计量有关特性参数，对产品、过程或服务满足指定要求程度的系统考核。

3.12

安装　installation

包括现场制造、装配、吊装。

3.13

制造　manufacture

包括在车间或工厂里进行的制造和组装的过程。

3.14

制造商　manufacturer

从事风力发电机组或风力发电机组主要零部件制造的实体。

3.15

变更　modification

在已有的风力发电机组上进行原始设计或规格的变化。

3.16

执行机构　operating body

实施认证、检测和检查的机构。

3.17

项目认证证书　project certificate

完成了项目认证签发的证书。

3.18

项目认证　project certification

认证机构对一个或多个特定的包含支撑结构的风力发电机组，及可能的符合特定场址要求的其他装置签发书面保证的过程。

3.19

风轮机舱组件 rotor nacelle assembly

风力发电机组通过支撑结构(见 3.22)支起的部分。

3.20

修复 repair

修理单元或部件恢复原始设计/规格。

3.21

更换 replacement

替换单元或部件符合原始设计/规格。

3.22

支撑结构 support structure

风力发电机组的一部分,包括塔筒、下部结构和基础,见 GB/T 31517—2015 图 1。

3.23

监督 surveillance

通过对程序、产品和服务的状态进行持续监控、验证以及分析有关文件记录,以保证特定要求得到满足。

3.24

型式认证证书 type certificate

完成了型式认证后签发的证书。

3.25

型式认证 type certification

由认证机构对某一型号风力发电机组满足指定要求而出具书面保证的程序。

3.26

型式测试 type testing

按照特定程序对某一型号风力发电机组进行的测试。

3.27

风力发电机组型号 wind turbine type

具有相同设计、使用相同的材料和主要零部件,采用统一的制造工艺,且通过一定的机械参数值或范围、设计条件进行唯一描述的风力发电机组。

4 符号和缩略语

4.1 符号

IEC 61400-1 中确立的符号适用于本文件。

4.2 缩略语

下列缩略语适用于本文件。

RNA——风轮机舱组件(Rotor/Nacelle Assembly)

SWT——小型风力发电机组[Small Wind Turbine(s)]

WT——风力发电机组[Wind Turbine(s)]

5 执行机构的认可

5.1 通则

执行机构应满足 ISO/IEC 17020、ISO/IEC 17021、ISO/IEC 17025、ISO/IEC Guide 65 的有关要求，并以公正的态度承担风力发电机组认证体系中的相应工作。

5.2 认可

执行机构应通过已得到国际性评估的国内或国际认可机构的认可，从而可以促进认证证书及测试结果的国际互认，并且可以增强该机构能力和公正性的公信力。

5.3 互认协议

执行机构间应尽可能就它们的工作结果达成多边的互认协议，如测试结果、质量体系认证等，这种互认协议的建立应参照本标准的有关要求。

当执行机构由同一个认可机构认可，或由存在互认协议的不同认可机构认可时，就为在认可范围内开展工作的互认奠定了充分的基础。

基于认可的互认协议不能建立时，执行机构间互认协议应包括：

——协议适用范围；

——风力发电机组认证体系中无限制接受部分的详细说明；

——签署人的身份和法律地位；

——互相进行工作监督的协议；

——处理投诉和申诉的程序；

——各方责任规定；

——详细的沟通方式；

——保密和安全承诺；

——参与互认的机构签发的注册证书、符合性声明、测试报告的维护程序。

5.4 咨询委员会

依据本标准进行型式认证和项目认证的认证机构，应依据章程建立联合咨询委员会，委员会将为各执行机构提供工作建议。建议的范围有：

——协调认证文档要求；

——互认；

——程序和要求修正的必要性；

——符合性评定文档程序和要求的解释；

——技术要求的解释。

咨询委员会会议得出的建议应提供给认可机构或其他相关委员会。

6 认证体系的管理

6.1 概述

本认证体系应按照 ISO/IEC Guide 65 的要求进行管理和运行。对于项目认证和样机认证，认证体系可以按照 ISO/IEC 17020 的要求进行管理和运行，在这种情况下，8.3 或 9.5 中认证体系要素可以按照 ISO/IEC Guide 65 的要求进行管理。

6.2 认证协议

认证机构应基于本标准的规则准备风力发电机组或风电场项目的认证工作，认证机构的服务应面对所有申请人且提供认证服务时不应提出不适当的财务或其他条件要求。

在认证工作开始前，申请人和认证机构应签订认证协议，协议除了财务和其他通常合同条款外，还应包括：

——认证的范围；

——协作机构（检查机构、检测机构）的名称，其认可资质和责任；

——符合性评估所依据的 IEC 61400 及其他技术要求；

——申请人应提交供评估使用的文档范围的描述，例如附录 A：设计文件清单；

——事故调查和报告的条件。

6.3 证书和符合性声明的签发

认证体系包括证书和符合性声明的签发。

证书和符合性声明的签发是基于对风力发电机组技术文件的评估以及检查、监督或检测的结果（如适用），评估的结果应形成最终报告。证书和符合性声明应在对评估报告的完整性和正确性进行评定的基础上签发。

如存在对认证对象主要安全无重大影响的遗留问题，认证机构可以签发具有有效期限的临时证书或符合性声明，并在有效期限内对遗留问题进行评估和验证。

证书和符合性声明应明确评估的范围、风力发电机组、供应商、设计条件和依据的规范、标准和其他技术要求。

附录 B 中的样本给出了一种适用的格式和至少应包含的内容。

6.4 相关文件的安全性

认证机构应将所有接收到的用于认证或符合性声明的资料建立档案。该档案应予以妥善保管并执行严格的访问限制。为了评估后续收到的材料或确定最近签发的证书是否失效，档案资料的保存期限至少到评估对象设计生命周期以后 5 年。随后所有资料和复印件应退回申请人或进行书面登记后销毁。

6.5 证书的有效、保持和过期

6.5.1 概述

证书有效性和(/或)复审或监督的周期应在证书上有明确的标识。型式认证证书、部件认证证书以及相关的符合性声明的有效期不应超过 5 年。样机认证证书的有效期不应超过 3 年。

对于存在遗留问题的临时性证书或符合性声明，有效期不应超过 1 年，在此期间所有遗留问题应被申请人记录并被认证机构评估。

项目认证证书对于特定场址的装置长期有效，对于存在遗留问题的临时性证书或符合性声明的有效期不应超过 1 年，在此期间所有遗留问题应被申请人记录并被认证机构评估。

6.5.2 型式认证证书的保持

为了保持证书的有效性，申请人和认证机构应满足以下要求：

——认证申请人应提供被认证风力发电机组的年度报告给认证机构进行复审，报告应包括安装风力发电机组的信息、非正常运行经历、证书持有人所知的故障和任何细小的修改；

——认证申请人应及时向认证机构报告认证产品的主要修改并提供相应的设计文档、程序、说明或进程，如果证书持有人想要在这种情况下保持或延长证书有效期，应更新修改所影响的文档；

——认证机构应进行周期性监督以检查生产的风力发电机组和认证的风力发电机组的一致性，监督要求应符合 ISO/IEC Guide 65。如果产品进入批量化生产，监督周期一般不超过 2.5 年。这种监督应在最近安装的风力发电机组或制造厂进行。监督的范围应明显小于型式认证中检查的范围。如果申请人的质量体系没有通过 GB/T 19001—2008 认证，认证机构每年应至少进行一次验证，验证所制造的风力发电机组持续符合认证设计。这种验证应遵照 8.5.2 和 8.5.3 的要求。

6.5.3 项目认证证书的保持

项目认证证书是为在签发日的证书上指定的特定场址安装的风力发电机组以及附加装置签发的。

认证机构可以根据 9.16 进行运行和维护监督，以证明运行和维护是按照经认证的运行和维护手册定期执行的。在这种情况下，场址和风力发电机组的主要修改应及时报告给认证机构。

为了重新签发项目认证证书，申请人和认证机构应遵循以下要求：

——申请人应准备一个关于认证项目的年度报告给认证机构进行复审。报告应包含在现场已安装的风力发电机组和附加装置的信息，证书持有人所知的不正常运行经历和细小的修改。

——申请人应及时将认证项目的主要修改报告给认证机构，如果证书持有人想要在这种情况下更新证书，应更新修改所影响的文档。

——认证机构应依据 9.16 进行运行和维护监督，检查特定的风力发电机组或者特定场址的风力发电机组项目的运行和维护是否与相关设计文档的要求一致，监督和维护检查应满足 ISO/IEC Guide 65 的要求。周期原则上不超过 2.5 年。

6.5.4 遗留问题处理

对没有安全方面影响的遗留问题和未批量生产的制造商，可以签发临时性证书或相关的符合性声明。

遗留问题应限于：

——在有效期(最大 1 年)内无安全隐患的事项；

——与手册和质量控制程序定稿相关的事项。

如果一个项目认证证书的签发是基于带有遗留问题的临时型式认证证书，证书持有人应将型式认证证书签发机构关于遗留问题的评估和验证告知项目认证证书签发机构。

如果一个项目认证证书的签发是基于带有遗留问题的临时型式认证证书，项目认证机构应根据型式认证机构对遗留问题验证的结果评估项目变化的必要性，需进行的任何变化应告知项目所有者。

6.6 纠正措施

如果日志数据或其他引起证书持有人关注的信息显示风力发电机组或风电场项目不能按照设计参数和/或认证证书相关的其他准则要求工作时，应及时通知认证机构。

证书持有人得知涉及风力发电机组、风电场项目或周围环境的安全事故应及时告知认证机构。

初步评估后，如果认证机构确定有影响风力发电机组安全运行的严重缺陷存在，应立即暂停证书。待认证机构对缺陷进行充分评估后决定是否重新确认证书有效或取消证书。

7 认证内容

7.1 概述

本标准规定的认证程序包含了由第三方对风力发电机组型号、主要部件型号或特定风电场的一台或多台风力发电机组的合格认证工作，包括了从设计评估到调试及运行的监督。评估结果可签发下述证书之一：

——型式认证证书；

——项目认证证书；

——部件认证证书；

——样机认证证书。

型式认证证书涉及风力发电机组产品本身的各个方面，包括塔架以及塔架与基础之间预期的连接形式，同时也包括在风力发电机组设计时提出的对基础的要求，可能包括一个或多个基础设计方案。

项目认证证书包含了一台或多台风力发电机组，包含基础和现场安装的其他可选装置，以及被评估的安装地点特定外部条件。项目认证证书的签发是在型式认证的基础上，加上场址条件评估和基础设计评估强制模块。

部件认证证书针对风力发电机组的主要零部件，如叶片或齿轮箱。

样机认证证书针对特定场址还未准备进行批量化生产的风力发电机组。

本标准采取模块结构，以满足获得单项符合性声明的需求，如：设计评估。

认证过程中进行一致性评估的规范性文档(如：标准和其他技术要求)，如可用时，应采用 IEC 或 ISO 标准，或等同的国家标准。

7.2 型式认证

型式认证的目的是确认风力发电机组型号的设计、记录和制造符合设计假设、指定标准和其他技术要求，证明该风力发电机组可以按照要求的设计文档进行安装、运行和维修。型式认证适用于一系列具有相同设计和制造工艺的风力发电机组。

型式认证必选模块：

——设计准则评估；

——风力发电机组设计评估；

——型式测试；

——制造评估；

——最终评估；

可选模块：

——基础设计评估；

——基础制造评估；

——型式特性测量。

型式认证模块如图 1 所示。每个模块评估完成后可形成相应的评估报告和符合性声明。

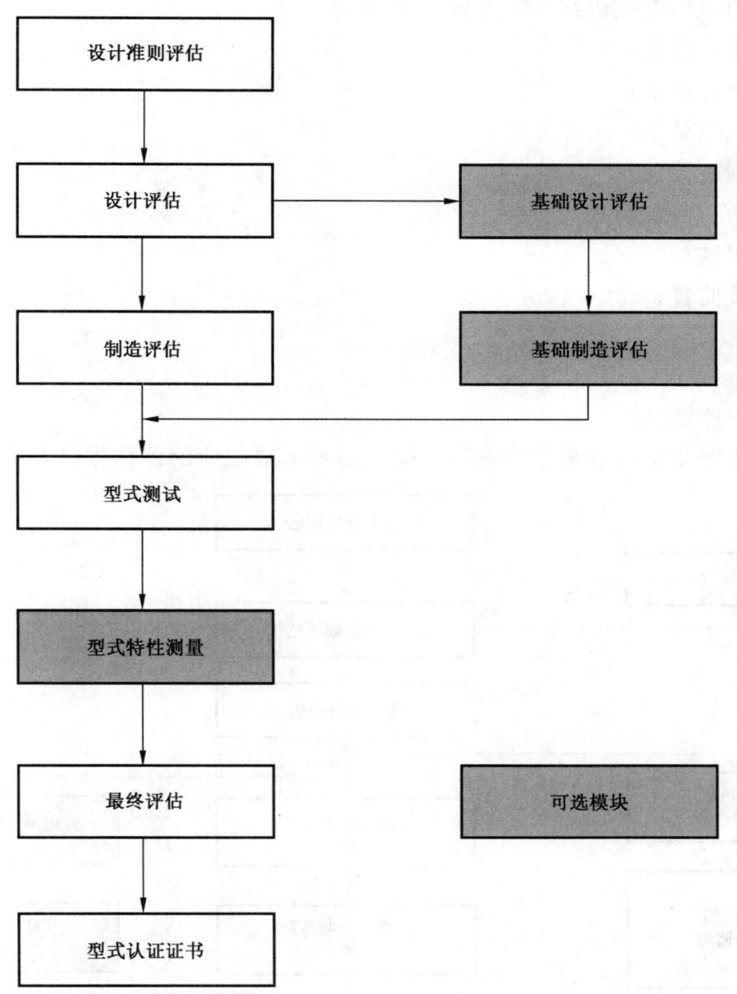

图 1 型式认证模块图

在最终评估报告完整无误的基础上，对于按照本标准和 IEC 61400-1、IEC 61400-2 或 GB/T 31517—2015 的技术要求进行设计和一致性评估的风力发电机组，可签发相应的型式认证证书。

型式认证证书应记录所有必选模块的符合性，也可以额外记录可选模块的符合性。

型式认证各模块的详细要求见第 8 章。

7.3 项目认证

项目认证的目的是评估已通过型式认证的风力发电机组，以及特定的支撑结构/基础设计是否满足与特定场址相关的外界条件、适用的建筑和电力法规及其他要求。如果风力发电机组没有获得型式认证证书，作为项目认证的必选模块，见图 2，应完成型式认证，因此包含于项目认证中的型式认证必选模块应根据具体项目和特定场址条件进行评估。认证机构应评估场址的风况条件、其他环境条件、电网条件以及土壤特性是否与风力发电机组和基础设计文档中的限定相符，评估包含安全和质量。

对获得型式认证的风力发电机组，项目认证由如下必选模块和可选模块组成：

——场址条件评估；

——设计准则评估；

——整体载荷分析；

——特定场址的风力发电机组/RNA 设计评估；
——支撑结构设计评估；
——其他装置设计评估；
——风力发电机组/RNA 制造监督；
——支撑结构制造监督；
——其他装置制造监督；
——项目特性测试；
——运输和安装监督；
——调试监督；
——最终评估；
——运行和维护监督。

项目认证模块如图 2 所示。每个模块评估完成后可形成相应的评估报告和符合性声明。

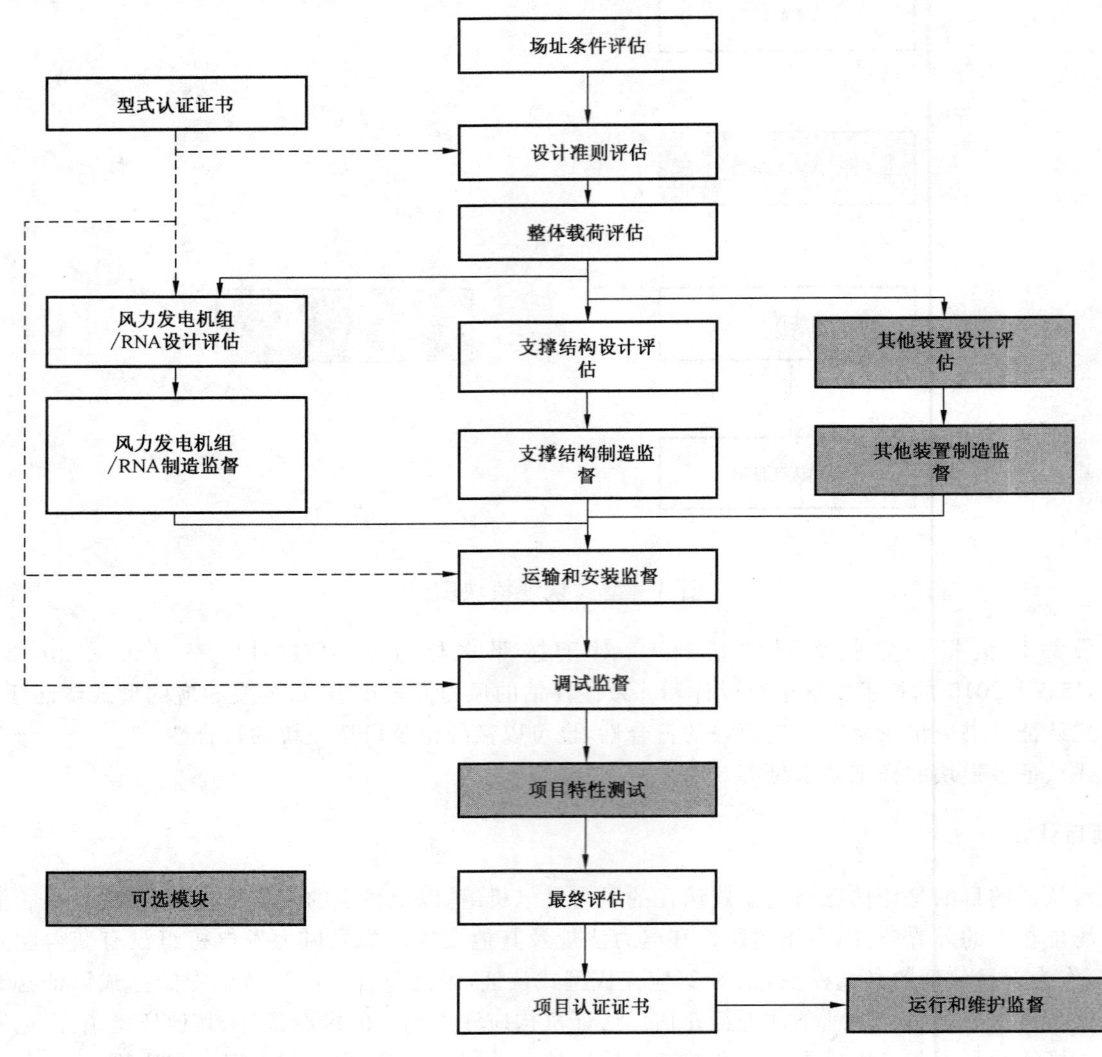

图 2 项目认证模块图

项目认证证书应记录所有必选模块的符合性，也可以额外记录可选模块的符合性。在最终评估报告和符合性声明完整无误的基础上签发项目认证证书。

项目认证各模块的详细要求见第 9 章的要求。

7.4 部件认证

部件认证的目的是确认指定型号的风力发电机组主要部件是按设计条件、指定标准和其他技术要求进行设计、记录和制造的。

部件认证由以下模块组成：

——设计准则评估[2)]；

——设计评估；

——型式测试；

——制造评估；

——最终评估。

部件认证模块及其在型式认证过程中的应用如图 3 所示。部件认证的程序应和第 8 章描述的型式认证程序相一致。模块的具体内容取决于申请认证的具体部件。如适用，应采用第 8 章中描述的评估内容。对于风力发电机组型式测试模块中要求进行规定型式测试的部件，宜将型式测试作为部件认证的一部分。

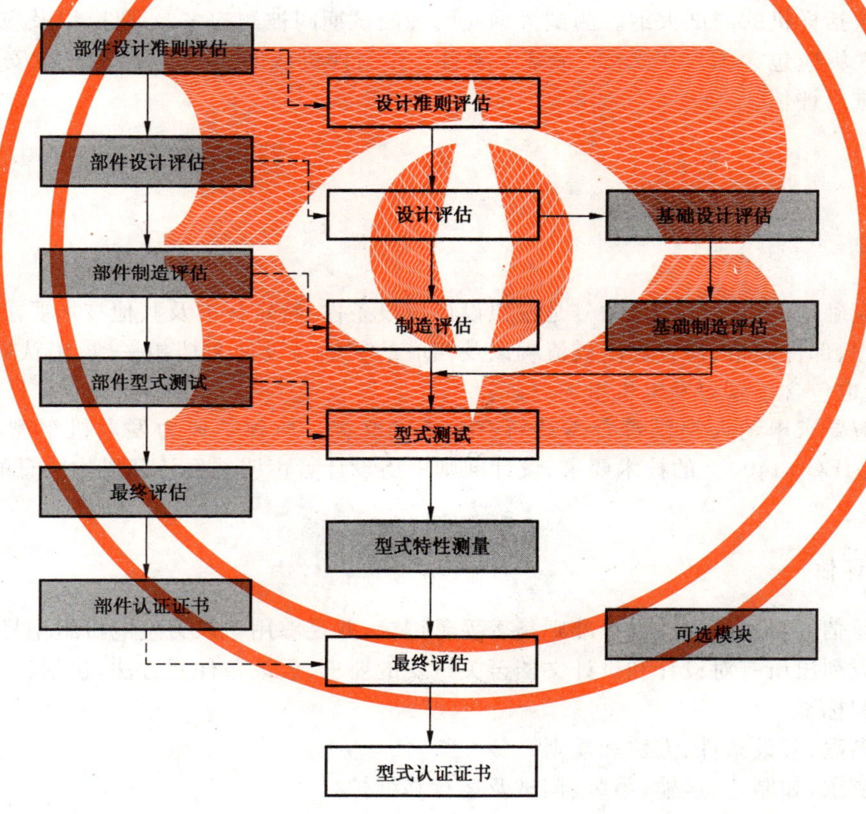

图 3 部件认证模块及在型式认证中的应用

在设计文档中应特别注意部件和风力发电机组其他部分的配合，以及关键条件要求(如：运行条件、载荷和动力特性)。

在最终评估报告完整性和正确性基础上，对于按照 IEC 61400-1、IEC 61400-2 或 GB/T 31517—2015 标准进行设计和一致性评估的部件，可以签发部件认证证书。每个模块评估完成后可形成相应的

2) 如果使用此部件的风力发电机组型号的设计准则是适用的并且已经被评估，认证程序可从部件的准则评估或设计评估开始。

评估报告和符合性声明。

部件认证证书的范例参见附录 B。

7.5 样机认证

样机认证的目的是使一种新风力发电机组型号可进行测试，以获得依据本标准的型式认证。

在特定的风电场内安装时间不超过 3 年并且还未准备进行批量生产的风力发电机组可以签发样机认证证书。

认证机构应评估指定期间内样机的安全性。如果样机的修改影响力风力发电机组的安全性，需要重新对样机进行认证。

样机认证包含以下模块：

——基本设计评估；

——样机测试大纲评估；

——安全及功能测试。

基本设计评估包括设计准则评估和风力发电机组设计评估必选模块，详见 8.2 和 8.3。评估内容可以限于控制和保护系统，载荷和载荷工况，风轮叶片，主要结构和电气部件，以及人员安全问题。

评估还应包括样机的测试大纲。测试大纲应明确测试期间被测的主要部件，以及应记录的载荷。

样机测试大纲应包含 8.4 中要求的最基本项目。作为样机认证的一部分，应完成安全与功能测试，并对测试结果进行评估。

8 型式认证

8.1 概述

型式认证应确认风力发电机组型号是按照设计假设条件、特定标准及其他技术要求进行设计的，同时确认制造过程、部件规格、检查和测试流程以及相应的文档与设计文档相一致，确认制造商具备可接受的质量体系，也包含了风力发电机组的测试。

认证机构应要求申请人提供符合本章所有要求的文档。应评估风力发电机组型号符合本标准、IEC 61400-1 或 IEC 61400-2 的技术要求、设计准则中由设计者声明并经认证机构同意的其他假设条件和要求。

8.2 设计准则评估

设计准则评估的目的是检查设计准则是否妥善记录，并足够用于风力发电机组型号的安全设计。

设计准则应列出所有对设计和设计文档至关重要的要求、假设条件及方法，包括：

——规范和标准；

——设计参数、假设条件、方法和规则；

——其他要求，如制造、运输、吊装、调试及运行和维护。

以上内容可参考本标准、IEC 61400-1、IEC 61400-2 或 GB/T 31517—2015 及其他相关规范及标准来确认，或者列出特定的设计条件及参数来确认。设计准则中尤其要清楚地说明与设计有关的选择、补充信息和偏差，如：

——外部设计参数；

——设计载荷工况；

——载荷系数、载荷折减系数；

——载荷和材料的局部安全系数；

——仿真时间及仿真次数；

——极限和疲劳载荷分析方法；

——和安装相关的环境条件；
——审查范围及频次；
——零部件、系统及结构的设计寿命；
——状态监测系统的要求(参见附录 E)。

8.3 设计评估

8.3.1 概述

设计评估的目的是为了检查风力发电机组型号是否按照设计假设条件、指定标准及其他技术要求来进行设计和记录的。通常设计评估包含的内容见图 4。

对于按 IEC 61400-2 设计的小型风力发电机组，除图 4 中所有内容外，还应考虑设计数据测试的评估。叶片评估可以被静态叶片测试所取代。

对于小型风力发电机组，如果认证机构同意，静态叶片测试、设计数据测试、部件测试可以由制造商自行厂内开展。

申请人应向认证机构提交所有与设计评估相关的文档，附录 A 为设计文档列表。此列表可根据风力发电机组概念及设计的复杂程度进行扩展及删减。

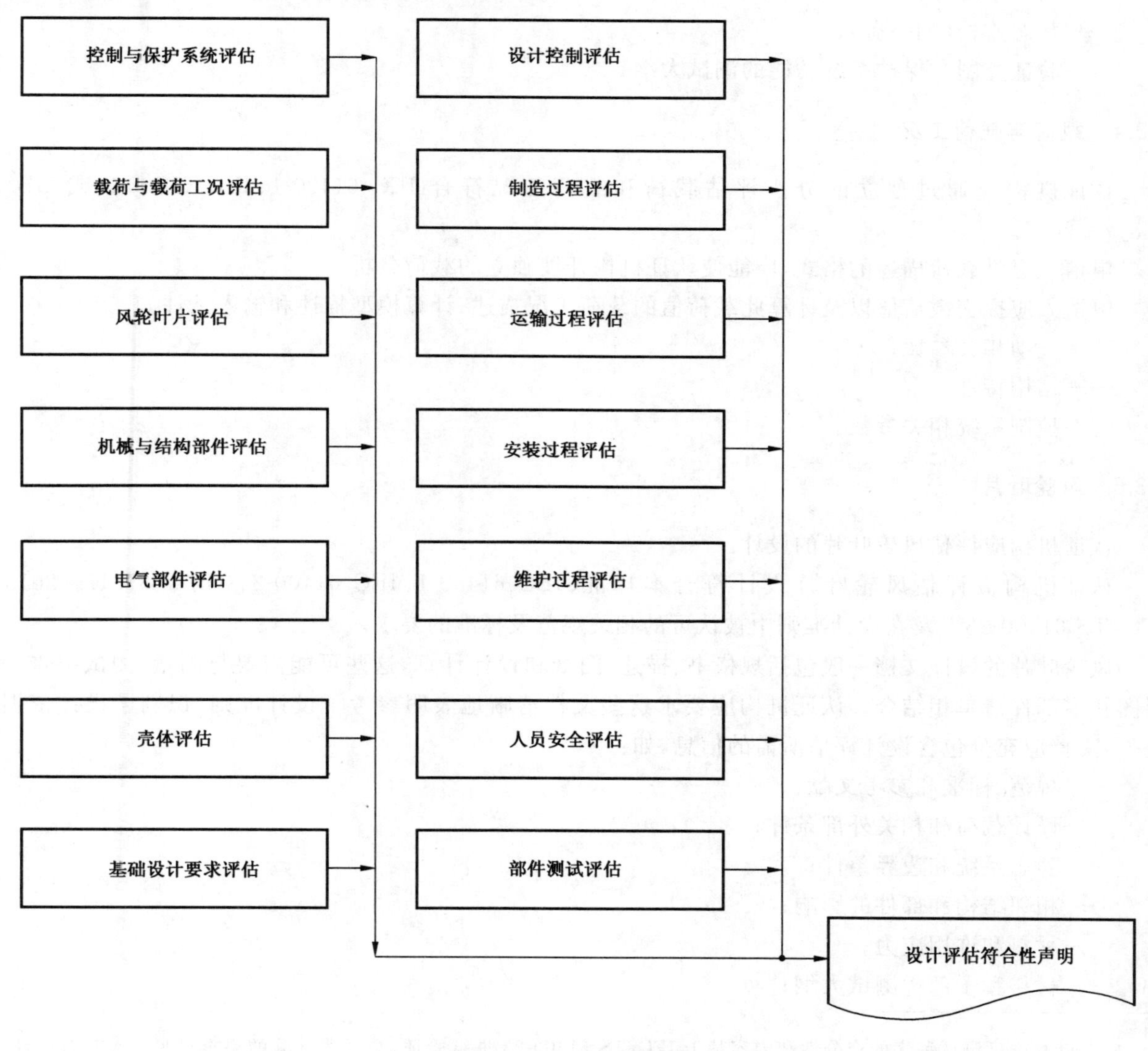

图 4　设计评估流程

8.3.2 设计控制

认证机构应评估用于控制设计过程的质量程序，设计控制程序应：

——符合 GB/T 19001—2008 中 7.3 设计与开发的要求；

——包括文档控制，如各方都清楚每份文档的修订状态。

如果申请人已经通过 GB/T 19001—2008 认证，可视为满足此条要求。

8.3.3 控制与保护系统

认证机构应评估控制与保护系统的文档，包括：

——风力发电机组运行模式的描述；

——所有模块的设计与功能；

——保护系统的失效-安全设计；

——系统逻辑与硬件实现方案；

——所有与机组安全相关的关键传感器的可靠性证明；

——刹车系统分析；

——状态监控(如果有)；

——验证控制与保护系统功能的测试大纲。

8.3.4 载荷与载荷工况

认证机构应通过独立的分析评估载荷和载荷工况符合 IEC 61400-1、IEC 61400-2 或 GB/T 31517—2015。

申请人提供载荷描述的格式，应能使认证机构开展独立的载荷分析。

申请人应提交载荷值以及计算此载荷值的载荷工况描述、计算模型描述和输入条件如：

——气动相关参数；

——结构特性；

——控制系统相关参数。

8.3.5 风轮叶片

认证机构应评估风轮叶片的设计。

认证机构应评估风轮叶片设计符合本标准、IEC 61400-1、IEC 61400-2、GB/T 31517—2015、IEC/TS 61400-23[3)]及在设计准则中被认可的相关规范及标准的要求。

风轮叶片的设计文档一般包括规格书、描述、图纸和设计计算，这些可能需要与测量/测试报告、铺层图和零部件清单相结合。认证机构应要求这些文档清晰地表明参考了设计准则，识别了设计依据。此外，文档应充分包含设计评估所需的信息，如：

——规范、标准和参考文献；

——设计载荷和相关外部条件；

——静态系统和边界条件；

——相邻结构和部件的影响；

——材料和许用应力；

——材料和子部件测试大纲；

---

3) 叶片强度测试程序的充分性和内容基于 IEC/TS 61400-23 进行验证，全尺寸试验的要求详见 8.4.5，对设计要求和测试结果的符合性进行评估，详见 8.9。

——全尺寸叶片测试大纲；
——制造过程；
——影响设计的公差；
——质量控制程序和等级。

8.3.6 机械与结构部件

认证机构应评估所有承载的风力发电机组机械和结构部件的设计，如：
——铸件、锻件或焊接件；
——机舱底座；
——塔架；
——变桨和偏航系统；
——轴承和弹性支撑；
——齿轮箱；
——刹车、联轴器和锁定装置；
——连接上述结构件、机械部件的螺栓；
——冷却和加热系统；
——液压系统。

认证机构应评估机械结构与部件设计符合本标准、IEC 61400-1、IEC 61400-2 或 GB/T 31517—2015 及在设计准则中被认可的相关规范及标准的要求。齿轮箱应符合 ISO 81400-4[4] 中的要求。齿轮箱样机的车间测试结果和现场测试大纲应作为设计评估的一部分。

制造和装配过程中零部件的测试要求应被指定并评估。

与机械结构和部件相关的设计文档一般包括规格书、描述、图纸和设计计算，这些可能需要与测量/测试报告、图表、数据表、示意图和零部件清单相结合。认证机构应要求这些文档清晰的表明参考了设计准则，识别了设计依据。另外，文档应包括足够的信息，如：
——规范、标准和参考文件；
——设计载荷与相关外部条件；
——静态系统和边界条件；
——相邻结构和部件的影响；
——传动链动力特性的影响；
——材料和许用应力；
——型号/数据表(针对量产的部件)；
——作业指导书(针对螺栓连接)。

8.3.7 电气部件

认证机构应评估风力发电机组所有电气部件的设计：
——发电机；
——变压器；
——变流器；
——中压及高压部件；
——电气驱动设备；
——充放电设备及蓄电池；

---

4) 此标准已被 IEC 61400-4 代替。

——开关设备及保护装置；

——电缆及电气安装设备；

——雷电保护。

认证机构应评估电气部件设计符合本标准、IEC 61400-1、IEC 61400-2 或 GB/T 31517—2015、其他 IEC 标准以及在设计准则中被认可的相关法规及标准的要求。

雷电保护的评估应依据 IEC 61400-24 进行。

发电机的车间测试应根据 IEC 60034 进行并记录。发电机车间测试结果应在设计评估中考虑。

此外，制造和装配期间的零部件测试要求应被指定并评估。

与电气部件相关的设计文档一般包括规格书、描述、图纸、图表、数据表、型式测试报告和设计计算，这些可能需要与原理图和零部件清单相结合。认证机构应要求这些文档清晰的表明参考了设计准则，识别了设计依据。此外，文件应包含足够的信息，如：

——规范、标准和参考文献；

——设计要求和相关外部条件；

——边界条件；

——相邻结构或部件的影响；

——材料。

8.3.8 壳体

认证机构应评估所有壳体的设计，如：

——导流罩；

——机舱罩。

应评估壳体的设计符合本标准、IEC 61400-1、IEC 61400-2 或 GB/T 31517—2015 以及在设计准则中被认可的相关法规及标准的要求。

与壳体相关的设计文档一般包括规格书、描述、图纸和设计计算，这些可能需要与测量/测试报告、示意图和零部件清单相结合。认证机构应要求这些文档清晰地表明参考了设计准则，识别了设计依据。此外，文件应包含足够的信息，如：

——规范、标准和参考文献；

——设计载荷和相关外部条件；

——静态系统和边界条件；

——相邻结构或部件的影响；

——材料和许用应力。

8.3.9 部件测试评估

对于某些结构、机械或电气部件的强度和其他的功能要求，可以通过测量或仅通过测试结果记录。

当认证机构发现对于某一部件的相关分析不够充分时，可以要求用附加的部件测试和/或测量来代替进一步的分析。认证机构应基于测量和测试报告来评估此类部件的设计，并且确认这些测试结果在设计中得到了恰当的采用。

认证机构应要求测量和测试报告清晰地标明部件信息、测试标准或程序、以及相应的测试条件。

8.3.10 基础设计要求

认证机构应评估风力发电机组设计文件中一个或多个基础的详细设计要求符合 IEC 61400-1、IEC 61400-2 或 GB/T 31517—2015 以及同意的相关结构规范。另外，评估中应确认基础设计满足结合面几何特性要求(如:平面度、水平度、螺栓组中心圆直径公差)和风力发电机组设计文件中规定的强度要求。

对于海上风力发电机组,基础设计要求还应包括连接塔架与基础之间的下部结构的设计要求。

设计文件中所述的塔架、下部结构与基础的结合面的特征和设计载荷应作为该评估的基础。这些设计载荷应包括水平和垂直方向的力以及结合面处水平轴和垂直轴方向上的任何力矩。设计评估中应考虑由相关载荷工况组合产生的极限动态载荷和疲劳载荷。由于基础刚度会影响到整机和支承结构的固有频率与模态,因此应当说明基础与下部结构或塔架结合面上水平、垂直和转动基础刚度的允许范围。

风力发电机组基础的承载力和刚度计算值需要依据风力发电机组基础施工现场的土壤条件才能进行评估。这些土壤条件应在基础设计文件中进行描述。

8.3.11 制造过程

认证机构应确认风力发电机组能够按照设计文件中规定的所有质量要求进行制造。与质量相关的制造过程应被描述。

制造过程可以初步记录:

——制造规范;

——作业指导书,采购规范;

——质量控制程序。

另外,还应指定车间测试要求。

对这些文档的最终版本的评估,应作为最终评估的一部分,详见 8.9。

8.3.12 运输过程

认证机构应确认风力发电机组能够按照设计文件中规定的任何要求进行运输。

如果适用,运输过程的描述应当包括:

——可适用的运输技术规范;

——限定的环境条件;

——运输准备,包括所需的固定装置、工具和设备;

——运输载荷和载荷工况。

可以在初步的运输或安装手册中描述运输过程。最终运输过程文件的评估将作为最终评估的一部分,详见 8.9。

8.3.13 安装过程

应充分描述安装过程,以便于认证机构核查风力发电机组设计的充分性,确认考虑了含调试在内的特定安装过程。如果适用,安装过程的描述应包括:

——人员资质与技能要求的证明;

——对包括接地系统在内的土木结构及电气结构的接触点和任何技术要求的标识;

——特殊工具和提升用固定装置或设备的标识;

——设计中要求的质量控制检查点,测量和检查;

——人员安全和环境保护措施的描述;

——安装手册大纲;

——调试程序和检验单;

——质量记录和记录保管程序。

安装过程可以在初步的安装/调试手册中进行描述,在最终评估过程中应评估最终的安装过程/方案,详见8.9。

8.3.14 维护过程

应充分详细的描述维护过程以便于认证机构核查风力发电机组设计的充分性,同时应考虑特定的维护过程。如果适用,维护过程的描述应包括:

——维护工作计划,包括检查周期和日常检查工作;
——所有安全相关的运行过程或维护工作的识别;
——环境保护措施计划的描述;
——符合规定的特殊工具和维护设备的标识;
——人员身份证明和技能证明;
——计划的操作指令和维护手册大纲;
——质量记录和记录保管程序。

维护过程可以在初步的运行与维护手册中描述,最终的维护过程描述应在最终评估过程中进行评估,详见8.9。

8.3.15 人员安全

认证机构应评估设计文件中(如图纸、规格说明、指南)人员安全方面的内容符合IEC 61400-1、IEC 61400-2或GB/T 31517—2015以及其他被认可的准则和标准。人员安全内容包括:

——安全指南;
——攀爬设备;
——进出通道及过道;
——站立位置、平台和地板;
——扶手和固定点;
——照明;
——电气和接地系统;
——防火;
——紧急停机按钮;
——备用的可选逃生通道;
——海上风力发电机组具备可供一周紧急避难的设施;
——海上风力发电机组的特殊安全设备。

认证机构应要求申请人在设计文件中明确与人员安全相关的内容。

8.3.16 设计评估符合性声明

认证机构应基于符合要求的设计评估报告签发设计评估符合性声明,该声明应包含下列内容:

——风力发电机组型号;
——申请人;
——采用的IEC 61400清单;
——和风力发电机组等级及其他主要参数相关的外部条件的说明。

参考评估报告符合性声明的范例参见附录B。

8.4 型式测试

8.4.1 目的

型式测试的目的是提供必要的数据确认功率特性、对安全关系重大的内容、必要的附加测试验证,以及通过分析方法不能进行可靠评估的其他方面,型式测试包括的内容见图5。

认证机构应对代表所认证的风力发电机组或部件进行测试评估。测试前,应完成检查并记录,以证明风力发电机组或部件满足设计文件的要求。

申请人应依据具体的项目制定详细的测试大纲并提交认证机构批准。

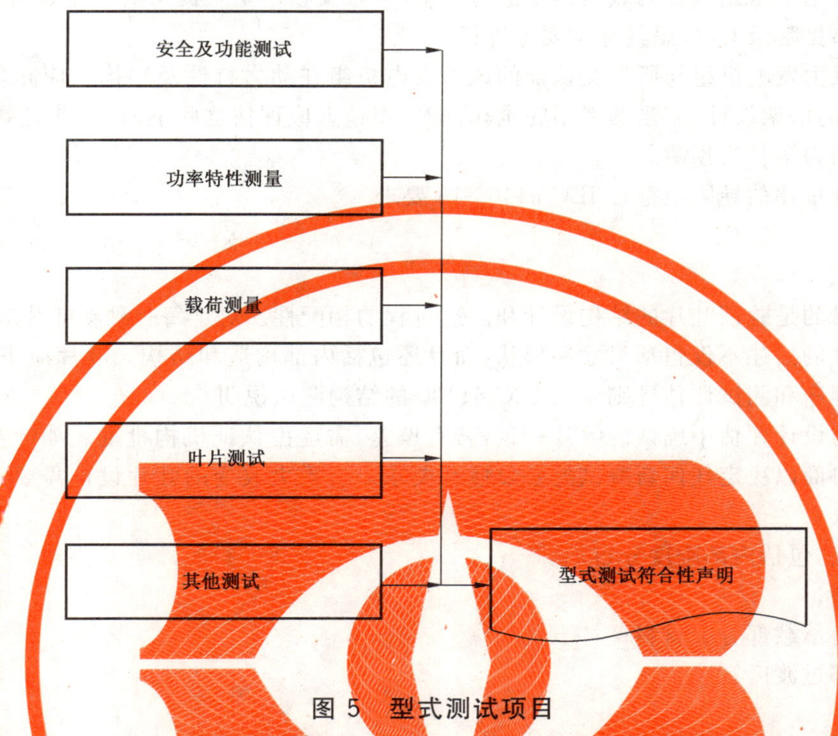

图5 型式测试项目

如果适用,图5中给出的型式测试项目和耐久性测试应由经认可的实验室或者认证机构审核至少符合标准ISO/IEC 17025或ISO/IEC 17020的机构进行。耐久性测试的要求见IEC 61400-2。

认证机构应要求将测试及测试结果记录在测试报告中,测试报告交由认证机构评估,确定测试符合已批准的测试大纲以及认证要求。认证机构应通过检查验证有关人员安全的关键要求已在安装风力发电机组上实施。

评估符合要求后可签发相应的符合性声明,符合性声明的签字人应不同于测试编写、审核人员和实验室授权签字人。

按照IEC 61400-2设计的小型风力发电机,载荷测量和叶片测试由耐久性测试代替。

8.4.2 安全及功能测试

安全及功能测试的目的是验证被测风力发电机组具有与设计预计相同的行为。

认证机构应验证控制与保护系统功能符合8.3.3已认可的测试大纲,测试大纲至少包括保护功能测试。此外,在未被载荷测量(8.4.4)验证的情况下,应测试风力发电机组在额定风速或额定风速以上的动力学特性。

保护功能测试应包括控制和保护系统单一故障功能。

详细的测试要求参见附录D。

8.4.3 功率特性测量

功率特性测量的目的是根据IEC 61400-12-1要求获取功率曲线及预测风力发电机组年发电量。

测试机构应验证测试程序符合IEC 61400-12-1要求,测量条件、测量仪器、校准和分析方法符合

IEC 61400-12-1 要求，并在测量报告中予以说明。

8.4.4 载荷测量

载荷测量的目的是验证设计计算有效性，并确定特定条件下的载荷大小。

认证机构应对用于型式认证的载荷测量进行评估，并且复核申请人提交的测量数据分析。

测量和分析参见附录 C，参照其基本要求进行。

测量所用的风力发电机组与所提交认证的风力发电机组在动力特性及结构上应相似，但允许有细小差别(例如不同的塔架设计)。当两者不完全相同时，申请人应评估这些不同，如针对测量的风力发电机组开展载荷和动力学行为预测。

测量过程和测量评估导则应符合 IEC 61400-13 要求。

8.4.5 叶片测试

叶片测试的目的是验证叶片的结构设计和制造过程的相配性。对于每一种新叶片应进行全尺寸结构测试。对于叶片的描述不仅包括尺寸和形状，而且还包括内部构造和结构。叶片应进行疲劳测试和静态测试。测试程序和测试评估导则参见 IEC 61400 的结构测试说明。

测试叶片应与设计评估中确认的叶片一致，若有偏差，需经由认证机构批准。如叶片设计改变，认证机构与制造商协商以决定任何新测试的必要性和要求。有重大改变的叶片设计需要重新测试，以下更改视为重大更改：

——结构系统，包括内部刚度分布；

——气动翼型；

——关键载荷承载部分的材料；

——叶片根部过渡区。

8.4.6 其他测试

认证机构可要求开展其他测试和/或测量，申请人也可以要求进行包含在型式测试中的其他测试。这些测试包括以下：

——主要机械和电气部件的热力学条件；

——主要机械和电气部件的机械条件(振动、气隙、响应)；

——电子设备的环境测试；

——电磁兼容测试。

有主齿轮箱的风力发电机组，主齿轮箱应按照 ISO 81400-4[5] 的要求进行现场测试。

8.4.7 测试报告

型式测试报告应符合 ISO/IEC 17025 和用来定义测试要求的相关标准规定的要求，测试报告包括以下内容：

——风力发电机组或部件的序列号(包括适用的控制软件版本号)；

——测试用的风力发电机组或部件与认证用的风力发电机组或部件的任何差异说明；

——任何重要的非预期行为。

认证机构的证明应清晰标识在最终型式测试报告上。

8.4.8 型式测试符合性声明

认证机构应基于测试报告的合格评估签发型式测试符合性声明，该声明应包含下列内容：

---

5) 此标准已被 IEC 61400-4 代替。

——完成的测试项目；

——测试采用的标准；

——测试报告。

型式测试符合性声明的范例参见附录B。

8.5 制造评估

8.5.1 概述

制造评估的目的是评估特定型号的风力发电机组是否按照符合设计评估时验证过的设计要求进行制造。评估应包含以下内容：

——质量体系评估；

——制造审查。

制造评估假定风力发电机组及关键零部件制造商已经运行了相应的质量体系，认证时要求至少有一个相应的样本在进行制造。

8.5.2 质量体系评估

如果厂家的质量体系已被验证其符合GB/T 19001—2008，则符合本节质量体系评估要求。质量体系的认证应由获得认可的机构(依据ISO/IEC 17021)执行。

如果申请人的质量体系未获得认证，认证机构应对其进行评估。应评估以下方面：

——职责分工；

——文件控制；

——分包；

——采购；

——过程控制；

——检验与测试；

——整改措施；

——质量记录；

——培训；

——产品的标识和可追溯性。

8.5.3 制造审查

制造审查应确认设计评估中关键部件和关键生产工艺的要求在制造和装配过程中得到了遵守与实施。认证机构应通过检查以确认至少一个对应的样本是根据认证过的设计要求进行制造的。审查内容包括：

——确认在车间正确地执行了设计规范要求；

——车间作业指导书，采购规范，安装说明书；

——对相关制造车间进行评估；

——确认制造方法、工艺及人员资质；

——审核材料合格证；

——随机检查外购件验收流程的有效性；

——随机检查制造工艺。

关键零部件的审查应在风力发电机组制造厂进行，除非入厂检验不足以确保关键零部件满足设计评估中确认的要求。

一般来说,应审查以下关键部件:

——叶片;

——轮毂;

——主轴;

——主轴承、变桨和偏航轴承(变桨和偏航驱动器);

——主轴承座;

——齿轮箱;

——锁定装置和机械刹车;

——发电机、变压器;

——机舱底座、发电机底座;

——塔架;

——下部结构(可选);

——基础(可选);

——螺栓连接;

——轮毂和机舱装配(车间中)。

如果关键部件有多个制造商,而且部件说明或制造工艺有显著差别,那么应对这些部件分别做审查。

如果制造工艺变更影响到了部件的质量或性能,应向认证机构汇报。如果关键工艺变更,认证机构应对修改后的文件重新进行评估,必要时需重新进行制造审查。

重新进行制造审查应作为证书更新的一部分。

8.5.4 制造符合性声明

制造符合性评估合格后,可签发制造符合性声明。

制造符合性声明的范例参见附录B。

8.6 基础设计评估

基础设计评估为可选项,在型式认证中可包含一个或多个由申请人选择的基础。认证机构应评估型式认证中任何一个基础的设计是否符合设计评估时设计文件中的技术要求,是否符合同意的适用标准和规范。

海上机组基础设计评估还应包括连接塔架与基础的下部结构。

认证机构要求提交的基础设计文件应包含基础钢筋混凝土结构的设计及其施工方案。施工方案应尽量详细,以使认证机构能确认基础设计已经考虑了特殊过程。

基础设计评估报告完成以后,认证机构可签发基础符合性声明,应包含以下内容:

——风力发电机组机型;

——土壤及其他外界条件;

——塔架结构型式;

——基础结构连接型式;

——基础类型。

基础符合性声明的范例参见附录B。

8.7 基础制造评估

8.7.1 概述

基础制造评估的目的是评估特定的风力发电机组基础是否按照设计评估时验证过的设计进行制

造。应包含以下内容：

——质量系统评估；

——制造审查。

制造评估假定基础的制造方有质量体系。认证时要求至少有一个相应的样机基础在进行制造施工。

对于海上机组，基础制造评估应包含对连接基础与塔架的连接结构的制造施工评估。

8.7.2 质量体系评估

如果厂家的质量体系已被验证其符合 GB/T 19001—2008，则符合本条质量体系评估要求。质量体系的认证应由获得认可的机构（依据 ISO/IEC 17021）执行。

如果申请人的质量体系未获得认证，认证机构应对其进行评估。需评估以下方面：

——职能分工；

——文件的控制；

——分包；

——采购；

——过程控制；

——检验与测试；

——整改措施；

——质量记录；

——培训；

——产品的标识与可追溯性。

8.7.3 基础制造审查

应保证在制造过程中遵守和执行设计评估中被认可的与关键制造过程相关的要求。认证机构应通过审查验证至少一个对应的样本是根据认证过的设计要求进行制造的。

审查包括：

——验证在现场严格地执行了设计技术要求（如：基础钢筋混凝土结构的设计和施工方案）；

——制造手册，采购技术要求，安装手册；

——验证制造方法和过程，人员资质；

——审核材料合格证书；

——随机检查对外购件的接受过程的有效性；

——随机检查制造工艺。

如果基础有多个制造商且基础的技术要求和/或制造工艺有明显的差异，应考虑审查所有不同的基础。

对于影响基础质量或性能的制造工艺的变更，应向认证机构汇报。如果关键工艺变更，应提交相关文件以便进行重新评估，如有必要，还需重新审查。

重新进行制造能力审查应作为证书更新的一部分。

8.7.4 基础制造符合性声明

基础制造评估合格后将签发基础制造能力符合性声明。

基础制造符合性声明的范例参见附录 B。

8.8 型式特性测量

8.8.1 概述

不同于型式测试的必选模块,如功率特性测量,型式特性测量的目的是为了获得风力发电机组型号性能相关的特性参数。此类选做测试可以由申请人选择并且符合以下条款中所列的相关的IEC 61400标准。型式特性测量包含一项或多项测试:

——电能质量测试;

——低电压穿越测试;

——噪声测量。

参见图6。

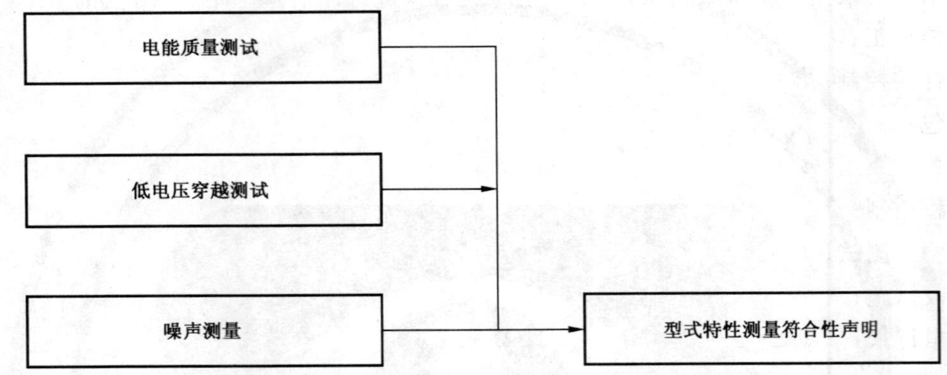

图6 型式特性测量模块

如果没有适用的标准,测量步骤应由申请人和认证机构协商确定。

认证机构应确认测量用风力发电机组可代表拟认证的风力发电机组型号。为了证明风力发电机组与设计文档相符,检查记录应在测试之前完成。

测量应由经认可的测试实验室完成,或者认证机构确认测量的执行机构至少应符合ISO/IEC 17025或ISO/IEC 17020中的相关要求。

认证机构应评估记录了测量和测试结果的测试报告。认证机构应评估测量是按照认可的测量大纲进行的,以及报告恰当地记录了认证所需的特性参数。

评估合格后,认证机构基于测试报告的合格评估签发型式特性测量符合性声明,以证明该测量符合恰当的试验程序以及相关IEC 61400。

符合性声明的范例参见附录B。

8.8.2 电能质量测试

若型式认证中包含了电能质量测试,认证机构应确认测试过程符合IEC 61400-21,而且测试条件、仪器、校准及分析方法应在试验报告中说明,并应符合IEC 61400-21。该项测试的目的是记录风力发电机组型号的电能质量特性参数。

8.8.3 低电压穿越测试

对于包含低电压穿越测试的型式认证,认证机构应确认测试过程符合相关的标准要求,并且测试条件、仪器设备、校准和分析在报告中说明,并应符合相关标准。

相关标准应包括:

——IEC 61400-21；

——认证机构和申请人双方均认可的其他标准。

这些测试的目的是为了记录风力发电机组低电压穿越能力的特性。

8.8.4 噪声测量

对于包含噪声测量的型式认证，认证机构应确认测量符合 IEC 61400-11 要求，此项测量是为了记录风力发电机组型号噪声排放特性。如果进行噪声测量，认证机构应确认测量至少包括 IEC 61400-11 中所定义的：

——8 m/s 风速的视在声功率级；

——在三个指定位置的声源指向性指数；

——最小阈值以上所有音调的音值。

认证机构应确认在测试报告中描述的测试条件、仪器、校准和分析符合 IEC 61400-11 的要求。

8.8.5 测量报告

认证机构应要求型式特性测量报告符合 ISO/IEC 17025 及试验所引用的其他相关标准的要求。另外报告还应包含以下内容：

——测量用风力发电机组说明，包括序列号和控制系统软件版本号；

——测量用风力发电机组和认证风力发电机组的差异说明；

——任何重要的非预期行为。

认证机构的证明应明确标注在最终的型式特性试验报告上。

8.8.6 型式特性测量符合性声明

认证机构应基于型式特性测量报告的合格评估签发型式特性测量符合性声明。符合性声明应注明：

——进行的测量；

——测量采用的标准；

——测量报告的标识性。

符合性声明的范例参见附录 B。

8.9 最终评估

最终评估的目的是提供参与型式认证各模块评估的所有执行机构结论的文档。

最终评估报告应包含下列内容：

——所有支持型式认证的产品文件参考清单；

——所有文件内容是否完整以及型式测试结果是否符合相应设计文件要求的报告；

——复查最终产品文档，包括图纸、零部件清单、采购规范与手册等(见以下段落文档)，以确认这些文档与制造评估报告、设计计算及相关设计假设相一致。

认证机构应验证安装操作指南及维护手册是基于 IEC 61400-1，IEC 61400-2 和 IEC 61400-3(海上风力发电机组设计要求)中的相关要求。根据认证过的流程对这些手册进行复核。认证机构应确定：

——经过技术培训的工作人员能理解的文件格式及内容；

——在相关文件中注明关于安全和事故预防的规定，如操作前应当注意的问题；

——上述注意事项应清楚地标识为安全相关条款。

最终评估报告应递交给申请人，副本作为保密文件保留在认证机构。

8.10 型式认证证书

认证机构基于最终评估报告的完整性及准确性的合格评估签发型式认证证书。该证书应包含必选模块的评估结果,必要的话,还应包含可选的基础设计评估、制造评估及型式特性测量的结果。

型式认证证书仅适用于证书中指定的风力发电机组型号。证书中应注明可替换的零部件和配置,并对可选组合予以清晰注明。型式认证证书应以适当的方式列出所引用的标准及规范文件,型式认证证书应包含附录 B 中的信息。

认证机构应在认证协议中注明证书有效性的要求,详见 6.5.1。

型式认证证书的范例参见附录 B。

9 项目认证

9.1 概述

项目认证应确认已通过型式认证的风力发电机组及其特定的基础设计与特定场址的外部条件、当地法规及其他相关的要求相符。项目认证也可确认与风力发电机组相关的其他装置的符合性。认证应确认场址的风况条件、其他环境条件及电网条件、土壤特性与对应类型的风力发电机组及基础设计文件的要求相符。

项目认证也可确认安装和调试与指定的标准和其他技术要求相符,以及风力发电机组的运行和维护与相关手册相符。

项目认证的证书和符合性声明的签发仅限于已按照第 8 章获得型式认证证书的风力发电机组。

认证机构应要求申请人提供包含本章所述所有方面的文件资料。文件资料应满足本标准、IEC 61400-1、IEC 61400-2 或 GB/T 31517—2015 及设计者选择的经认证机构认可的其他标准或规范的要求。

9.2 场址条件评估

9.2.1 概述

场址条件评估的目的是检查特定场址的环境、电网及土壤特性是否与设计文件中确定的参数相符。

9.2.2 场址条件评估要求

认证机构应评估 IEC 61400-1、IEC 61400-2 或 GB/T 31517—2015(对于海上项目)中规定的风电场外部条件评估是否充分开展并形成文件。场址条件评估分为以下几类:

——风况条件;

——其他环境条件;

——地震条件;

——电网条件;

——地质条件。

对于海上风电场,外部条件还包括:

——海洋条件;

——天气窗口及停工期。

场址条件评估可基于有后评估支撑的特定场址测量和/或安装场址适用的标准或有效的方法。一般来说,特定场址的测量数据应与附近现有的长期测量数据相吻合。特定场址测量的监控周期应使得测量能够获得充足可靠的数据。

根据提供的环境和地质数据，认证机构可对选定的参数进行独立计算。

场址外部条件的测量应由根据ISO/IEC 17025的要求进行认可的实验室进行，或者认证机构应对测量的合格质量和可靠性进行验证。验证应包含以下方面的评估：

——试验和校准方法；

——设备；

——测量可追溯性；

——测试和校准结果的质量保证；

——报告。

认证机构应要求有资质的人员（如：气象专家、工程师或地质专家）对场址的外部条件进行数据采集和数据分析，并形成报告。

认证机构应评估相关报告是否如实记录了场址外部条件、数据采集、统计方法以及外部条件的设计参数。

9.2.3 场址条件评估符合性声明

场址条件评估合格后可签发场址条件评估符合性声明。符合性声明中应注明对应的评估报告编号。

场址评估符合性声明的范例参见附录B。

9.3 设计准则评估

9.3.1 概述

设计准则评估的目的是检查设计准则有恰当的记录、具有充分的安全设计和项目中得到执行。

9.3.2 设计准则要求

设计准则应包括：

——外部条件的设计参数；

——设计方法和原理；

——构成项目准则的规范和标准；

——其他相关的法规要求（如施工、援救和退役后的拆除）；

——风力发电机组型号，主要规格参数或注明与型式认证证书的偏差；

——支撑结构类型；

——制造、运输、安装和调试的要求；

——运行和维护的要求；

——并网的要求；

——项目的其他要求，例如业主的要求。

设计准则应包括关于风电场外部条件、载荷、设计载荷工况、载荷和材料的局部安全系数、几何公差、腐蚀度余量等方面的所有相关的总体设计环节及计算中所用的参数；

设计准则应对设计方法和原理进行说明，包括下述内容如何确定：

——规范和标准；

——外部设计参数；

——尾流影响；

——设计载荷工况；

——载荷系数和载荷折减系数；

——仿真持续时间和仿真次数；

极限和疲劳设计载荷/响应分析。

设计准则应包含相关的制造、运输、安装和调试的要求，如：

——规范和标准；

——质量管理体系；

——与安装相关的环境条件；

——制造、运输、安装和调试手册的要求。

设计准则应包含相关的运行和维护要求，如：

——规范和标准；

——质量管理体系；

——检查范围和周期；

——部件、系统和结构的设计寿命；

——服务和维护手册的要求；

——状态监测系统的要求(参见附录 E)；

——人员安全的要求。

9.3.3 设计准则评估符合性声明

设计准则评估合格后可签发设计准则评估符合性声明。符合性声明中应包含对应评估报告的编号。

符合性声明的范例参见附录 B。

9.4 整体载荷分析

9.4.1 概述

整体载荷分析的目的是检查特定场址的载荷和载荷对风力发电机组整体结构，包括 RNA、支撑结构以及支撑土壤的影响是否满足设计准则的要求。

9.4.2 整体载荷分析要求

如果设计准则中关于载荷和载荷影响的条件和要求低于型式认证中对风力发电机组的假定，同时支撑结构和风力发电机组的特性也与型式认证一致，那么不需要再做进一步的载荷分析。

如果需要进行进一步的载荷分析，申请人在计算分析时应考虑整体结构的动态特性。申请人应向认证机构提供全部的载荷计算文件和与型式认证中假定载荷的对比文件。

认证机构应评估：

——外部条件和设计条件的组合(例如正常、故障、运输、安装)；

——各自的载荷局部安全系数；

——计算方法，例如仿真过程、仿真次数、风和波浪载荷的组合(若适用)；

——参照场址条件和风力发电机组的运行和安全系统所定义的关键设计载荷工况；

——特定场址载荷和型式认证中假定载荷任何差异的比较。

9.4.3 整体载荷分析评估符合性声明

整体载荷分析评估合格后可签发整体载荷分析评估符合性声明。

符合性声明的范例参见附录 B。

9.5 特定场址风力发电机组/RNA 设计评估

9.5.1 概述

特定场址的风力发电机组的设计与设计准则的符合性应被评估。当支撑结构是一个特定场址的设计时，该部分评估则仅包含对 RNA 的评估。

除风况条件和海洋条件外的其他外部条件可能影响特定场址的风力发电机组的完整性和安全性，例如热力学作用，光化学作用，腐蚀，机械，电以及其他物理作用等。

9.5.2 特定场址风力发电机组设计要求

风力发电机组型式认证的前提和限制条件应同设计准则中给定的实际场址条件进行对比，并作为设计文件的一部分。除对比载荷条件外，还应比较如下相关条件：

——温度；

——湿度；

——太阳辐射；

——降雨、冰雹、积雪和覆冰；

——化学活性物质；

——机械活性颗粒；

——盐度；

——电气条件；

——雷电等。

针对相关条件所采取的措施应在设计文件中阐明。

结构、机械和电气部件的设计应符合场址条件。特定场址的环境条件下的防腐系统应被评估。另外，特定场址对电气部件，如发电机、变流器、变压器、开关装置和外壳的影响应特别专门考虑[6)]。

通过整体载荷分析得出的特定场址载荷结果应参照型式认证中的相应设计载荷进行评估。载荷结果的任何增加和振动模态/固有频率的任何变化都应在报告中指出，并仔细评估。评估应考虑载荷测量、功能试验和部件(如叶片)测试的相关性和有效性。而且，评估应明确需要加强或变更的部件。

对风力发电机组型式认证证书中没有完全覆盖的任何新的、变更的或加强的部件及系统，应提交相应的设计文件。

新的或变更的电气部件或系统的设计文件应符合设计准则和型式认证(若适用)的要求。

9.5.3 特定场址风力发电机组设计评估符合性声明

特定场址风力发电机组设计评估合格后可签发特定场址风力发电机组设计评估符合性声明。

符合性声明的范例参见附录 B。

9.6 特定场址支撑结构设计评估

9.6.1 概述

应评估特定场址的支撑结构(塔架、下部结构和基础)的设计与已认可的设计准则及其中所列标准

6) 确认风力发电机组电气系统，包括风力发电机组终端在以下方面满足已认可的设计准则的要求：

——电气系统设计保证风力发电机组在正常及极限条件下运行和维护时将对人的危险及对风力发电机组及外部电气系统的潜在损伤降到最低；

——电气系统设计考虑风力发电机组功率输出的波动特性；

——提供防止所有电气部件及系统受腐蚀影响的措施。

的符合性。如果设计准则没有涵盖支撑结构，那么将参照申请人提供且被认证机构接受的公认标准或设计方法。同时，其安全水平至少应和 IEC 61400-1、IEC 61400-2 或 GB/T 31517—2015 的要求相符。

9.6.2 特定场址支撑结构设计评估要求

支撑机构的设计评估应至少包括：

——根据整体载荷分析的结果评估支撑结构的设计；

——计算支撑结构的刚度和阻尼并同载荷计算时对其做出的假定作对比评估；

——根据设计准则评估地质设计文件；

——评估支撑机构的设计文件；

——仅从最终安装(永久)支撑结构的结构完整性，评估制造计划、运输计划、安装计划和维护计划；

——参照设计准则中规定的设计前提对防腐系统进行评估。

支撑结构地质方面的的设计文件应至少包括设计图纸、部件清单、制造规范和设计计算，必要时包括测量/测试报告。认证机构应要求提交的文件明确地阐明设计准则、认可的规范和标准以及载荷和相关外部条件。

9.6.3 支撑结构设计评估符合性声明

支撑结构设计评估合格后可签发支撑结构设计评估符合性声明。

符合性声明的范例参见附录 B。

9.7 其他装置设计评估

9.7.1 概述

一个风电场项目可包括变电站、电缆等其他装置，这些装置的设计可以根据客户的要求进行评估。应评估此类装置的设计与设计准则认可的标准和其他规范以及特定场址的载荷和条件的符合性。如果设计准则没有涵盖其他装置，那么将参照申请人提供且被认证机构接受的公认的标准或设计方法。同时，其安全水平至少应和 IEC 61400-1、IEC 61400-2 或 GB/T 31517—2015 的要求相符。

9.7.2 其他装置设计评估要求

对于每种需要进行设计评估的其他装置，认证机构应按照客户要求确定工作范围。其他装置设计评估应至少包括：

——设计文件的评估；

——根据整体载荷分析(如相关)结果，对其他装置设计的评估；

——根据设计准则(如相关)，对地质设计文件的评估；

——参照设计准则中规定的设计前提对防腐系统进行评估。

其他装置的设计文件应至少包括设计图纸、部件清单、地质方面文件(若相关)、制造规范和设计计算，必要时包括测量/测试报告。认证机构应要求提交的文件应明确地阐明设计准则，认可的规范和标准以及载荷和相关外部条件。

9.7.3 其他装置设计评估符合性声明

其他装置设计评估合格后可签发其他装置设计评估符合性声明。

符合性声明的参考格式参见附录 B。

9.8 风力发电机组/RNA制造监督

9.8.1 概述

风力发电机组型式认证建立在设计评估、型式测试\测量和制造评估的基础上。其中,制造评估主要包括质量体系评估和制造检查。质量体系的评估主要是基于GB/T 19001—2008认证的质量管理体系。型式认证中的制造检查只基于一个样品。项目认证是在此基础上增加检查/审核活动,即监督,目的是验证特定场址的风力发电机组的制造满足设计条件和质量要求。

9.8.2 监督要求

项目认证中的检查和审核应针对每个项目和每台风力发电机组型号逐一进行。

认证机构应根据实际情况制定检查服务的工作范围,范围包括国际标准的应用和设计评估的输入。设计评估的输入可以是:

——设计评估中确定的关键项目/过程;

——批量生产的产品的试验大纲/规程;

——已认可的设计文件(如:图纸和规范);

——样机测试的细节。

以下项目将显著地影响检查服务的具体范围:

——制造商关于风力发电机组特定组件的交付经验;

——认证机构对制造商的经验;

——交付的时间表和项目的数量;

——生产工厂的数量;

——制造工艺的类型,如人工铺层或真空注塑,手动或自动焊接等;

——质量控制的类型,如无损检验或外观检查,统计方法或逐一试验等;

——制造商的质量体系对于特定的制造工艺和控制活动的适合性;

——采购人员的检查范围,如制造商对供应的检查;

——规定质量要求的认证文件的可获取性;

——采用的制造规范和标准,如国内的或国际的;

——质量控制文件的可获取性,如最终的制造文件的要求、试验程序、验收试验程序、无损检验流程、焊接流程、防腐保护、操作、养护、热处理、机械试验的要求等;

——次级制造商制造设施和制造文件的获得途径;

——与要求偏差的处理流程,如让步接受流程。

9.8.3 风力发电机组/RNA制造监督符合性声明

风力发电机组/RNA制造监督合格后可签发风力发电机组/RNA制造监督符合性声明。

符合性声明的范例参见附录B。

9.9 支撑结构制造监督

9.9.1 概述

以下内容概括了支撑结构制造过程中的相关监督工作。

项目认证应包括对支撑结构制造的检查/审核活动,目的是验证特定项目支撑结构的制造满足设计条件和质量要求。支撑结构制造监督的前提是支撑结构及其主要部件的制造商具备质量体系。检查/审核应集中在制造时对质量体系的执行情况,同时评估质量体系的合理性。

9.9.2 监督要求

检查和审核的范围根据不同项目分别进行确定。根据结构型式,可能需评估以下制造过程:

——钢板的制造;

——主要承载钢结构的制造;

——次要钢结构的制造(平台、梯子等);

——混凝土结构的建造。

对于每个流程,认证机构应根据实际情况制定检查服务的工作范围。范围包括国际标准的应用和来自于设计评估的输入。设计评估的输入可以是:

——最终设计文件验证过程中确定的关键项目/过程;

——已认可的设计文件(如:图纸和规范)。

以下项目将显著影响检查服务的具体范围:

——制造商关于支撑结构特定项目的交付经验;

——认证机构对制造商的经验;

——交付的时间表和项目的数量;

——生产工厂的数量;

——制造工艺的类型,如人工铺层或真空注塑,手动或自动焊接等;

——质量控制的类型,如无损检验或外观检查,统计方法或逐一试验等;

——制造商的质量体系对于特定的制造工艺和控制活动的适合性;

——采购人员的检查范围,如制造商对供应的检查;

——规定质量要求的认证文件的可获取性;

——采用的制造规范和标准,如国内的或国际的;

——质量控制文件的可获取性,如最终的制造文件的要求,试验程序、验收试验程序、无损检验流程、焊接流程、防腐保护、操作、养护、热处理、机械试验的要求等;

——制造设施供应商和制造文件的获得途径;

——与要求的偏差的处理流程,如让步接受流程。

9.9.3 支撑结构制造监督符合性声明

支撑结构制造监督合格后可签发支撑结构制造监督符合性声明。

符合性声明的范例参见附录B。

9.10 其他装置制造监督

9.10.1 概述

项目认证应对其他装置的制造进行检查/审核,目的是验证特定项目其他装置的制造满足设计条件和质量要求。

其他装置制造监督的前提是这些装置及其主要部件的制造商具备质量体系。检查/审核应集中在制造时质量管理体系的执行情况,同时评估质量管理体系的合理性。

9.10.2 监督要求

其他装置(选择的设备或所有装置)检查和审核的范围根据不同项目分别进行确定。认证机构应经用户同意制定检查服务的范围。范围包括国际标准的应用和来自于设计评估的输入。设计评估的输入可以是:

——设计评估中确定的关键项目/过程；
——试验大纲/规程；
——已认可的设计文件(如:图纸和规范)。

以下项目将显著影响检查服务的具体范围：

——制造商关于风电场特定项目的交付经验；
——认证机构对制造商的经验；
——交付的时间表和项目数量；
——质量控制的类型,如无损检验或外观检查,统计方法或逐一试验等；
——制造商的质量体系对于特定的制造工艺和控制活动的适合性；
——采购人员的检查范围,如制造商对供应的检查；
——规定质量要求的认证文件的可获取性；
——采用的制造规范和标准,如国内的或国际的；
——质量控制文件的可获取性,如最终的制造文件的要求、试验程序、验收试验程序、无损检验流程、焊接流程、防腐保护、操作、养护、热处理、机械试验的要求等；
——制造设施的供应商和制造文件的获得途径；
——与要求的偏差的处理流程,如让步接受流程。

9.10.3 其他装置制造监督符合性声明

其他装置制造监督合格后可签发其他装置制造监督符合性声明。

符合性声明的范例参见附录 B。

9.11 项目特性测量

9.11.1 概述

项目认证中的项目特性测量的目的是除对型式认证的单台风力发电机组完成的测量外,确定特定场址的风力发电机组或风力发电项目与性能有关的特性。申请人可以选择测量项目,同时测试应符合 IEC 61400。

测量包括以下一项或几项内容：

——依据电网标准的并网符合性；
——功率特性验证；
——噪声辐射验证。

如果国家标准或 IEC 系列标准没有涉及该项内容,测试程序应由申请人和认证机构共同确定。

测试应由被认可的实验室,或认证机构确认至少符合 ISO/IEC 17020 或 ISO/IEC 17025 的相关规定的测试机构执行。

测试和试验结果应形成测试报告,并提交认证机构评估。认证机构应评估测量是否按已认可的试验大纲执行,并评估测试报告是否记录了认证要求的特性。

评估合格后可签发项目特性测量符合性声明,声明中应证实测量依据合适的测试程序及相关的国家标准或 IEC 61400 实施。

符合性声明的范例参见附录 B。

9.11.2 依据电网标准的并网符合性

认证机构应对并网符合性的测量进行评估,以验证电网标准中规定的反应(如电网故障等)是否适用于特定场址。在项目认证中,认证机构应通过对比并网测量和电网标准中规定条件评估并网符合性。

认证机构应验证测试程序符合 IEC 61400 以及电网标准的规定，并验证测试报告中描述了测试条件、仪器和设备、标定和分析。

该测试的目的是确定特定风力发电机组或风力发电项目的并网符合性。

9.11.3 功率特性验证

认证机构应对功率特性测试或测量进行评估，以验证特定场址的一台或多台风力发电机组的功率输出。在项目认证中，认证机构应通过对比测试及测量结果和用户提供的各项参考特性评估客户提供的风力发电机组的相关性能。

认证机构应验证测试程序符合 IEC 61400-12[7] 的相关要求和/或客户确定的要求或程序。

认证机构签发的符合性声明中应明确指明采用的标准或程序以及评估结果。

9.11.4 噪声辐射验证

认证机构应对噪声测量进行评估，以验证噪声辐射符合客户或当地法规的要求。

认证机构应验证测试程序最大限度地符合 IEC 61400[8] 或相关规范的要求。

认证机构签发的符合性声明中应明确指明采用的标准或规范。

该测试的目的是记录特定场址的指定风力发电机组或整个项目噪声辐射的符合性。

9.11.5 测量报告

认证机构应要求项目特性测量报告符合 ISO/IEC 17025 和包含测试要求的其他相关标准(如电网标准)的要求，并要求说明以下内容：

——特定场址的特定风力发电机组或风力发电项目，包括测试的风力发电机组，风力发电机组编号，控制系统软件版本号；

——任何重要的非预期行为。

执行机构的证明应在最终项目特性测量报告中标注。

9.11.6 项目特性测量符合性声明

测量报告评估合格后可签发项目特性测量符合性证明。

符合性声明应明确：

——测试的项目；

——测试采用的标准；

——测试报告的编号。

符合性声明的范例参见附录 B。

9.12 运输和安装监督

9.12.1 概述

运输和安装监督的目的是验证运输和安装与设计准则要求的符合性，验证部件以及风力发电机组子系统在运输和安装过程中受到的载荷没有超过设计范围，以及验证运输和/或操作过程中的可能损坏能够被检测。

---

7) IEC 61400-12-1 或任何将会用到的性能评估相关标准。

8) IEC 61400-11 或将用到的噪声评估相关标准。

9.12.2 运输和安装要求

如果运输和安装的过程有相应的质量体系，那么监督可通过审核来完成。如果没有适当的质量体系，认证机构应通过检查进行监督。

认证机构应结合相关文件评估风力发电机组的运输和安装过程是否满足设计准则和 IEC 61400 及等同转化的国家标准的要求，例如 IEC 61400-1、IEC61400-2 或 IEC 61400-3。

认证机构应确保部件在运输和操作过程中造成的损坏被发现，包括但不限于防腐系统的损坏或实际腐蚀。安装完成后，应对所有相关部件做最终外观检查。

对于海上项目，监督应包括如下内容：

——海上运输监控；

——与运输和安装过程中可接受天气条件的符合性；

——与支撑结构和风力发电机安装程序的符合性。

验证、检查和监督应形成报告，对实施的相关活动进行说明。

9.12.3 运输和安装符合性声明

验证、检查和监督报告评估合格后可签发运输和安装符合性声明。

符合性声明的范例参见附录 B。

9.13 调试监督

9.13.1 概述

调试监督的目的是验证安装在特定场址的特定项目中的风力发电机组的调试与设计文件(见 8.9)中的相关手册一致。

9.13.2 调试监督要求

认证机构应根据相关 IEC 61400 以及等同转化的国家标准相关部分的要求评估风力发电机组的调试与制造商提供的操作说明的符合性。调试过程中除一般操作说明规定的测试外，增加的其他测试需经制造商认可。

评估工作需要检查调试记录。另外，认证机构至少应对项目的一台风力发电机组的调试进行见证，同时保证每 50 台风力发电机组中至少有一台进行见证。

认证机构应至少验证：

——制造商提供的调试说明的充分性；

——调试按照制造商提供的说明进行；

——最终调试报告的完整性。

验证和监督活动应形成报告，对实施的相关活动进行说明。

9.13.3 调试监督符合性声明

验证和监督报告评估合格后可签发运行维护监督符合性声明。

符合性声明的范例参见附录 B。

9.14 最终评估

最终评估的目的是为项目认证提供文件，包括所有执行机构在评估各要素时的发现。

在评估报告和符合性声明评估完成之后，应准备最终评估报告，最终评估报告包含以下内容：

——支持项目认证证书所有产品和项目的资料清单；

——为项目认证的各模块中遗留问题签发的符合性声明的报告。

最终评估报告应提供给申请人，认证机构作为保密文件保留一份副本。

9.15 项目认证证书

在评估各评估报告和符合性声明的完整性和正确性的基础上，认证机构可签发项目认证证书。项目认证证书应包括所有必选模块和选择的可选模块的结果。

项目认证证书从证书签发日期开始对证书中规定的风力发电机组和其他装置有效。

项目认证证书应采用合适的方式注明引用的标准和规范性文件。

项目认证证书的范例参见附录B。

认证机构与申请人可对是否包含运行和维护监督达成一致，以便每隔一段时间对项目认证证书的有效性进行验证。这种情况下，对风电场及风力发电机组的主要修改应及时报告给认证机构。监督应按9.16的要求进行。

9.16 运行和维护监督

9.16.1 概述

运行和维护监督的目的是确保特定风力发电机组或风力发电机组项目的运行和维护符合设计文件(见8.9)中相关手册的要求。

监督应包括对运行和维护记录的检查，也包括对项目认证证书中覆盖的风力发电机组、其他装置以及部件的检查。

运行和维护监督应按认证协议约定定期执行。认证协议应规定监督的周期和范围。运行和维护监督符合性声明应表明认证协议中规定的条款的符合性。

9.16.2 运行和维护监督要求

认证机构应对运行和维护记录及报告进行评估，至少对以下方面予以确认：

——维护是由授权的及有资质的人员按照维护手册中的要求及期限进行；

——控制参数的设置按照设计文件中规定的限制值进行了检查；

——通过对修复、更改和更换报告的审查确定所有的维修、更改和更换与证书一致。

除此之外，认证机构还应检查证书覆盖的风力发电机组和其他装置的总体状况。检查的内容建立在以下工作的基础上：

——对运行和维护记录和报告的评估；

——先前检查中发现问题的状态；

——先前检查中对发现问题的建议的状态；

——当前正在进行的维修、更改和更换的项目状态。

操作指南、维护手册及维护记录应采用相关人员能理解的语言。检查报告应附加在相应的维护手册中。应特别注意的是对零部件的维修和/或更换应与证书中规定的型号一致。

9.16.3 运行和维护监督符合性声明

运行和维护评估合格后可签发运行和维护监督符合性声明和检查报告。

符合性声明的范例参见附录B。

附 录 A
(资料性附录)
设计文档(如适用)

设计文件清单(如适用)见表 A.1。

表 A.1 设计文件清单(如适用)

项目		图纸几何数据	分析计算	说明	规格参数	数据清单	图表	试验数据
1	**风力发电机组总体说明**							
	风力发电机组特性、构造和设计总体说明			√			√	
	风力发电机组总体说明书及技术参数	√		√	√			
	主要零部件重量及重心				√			
	运行限制				√			
	电力系统			√			√	
	外部条件及设计等级			√				
	规范及标准			√				
	坐标系	√		√				
2	**设计控制程序**							
	与 GB/T 19001 一致的文件及管理			√				
3	**控制与保护系统**							
	详细的逻辑控制流程图						√	
	控制和保护策略			√				
	运行模式			√				
	控制系统软件			√	√		√	
	软件发行及版本控制			√				
	参数表				√			
	远程控制/监测			√	√		√	
	保护系统逻辑			√			√	
	电控系统(结构、启动和停止程序等)			√			√	
	失效分析		√	√				
	保护系统逻辑	√		√			√	
	安全概念描述、变送器和传感器等部件规格说明(设置、时间常数等)			√	√			
	刹车系统(结构、时间常数、特性、刹车扭矩曲线等)	√	√	√	√		√	
	电气和液压线路图			√			√	
	状态监控			√	√	√	√	
	安全说明			√				

表 A.1（续）

	项　　目	图纸几何数据	分析计算	说明	规格参数	数据清单	图表	试验数据
	超速传感器				√		√	
	过载/电流传感器				√		√	
	振动传感器				√		√	
	紧急制动按钮			√			√	
	风电场监控系统(远程功率控制，变桨/偏航控制参数等)			√				
	测试计划			√				
4	**载荷与载荷工况**							
	总体：							
	风电场结构图	√					√	
	场址数据(如环境和海洋条件、动态黏滞度、空气密度、盐度、土壤等)		√	√				
	所有结构部件的质量分布、刚度、固有频率和阻尼因子(风轮、叶片、传动链、支撑结构等)		√		√			
	切入/切出/额定风速				√			
	风轮/发电机转速				√			
	机械/电气损耗				√			
	发电机数据(额定功率、同步转速、标称/最大滑差、相关时间常数等)					√		
	机舱/风轮数据(质量、尺度、重心等)	√	√		√			
	总体分析方法(如坐标系的应用)	√	√	√				
	系统的动力学模型说明：							
	自由度			√			√	
	质量及刚度分布				√			
	气动参数输入(翼型数据表、叶片的几何参数、升力和阻力系数等)		√		√		√	
	局部安全系数		√		√			
	计算模型的有效性：							
	分析		√					
	与试验数据对比		√					√
	系统及单个主要部件的动力学性能：							
	坎贝尔图		√				√	
	频谱图		√					√

表 A.1（续）

项目		图纸几何数据	分析计算	说明	规格参数	数据清单	图表	试验数据
	模态及频率		√					
	仿真预估与实测的比较		√					√
	载荷工况（包括 IEC 61400-1/2/3 中规定的及其他特殊工况）：							
	塔架各截面、主轴、轮毂、叶根和叶片各截面的疲劳载荷工况		√					
	塔架各截面、主轴、轮毂、叶根和叶片各截面的极限载荷工况		√					
	传动链的马尔可夫矩阵和叶片的载荷		√					
	载荷持续时间的分布		√					
	传动链载荷谱和变桨轴承载荷		√					
	塔底载荷		√					
	最大叶片变形分析		√					
	临界塔架净空（叶片/塔架）		√					
	失效模式		√					
	风力发电机组控制器（闭环回路图、输入和输出信号等）			√			√	
5	**风轮叶片**							
	结构	√		√	√			
	叶根连接		√		√			
	所用材料资料（纤维、树脂、泡沫塑料等）				√			
	几何数据	√			√			√
	极限应力分析		√					
	疲劳应力分析		√					
	模态分析		√					
	稳定性分析		√					
	制造程序	√			√			
	叶根	√	√					
	叶片/轮毂连接	√	√					
	气动刹车装置	√	√		√			
	材料和叶片测试		√					√
6	**机械与结构部件**							
	总体：							

表 A.1（续）

项　　目	图纸 几何数据	分析 计算	说 明	规格 参数	数据 清单	图 表	试验 数据
组装图	√		√				
材料数据		√		√			√
主齿轮箱和传动链（包括发电机、制动器、联轴器、速比、惯量等）		√		√			
传动链动力学	√	√	√	√	√		
液压系统		√	√	√	√	√	
变桨系统：							
驱动	√	√		√	√	√	
动力供应	√	√		√			
轴承	√	√		√			
变桨锁	√	√		√			
连接	√	√		√			
轮毂：							
结构	√	√		√			
跷跷板结构	√	√		√			
变桨系统（包括动力供应）	√	√		√	√		
轮毂与低速轴连接	√	√		√			
低速轴：							
主轴	√	√		√			
主轴承	√	√		√			
轴承座	√	√		√			
风轮锁	√	√		√			
联轴器		√		√			
轴承润滑剂				√	√		
齿轮箱：							
齿轮箱	√	√		√			√
柔性支撑	√	√		√			
与主机架和轴承的连接	√	√		√	√		
冷却和加热系统	√	√		√	√		√
高速轴：							
机械刹车	√	√		√			
联轴器	√	√		√			
机架：							

表 A.1（续）

	项　目	图纸 几何数据	分析 计算	说 明	规格 参数	数据 清单	图 表	试验 数据
	主机架	√	√		√			
	发电机机架	√	√		√			
	主机架连接及主机架和发电机机架连接	√	√		√			
	偏航系统：							
	驱动	√	√		√	√	√	
	轴承	√	√		√			
	偏航锁	√	√		√			
	连接	√	√		√			
	塔架：							
	结构	√			√			
	连接	√	√					
	塔架动力学分析（与风力发电机组一起）		√					
	地震分析		√					
	塔架焊缝和连接螺栓的极限和疲劳分析		√					
	门框和其他开口位置的有限元分析	√	√					
	防腐保护系统				√			
	防扭缆装置			√	√		√	
	电缆悬挂	√			√			
	梯子、平台、升降机	√	√		√			
7	**电气部件**							
	单线图（具有安全装置的基本电力线路）						√	
	定位驱动器和发电机等电气部件的性能参数			√	√			
	功能描述和维护指南			√				
	电力线路图	√					√	
	短路和过流保护装置数据						√	
	电气系统图（包括起重机、升降机等辅助装置）	√					√	
	部件清单（包括传感器、开关和其他重要电气部件）							
	应急供电系统和火警系统	√		√				
	充电设备和蓄电池			√	√	√	√	
	电气测量仪器摘要	√		√				
	根据 IEC 60034-1 进行的常规测试记录			√	√			√
	电力变换装置	√			√		√	
	高压电缆	√		√		√		

表 A.1（续）

	项　目	图纸几何数据	分析计算	说明	规格参数	数据清单	图表	试验数据
	发电机			√	√		√	√
	发电机底座连接	√	√		√			
	发电机轴承	√	√		√			
	气流处理，冷却系统			√				
	电容			√		√		
	高压切断装置	√		√		√	√	
	低压切断装置	√		√		√	√	
	中压变压器	√		√	√		√	
	按照 IEC 60076-1 进行的变压器型式测试记录			√				√
	接地和防雷保护（包括防雷保护区域、避雷针及导体、接地电极、接地棒范围定位、连接至独立建筑物）	√		√	√		√	
8	**壳体**							
	导流罩和机舱罩	√	√		√			
	外壳（材料、设计细节、总图等）	√	√		√			√
	（对钢部件、螺栓和纤维增强塑料等）极限分析		√					
9	**部件设计评估测试**							
	试验报告							√
10	**基础**							
	结构	√			√			
	设计参数			√	√			
	材料			√	√			
	钢筋布置方案的详细介绍	√		√			√	
	钢筋（钢材型号，钢筋的直径、形状、数量和位置）	√	√	√	√			
	塔架与基础连接分析（预埋式或锚栓式）	√	√					
	承载混凝土部分的极限和疲劳分析		√					
	桩基的桩力确定（单桩、多桩等）		√					
	地质核查（滑动、沉降、承载能力）		√					
	建造、运输和安装			√				
11	**制造过程**							
	采购说明				√			
	制造规范				√			
	工作指南	√		√			√	

表 A.1（续）

项目		图纸几何数据	分析计算	说明	规格参数	数据清单	图表	试验数据
	质量控制程序				√	√		
	制造手册	√		√	√	√	√	
12	**运输过程**							
	技术说明				√			
	限制环境条件			√	√			
	工作指南	√		√			√	
	质量控制程序				√	√		
	运输手册	√		√	√	√	√	
13	**安装过程**							
	安装说明				√			
	工作指南	√		√			√	
	质量控制程序				√	√		
	安装手册	√		√	√	√	√	
14	**维护过程**							
	工作指南	√		√			√	
	质量控制程序				√	√		
	维护手册	√		√	√	√	√	
15	**人员安全**							
	安全指南			√	√		√	
	攀登工具、出口、通道、平台、地面、扶手、固定点	√	√	√	√			
	雷电			√	√	√		
	防火			√	√	√		
	逃生路线			√	√		√	

注 1：图纸：清晰地标明了构件尺寸或电气图表的典型工程图纸。图纸中的特殊构件包括材料规范、制造指南和加工说明分析：常指工程计算，如应力分析或结构载荷计算或电载荷计算及统计分析。

注 2：分析：是制定结构、材料、电气和机械部件要求的基础，还包括计算结果与试验结果对比的图表。

注 3：说明：对相关任务、功能、部件等进行的详细描述。

注 4：规格参数：对风力发电机组某些部件提出的技术要求。这些要求包括齿轮箱、齿轮及轴承要求说明，电气元件的电气要求，机械部件的尺寸要求，液压辅助动力供给的详细说明及质量管理文件。

注 5：数据清单：指与相应部件和细节等相关的数据列表。

注 6：图表：诸如数据图、流程图及其他图表（电气、气动和液压）。

注 7：试验数据：通常指试验和测量报告。

注 8：符号“√”表示对文件中左栏所列项目是否需提供相应文件。

附 录 B
（资料性附录）
证书格式示例

型式认证证书格式示例

TC——（编号）

型 式 认 证

本证书签发给：

××××

公司（地址）

的下列型号的风力发电机组：

××××

兹证明上述风力发电机组的设计及制造满足IEC 61400-1，级别××（或IEC 61400-2）的相关要求。

本证书系在下述文件的基础上签发：

DE——（编号）	设计评估符合性声明
日 期	年、月、日
TT——（编号）	型式测试符合性声明
日 期	年、月、日
MC——（编号）	制造能力评估符合性声明
日 期	年、月、日
FDE——（编号）	基础评估符合性声明
日 期	年、月、日
TC——（编号）	性能测试评估符合性声明
日 期	年、月、日
ER——（编号）	最终评估报告
日 期	年、月、日

相关评估按照GB/T 35792《风力发电机组 合格测试及认证》的要求进行。

本证书第2页详述了上述风力发电机组的型号参数。

设计体系或制造商质保体系的改变应经认证方同意，否则本证书无效。

本型式认证证书有效期至：

（评估机构盖章）

签发：

TC——(编号)

型式认证,第 2 页

风力发电机组型号说明:

项目	单位
设备参数:	
型号	
风力发电机组制造商及国家	
机组等级	
额定功率	kW
额定风速 v_r	m/s
风轮直径	m
轮毂高度(s)	m
轮毂高度运行风速范围 $v_{in}\sim v_{out}$	m/s
设计寿命	a
风况:	
$v_{hub}=15$m/s 时的典型湍流强度 I15	
轮毂高度年均风速 v_{ave}	m/s
参考风速 v_{ref}	m/s
平均入流倾斜角	(°)
轮毂高度 50 年一遇极端风速 v_{e50}	m/s
电网条件:	
正常供电电压及范围	V
正常供电频率及范围	Hz
电压不平衡度	V
电网中断最大持续时间	d
电网中断次数	1/a
其他外部条件(适用时):	
海上风力发电机组的设计条件(水深、波浪等)	
正常与极端温度范围	℃
相对空气湿度	%
空气密度	kg/m^3
太阳辐射	W/m^2
防雷保护系统说明	
地震形式及参数	
盐度	g/m^3
主要部件:	
叶片型号	
齿轮箱型号	
发电机型号	
塔架型号	

设计评估符合性声明示例

DE——（编号）

设计评估符合性声明

本设计评估符合性声明签发给：

××××

公司（地址）

的下列型号的风力发电机组：

××××

兹证明上述风力发电机组的设计符合 IEC 61400-1，级别××（或 IEC 61400-2）的相关要求。本证明系在下述评估报告的基础上签发：

评估报告	控制和保护系统
时间	（年、月、日）
编制人	姓名
评估报告	载荷和载荷工况
时间	（年、月、日）
编制人	姓名
评估报告	结构部件
时间	（年、月、日）
编制人	姓名
评估报告	机械和电气部件
时间	（年、月、日）
编制人	姓名

相关评估按照 GB/T 35792《风力发电机组　合格测试及认证》的要求进行。

任何设计上的更改需本认证机构批准，否则本符合性声明失效。

本符合性声明第 2 页详述了风力发电机组的型号参数（参见本附录中的技术参数）。

签发地点、时间

（评估机构盖章）

签发：

型式测试符合性声明示例

TT——(编号)

型式测试符合性声明

本符合性声明签发给：

××××

公司(地址)

的下列型号的风力发电机组：

××××

兹证明上述风力发电机组的型式测试符合相关要求。本符合性声明系在下述文件的基础上签发：

试验报告：	安全及功能试验
时间：	年、月、日
签发：	试验单位
试验报告：	功率特性测试
时间：	年、月、日
签发：	试验单位
试验报告：	载荷测量
时间：	年、月、日
签发：	试验单位
试验报告：	叶片试验
时间：	年、月、日
签发：	试验单位
试验报告：	其他部件的试验
时间：	年、月、日
签发：	试验单位

相关评估按照 GB/T 35792《风力发电机组　合格测试及认证》的要求进行。

本符合性声明第 2 页详述了风力发电机组的型号参数(参见本附录中的技术参数)。

任何设计上的更改需经本评估机构批准，否则本符合性证明失效。

签发地点、时间
(评估机构)

签发：

制造能力评估符合性声明示例

MC——(编号)

制造能力评估符合性声明

本制造能力符合性声明签发给：

××××

公司(地址)

的下列型号的风力发电机组：

××××

兹证明上述风力发电机组制造商的质量管理体系符合 IEC 61400-1，级别××(或 IEC 61400-2)的相关要求。本证明系在下述文件的基础上签发：

评估报告：	质量管理体系
时间：	年、月、日
编制人：	姓名
评估报告：	××
时间：	年、月、日
编制人：	姓名

相关评估按照 GB/T 35792《风力发电机组　合格测试及认证》的要求进行。

本符合性声明第 2 页详述了风力发电机组的型号参数(参见本附录中的技术参数)。

制造商质量管理体系的任何更改需经本机构批准，否则本符合性声明失效。

本制造能力符合性声明有效期至(GB/T 19001 证书有效期或下次审查日期)：

签发地点、时间

(评估机构盖章)

签发：

项目认证证书示例

PC——(编号)

项目认证证书

本证书签发给：

××××

公司(地址)

如下场址的风力发电机组：

××××

风电场地址

兹证明上述风力发电场符合 IEC 61400-××的相关要求。本证明在下述文件的基础上签发：

TC——(编号)：	型式认证证书
日期：	年、月、日
SC——(编号)：	场址条件评估符合性声明
日期：	年、月、日
DB——(编号)：	设计准则评估符合性声明
日期：	年、月、日
ILA——(编号)：	整体载荷分析符合性声明
日期：	年、月、日
CO——(编号)：	调试符合性声明
日期：	年、月、日
OMS——(编号)：	运行和维修监督符合性声明
日期：	年、月、日

相关评估按照 GB/T 35792《风力发电机组　合格测试及认证》的要求进行。

项目认证证书对证书签发日期时安装在特殊场址的风力发电机组和其他安装设施有效。

本符合性声明第 2 页详述了风力发电机组的型号参数(参见本附录中的技术参数)。

签发地点、时间

(评估机构)

签发：

场址评估符合性声明示例

SC——(编号)

场址评估符合性声明

本符合性声明签发给：

××××

公司(地址)

如下场址的风力发电机组：

××××

风电场地址

兹证明上述风力发电机组符合 IEC 61400-××关于场址评估的相关要求。本证明在下述评估报告的基础上签发：

评估报告：	风况条件
时间：	年、月、日
编制人：	姓名
评估报告：	其他环境条件
时间：	年、月、日
编制人：	姓名
评估报告：	电网条件
时间：	(年、月、日)
编制人：	姓名
评估报告：	土壤条件
时间：	年、月、日
编制人：	姓名

相关评估按照 GB/T 35792《风力发电机组 合格测试及认证》的要求进行。

本符合性声明第 2 页详述了风力发电机组的型号参数(参见本附录中的技术参数)。

签发地点、时间

(评估机构盖章)

签发：

运行和维护监督符合性声明示例

OMS——(编号)

运行和维护监督符合性声明

本符合性声明签发给：

××××

公司(地址)

如下场址的风力发电机组：

××××

风电场地址

兹证明上述风力发电机组符合 IEC 61400-××关于运行和维护的相关要求。本证明在下述评估报告的基础上签发：

TC——(编号)：	型式认证证书
时间：	年、月、日
编制人：	姓名
手册：	运行和维护指南
时间：	年、月、日
编制人：	姓名
评估报告：	检验、监督和/或 审核
时间：	(年、月、日)
编制人：	姓名

相关评估按照 GB/T 35792《风力发电机组　合格测试及认证》的要求进行。

本符合性声明第 2 页详述了风力发电机组的型号参数(参见本附录中的技术参数)。

本符合性声明有效期至：(下次审查日期)

签发地点、时间

(评估机构盖章)

签发：

部件认证证书示例

CC——(编号)
部件认证证书

本符合性声明签发给：

××××
公司(地址)

的下述型号的风力发电机组用部件：

××××

兹证明上述风力发电机组用部件的设计和制造符合 IEC 61400-××关于设计及制造的相关要求。本证书系在下列文件的基础上签发：

DE——(编号)：	设计评估符合性声明
时间：	年、月、日
TT——(编号)：	型式测试符合性声明
时间：	年、月、日
MC——(编号)：	制造能力评估符合性声明
时间：	年、月、日
ER——(编号)：	最终评估报告
时间：	年、月、日

相关评估按照 GB/T 35792《风力发电机组　合格测试及认证》的要求进行。

本认证证书第 2 页详述了该风力发电机组用部件的型号参数。

设计体系或制造商质保体系的改变应经认证方同意,否则本证书无效。

本认证证书的有效期至：

签发地点、时间

(评估机构盖章)

签发：

附　录　C
（资料性附录）
载荷测量的最低要求

C.1　概述

型式认证中，载荷测量的目的是验证设计计算载荷和具体条件下直接确定的载荷的一致性，测量应满足下列的最低要求。

C.2　载荷测量程序

载荷测量程序应以 IEC 61400-1 或 IEC 61400-2 为依据，且测量的载荷工况应尽可能与标准中定义的设计载荷工况一致。测量的载荷工况应包括所有正常的、临界运行、故障情况（如电网掉电、紧急停机、保护系统故障等）、刹车性能和偏航性能，测量应能充分表现出在设计风速范围内风力发电机组的典型运行特性。测量中应收集与风速和湍流强度有关的具有统计学意义的数据。

C.3　测量的数据

测量的数据应至少包括载荷、气象参数和风力发电机组运行数据。应测量风力发电机组结构载荷传递路径的关键位置处的载荷，以进行预测载荷与风力发电机组动态行为特性的有效比较。这些载荷应包括叶根弯矩（挥舞方向和摆振方向）、主轴载荷（弯矩和扭矩）及塔顶和塔底载荷（两个方向）。气象数据应包括轮毂高度处的风速、风向、气压和气温。测量数据还应包括风力发电机组运行数据，如风轮转速、电功率、桨距角、风轮方位角、偏航位置及风力发电机组状态。

C.4　数据分析

如果有可能，在数据的分析应建立计算载荷和频率有效比对的方法。分析应至少包括记录的风速和湍流区间内载荷的平均值、最小值、最大值、标准偏差、循环计数、功率谱密度以及适当载荷数据的柱状图，测量报告中应记录相关数据。

附 录 D
（资料性附录）
安全及功能测试要求

D.1 概述

风力发电机组型式认证中安全及功能测试的要素在 8.4.2 中已有叙述，本附录描述了进行这些测试的要求。

D.2 保护功能定义

保护功能应遵循 IEC 61400-1 要求，并在设计文档中进行定义。保护功能是安全及功能测试的对象。

D.3 测试方案

安全及功能测试方案应包括需验证设计文档中描述的控制和保护系统的关键功能。这些关键功能应包括：

——如下情况的主要保护功能：
- 电网掉电；
- 紧急停机；
- 超速；
- 设计时明确的其他紧急停机情况。

——如下情况的次要保护功能：
- 一次保护系统故障；
- 电网掉电；
- 紧急停机。

——如下正常运行情况风力发电机组控制功能：
- 设计的重要参数值，如风力发电机组变桨系统的桨距位置等。

认证机构应对控制和保护系统的上述功能进行校验。

除此之外，设计文档中还应包括如下情况的功能说明：

——无额外故障运行期间的紧急停机；

——运行振动等级和过振动保护；

——额定风速及以上的超速保护；

——额定风速及以上的启动和停机；

——偏航控制(包括电缆扭转)；

——在额定功率以上的风速进行上述前三项功能测试。

安全和功能测试的基础是设计文档和仿真。测试报告中宜包括测试事件的仿真，及真实工况(如风速、湍流、风切变等)[9]。每项测试应在测试方案中进行说明。不同的部件故障模式或关键事件导致控制和保护系统的同一行为,可以包含在一次测试中。

对于每项测试,测试方案应详细描述需测量的物理量,设备、数据采集系统、控制系统的校准和运行设置,任何需要的特殊执行机构、电磁开关或如必要电气开关,及与测试有关的额外条件需求。

进行每项测试的程序,包括适当的安全措施,应在测试方案中言明,另外,作为测试方案的一部分,执行机构应确认可接受的风力发电机组系统特性的标准(包括动态特性)。这些从设计文件延伸而来的标准应得到认证机构和申请人的认可。

认证机构应进一步确认可以依照测试方案中的描述顺利完成试验。

D.4 场址测试活动

测试应按照已批准的测试方案进行。任何对测试方案的修改(这个更改是在测试中发现有必要的),都应记录下来并经过批准。

D.5 分析和报告

应编制一个符合8.4.7要求的测试报告。数据分析应至少包括测量的关键物理量的时间序列图或一张反映数据变化的统计计算值图表(包括最大值和最小值)或适宜的统计图,如柱状图、超概率曲线或功率谱密度。分析应包含数据中显示的整个系统的关键固有频率。报告应表明测试目标已达到,并满足适用的标准要求。

D.6 人员安全检查

认证机构应检查设计文档中描述的人员安全方面的内容,具体见8.3.15。通常,应对所有安全装置与设计文档及正确装配要求的符合性进行检查。

认证机构应至少检查如下方面的人员安全:

——安全说明:

- 现场或在风力发电机组作业的工作人员应能获取安全说明。

——攀爬装置:

- 应确定攀爬装置及固定点的正确组装。

——通道:

- 应保证随时有离开风力发电机组的通道;
- 应保证有救援人员能够进入的通道。

——可站立的地点、平台和台阶:

- 应避免人员被绊倒的危险,如有则应明确标示;
- 平台、台阶及走道应铺设防滑表面;
- 平台上的舱门应上锁。

——栏杆及固定点:

- 应确定栏杆及固定点的正确安装;
- 应排除栏杆上的尖锐边缘。

——照明:

9) 某些试验可按照附录C作为载荷测量的一部分,详见IEC 61400-13。

● 应确定有适当的照明装置；

● 应确定具备紧急照明功能。

——电气及接地系统：

● 电气设备应绝缘并接地，确认其符合设计文档要求；

● 应对导电元器件进行明显标记。

——防火：

● 应能进行火势预防及火势控制。

——紧急停机按钮：

● 紧急停机按钮应能被清晰的识别、可见并可触及；

● 应检查紧急停机按钮功能。

——备用逃生通道：

● 设计文档中应有供风场工作人员或运行人员的备用逃生通道说明。

——海上风电紧急停留一周所需的生活物资：

● 应配备足够的资源和生活物资，以满足一周时间的紧急停留。

——海上风电的安全设备：

● 应检查已有的海上安全设备。

人员安全检查应以设计文档评估为基础。

认证机构应核实组装的安全设施符合设计文档要求。

附　录　E
（资料性附录）
风力发电机组状态监测系统

E.1　概述

通过状态监测系统（CMS），可以检测出风力发电机组被监测部件状态的变化。

状态监测系统通常检测风力发电机组部件振动情况，如传动链和塔筒的振动，并采集运行参数，如功率输出、风速、油温和轴承温度。状态监测系统可包含其他系统，如连续的油样状态监测系统，用以记录油液中的金属颗粒。

对记录的数据进行处理，并与临界值进行比较。临界值的设置应考虑能够尽早发现早期故障，但"伪"故障报警次数又能控制在合理水平。临界值的设置是风力发电机组生命周期内的连续过程。

如果状态监测系统的文档通过评估，系统开发和生产符合 GB/T 19001—2008 要求，并且系统的运行模式经过了试验验证，则可为状态监测系统签发认证证书。

E.2　评估范围

详细的评估和相关的符合性声明应由认证机构和申请人共同确定。

进行状态监测系统的文档评估时，完整的文档应提供给认证机构，包括参数表、计算、图纸、电路图、部件列表及流程图。

对于一个型号状态监测系统，应至少提交并评估如下文档：一般性说明、功能描述（包括电路图）、软件说明（包括数据存储方法）、临界值设置说明、硬件及数据表说明、均值获取方式说明以及使用何种均值以避免重要数据分析的缺失、变速风力发电机组关键参数监测说明、避免风力发电机和电力故障引起电磁干扰的保护措施说明，及操作手册（安装说明、调试手册、运行说明、包含维护计划的维护说明）。

E.3　状态监测系统要求

状态监测系统应对超过阈值的量自动、迅速的进行预报或报警。

状态监测系统应对传动链（含轴承）、齿轮进行高优先级的监测。

应根据被监测部件设置合适的振动传感器频率范围。

传动链振动监测传感器的数量应由结构设计决定。

齿轮箱上传感器数量及其位置应能测量到所有潜在的缺陷频率。

风力发电机组运行数据通常应由风力发电机组的控制系统传递给状态监测系统，进行数据评估。

采用一般原则对数字信号（如采样率和抗混叠滤波）进行处理。

为了能够参考历史数据进行损伤评估和阈值设置/改进，即使测量数据没有超过设置阈值也应对相关特征值和谱进行存储。

参 考 文 献

[1] IEC 60034-1 Rotating electrical machines—Part 1: Rating and performance

[2] IEC 60076-1 Power transformers—Part 1: General

ICS 75.160.20
E 31

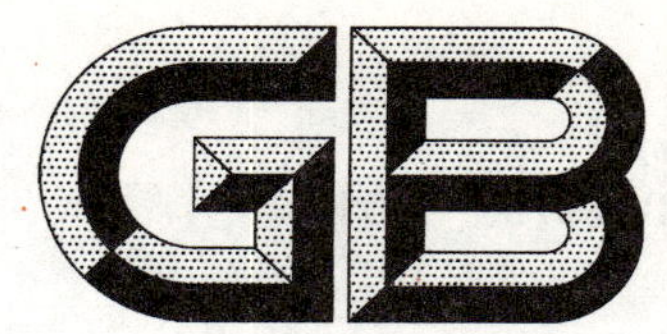

中华人民共和国国家标准

GB 35793—2018

车用乙醇汽油 E85

Ethanol gasoline for motor vehicles E85

2018-02-06 发布 2018-09-01 实施

中华人民共和国国家质量监督检验检疫总局
中国国家标准化管理委员会 发布

前　言

本标准的 4.1 为强制性条款，其余为推荐性条款。

本标准按照 GB/T 1.1—2009 给出的规则起草。

本标准由国家能源局提出并归口。

本标准起草单位：河南天冠企业集团有限公司、徐州市产品质量监督检验中心、山东京博石油化工有限公司、同济大学。

本标准起草人：尹秋梅、丁宁、栾波、楼狄明、杜风光、王志强、胡志远、杜平、王继芹、杨建萍。

车用乙醇汽油 E85

1 范围

本标准规定了车用乙醇汽油 E85 的技术要求和试验方法，取样以及标志、包装、运输、贮存和安全。

本标准适用于由变性燃料乙醇和汽油调合的专用点燃式内燃机的汽车燃料。

2 规范性引用文件

下列文件对于本文件的应用是必不可少的。凡是注日期的引用文件，仅注日期的版本适用于本文件。凡是不注日期的引用文件，其最新版本（包括所有的修改单）适用于本文件。

GB 190 危险货物包装标志

GB/T 191 包装储运图示标志

GB/T 4756 石油液体手工取样法

GB/T 5096 石油产品铜片腐蚀试验法

GB/T 8017 石油产品蒸气压的测定 雷德法

GB/T 8019 燃料胶质含量的测定 喷射蒸发法

GB 13690 化学品分类和危险性公示 通则

GB 17930 车用汽油

GB 18350—2013 变性燃料乙醇

GB 22030 车用乙醇汽油调合组分油

GB 30000.7—2013 化学品分类和标签规范 第7部分：易燃液体

SH 0164 石油产品包装、贮运及交货验收规则

SH/T 0689 轻质烃及发动机燃料和其他油品的总硫含量测定法（紫外荧光法）

ASTM D5501 用气相色谱法测定变性燃料乙醇中乙醇含量的试验方法（Standard test method for determination of ethanol content of denatured fuel ethanol by gas chromatography）

ASTM D7319 采用直接注入抑制型离子色谱法测定燃料乙醇中总的和潜在的硫酸盐与无机氯化物的试验方法（Standard test method for determination of existent and potential sulfate and inorganic chloride in fuel ethanol and butanol by direct injection suppressed ion chromatography）

ASTM D7328 通过使用含水试样注入的离子色谱分析法测定燃料乙醇中总的潜在无机硫酸盐和总无机氯化物的试验方法（Standard test method for determination of existent and potential inorganic sulfate and total inorganic chloride in fuel ethanol by ion chromatography using aqueous sample injection）

3 术语和定义

下列术语和定义适用于本文件。

3.1

车用乙醇汽油 E85 ethanol gasoline for motor vehicles E85

在变性燃料乙醇中加入汽油调合成乙醇含量在65%～85%（体积分数）的专用点燃式内燃机的汽

车燃料。

4 技术要求和试验方法

4.1 技术要求

4.1.1 车用乙醇汽油 E85 应在符合 GB 18350 的变性燃料乙醇中加入符合 GB 22030 和/或GB 17930 要求的汽油。

4.1.2 车用乙醇汽油 E85 的技术要求见表 1。

表 1 车用乙醇汽油 E85 技术要求和试验方法

项目		要求	试验方法
乙醇含量(体积分数)/%		65～85	ASTM D5501
蒸气压/kPa 11 月 1 日至 4 月 30 日 5 月 1 日至 10 月 31 日		 45～85 40～65[a]	GB/T 8017
酸度(以乙酸计)/(mg/L)	≤	40	GB 18350—2013 附录 D
硫含量/(mg/kg)	≤	10	SH/T 0689
甲醇含量(体积分数)/%	≤	0.5	GB 18350—2013 附录 A
溶剂洗胶质/(mg/100 mL)	≤	5	GB/T 8019
未洗胶质/(mg/100 mL)	≤	20	GB/T 8019
pHe		6.5～9.0	GB 18350—2013 附录 F
无机氯/(mg/L)	≤	1	ASTM D7328[b],ASTM D7319
水分(质量分数)/%	≤	1.0	GB 18350—2013 附录 B
铜含量/(mg/L)	≤	0.07	GB 18350—2013 附录 E
铜片腐蚀试验(50 ℃,3 h)/级	≤	1	GB/T 5096

[a] 广西、广东、海南使用车用乙醇汽油 E85 的地区全年执行此项要求。

[b] 仲裁法。

4.2 试验方法

车用乙醇汽油 E85 的试验方法见表 1。

5 取样

取样按 GB/T 4756 要求执行,取 2 L 作为检验和留样用。

6 标志、包装、运输和贮存

6.1 标志、包装、运输和贮存按 SH 0164 执行。

6.2 专用槽、罐车上应标注:产品名称“车用乙醇汽油 E85”。

6.3 包装储运图示标志应符合 GB 190 和 GB/T 191 要求。

7 安全

根据 GB 13690，车用乙醇汽油 E85 属于易燃液体，其危险说明和防范说明见 GB 30000.7—2013 的附录 D。

ICS 49.095
V 44

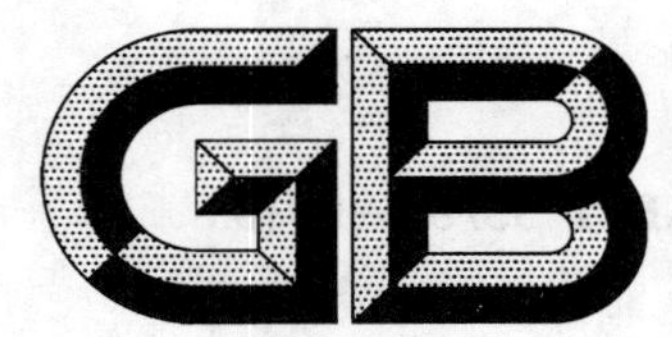

中华人民共和国国家标准

GB/T 35794—2018

民用飞机氧气系统安全性设计

Safety design for oxygen system of civil aircraft

2018-02-06 发布　　2018-09-01 实施

中华人民共和国国家质量监督检验检疫总局
中国国家标准化管理委员会　发布

前言

本标准按照 GB/T 1.1—2009 给出的规则起草。

本标准由中国航空工业集团公司提出。

本标准由全国航空器标准化技术委员会(SAC/TC 435)归口。

本标准起草单位:合肥江航飞机装备有限公司、中国商用飞机有限责任公司上海飞机设计研究院、中国航空综合技术研究所。

本标准主要起草人:方玲、李岚、赵宏韬、尉卫东、彭光梅、金惠杰、杨报、王慧丹、金辉、郭耀东。

民用飞机氧气系统安全性设计

1 范围

本标准规定了民用飞机氧气系统安全性设计准则、设计要求、设计方法和设计验证。

本标准适用于民用飞机氧气系统的安全性设计。

2 规范性引用文件

下列文件对于本文件的应用是必不可少的。凡是注日期的引用文件,仅注日期的版本适应于本文件,凡是不注日期的引用文件,其最新版本(包括所有的修改单)适用于本文件。

CCAR 25 中国民用航空规章第25部 运输类飞机适航标准

SAE ARP 4761 民用飞机机载系统和设备安全性评估过程的指南和方法(Guidelines and methods for conducting the safety assessment process on civil airborne systems and equipment)

3 缩略语

下列缩略语适用于本文件。

CCA——共因分析(Common Cause Analysis)

FHA——功能危险性评估(Functional Hazard Assessment)

FMEA——故障模式及影响分析(Failure Mode and Effect Analysis)

FTA——故障树分析(Fault Tree Analysis)

PSSA——初步系统安全性评估(Preliminary System Safety Assessment)

SSA——系统安全性评估(System Safety Assessment)

4 设计准则

氧气系统安全性设计一般应遵循以下设计准则:

a) 氧气系统应设计及安装成能在飞机运行的各种环境条件下执行其预定的功能。

b) 氧气系统和相关部件在单独考虑或与其他系统一起考虑时,应设计和安装成:每一个灾难性的失效条件是极不可能的($<10^{-9}$),并且不会由单个失效造成;每一个危险的失效条件是极小可能的($<10^{-7}$);每一个重大的失效条件是很小可能的($<10^{-5}$)。

c) 对于以下失效事件导致的氧气系统不安全工作情况,系统应采取失效监控和警告措施,并将信息提供给机组,以利于机组能够采取适当的纠正行动:该失效事件是潜在灾难性后果的一部分;该失效事件与其他潜在继发失效事件或先前事件结合会导致灾难性失效状态。如果需要立即采取纠正行动,则应提供警告指示。包括指示和通告在内的系统和控制,应设计成尽量使可能导致额外危险的机组错误降至最低。

d) 氧气系统的故障显示装置或监测仪表发生故障时,不应影响飞机安全和系统的正常工作。

e) 方案设计阶段应根据飞机级 FHA 进行系统级 FHA,确定飞机氧气系统、子系统、设备及部件需满足的安全性要求。

f) 设计方案应进行安全性论证,兼顾安全性、经济性、可靠性、维修性、性能等要求。
g) 系统设计方案应根据总体技术要求,对氧气系统的使用环境进行调研和分析,确定影响安全性的环境应力,作为系统安全性设计的主要依据之一;应分析功能测试、包装、贮存、装卸、运输对安全性的影响。
h) 系统设计过程应分阶段进行初步系统安全性评估(PSSA)、系统安全性评估(SSA)。
i) 系统详细设计应进行必要的共因分析(CCA),以保证系统、功能具有独立性,排除会导致灾难性失效状态的共因事件。
j) 系统设计应采用故障模式及影响分析(FMEA)、故障树分析(FTA)等方法,进行系统的安全性分析,尽量减少或消除各种可预知的故障。
k) 氧气系统的设计应保证机组人员、乘客必要时的及时、安全用氧,防止妨碍飞机继续安全飞行和着陆的任何单一故障或故障组合。
l) 系统设计若应采用新技术、新工艺、新材料、新元器件、新设备时,应进行安全性分析,并且应进行安全性验证和(/或)按规定的审批程序进行审批。

5 设计要求

5.1 一般要求

5.1.1 概述

民用飞机氧气系统一般由机组氧气系统、旅客氧气系统和便携式氧气设备三个子系统组成。

氧气系统本身、使用方法及对其他部件的影响均无危险性。

5.1.2 结构安全性

5.1.2.1 在进行结构设计时尽量采用或参照成熟机构,采用裕度设计,以保证其结构安全性。

5.1.2.2 系统应采取足够的结构安全系数,保证系统在减压失效的情况下能安全地承受压力源的压力,并设计使用过压保护装置对系统内可能出现的过压的区域进行保护。

5.1.3 材料安全性

5.1.3.1 在设计过程中从可靠性、安全性角度考虑选用材料和表面处理方法。设备所选材料、表面处理方法对人体应无毒害和副作用,符合人体安全的要求。在氧气系统中,不能使用有毒或者与氧气直接接触会产生有毒的、具有腐蚀性的副产物的材料。

5.1.3.2 氧气系统使用的所有材料(金属,软材料等)都应经过适当的分析评估,与氧及臭氧应有良好的相容性。

5.1.4 系统安全性

5.1.4.1 氧气系统及其管路的设计与安装应满足如下要求:

a) 系统成品不应位于任何指定火区内;
b) 系统成品应采取措施加以防护,避免受任何指定火区可能产生或逸出的热量影响;
c) 系统安装应使系统所漏出的氧气不致助燃正常工作时存在的和因任何系统失效或故障而聚积的油脂、油液和蒸汽。

5.1.4.2 氧气系统本身及其操作应是安全的,且不应影响其他系统。

5.1.4.3 在氧气系统设计中应采用合理的告警提示、标签以及标记,以助于机组人员、乘员以及维护人员成功完成必要的操作步骤并减少操作失误。

5.1.4.4 系统中应设计有显示正常工作状态的压力和流量显示装置,并应使用合适的警告提示、标签和标注来防止对机组人员、乘客、维护人员和机内的所有人员造成伤害。

5.1.4.5 如果系统中使用不止一个氧源,应使用歧管来保证任何一个氧源的损坏都不会影响到所有人员的呼吸用氧,而且还应使用单向阀来防止其他氧源的氧气损失。

5.1.4.6 在更换氧气系统部件时,能够释放管路存贮压力,并通过显示装置显示出来。

5.2 详细要求

5.2.1 机组氧气系统

5.2.1.1 机组氧气系统在高空飞行座舱失压的紧急情况下,应能够为机组人员提供足够的呼吸用氧气,以维持正常的飞行和保证机组人员生命安全。

5.2.1.2 应在驾驶舱内为机组人员配备一套独立的、与机上其他人员使用的氧源分开的氧源。若采用驾驶舱机组人员与机上其他人员共用一个氧源的构型,应同时设置能为值勤的飞行机组单独保留所需最小用氧量的设施。

5.2.1.3 系统设计中,应针对机组氧气系统设置两个释压保护装置——易破盘及低压释压活门;在相应的管路增加其壁厚;故障信息应有相应的显示。

5.2.1.4 应向驾驶员提供可用剩余氧量和正在向分氧装置供氧的显示。

5.2.2 旅客氧气系统

5.2.2.1 旅客氧气系统应为机上全体乘员提供应急呼吸用氧。

5.2.2.2 采用化学氧源的旅客氧气系统的设计应保证:

a) 在工作时所产生的表面温度,不可能对飞机或机上乘员造成危害;

b) 应有措施释放任何可能有危险的内部压力。

5.2.2.3 采用化学氧源或使用飞机引气来进行自主产氧,宜采取合理有效的方法来过滤有害物质,例如水分、颗粒物以及有毒气体。

5.2.2.4 采用气氧源的旅客氧气系统,其高压端进/出口处一般应设置热补偿件,供氧控制装置上应设计缓开接通机构,以防系统接通过快导致高温起燃。在系统终端供氧管路上应设置泄压孔,以防系统不工作时,由于系统内部泄漏而在下游造成高压,引起危险。

5.2.2.5 当座舱高度达到接通供氧高度时,应能自动发出用氧告警信号,以便提示所有乘员配戴氧气面罩。

5.2.2.6 实现旅客氧气面罩抛放功能的手动抛放系统和自动抛放系统应独立设计。

5.2.2.7 驾驶舱内系统工作信息板上应能显示旅客面罩已被释放的信息。

5.2.2.8 旅客氧气系统应有用氧显示。

5.2.3 便携式氧气设备

5.2.3.1 便携式氧气设备应保证在有烟雾或着火时为机组人员及灭火人员提供应急防护性用氧,应可为机上乘客提供医疗急救用氧。

5.2.3.2 驾驶舱和旅客舱应配备便携式氧气设备。

5.2.3.3 便携式氧气设备应放置于有醒目标志与能伸手取到的地方。

5.2.4 部件

5.2.4.1 氧气瓶

在整个飞行过程中,对系统氧气瓶内的压力应进行实时监测,随时显示氧气瓶内的氧容量。当氧气瓶内的氧容量低至预警值时,应立即发出告警信号。

氧气瓶上应设有高压安全装置。当氧气瓶内压力超过 1.5 倍额定充氧压力时,高压安全装置能保证向机外放氧。

为了保护氧气瓶长期的结构完整性,在充氧过程中应控制充氧速率不超过 1.4 MPa/min (200 psig/min),并确保氧气瓶外壁温升不超过 14 ℃(25 ℉)。

5.2.4.2 减压器

减压器的流通能力应能满足系统用氧需求。

安装在氧气瓶上的减压器输出端应设有低压卸压活门。当低压端压力超过 1.3 倍～1.4 倍正常工作压力时,低压卸压活门应能保证氧气向机外放氧。其安全活门排气孔应直通大气。

5.2.4.3 管路

氧气系统高压部分导管一般应采用航空用输氧铜管;系统低压部分导管应采用铝合金管,并符合型号飞机相关材料规范的要求;低压导管也可采用不锈钢管,但不应采用钛、镁和镉合金管。

高压氧气系统的导管应加以防护,使之免受高温的影响,其位置应使其破损开裂的可能性最小,并将开裂后造成的危险减至最小。

氧气分配管路的设计与安装位置选择应能保证:如果管路出现泄漏,泄漏出来的氧气将不会引起或帮助易燃液体或其他物质燃烧。

高压氧气系统上的安全阀排气管应进行谐振分析,以避免发生共振。

5.3 安装要求

5.3.1 系统各部件、附件的安装位置应满足使用维护可达性要求,在机上的安装应保证系统各部件的使用包络面不致妨碍飞机上任何其他系统的使用。

5.3.2 系统氧气开关及操纵装置应安装在便于操作使用的位置,特别是应急操纵装置应确保其能方便操作。显示装置应集中安装在飞行人员等机组人员的视野内,且不应妨碍执行飞行任务。

5.3.3 除另有规定,系统部件应安装在燃油、滑油、液压系统、蓄电池、排气管、水/废水系统上方,并保证至少 150 mm 的间隙。必要时,应采用隔离板,使可能渗漏的易燃液体远离氧气系统各部件。系统各部件与飞机其他活动件(除燃油、滑油、液压系统、水/废水系统零部件)之间的间隙应不小于 50 mm,与飞机固定部件之间的间隙应不小于 5 mm(局部允许不小于 3 mm)。氧气管路不应与电源线或输送可燃液体的管路集束在一起,与飞机所有导线、高温导管和散发热量的设备之间的间隙应不小于 150 mm。

5.3.4 系统各部件、附件及导管应能承受飞机的振动、冲击及温度变化的影响。在上述条件下,应固定可靠,不撞击飞机构件,不因摩擦局部发热、发生静电打火和磨损。

5.3.5 氧气瓶应安装在非转子爆破区域,不应安装在靠近散发出大量热量设备的地方,且氧气瓶口不应低于氧气瓶底。

5.3.6 氧气系统部件和管路安装应使得所逸出的氧气不致接触和点燃正常工作时存在的或因任何其他系统失效或故障而聚积的油脂、油液或蒸气。

5.3.7 氧气系统部件不能安装在会产生极端温度的区域内。氧气系统部件附近的高温管路或散发热量的设备应装有绝热层,以防氧气部件受热。

5.3.8 在进行管路布线时,总的原则是尽可能将管路的长度降至最短。穿越电子设备舱的氧气低压导管外表面应增加阻燃的热缩管。

5.3.9 在安装中,应正确使用橡胶或减震夹扣防止管路振动和摩擦。如果管路需穿过飞机结构或者利用飞机结构来进行支撑,则需使用弹性扣环或夹子来提供足够的摩擦防护。在正常飞行过程中发生振动和冲击环境下，任何管路都不得与机身结构发生碰撞。

5.3.10 所有氧气管路应按型号飞机的规范要求进行电搭接。所用管路接头应保证系统有良好的气密性。除非有合适的防电解腐蚀措施，不同的金属不应相互直接接触。接头的拧紧程度应适当，并应有防松脱的措施。

5.3.11 在进行飞机氧气系统管路和部件安装时应保证清洁，系统不能接触到任何油料、脂类、燃料、水、灰尘、异味或其他任何未核准与100％氧气接触的物质。该操作不仅适用于氧气系统管路和部件内部，对系统外表也一样适用。

5.3.12 温压传感器应安装在氧气瓶高压出口或附近，应保证尽可能真实地获得氧气瓶压力和温度数据。

6 设计方法

民用飞机氧气系统的安全性设计和评估是基于适航规章 CCAR 25.1309 条款的要求，采用系统安全性评估的方法来进行符合性验证。CCAR 25.1309 条款根据失效-安全(fail-safe)的设计概念，对系统安全性提出目标和要求，即保证危险的失效状态是不可能发生的，灾难性的失效状态是极不可能发生的。

为保证在氧气系统研制过程中达到所期望的安全性水平，通常采用分析与评估的方法。安全性分析与评估过程是评估安全性设计工作完整性和正确性的主要途径。

安全性分析与评估方法主要包括以下几种：

a) 功能危险性评估(FHA)；
b) 初步系统安全性评估(PSSA)；
c) 故障树分析(FTA)；
d) 故障模式及影响分析(FMEA)；
e) 共因分析(CCA)；
f) 系统安全性评估(SSA)等。

氧气系统应按 SAE ARP 4761 中提出的机载系统安全性评估方法进行系统安全性设计和评估。

7 设计验证

7.1 确认

安全性确认主要是对氧气系统所实施的设计安全性工作的正确性和完整性进行确认，安全性确认过程的结果将为系统 SSA、飞机安全性综合分析，飞机确认活动等提供输入。安全性确认工作主要包括：

a) 对系统安全性需求的确认，主要包括功能需求、合格审定需求、可能的环境需求及需求的来源等；
b) 对系统安全性活动中使用和产生的假设的确认；
c) 对系统安全性目标和安全性要求正确性和完整性的确认；
d) 对系统安全性文件正确性和完整性的确认；
e) 对参考或引用标准及规范正确性的确认；
f) 对系统安全性活动中产生的安全性要求和约束传递给相关方进行确认；
g) 确认使用的安全性方法和工具等。

7.2 验证

安全性的验证可以通过安全性分析、检查、评审、地面试验、环境试验、飞行试验及使用经验等方式来进行，安全性验证主要用来验证和表明氧气系统实现的过程中是否满足预定的功能、安全性目标和安全性要求，安全性验证过程主要包括：

a） 确定系统预期的功能已经正确地得以实现；

b） 确定系统安全性需求正确并得以满足；

c） 确定系统安全性目标和安全性要求得以满足。
